Diccionario meteorológico y climático

José Miguel Viñas

Diccionario meteorológico y climático

Prólogo de Jorge Olcina

Alianza editorial
El libro de bolsillo

Primera edición: octubre de 2025

Diseño de colección: Estrada Design
Diseño de cubierta: Manuel Estrada

PAPEL DE FIBRA
CERTIFICADA

ISBN: 979-13-7009-067-8
Depósito legal: M-12918-2025
Impreso en España - Printed in Spain

Índice

Prólogo
La ciencia son conceptos

En la conferencia sobre los métodos de la física teórica, impartida el 10 de junio de 1933, Albert Einstein nos dejó una muestra más de su genialidad: «Si bien los conceptos y postulados fundamentales de nuestras teorías deben adaptarse a la experiencia, son, por lo demás, invenciones libres del intelecto humano». Toda ciencia necesita conceptos para poder definir su objeto, sus métodos de trabajo, sus fines, su posición en el universo del conocimiento, su valor para la sociedad. Una ciencia se conforma como tal cuando demuestra que puede ser catalogada como forma de pensamiento necesaria para entender hechos y procesos que interesan al ser humano, porque cumple unos estándares establecidos, recoge las enseñanzas del pasado —normalmente consideradas como precientíficas— y comienza a establecer los cánones de la nueva normalidad —científica—. Y en ese proceso, se incluyen los vocablos que se han utilizado y se añaden los que van incorporándose en el desarrollo de la nueva disciplina científica establecida.

En el mundo occidental esos vocablos se remontan a la época griega o a lenguas indoeuropeas, luego incorporadas al latín y de ahí a las lenguas romances hasta derivar en las lenguas modernas. O proceden de las lenguas semíticas, de las que surgiría el árabe clásico, de fuerte implantación en amplias áreas del sur de Europa durante la Edad Media. Los textos clásicos contienen vocablos que han ido enriqueciendo a las disciplinas científicas, a los cuales se han sumado los conceptos modernos aportados en los últimos siglos.

Nunca es fácil establecer el inicio de una ciencia. Y cuando se fija, siempre se cometen equívocos. El paso de una etapa precientífica al estado de ciencia plena no suele ser abrupto. Los avances en ciencia siempre son evoluciones de ideas previas que experimentan nuevas formas de pensarlas. Son, como indica Einstein, «invenciones libres del intelecto humano». Y estas invenciones pueden ser más o menos rutinarias, o innovadoras, o geniales.

Para la ciencia —o las ciencias— que aborda esta obra existe consenso en establecer el comienzo de su etapa «científica» en los albores del siglo XIX. Pero los avances que han tenido lugar en la física, en la química, en la matemática y en el propio conocimiento de la Tierra durante la Edad Moderna son esenciales para entender el arranque de la meteorología y la climatología, de las ciencias atmosféricas, en definitiva.

El vocabulario empleado en meteorología y climatología es muy amplio porque la relación entre la temperie y el ser humano ha sido una inquietud constante desde los inicios de las civilizaciones. La propia estancia del ser humano en la superficie terrestre, el desarrollo de actividades básicas para obtener alimentos y disponer de viviendas, ha tenido desde siempre una importante dependencia de los estados del cielo. Y eso ha favorecido la creación de numerosas palabras para denominar fenómenos observados o sensaciones experimentadas ante un tiempo atmosférico u otro. En general, las ciencias relacionadas con los elementos del medio natural son las que más vocablos han aportado al corpus de las lenguas, porque aportan variedades propias de las sociedades y de los territorios donde se producen. Y la superficie terrestre es, de por sí, diversa en su naturaleza y en los seres humanos que la ocupan.

Se puede afirmar que la vitalidad de una ciencia se observa en la diversidad de sus conceptos, en la variedad de las definiciones existentes de ellos, en el uso y desuso de los términos en cada momento. El estudio de los conceptos de una ciencia y la aportación de definiciones claras que comprenda la población es una tarea fundamental de toda disciplina científica.

Las ciencias del tiempo y clima, junto a la aportación popular de términos desde la aparición de la escritura, han incorporado vocablos de otras ciencias, disciplinas, actividades o artes, que han hecho propios porque permitían entender un elemento o proceso atmosférico. El lenguaje bélico (frente), los avances en la industria militar (radar), la carrera espacial (satélite), la topografía y cartografía (mapas), las ciencias del mar (ENSO, AMOC) y, por supuesto, la física, la química y la geografía han aportado avances determinantes en la evolución de la meteorología y la climatología, permitiendo incorporar términos procedentes de aquellas al vocabulario atmosférico. Son los neologismos que van enriqueciendo el vocabulario de una ciencia y que precisan de explicación clara y entendible para el gran público, de modo que no queden como una jerga exclusiva.

En mis años de doctorado, una de las obras que más me ayudó a profundizar en elementos y procesos atmosféricos fue el *Diccionario de voces usadas en Geografía Física* (1949), del profesor de geología en la Escuela de Ingenieros de Minas y presidente de la Real Sociedad Geográfica Pedro de Novo y Fernández Chicharro. Una obra que contenía una sección de «Meteorología» con términos generales y vocablos de denominación de procesos atmosféricos regionales que permitían enriquecer los conocimientos académicos de las ciencias del tiempo y clima. Desde entonces se han editado numerosos diccionarios de térmicos meteorológicos, elaborados por organismos oficiales (INM-AEMET), por académicos e investigadores universitarios, por comunicadores (o por la propia Asociación de Comunicadores de Meteorología, ACOMET) y por divulgadores científicos. Todos ellos de enorme utilidad al mostrar, de forma clara y precisa, la definición de aspectos complejos de la atmósfera terrestre. Porque un diccionario de conceptos científicos bien organizado, con definiciones concisas y rigurosas, que sepa explicar con pocas palabras la dificultad de un hecho tiene enorme valor para la propia epistemología de una ciencia. Si, además, puede acompañarse de esquemas, figuras o fotografías alusivas al término definido permitirá una comprensión de carácter universal, como obra de consulta básica.

Preparar un diccionario especializado es una tarea compleja y rigurosa. Requiere minuciosidad y habilidad para la recopilación de los términos, capacidad de jerarquización, dominio del lenguaje, búsqueda de las palabras exactas que expliquen un concepto, soltura en la expresión. Un diccionario especializado está orientado a esclarecer con la mayor sencillez posible un vocablo técnico o de uso particular de una ciencia. Debe saber aunar simplicidad y rigor; emplear las palabras justas para explicar complejidad.

Este *Diccionario meteorológico y climático* es una nueva edición, revisada, renovada, ampliada y en formato de bolsillo de *Conocer la Meteorología* (2019, 2022), de José Miguel Viñas, y cumple perfectamente estos rasgos que se requieren en un diccionario especializado de alta divulgación científica. Es ciencia explicada con el rigor de lo sencillo. La primera edición de este diccionario de términos de tiempo y clima sorprendió por la cantidad de vocablos (2000) y la potente selección del aparato gráfico, que permitía la perfecta comprensión de términos complejos. Esta nueva edición ha revisado la definición de decenas de términos y ha ampliado la cantidad de conceptos (200 más) para ofrecer una aproximación más completa al conocimiento de los elementos y procesos atmosféricos. En realidad, esta nueva obra de José Miguel Viñas es un manual de meteorología y climatología, organizado como un diccionario, porque leyendo los términos que contiene este libro uno puede alcanzar un conocimiento básico de los temas que se explican en un curso de ambas disciplinas.

El autor ha incorporado una serie de términos indicativos del dinamismo de las ciencias atmosféricas, cuya explicación es tan necesaria en la actualidad dado el contexto de cambio climático de causa antrópica que vivimos. Y ha sabido recuperar, también, conceptos del acervo popular referidos a estados del tiempo o a procesos climáticos, que son muestra de la riqueza lingüística y cultural de nuestro país (albazo, cellisca, oscurana, regada, tremolina...). Las lenguas de raíz grecolatina son singularmente ricas en términos referidos al tiempo y clima. De ello dan muestra los tesoros lingüísticos y los diccionarios de las academias oficiales. Esto es particularmente notable en las lenguas de la península ibérica, con su influencia fundamental en América. Y ello por las variedades dialectales o la propia diversidad que imprimen los rasgos geográficos de un espacio regional a un fenómeno atmosférico.

En este *Diccionario meteorológico y climático* hay varios conceptos que se asocian con las innovaciones que van produciéndose, de forma acelerada en los últimos años, en las ciencias del tiempo y clima. Avances relacionados con nuevo instrumental de observación o con denominación de procesos atmosféricos u oceánicos de enorme relación con ellos (oscilaciones, amplificación ártica, olas de calor marinas). En algunas ocasiones se explican las siglas o los acrónimos con los que las ciencias meteorológica y climática han nombrado, por acuerdo internacional o por simplificación, a estos procesos, manteniendo, en muchos casos, su forma inglesa, que requiere traslación al castellano junto a su explicación precisa (NOSIG, COV, STEVE, AMSL).

José Miguel Viñas nos sorprende siempre con sus trabajos rigurosos y de gran utilidad. Esta nueva obra es de nuevo una aportación básica para los estudiosos y aficionados al tiempo y clima, que son legión en un país como España. En el contexto de complejidad, de tiempo acelerado, de aparición constante de avances científicos y de novedades sociales que experimentamos, son cada vez más necesarias obras de claridad. Trabajos que nos ayuden a entender la dificultad de hechos, de procesos que interesan a la sociedad.

Los asuntos del tiempo y clima han cobrado un protagonismo destacado en la actualidad. Y lo van a tener aún más en un futuro próximo, dado el contexto actual de cambio climático que estamos viviendo. Necesitamos ciencia frente a negacionismos y extremismos climáticos. Una ciencia que sepa llegar al gran público, que explique con sencillez la complejidad. Este *Diccionario meteorológico y climático* cumple magníficamente esta misión: de la mano de José Miguel Viñas, sin duda, el mejor científico divulgador del tiempo y clima de nuestro país en la actualidad.

Jorge Olcina Cantos
Alicante, febrero de 2025

Nota editorial

Algunas de las entradas del diccionario remiten a documentos gráficos. Estos son de dos tipos: por un lado, lo que denominamos «Figuras» (infografías, tablas y mapas), y por otro, lo que denominamos «Imágenes» (fotografías y recreaciones digitales). Las Figuras van ubicadas en el propio texto, en un lugar adyacente o próximo a la entrada que complementan. Las Imágenes, reproducidas en color, aparecen en un pliego aparte. En cualquier caso, todas las entradas relacionadas con cualquier documento gráfico hacen referencia a este entre corchetes, al principio de la definición. Así, por ejemplo:

subsidencia. [Figura 15]. Lento descenso de una masa de aire que tiene lugar...

parhelio. [Imagen 20, pliego]. Fotometeoro de la familia de los halos...

A

abaceo. Palabra de uso coloquial, no muy extendido, que toma el significado de umbría. Entre sus variantes encontramos los términos abisido y besedo. En tierras salmantinas, se emplean los localismos abigedo y obejedo.

abertal. Terreno agrietado como consecuencia de la sequía.

ablación. Si nos ceñimos a su acepción meteorológica, este término expresa la pérdida de nieve o de hielo como consecuencia de la combinación de tres procesos que tienen lugar en la atmósfera: la fusión, la evaporación y la sublimación. Pensando en el manto de nieve o en el hielo de un glaciar, si bien su reducción suele relacionarse con el ascenso de la temperatura (más calor implica una mayor fusión), la ablación puede ocurrir también por la citada sublimación, pasando directamente la nieve o el hielo de fase sólida a gaseosa; es decir, convirtiéndose en vapor de agua. El viento es otro de los factores que contribuye muy eficazmente a reducir el espesor de un manto nivoso, gracias a las elevadas tasas de evaporación que provoca. El proceso opuesto es la alimentación. En un contexto geomorfológico, el término alude a la pérdida de suelo que ocurre en los valles fluviales, debida al arrastre de sedimentos que ocasionan las grandes crecidas provocadas por lluvias torrenciales. Esos materiales quedan depositados aguas abajo, en el entorno de la desembocadura del río y en el propio mar.

ablandar. Relacionada con el término blandura, esta palabra tiene dos acepciones meteorológicas. Por un lado, se aplica para indicar que el viento está amainando, perdiendo fuelle; y, por otro, para señalar que los rigores invernales van a menos, remitiendo el intenso frío. Así, con la llegada del tiempo primaveral, el invierno ablanda.

abocanar. Término usado principalmente en Asturias que alude a la palabra bocana (hueco). Adopta un doble significado: parar de llover y clarear; esto último en el sentido de abrirse huecos (claros) entre las nubes.

abonanzar. Tender el tiempo a mejorar, volverse bonancible, en referencia a la bonanza meteorológica. Palabra usada principalmente por las gentes de la mar cuando las condiciones meteorológicas y el oleaje se vuelven apacibles. De forma equivalente, se emplean los términos abonecer y abuenar.

abonecer. Abonanzar, abuenar. Volverse el tiempo bueno; por ejemplo, tras el paso de una tormenta.

aborrascarse. Empeorar el tiempo, volverse borrascoso. Se usa también como emborrascar(se). Significa justo lo contrario que abonanzar(se), por lo que podemos considerarlos antónimos.

aborregado. Cielo en el que todo o gran parte de él está cubierto de pequeñas nubes blanquecinas y redondeadas, que recuerdan a un rebaño de ovejas o de borregos, de ahí esa curiosa expresión y otras equivalentes como borreguero o emborregado. Esas llamativas formas nubosas, que a veces cubren la bóveda celeste a modo de losetas (cielo alosetado, empedrado o enladrillado), son la mayoría de las veces altocúmulos de la especie *floccus*. *Véanse también* altocúmulo, cielo, nube.

aborregarse. Volverse el cielo aborregado.

ábrego. Expresado habitualmente en plural, los ábregos son vientos de procedencia atlántica, templados y húmedos, del suroeste (SW), que dan lugar a los grandes temporales de lluvia en la península ibérica. Por tal motivo, reciben también el nombre de «vientos llovedores». Desde antaño, la gente del campo de la meseta castellana sabe que cuando comienzan a soplar llegará la lluvia, lo que resulta fundamental en otoño para las labores agrícolas en tierras de secano. El ábrego o ábrigo tiene siempre su génesis en las borrascas que, desde la zona de Azores o Canarias, se aproximan a la Península, profundizándose y dando lugar a un marcado flujo del suroeste. El viento se canaliza en las grandes cuencas de los ríos de la vertiente atlántica peninsular, dando lugar a los citados temporales de lluvia. El origen etimológico del término «ábrego» está en la palabra latina *africus*, que es el nombre con el que en la época clásica llamaban al viento del suroeste (procedente de África). Por el área cantábrica recibe distintos nombres, en función de la zona. Por la costa cántabra se refieren a él como castellano, campurriano (en referencia a la comarca montañesa de Campoo) o «aire de arriba» (de las montañas del interior de Cantabria). Si sopla demasiado caliente (como consecuencia del efecto foehn que experimentan los vientos de componente sur en la cordillera Cantábrica) se refieren a él como abriguna, mientras que su persistencia durante varios días recibe el nombre de abrigada.

abrigada. Tiempo en el que persiste el viento ábrego. En el interior de Cantabria es común el uso del vulgarismo abrigá. El término también se usa como sinónimo del citado ábrego, un viento del suroeste, templado y húmedo. Se emplea igualmente para referirse a un lugar protegido del viento, al abrigo de este.

abrigadero. Equivalente a abrigada, en la última acepción que se incluyó en la entrada anterior.

abrigado. Aparte de tomar el significado de ir con ropa de abrigo para protegerse del frío, alude a un lugar resguardado del viento.

abrigaño. Lugar resguardado del viento y del frío. Tiene su origen en la voz latina *apricus* (abrigo). La expresión «estar al abrigaño» toma el significado de estar al abrigo, protegido de las inclemencias meteorológicas invernales.

abrigo meteorológico. *Véase* garita meteorológica.

abrir el día. Amanecer.

abrocar. Palabra antigua, ya en desuso, que se empleaba como sinónimo de llover.

abromado. Referido al mar, que está cubierto por la bruma o niebla. El resultado de abrumarse.

abrumarse. Cubrirse de bruma el horizonte. El uso más común de esta palabra es fuera del contexto meteorológico.

absorción (atmosférica). Atenuación que sufre la radiación luminosa al atravesar la atmósfera, causada por los gases y demás elementos en suspensión contenidos en ella. Esa disminución es mucho más acusada cuando la luz proviene de un astro (Sol, Luna...) en las cercanías del horizonte que cuando es más cenital, en cuyo caso atraviesa un tramo mucho menor de la baja atmósfera, donde la densidad del aire es significativamente mayor.

absorción de Chappuis. Banda de absorción del ozono atmosférico en el espectro electromagnético. Es ancha pero débil, de tal forma que la presencia de ese gas apenas atenúa la radiación solar incidente. Su efecto en el color del cielo es perceptible por las tonalidades que adopta durante los crepúsculos, en la llamada hora azul, especialmente en la sombra de la Tierra.

abuenar. *Véase* abonanzar.

acantalear. Llover de forma abundante. Literalmente, «llover a cántaros». También se utiliza para referirse a la acción de granizar cuando caen granizos de gran tamaño.

acarambanado. Relativo al carámbano. Alude a la presencia de esas agujas de hielo. También se emplea la variante carambanado.

acaramelado. Relativo al caramelo, que es una de las formas de referirse al carámbano. Sinónimo de acarambanado. También se emplea para referirse a lo que está cubierto de una escarcha gruesa.

acelajado. Término náutico o marino usado para referirse a la presencia de celajes. Por ejemplo, un horizonte acelajado es aquel que presenta nubes enmarañadas, algo relativamente común de ver.

aceleración de Coriolis. *Véase* efecto de Coriolis.

achicharradero. Lugar donde el calor es excesivo, insoportable. La palabra deriva de achicharrar, una de cuyas acepciones es quemar en exceso.

achubascarse. Término coloquial usado para describir el cielo amenazante que anuncia un inminente aguacero o chubasco.

acidificación del océano. Circunstancia que tiene lugar en las aguas oceánicas, consistente en la disminución de su pH —y, en consecuencia, el aumento de su acidez—, debida, principalmente, a la absorción de dióxido de carbono proveniente de la atmósfera, aunque también puede ser provocado por otras adiciones químicas, como, por ejemplo, las debidas a la actividad volcánica. La acidificación del océano que se viene detectando en los últimos años está en buena parte provocada por las actividades humanas, y una de sus consecuencias está siendo el blanqueamiento de los corales observado en distintos lugares del mundo. El fenómeno de la acidificación se extiende también a los suelos y la vegetación, como consecuencia de la lluvia ácida y el *smog*.

aclarar(se). Referido al cielo, despejarse, abrirse claros. También se usa como sinónimo de clarear, al amanecer. Otro uso común se aplica a la disminución de la nubosidad, aunque esta no llegue a desaparecer por completo.

aclimatación. Adaptación de los seres vivos a unas condiciones climáticas distintas a las que están acostumbrados. Con frecuencia, se emplea para referirse a la adaptación a la altura, por encima de los 3000 m sobre el nivel del mar, debido a la reducción de la cantidad de oxígeno en el aire.

aclimatar. Conseguir adaptarse un ser vivo a unas condiciones climáticas y ambientales distintas a las de su hábitat.

acreción. Crecimiento de una gotita de nube o de una gota de mayor tamaño que precipita, debido a la adición de minúsculas gotas de agua subfundida, que se congelan de inmediato al colisionar con la misma, incrementando su masa y volumen.

actinógrafo. Instrumento empleado para medir la radiación solar directa que lleva incorporado un dispositivo registrador. También se conoce como pirheliógrafo.

actinometría. Rama de la Física que se dedica al estudio de la radiación y a su medición, para lo cual se cuenta con instrumentos específicos, disponibles solo en algunos observatorios principales y/o especializados. En Meteorología, se estudia y mide la radiación solar (conocida como radiación de onda corta), la terrestre (radiación de onda larga) y la que irradia la propia atmósfera.

actinómetro. *Véase* pirheliómetro.

adalor. Nombre antiguo que se daba al viento de poniente.

adaptación. Ajustes en los sistemas ecológicos, sociales o económicos que tienen como principal objetivo limitar los riesgos asociados al cambio climático, haciéndonos menos vulnerables a ellos. Las medidas de adaptación son un conjunto de acciones a llevar a cabo como respuesta a los impactos actuales y futuros del cambio climático. En función de cuál sea su grado de implementación, los daños potenciales de naturaleza climática se amortiguarán más o menos, lográndose una mayor o menor resiliencia.

adiabática. En un diagrama termodinámico o aerológico, recibe este nombre genérico cada una de las líneas que muestran el comportamiento de la temperatura experimentado por una parcela o burbuja de aire al ascender o descender por la atmósfera, sometida a un proceso adiabático. En función de que el aire de dicha parcela se considere seco o saturado, aparecen trazadas en el citado diagrama las llamadas adiabáticas secas (líneas rectas) y las adiabáticas húmedas o saturadas (líneas curvas). Con ayuda de estas y de otras líneas auxiliares, se puede analizar el grado de inestabilidad atmosférica a partir de los datos obtenidos por un radiosondeo.

adrosia. Ausencia de rocío.

advección. Deslizamiento sobre la superficie terrestre de una masa de aire con el consiguiente transporte horizontal de calor y humedad. Se suele hablar de una advección cálida o fría en función de la temperatura del aire que se desplaza. En los océanos también se producen advecciones, en este caso de masas de agua. Mientras que los vientos son los que gobiernan los grandes movimientos horizontales de aire en la atmósfera, en el medio oceánico hacen lo propio las corrientes marinas.

Aerobiología. Ciencia encargada del estudio de los pequeños organismos animales y vegetales que hay flotando en el aire, entre los que encontramos pólenes, esporas, hongos, bacterias, virus, ácaros y un largo etcétera. Entre otros asuntos, la Aerobiología estudia el impacto que tiene en la salud la presencia de toda esta fauna y flora microscópica en el aire que respiramos.

aerograma. Nombre que también recibe el diagrama termodinámico o aerológico.

aerología. Rama de la Meteorología que se encarga del estudio del estado termodinámico y los procesos que tienen lugar en la atmósfera libre, por encima de la capa límite superficial. Para tal fin, se abastece fundamentalmente de los datos obtenidos por los radiosondeos.

aerosol(es). Partículas sólidas o líquidas en suspensión en la atmósfera. En sentido estricto, el gas en el que están inmersos esos elementos también constituye el aerosol. El uso del singular o plural es indistinto, aunque está más extendido este último. Los aerosoles son de naturaleza y tamaños muy variables (microscópicos en todos los casos) y su permanencia en el aire puede llegar a reducir la visibilidad. Su origen puede ser natural (cenizas volcánicas, polvo desértico, nubes de polen...) o antropogénico (quema de combustibles fósiles, residuos industriales...). En ambos casos, intervienen en los procesos de formación de las nubes —actuando como núcleos de condensación— e influyen en el sistema climático, tanto por esa relación directa —a la par que compleja— con la cobertura nubosa, como por el papel que desempeñan en el balance energético terrestre. *Véanse también* aguacero, chubasco.

Afer. Nombre que también recibe el viento África (Afer ventus).

afinar(se). Empezar a llover con intensidad.

afoscarse. Término náutico que se emplea cuando la atmósfera sobre el mar está muy cargada de humedad, con presencia de abundantes nubes y rociones que no permiten tener una buena visibilidad. También se usa la variante afuscarse. Ambas hacen referencia a fosco, que es la oscuridad en la atmósfera.

África. Castellanización de Africus, el viento procedente de África en el mundo clásico, conocido también como Libis o Libs. Recibe otros nombres como Africuo, Africino o Afer ventus. En la antigua rosa de los vientos de Vitruvio se correspondía con el viento del suroeste (SW).

agostar. Secarse y quemarse las plantas por el calor abrasador de agosto.

agroclimatología. *Véase* agrometeorología.

agrometeorología. Término equivalente a agroclimatología o meteorología agrícola. La estrecha relación entre el tiempo y el clima con la agricultura es el campo de estudio de esta rama de la

Meteorología, conocida también como Agroclimatología. Se ocupa de estudiar cómo influyen los caracteres climáticos de un lugar en los cultivos, cómo lo hacen las cambiantes condiciones meteorológicas en las cosechas, su incidencia en las plagas y en las tareas agrícolas. El conocimiento sobre el terreno de variables como la temperatura, el contenido de humedad del aire o la insolación, permite llevar a cabo este tipo de investigaciones, en las que colaboran estrechamente meteorólogos y agrónomos.

agua precipitable. Concepto teórico que describe la cantidad total de vapor de agua contenido en una columna atmosférica. Es habitual expresarla en términos de la altura (expresada en milímetros) que alcanzaría en dicha columna la precipitación del agua líquida resultante de la condensación de todo el vapor de agua presente en ella.

agua subfundida. Aunque está muy extendida la idea de que el agua en la naturaleza solo puede presentarse en tres estados (sólido, líquido y gaseoso) y que su punto de congelación se alcanza justamente a los 0 ºC, bajo determinadas condiciones puede permanecer sin congelarse a temperaturas inferiores, de hasta –20 ºC e incluso menos. Dicha circunstancia ocurre en la atmósfera, con relativa frecuencia, en el interior de las nubes. La subfusión o sobrefusión del agua es un estado transitorio entre líquido y sólido, en el que las gotitas de nube aparentemente son líquidas, pero su estructura molecular es tal que un cambio brusco de presión hace que se congelen de inmediato, formándose la malla cristalina hexagonal característica del hielo. Las gotitas de agua subfundida o superenfriada, al congelarse por contacto, contribuyen al crecimiento de las gotas y los cristales de hielo.

aguacero. Una de las formas más comunes y extendidas de llamar al chubasco intenso de lluvia. El nombre hace alusión a la fase de hielo (agua a temperatura inferior a 0 ºC) por la que pasan las gotas de lluvia, antes de llegar al suelo. Inicialmente son granizos y en función del tamaño que alcancen en el interior de las nubes de tormenta, pueden llegar al suelo como tales (granizada) o como gotas (aguacero).

aguacha. Forma coloquial de llamar a un chubasco. En Argentina, toma el significado de llovizna fría. También se emplea para referirse al agua pantanosa, llena de fango. Al igual que otros muchos términos alusivos a la lluvia o la llovizna, deriva del término latino *acqua* (agua). El sufijo «-acha» (lo mismo que «-acho» o «-ucho») es despectivo, señalando un aspecto negativo.

aguachinar. Término usado en León con el significado de «llover de forma intensa».

aguachona. Forma coloquial de llamar al aguanieve o a la nieve sopa (pastosa), cuyo contenido de agua líquida es elevado, o bien debido a la fusión o porque ha llovido sobre el manto nivoso.

aguachoso. Equivalente a lluvioso. Palabra con la que se identifica el típico tiempo muy húmedo, con lluvia.

aguada. Una de las muchas palabras empleadas a nivel popular para referirse al rocío. En algunos lugares de España, como en Navarra o Teruel, toma el significado de escarcha. También recibe este nombre la provisión de agua potable que lleva un buque, una fuerte corriente marina, y la masa de agua que entra y sale de los puertos, rías y ensenadas debido a las mareas.

aguaducho. Fuerte avenida de agua, provocada por un episodio de lluvias intensas, que acostumbra a tener consecuencias catastróficas. Tiene su origen en el término latino *aquaeductus* (acueducto). También se emplea como sinónimo de aguacero.

aguadura. Localismo aragonés con el que se denomina el rocío.

aguaina. Término empleado para identificar una lluvia poco relevante. Su uso está poco extendido, lo mismo que la variante aguanina.

aguaje. Masa o corriente de agua marina que entra y sale de un puerto de forma periódica como consecuencia del régimen mareal. Se conoce también como aguada, en una de sus distintas acepciones.

agualera. Forma coloquial de referirse al rocío en algunas comarcas de Aragón.

agualluvia. Contracción con la que se expresa a veces el agua de lluvia. Término en desuso.

aguanieve. De manera genérica, puede definirse como la forma de precipitación resultante de la mezcla de lluvia y nieve. Tiene lugar cuando la temperatura en las cercanías del suelo es algo superior a los 0 °C, de manera que los copos de nieve se funden total o parcialmente en el tramo final de su caída. Esa nieve fundida puede o no combinarse con otros hidrometeoros precipitantes, como gotas de lluvia, gránulos de hielo o granizos.

aguanina. *Véase* aguaina.

aguarera. Forma popular de llamar al rocío. Dependiendo de las regiones españolas, se emplean variantes de este término como aguareda, agualera (Aragón) o aguazera. Es un término equivalente a aguada y aguazón, entre otras denominaciones incluidas en el presente diccionario.

aguarrada. Lluvia ligera de corta duración. Ocasionalmente, se emplea también para describir una lluvia intensa y breve. Dentro del contexto de la meteorología popular en el que se emplea este término, está más extendida la forma con diminutivo, aguarradilla, y sus distintas variantes.

aguarradilla(s). Variante del término aguarrada, expresado habitualmente en plural y usado para identificar los típicos chaparrones del mes de abril. En algunos lugares, llaman también así a la llovizna que, con el ambiente muy cargado de humedad, se produce de forma irregular algunas mañanas de invierno y primavera, y empapa todo. El refranero meteorológico alude al término en varios dichos («Las aguarradillas de abril caben en un barril», «Las aguarradillas de abril, unas ir y otras venir»). Se expresa también como aguarrilla(s) o aguarrerilla(s). Este último término se emplea en la zona de Ojeda (Palencia).

aguarrilla. *Véase* aguarradilla(s).

aguarrina. Nombre que en algunas comarcas de Cantabria dan a la llovizna particularmente fina que cae con intensidad, acompañada, a veces, de niebla. Algunos lugareños omiten la «a» inicial, refiriéndose a ella como guarrina; un término que en otro contexto tiene un significado bien distinto. Se emplean, con idéntico significado, las variantes mojarrina, mojina y murrina.

aguarrinear. Lloviznar. Acción de caer aguarrina.

aguarrujo. Palabra usada tanto para referirse a un chaparrón como a una rociada abundante. Dependiendo de los lugares donde se utiliza, adopta uno u otro significado. La palabra forma parte de la familia de localismos empleados para describir la lluvia, la llovizna o el rocío en sus distintas variantes.

aguazada. Chaparrón. Lluvia muy intensa.

aguazón. Forma coloquial de referirse al rocío. El término también se emplea para describir la humedad del suelo a consecuencia del citado rocío.

agüilla. Hilillos de agua de rocío que se deslizan por las hojas de las plantas.

agujero de ozono. La expresión comenzó a popularizarse a finales de la década de 1980, a raíz de la detección sobre la vertical de la Antártida de la destrucción masiva de moléculas de ozono. El citado agujero es, en realidad, una vasta región de la ozonosfera en la que la concentración de ozono es significativamente baja, lo que ocurre principalmente sobre el continente antártico en la primavera austral (septiembre-octubre-noviembre). Dicha pérdida estacional de ozono es debida a una combinación de factores naturales y antropogénicos (CFC).

ahilado. Viento suave y constante.

ahornagante. Término equivalente a sofocante, que describe un calor intenso y prolongado, propio de la canícula o de una ola de calor. La palabra es de uso común en verano por tierras castellanas y hace alusión a las altas temperaturas que se alcanzan en un horno. *Véase también* bochorno.

airada. Localismo de uso común en Aragón, que adopta el significado de ráfaga de viento y también de ventolera. Término equivalente a otros de idéntica raíz latina como aireada, airaz, airegaz y airón.

airaz. *Véase* airada.

aire. Por encima de cualquier otra consideración, es, junto al agua, uno de los fluidos que posibilitan la vida en la Tierra. Conjunto de gases que constituyen la atmósfera. Dicha mezcla gaseosa está formada por tres componentes principales: el nitrógeno (N_2), el oxígeno (O_2) —ambos en su forma molecular (diatómica)— y el argón (Ar), cuyas proporciones se mantienen constantes en la baja atmósfera y en parte de la superior (hasta unos 80 kilómetros de altitud, homosfera). La pequeña abundancia del argón frente a la del nitrógeno y el oxígeno lo convierte, por definición, en un gas traza. En cualquier muestra de aire que tomemos, algo más del 99 % de su volumen lo ocupan esos tres gases (N_2-78 %, O_2-21 %, Ar-0,9 %, en números redondos), mientras que el resto está constituido por gases traza —de proporciones muy variables—, como el vapor de agua, el ozono, el dióxido de carbono, el metano o el óxido nitroso, entre otros, aparte de minúsculas partículas sólidas y líquidas en suspensión de distinta naturaleza (aerosoles). Con frecuencia, se usan indistintamente los términos aire y atmósfera, y también es bastante común identificar el aire con el viento.

aire de castañas. Nombre que dan al ábrego en la zona occidental de Asturias. Este viento del suroeste suele soplar de forma impetuosa durante la primera parte del otoño, asociado a los temporales atlánticos. Las fuertes ráfagas que genera, zarandean a los castaños que abundan en la zona y provocan la caída de sus frutos, de ahí la denominación. Los ábregos —los vientos de componente sur, en general— tienen mala fama en Asturias y en el resto de la cornisa cantábrica, ya que se les relaciona con catarros, cefaleas y estados depresivos.

aire húmedo. Aire que contiene una determinada cantidad de vapor de agua. Cualquier muestra de aire cumple esa condición, si bien cuando la proporción del citado gas no es significativa, suele hablarse de aire seco. También es relativamente frecuente referirse al aire húmedo como saturado, aunque la humedad relativa sea inferior al 100 %.

aire saturado. Aire húmedo en el que el vapor de agua contenido en él ha alcanzado la presión saturante, momento a partir del cual comienza a condensarse el citado gas, formándose gotitas de nube de forma espontánea. Bajo tales circunstancias, la humedad relativa del aire alcanza el 100 %. La formación de la niebla o de una nube es debida a que se dan las condiciones de saturación del vapor de agua en la porción de aire donde surgen.

aire seco. En sentido estricto, aire que no contiene vapor de agua. En la práctica, se califica así al aire cuya humedad relativa es baja, como ocurre con el situado sobre los desiertos y zonas áridas. Hay que tener en cuenta que, incluso en los lugares más secos de la Tierra, el aire, por seco que sea, siempre contiene algo de vapor de agua en su seno.

aireada. Ventolera. *Véase también* airada.

AIREP. Nombre que recibe el informe meteorológico codificado que se genera y transmite desde aeronaves en vuelo, y que incluye, entre otros datos, información meteorológica.

airera. Una de las muchas formas coloquiales de llamar a un viento fuerte y duradero. También se emplea para referirse a la racha de viento intensa y breve.

airglow. Este anglicismo, que se suele traducir al español como luminiscencia nocturna, hace referencia a la tenue iluminación que se percibe en el cielo nocturno (en lugares oscuros, libres de contaminación lumínica) como consecuencia de la emisión de luz (fosforescencia) que provocan algunas reacciones químicas que tienen lugar en la alta atmósfera, al cesar la ionización provocada por la radiación solar y formarse moléculas tras la disociación en átomos e iones que tiene lugar durante las horas diurnas.

airín. Diminutivo de aire que se emplea para designar una brisa suave y agradable.

airón. En contraste con la entrada anterior, este término describe de forma muy expresiva un viento fuerte o la ráfaga intensa que sopla en un momento dado, lo que popularmente se conoce como un golpe de viento. Dependiendo de los lugares y de las personas, se emplean palabras equivalentes, como airada, airera, airaz, aironazo, bazabrera, vendaval, ventarrón, ventolada o volada, entre otras muchas.

aironazo. Localismo mexicano usado para referirse a un viento fuerte.

ajuste de altímetro. *Véase* calado de altímetro.

alba. Palabra que deriva del término latino *albus* (blanco) y que equivale a amanecer. Alude a la claridad —en el sentido de blancura— que va adquiriendo el cielo durante el crepúsculo matutino.

albaina. En Mallorca, lluvia muy fina.

albanciar. Término usado en Asturias que significa escampar, dejar de llover. Podemos identificarlo con clarear, ya que eso es lo que ocurre cuando cesa la lluvia; aparte de la etimología del término, con origen en la palabra latina *albus* (blanco, claro).

albazo. Nombre que recibe en México el amanecer. Aumentativo de alba o albor.

albedo. Cociente entre la radiación luminosa (habitualmente la solar) reflejada por una superficie y la que incide sobre la misma. Suele expresarse en términos porcentuales (%) y permite conocer el poder reflector de la superficie en cuestión. El albedo depende principalmente de tres factores: la naturaleza de la superficie reflectora, el ángulo bajo el que inciden los rayos solares y la longitud de onda de la radiación incidente. Mientras que el albedo de la nieve fresca, recién caída, alcanza el 85 %, el porcentaje baja hasta el 25 % en el caso del césped, entre un 10 y un 25 % en un suelo árido, en un 10 % en la tierra mojada, y apenas entre un 5 y un 10 % en la cubierta forestal que ofrece un bosque o selva.

albedo terrestre. Para el caso particular de la Tierra, podemos definir el albedo terrestre o planetario como la fracción entre la radiación solar que refleja la superficie terrestre y la que incide sobre ella. Las mediciones tomadas desde satélite arrojan como resultado —en promedio para toda la Tierra— un albedo del 30 %, en números redondos. Las variaciones de este valor están íntimamente relacionadas con los cambios que tienen lugar en el sistema climático, por ejemplo, en la cobertura nubosa o en la extensión que ocupan la nieve y el hielo. Como curiosidad, cabría indicar que el albedo terrestre (30 %) es bastante mayor que el lunar (7 %), a pesar de lo brillante que nos parece la luna llena. Esta falsa impresión la genera el fuerte contraste que supone ver el disco lunar sobre el fondo oscuro del firmamento. Si nos desplazáramos a la superficie lunar, comprobaríamos como allí la Tierra es un objeto mucho más brillante que la luna vista desde la superficie terrestre.

albor. Luz del alba. *Véase también* crepúsculo.

alborada. *Véase* albor.

albornés. Viento del primer cuadrante que sopla con frecuencia en el golfo de Valencia, entre los meses de abril y septiembre. Irrumpe durante la transición entre la brisa de mar (diurna) y la de tierra (nocturna). Suele iniciarse al final de la tarde y dura hasta las diez de la noche. Cuando se prolonga durante toda la madrugada recibe el nombre de bocana, en alusión a la entrada del puerto, como lugar de refugio de los pescadores cuando sopla («Si el albornés se encueva, bocana», sentencia un dicho local). Su nombre es una variante de arbonés, cuyo origen está en narbonés, en alusión a la localidad francesa de Narbona, situada en el golfo de León.

albornez. Variante de albornés, viento del nordeste en el golfo de Valencia.

alcance de un modelo. Su horizonte de predicción. Período máximo de tiempo para el que el citado modelo numérico proporciona una predicción, contado a partir de la hora nominal a la que se ejecuta. *Véase también* modelo numérico de predicción.

alcance del viento. Concepto utilizado principalmente en náutica, pero ligado a la Meteorología, conocido internacionalmente como *fetch*, que es su nombre original en inglés. Se define como la distancia máxima sobre la superficie del mar en la que sopla un viento uniforme, tanto en dirección como en intensidad. Cuanto mayor sea el alcance de viento, mayor será la altura de olas que genera.

alcance visual en pista. Parámetro de vital importancia para garantizar la seguridad de las operaciones de despegue y aterrizaje en un aeropuerto. Se define como la distancia máxima a la que el piloto de una aeronave situada en el eje de la pista es capaz de ver las marcas o las luces que delimitan sus bordes o que señalan el citado eje. Conocido por su sigla en inglés RVR (iniciales de *Runway Visual Range*), se expresa en pies o en metros y se estima con un transmisómetro.

algaracear. Palabra que deriva del término algarazo, que en algunas zonas de Aragón identifican con la acción de caer nieve granulada o celisca, es decir, una nevada de pequeñas bolitas de hielo, zarandeadas con frecuencia por el viento y que pueden llegar a blanquear el suelo. En la provincia de Guadalajara —limítrofe, entre otras provincias, con la de Teruel— llaman así a caer copos de nieve de pequeño tamaño.

algarazo. Término de origen árabe, usado en parte de Aragón y en zonas limítrofes de Soria y Guadalajara, con el que se identifica un chubasco frío de lluvia, nieve granulada o cellisca, corto pero intenso.

álgido. Muy frío, gélido. Es común emplear esta palabra para referirse al momento culminante, crítico o de mayor intensidad de un proceso o de un determinado período. Por ejemplo, los años más fríos de la Pequeña Edad de Hielo constituyen su momento álgido.

aliento. Aparte de llamar así al aire que expulsamos por la boca de forma deliberada, o la mera exhalación al respirar, bien sea por la boca o la nariz, otra de las acepciones de esta palabra es soplo de viento; en la misma línea que hálito.

alisios. Nombre que reciben los vientos marítimos persistentes de componente este que soplan a uno y otro lado del ecuador, en dos grandes cinturones terrestres que se extienden desde la zona ecuatorial hasta los 25º de latitud norte y sur. En determinadas franjas longitudinales y épocas del año, este régimen de vientos puede alcanzar el paralelo 30º o, en contraposición, limitarse a las cercanías del ecuador. Conocidos también como «los vientos del comercio» (*Trade Winds*, en inglés), los alisios son conocidos desde antaño por los navegantes, lo que impulsó los primeros estudios científicos sobre la circulación general de la atmósfera. Mientras que en el hemisferio norte soplan del NE, en el sur lo hacen del SE, propiciando entre ambos la existencia de la zona de convergencia intertropical.

allustro. Arcaísmo que toma el significado de rayo o relámpago.

alpenglow. Palabra inglesa que tiene su origen en el término alemán *alpenglühen* y que traducimos al español como resplandor alpino. También se conoce como luz purpúrea. Aunque el término hace referencia explícita a los Alpes, el fenómeno que describe puede ser observado en la cima de cualquier montaña de cierta entidad, así como en la parte superior de las nubes cumuliformes de gran desarrollo vertical. Consiste en la iluminación, en tonalidades rosadas o amarillentas, que tiene lugar, a veces, sobre las citadas cumbres montañosas o topes nubosos, cuando el sol queda situado por debajo del horizonte para el observador, o bien algo antes de la salida del astro, o algo después de su puesta. La duración de este llamativo resplandor crepuscular es breve, desapareciendo tras una corta transición hacia un color azul, cuando la sombra de la Tierra se proyecta sobre la cima de la montaña en cuestión.

alta. Forma abreviada de llamar a una alta presión o anticiclón. Su uso es relativamente frecuente en Meteorología.

alta atmósfera. De las distintas formas en que puede dividirse la atmósfera —atendiendo a unos u otros criterios—, la más simple de todas ellas es la que establece una división en solo dos regiones: la alta y la baja atmósfera. Al no estar definidas de forma precisa, las referencias a ellas suelen ser genéricas. Mientras que algunos autores identifican la alta atmósfera con la heterosfera, otros se refieren a ella como la zona situada de la tropopausa para arriba, y los hay más restrictivos aún, para los que es la región de la atmósfera libre que surcan los globos sonda.

alta presión. *Véase* anticiclón.

altas presiones subtropicales. Conocidas también como cinturón subtropical de altas presiones, recibe este nombre el conjunto de anticiclones, dispuestos de forma alineada, situado entre el paralelo 30º y 35º, tanto en el hemisferio norte como en el sur. Cada uno de los dos cinturones bascula estacionalmente en sentido meridiano, ocupando una posición ligeramente distinta en invierno que en verano, que es cuando alcanza una mayor latitud. Las altas presiones subtropicales surgen en las zonas de subsidencia ligadas a las ramas descendentes de las células de Hadley. Dicha circunstancia hace que justamente allí se localicen los principales desiertos de la Tierra, ya que los descensos de aire (subsidencia subtropical) mantienen el cielo poco nuboso o despejado, produciéndose una elevada insolación y dando lugar al tiempo seco y caluroso característico de las regiones desérticas. *Véase también* circulación general de la atmósfera.

altitud. Distancia vertical entre un nivel de atmósfera, un punto o un objeto considerado como tal y el nivel medio del mar. Con frecuencia, este concepto se confunde con la altura o con la elevación de un lugar. Podemos hablar de la altitud a la que vuela un avión o a la que se sitúa una capa de nubes, pero no es correcto hacerlo de la altitud de una montaña o de un edificio, en cuyo caso hemos de referirnos a su elevación y a su altura respectivamente.

altitud de presión. En la atmósfera tipo, cada valor de presión se corresponde con una determinada altitud, que recibe el nombre de altitud barométrica o de presión. Por ejemplo, el nivel de 500 hPa se alcanza a una altitud de 5500 metros, siendo este valor la altitud de presión correspondiente. Este tipo de correspondencias entre la presión y la altitud solo son válidas en esa atmósfera teórica (tipo, estándar o ISA) antes apuntada.

altocúmulo. Nombre que recibe en español la palabra latina *Altocumulus*, con la que oficialmente se conoce a ese género nuboso.

Altocumulus (Ac). Género nuboso perteneciente a la familia de las nubes medias, que puede presentar aspectos muy variados. Se extiende formando un banco o capa no demasiado gruesa, constituida por elementos nubosos regularmente dispuestos, de color blanco, gris, o ambos a la vez, cuyas formas acostumbran a ser redondeadas. El *Atlas Internacional de Nubes* de la Organización Meteorológica Mundial (OMM) establece cinco especies distintas de ellos (*stratiformis, lenticularis, castellanus, floccus* y *volutus*) y siete variedades, pudiendo presentar distintas texturas y apariencias; desde la presencia o no de elementos fibrosos o difusos, hasta un distinto grado de solapamiento entre ellos, dando lugar desde el típico cielo con borreguitos, hasta uno empedrado o cubierto de losetas.

altoestrato. Nombre que recibe en español la palabra latina *Altostratus*, con la que oficialmente se conoce a ese género nuboso.

Altostratus (As). Género nuboso perteneciente a la familia de las nubes medias, cuya principal característica es su extensión horizontal. El sufijo «*stratus*» hace referencia justamente a eso; se trata de un estrato o capa nubosa grisácea, que suele presentar un aspecto bastante uniforme, destacando en ella, a veces, elementos fibrosos o estrías. Los altoestratos cubren con frecuencia todo el cielo y a través de ellos normalmente se llega a vislumbrar el disco solar o lunar, ya que no alcanzan un gran espesor. El *Atlas Internacional de Nubes* de la OMM contempla hasta cinco variedades distintas de ellos.

altura. Tomando como nivel de referencia la superficie terrestre, la altura del nivel, punto u objeto que queramos determinar es la distancia vertical entre ambos. Solo en el caso particular de que estemos sobre el mar, la altura y la altitud coincidirán, cosa que deja de ocurrir sobre tierra firme. La altura de un objeto también la podemos identificar con su dimensión vertical, si bien, pensando en una nube, en las observaciones meteorológicas se considera como tal la altura a la que se sitúa su base (siempre y cuando la extensión horizontal de la misma sea relevante), lo que se conoce como el techo de nubes.

altura geopotencial. Concepto que se puede aplicar de forma indistinta para la altura o la altitud, teniendo en cuenta la definición de cada una de ellas. En Meteorología se utilizan mapas en los que se indican las alturas (altitudes) geopotenciales que alcanzan determinadas superficies de presión (niveles tipo). Esas alturas toman como referencia un campo gravitatorio homogéneo para toda la Tierra, considerando la superficie terrestre como una esfera y la aceleración de la gravedad en toda ella igual a 9,8 m/s^2.

altura significativa de las olas. Es uno de los parámetros usados para caracterizar el estado del mar, en particular el oleaje. Se define como la media aritmética del tercio de olas más altas registradas durante un período de tiempo dado, y es una fiel representación de la altura de las olas estimada por un observador experimentado. Parámetro de uso extendido en meteorología marítima, también conocido como altura de ola significante.

alud. Avalancha de nieve. Brusco desprendimiento de una gran cantidad de nieve ladera abajo de una montaña. Se considera como tal cuando la cantidad de nieve desplazada supera los 100 m³ y recorre una distancia superior a los 50 metros. Con frecuencia, arrastra en su caída rocas, tierra y demás materiales que se encuentra en su camino. El alud desplaza, además, una gran cantidad de aire, lo que da lugar a un viento frío, intenso y racheado, perceptible tanto por delante de la masa descendente, como por sus lados. Los aludes son uno de los fenómenos más peligrosos en las áreas montañosas. Para anticipar su posible formación, aparte de seguir con detalle la evolución de las condiciones meteorológicas, se llevan a cabo catas en el manto nivoso situado en zonas sensibles, efectuándose una serie de medidas que permiten la elaboración de mapas de riesgo. Hay tres tipos principales de aludes: los de nieve polvo, los de placa y los de fusión o nieve húmeda. La temperatura y el viento son los factores que más contribuyen a desestabilizar el manto de nieve.

aluvión. Equivalente a inundación. Más específicamente, se refiere a los materiales que, una vez arrastrados por el agua, quedan depositados sobre el terreno, tales como arena, grava, guijarros, lodo, arcillas, piedras de distinto tamaño o ramas y otros elementos vegetales. En función del caudal alcanzado por la riada o inundación, el espesor de la capa de sedimentos y del resto de materiales arrastrados alcanza un mayor o menor tamaño.

amainar. Término de origen marítimo cuyo uso está bastante extendido. Toma el significado de aflojar el viento, perder fuerza o intensidad.

amanecer. Aparición de las primeras luces del día, previas a la salida del sol. Es equivalente al alba o a la aurora.

amarañado. Variante de enmarañado. Forma coloquial para referirse a un cielo salpicado de nubes altas, con su característico aspecto deshilachado. Es común acortar el final de la palabra y referirse a esa maraña de cirros como un cielo amarañao. *Véase también* cirro.

amarañarse. Empezar a cubrirse el cielo de nubes altas. Dicha circunstancia ocurre, por ejemplo, al aproximarse un frente cálido, cuya primera avanzadilla nubosa está formada por cirros y cirroestratos, que hacen que el cielo comience a amarañarse (o enmarañarse), volviéndose cada vez de aspecto más lechoso.

amargacea. Forma abreviada de amargacenas, que es el nombre —caído en desuso— con el que antaño identificaban al viento fresco e impetuoso que sopla al final de la tarde en verano. Las molestias que ocasionaba a los campesinos, cuando se disponían a cenar al aire libre, es lo que dio origen a tan curioso y explícito nombre. Esas ráfagas de viento tienen su razón de ser en el brusco descenso de la temperatura que tiene lugar antes del ocaso en los días calurosos veraniegos, lo que genera movimientos en el seno del aire que hay junto al suelo.

amellar. Localismo del Serrablo, en el Alto Aragón, que significa mejorar el tiempo. Término equivalente a espazar, también utilizado en la zona, con el significado de dejar de llover.

AMOC. Siglas de la expresión en inglés *Atlantic Meridional Overturning Circulation*, que suele traducirse al español como la circulación del vuelco, del lazo o de retorno meridional del Atlántico. Se trata de un conjunto de corrientes marinas, tanto superficiales como profundas, que se localizan en el Atlántico Norte y que son uno de los principales motores de la cinta transportadora de calor de los océanos. Los científicos que estudian el clima llevan años vigilando su comportamiento. Desde hace décadas está siendo monitorizada y se observa en ella una ralentización, debido a una disminución del caudal de agua fría y salada superficial que, al ir descendiendo hacia el fondo, forma el agua profunda. Algunos científicos han comenzado a especular su posible colapso a lo largo del presente siglo, lo que tendría importantes implicaciones a escala regional en el norte de Europa, donde podría producirse un enfriamiento parecido al de la última glaciación.

amollinar. Lloviznar. Caer mollina, que es una de las muchas formas de llamar a la llovizna. Término equivalente a molliznar.

amorugar. Oscurecerse el cielo. Término usado en Cantabria, que también adopta el significado de enfadarse o fruncir el ceño. La relación entre ambas acepciones parece clara, pues se describe un cambio importante de aspecto, bien sea en el cielo o en el rostro de una persona.

amplificación ártica. Contribución al calentamiento global debida a la retroalimentación positiva que tiene lugar en el Ártico, donde la subida de la temperatura es entre tres y cuatro veces más rápida que la que está experimentando la Tierra en su conjunto. Factores como la reducción del hielo marino, el calentamiento de las aguas oceánicas en latitudes altas o la pérdida de permafrost son en gran parte responsables de la magnitud y la aceleración que se observa en el calentamiento global. Se conoce también como amplificación polar.

amplitud térmica. Conocida también como oscilación térmica, es la diferencia entre la temperatura más alta y la más baja alcanzadas en un determinado lugar durante un período de tiempo dado. De manera rutinaria, en los observatorios meteorológicos se calcula para cada día el valor que resulta de sumar las temperaturas extremas (máxima y mínima) y dividir entre dos. Los mayores valores de la amplitud térmica —tanto diaria como anual— se dan en lugares de marcado clima continental, donde hay grandes diferencias de temperatura entre el día y la noche y entre el verano y el invierno.

AMSL. Abreviatura usada en todo el mundo por los servicios de información aeronáutica —entre ella la meteorológica— para indicar «sobre el nivel medio del mar» (*above mean sea level*, en inglés).

ampo. Palabra que deriva de lampo (resplandor, destello, brillo, relámpago), con origen en el término latino *lampare* (relampaguear). Es usada tanto como sinónimo de copo de nieve, como para expresar la blancura resplandeciente de la misma.

anabático. Adjetivo que aplicado al viento lo califica de ascendente. La palabra deriva del término griego *anábatos*, con origen a su vez en *anábasis*, que significa subida. La brisa de valle es un buen ejemplo de viento anabático, en contraposición a la de montaña, que sopla en sentido descendente, ladera abajo, dando como resultado un viento catabático.

anafrente. Tipo particular de frente frío en el que la nubosidad asociada al mismo, formada al ascender forzadamente el aire cálido delantero, se desplaza relativamente hacia atrás según va deslizándose sobre la cuña de aire frío y ganando altura. En un frente frío convencional, las nubes quedan más localizadas en la vertical del propio frente, sin producirse de forma tan marcada ese desplazamiento del murallón nuboso en sentido inverso a la marcha. *Véase también* frente.

analema. Curva que resulta de representar gráficamente las posiciones que ocupa el sol en el cielo todos los días del año, observadas desde el mismo lugar y a la misma hora. La primera referencia escrita a esta construcción gráfica data del siglo I y se localiza en uno de los libros del arquitecto romano Vitruvio.

análisis (meteorológico/sinóptico). Concepto ligado a un mapa en el que aparecen representados los diferentes elementos meteorológicos que caracterizan el tiempo atmosférico en un momento dado, en el área geográfica cubierta por dicho mapa. En los mapas de análisis en superficie aparecen trazadas las isobaras, los frentes y los centros de alta y baja presión. *Véase también* mapa del tiempo.

andalocio. Localismo aragonés con varias acepciones meteorológicas y distintas grafías (andalogio, andalozio), casi todas ellas ligadas a la lluvia. Se usa para describir la lluvia breve y también el chaparrón, pero cuando este tiene lugar a la vez que luce el sol o sale inmediatamente después. En La Litera (Huesca) llaman andalogio (con «g») al cielo nublado, sin llegar a amenazar tormenta.

andaluviar. Forma antigua que se usaba como sinónimo de inundar y de llover torrencialmente o diluviar, en alusión al diluvio universal del relato bíblico. También se expresaba como endiluviar.

aneblar. Cubrirse de niebla. En algunos sitios, se usan indistintamente aneblar y anublar, con el significado de nublarse.

anemocinemógrafo. Instrumento meteorológico registrador del viento. Consta de sensores para medir la dirección, la velocidad y el recorrido del viento. La información es procesada por la unidad central del aparato, lo que permite, tanto la consulta de las medidas en tiempo real, como la obtención de un registro gráfico de las mismas.

anemógrafo. Anemómetro que incluye un registrador gráfico, lo que permite obtener un registro continuo de la velocidad del viento y de su recorrido. El aparato consta también de una veleta con la que se determina la dirección del viento.

anemómetro. Instrumento meteorológico usado para medir la velocidad del viento o, de forma simultánea, la dirección y velocidad. Los hay de distintos tipos, siendo el más común el de cazoletas. Entre los más modernos, destacan el anemómetro sónico (o ultrasónico), el de filamento caliente y los digitales, basados en tecnología láser. *Véase también* viento.

anemómetro de cazoletas. Conocido internacionalmente como Robinson, es el anemómetro clásico por excelencia. Está basado en la relación casi lineal que hay entre la velocidad del viento y la de rotación de un conjunto de cazoletas —habitualmente tres—, de forma cónica, que giran libremente alrededor de un eje vertical al que están unidas. Su fundamento es el mismo que el de los que disponen de un molinete de aspas, si bien en este caso el giro es alrededor de un eje horizontal.

anemómetro de placa. Conocido también como anemómetro de veleta —por integrar en él ese elemento— o *wild*, su funcionamiento está basado en el empuje del viento sobre una placa metálica suspendida de un eje horizontal, que bascula libremente. La inclinación que alcanza con respecto a la vertical es mayor o menor en función de la velocidad del viento, pudiendo estimarse visualmente gracias a una escala graduada que hay insertada en un cuadrante.

anemoscopio. *Véase* manga de viento.

anhídrido carbónico. Según los dictados de la nomenclatura química, una de las formas de llamar al CO_2. Es equivalente al dióxido de carbono, que, en la actualidad, es el nombre más usado para referirse al citado gas. Fuera del ámbito meteorológico, es común referirse a él como gas carbónico o carbónico a secas.

anieblar. *Véase* aneblar.

anillo de Bishop. Fenómeno óptico atmosférico poco frecuente de ver, dadas las condiciones tan particulares en las que se produce. Consiste en un anillo luminoso de 22° de arco (igual que el halo ordinario) que se forma alrededor del sol o de la luna, cuya parte interior presenta un color azulado y la exterior un marrón con tintes rojizos. En el caso del anillo lunar, la franja externa es de color rojo pálido. El fenómeno es debido a la difracción de la luz provocada por las minúsculas partículas de polvo en suspensión lanzadas al aire por una erupción volcánica. Toma su nombre en honor al científico y reverendo presbiteriano Sereno Edwards Bishop (1827-1909), que fue la primera persona en documentarlo, tras haberlo observado en Honolulu

(Hawái) a consecuencia de la violenta erupción del Krakatoa, ocurrida en Indonesia el 27 de agosto de 1883.

anillo de Ulloa. Una de las denominaciones del fenómeno óptico de la gloria, que alude al marino español Antonio de Ulloa (1716-1795), a quien debemos su primera descripción escrita. También recibe el nombre de círculo, arco, corona o halo de Ulloa.

anomalía climática. Concepto muy en boga, debido a la gran cantidad de trabajos sobre el cambio climático que hacen referencia a todo tipo de ellas. Para un lugar dado, la anomalía de un determinado elemento climático —como la temperatura o la precipitación— es la diferencia entre el valor de dicho elemento y su promedio para un período de referencia lo suficientemente largo, de 30 años como mínimo, según recomienda la Organización Meteorológica Mundial. *Véase también* cambio climático.

anomalía Maldá. Nombre que, en climatología histórica, recibe el período que abarca las cuatro últimas décadas del siglo XVIII —desde 1760 hasta 1800—, caracterizadas por un aumento significativo de las sequías y, simultáneamente, de inundaciones catastróficas debidas a episodios de lluvias torrenciales, en la fachada mediterránea de la península ibérica. Conocida también como oscilación Maldá, su nombre alude a un personaje ilustrado de la época, afincado en Barcelona: Rafael de Amat y de Cortada (1746-1819), primer barón de Maldá y Maldanell. Durante 47 años seguidos, este personaje de la nobleza catalana escribió un minucioso diario con informaciones variopintas, en el que no faltan las observaciones meteorológicas y comentarios sobre el tiempo acontecido en la ciudad condal. Gracias a esa fuente de datos, los climatólogos han podido certificar el carácter singular que tuvo el comportamiento climático durante aquel período concreto.

anomalía térmica. Caso particular de anomalía climática para la temperatura. Expresa la desviación de dicha variable con respecto a su valor normal. Los mapas de anomalías térmicas permiten visualizar la magnitud y la singularidad de las temperaturas alcanzadas en un determinado episodio meteorológico, o durante alguno de los períodos de tiempo que habitualmente se emplean en Climatología, tales como el mes, el año o la estación.

anticiclón. Literalmente significa «lo contrario de un ciclón». El término fue sugerido por el científico inglés Sir Francis Galton (1822-1911) para describir la zona de atmósfera de características opuestas al ciclón, depresión o borrasca. Puede definirse como un área de extensión bastante mayor que una borrasca, donde la presión es más alta que a su alrededor. En los anticiclones, la presión atmosférica aumenta según nos desplazamos de fuera hacia dentro, alcanzando el valor máximo en su parte central. En los mapas del tiempo se indican con la letra A (en mayúscula), quedan delimitados por líneas cerradas —isobaras o isohipsas, dependiendo del tipo de mapa que se trate— y su forma acostumbra a ser ovalada. La circulación del aire alrededor de ellos es en el sentido de las agujas del reloj en el hemisferio norte y antihorario en el sur, conformando en todos los casos grandes áreas de subsidencia (descensos de aire). El tiempo asociado a un anticiclón viene marcado por la presencia de vientos flojos, ausencia de precipitaciones y cielos poco nubosos o despejados; esto último no siempre ocurre, ya que se dan a veces condiciones favorables para la formación de nieblas. Se distingue entre anticiclones cálidos y fríos, en función de las características térmicas que tenga la masa de aire donde se forman. El comportamiento del tiempo en la península ibérica viene dictado, en gran medida, por la dinámica que adopta el famoso anticiclón de las Azores, llamado así en alusión al archipiélago portugués donde suele estar centrado durante buena parte del año. Fue bautizado así por el meteorólogo francés Léon P. Teisserenc de Bort (1855-1913), a finales del siglo XIX.

anticiclón de bloqueo. Anticiclón de latitudes templadas que persiste en el tiempo, ocupando una posición casi estacionaria y bloqueando el paso natural de los ciclones extratropicales o borrascas que discurren, de oeste a este, por dicha franja terrestre (una en cada hemisferio). Estos anticiclones acostumbran a estar asociados a dorsales de aire cálido que, al ascender de latitud, forman una barrera natural al avance de las citadas borrascas. Los anticiclones de bloqueo duran normalmente entre una y dos semanas, aunque los hay todavía más persistentes.

Antropoceno. Nombre sugerido por parte de la comunidad científica para designar una nueva época de la historia geológica de la Tierra, caracterizada por el impacto global de las actividades humanas. A falta de que dicha propuesta sea aprobada por la comisión internacional pertinente y adquiera carácter oficial, de momento, en términos geológicos, la última época del actual período Cuaternario es el Holoceno.

anuario meteorológico. Publicación que resume de forma ordenada y cronológica toda la información meteorológica y climatológica relevante, ocurrida a lo largo de un año en un determinado observatorio o en una red de ellos. Su preparación y posterior publicación es una de las tareas que llevan a cabo de forma rutinaria los servicios meteorológicos. En el caso particular de España, el anuario elaborado por AEMET (Agencia Estatal de Meteorología) recibe el nombre de «Calendario Meteorológico» y es la publicación más longeva de dicha institución, ya que se publica de forma ininterrumpida desde 1943. En su primera etapa (1943-1982) se denominaba «Calendario Meteoro-fenológico». Incluye datos estadísticos del año agrícola anterior, correspondientes a registros meteorológicos tomados por todo el territorio español, así como información adicional de tipo astronómico, hidrológico, fenológico (fenología) y medioambiental.

anubado. Equivalente a anubarrado, nuboso o nublado.

anubarrado. Equivalente a nuboso y a nublado. Se expresa también como anubado.

anublar. Nublarse. Cubrirse el cielo de nubes.

anvil. Yunque en inglés, en referencia a la forma que adopta la parte superior de algunos cumulonimbos. En libros y artículos de Meteorología en español, no es raro encontrarlo así expresado, sin traducir del inglés. *Véase también incus (inc).*

año agrícola. *Véase* año hidrometeorológico.

año hidrológico. Período continuo de doce meses en el que se contabilizan los años en Hidrología. En España, las confederaciones hidrográficas lo computan con su inicio el 1 de octubre y finalización el 30 de septiembre. Esta división tiene su razón de ser en el comportamiento habitual de las precipitaciones a lo largo del año, coincidiendo el final de dicho período con la época en que las reservas hídricas alcanzan su mínimo. Dicha división no coincide exactamente con la del año hidrometeorológico o agrícola.

año hidrometeorológico. Período continuo de doce meses que abarca desde el 1 de septiembre hasta el 31 de agosto. Esta manera de contabilizar los años se emplea en Meteorología, ya que permite un tratamiento estadístico adecuado de las variables meteorológicas. Coincide con el llamado año agrícola, que tiene su razón de ser en la distribución anual de los períodos de cultivo y de cosecha. Es frecuente referirse al año hidrometeorológico como año meteorológico o climatológico.

año meteorológico. *Véase* año hidrometeorológico.

aparatarse. Localismo aragonés, empleado también en Colombia, que describe el cambio de aspecto del cielo cuando amenaza tormenta; un cielo amenazante, cubierto de oscuros nubarrones. Guarda relación con la expresión «aparato eléctrico», en referencia a una tormenta. Es equivalente al también localismo azorrarse.

aparato eléctrico. Forma coloquial de referirse al conjunto de meteoros eléctricos que tienen lugar durante las tormentas, principalmente los rayos. *Véanse también* rayo, tormenta.

Aparctias. Viento del norte en algunas de las rosas de los vientos de la Antigüedad, como la de Aristóteles o la de Timosteno. También se conoce como Septentrión.

apedrear. La acepción más extendida del término alude al acto de tirar o arrojar piedras a alguien o algo. En sentido meteorológico, toma el significado de caer pedrisco, entendido tal como piedras de hielo. Popularmente, al granizo de gran tamaño se le identifica con la piedra. *Véase también* granizo.

Apeliotes. Nombre que en la mitología griega recibía el dios-viento del sureste, llamado también subsolano. Aparece representado en distintas rosas de los vientos de la Antigüedad, como la de Aristóteles o la de Timosteno, en algunos casos con ligeros cambios de grafía (Apheliotes) y también de rumbo. Dependiendo de las fuentes consultadas, hay discrepancias respecto a la dirección que marcaba este viento, todas ellas de componente este. Algunos autores clásicos lo identifican con el viento del nordeste, ocupando el dios-viento Euro la dirección este.

Aquilón. En la mitología romana, el dios-viento del norte, conocido también como septentrio. En la rosa de los vientos de Vitruvio (siglo I a. C.) aparece referido como Aquilo y se corresponde con el nordeste.

arañarse el cielo. Expresión originaria de Aragón, que toma el significado de cubrirse el cielo de nubes oscuras y alargadas (estratocúmulos), que anticipan la llegada de la lluvia.

arbayada. Rocío, rociada.

árbol fuente. Nombre genérico que reciben algunos ejemplares de árboles localizados en los llamados bosques de niebla o de neblina, que capturan muy eficazmente las gotitas de agua presentes en el aire, muy abundantes en esos bosques húmedos tropicales y subtropicales. En las zonas de Canarias expuestas a los vientos alisios, existen numerosos enclaves donde llueve literalmente bajo los árboles, generalmente tilos. El máximo exponente de árbol fuente fue el legendario Garoé de la isla de El Hierro. Dicho ejemplar de tilo fue el árbol sagrado para los bimbaches, que eran los antiguos pobladores de la isla. El Garoé les abastecía de toda el agua que necesitaban para subsistir, o al menos eso es lo que cuentan las crónicas de los conquistadores españoles. El árbol fue destruido en 1610 al paso de un fuerte temporal por la isla. *Véase también* bosque de niebla.

arbolada. Aunque no es un término propiamente meteorológico, se emplea en las predicciones del estado del mar, complementarias a las del tiempo. Se corresponde con el grado 7 de la escala Douglas; la superficie marina presenta olas de entre 6 y 9 metros (tan altas como los árboles, de ahí el nombre) y la espuma que generan se dispone en bandas estrechas alineadas con el viento dominante, aparte de escapar volando impulsada por él.

arco anticrepuscular. *Véase* faja de Venus.

arco circuncenital. Fotometeoro de aspecto similar al arcoíris, consistente en un sector no muy extenso de un círculo luminoso centrado en el cénit (de ahí su denominación) y situado en un plano horizontal. El arco circuncenital, también llamado arco de Bravais —en honor al físico francés Auguste Bravais (1811-1863)—, puede ocupar una posición más o menos alta en el cielo, variando en cada caso su curvatura. Su aparición coincide a veces, no siempre, con la del halo y, al igual que él, lo origina la refracción de la luz al atravesar determinados cristales de hielo presentes en las nubes altas. *Véase también* halo.

arco circunhorizontal. Uno de los fenómenos ópticos de halo que hay catalogados y que destaca por su vistosidad. *Véase también* arcoíris de fuego.

arco de niebla. Arco luminoso blanquecino producido por el mismo mecanismo que da lugar al arcoíris, pero que, a diferencia de este, aparece sobre el telón de fondo formado por las gotitas de una niebla o neblina, cuyos tamaños son sensiblemente menores que el de las gotas de lluvia. Este fenómeno óptico se conoce también con el nombre de arcoíris blanco, y puede observarse con un sol bajo, cercano al horizonte, y con el observador situado con él a sus espaldas y con la niebla por delante. La tonalidad blanca del arco suele estar delimitada por una estrecha franja de color rojo en su borde superior y otra azulada en el inferior.

arco de San Martín. Forma popular de llamar al arcoíris, muy extendida en Cataluña *(arc de Sant Martí)*. También se conoce como arco de Dios o del Señor, arco de San Juan o arco de la vieja, entre otras curiosas denominaciones. En los refranes meteorológicos hay numerosas referencias a ellas.

arco de Ulloa. Fenómeno óptico atmosférico llamado indistintamente anillo, corona o halo de Ulloa, dependiendo de los autores y de las fuentes consultadas. *Véase también* gloria.

arcoíris. [Imagen 17, pliego]. Se trata, sin duda, del fenómeno óptico más conocido y más espectacular de todos los que acontecen en la atmósfera. Podemos escribirlo indistintamente como arco iris o arcoíris, aunque la RAE recomienda usar esta última forma simple. El nombre del fenómeno alude a la diosa Iris, considerada en la Antigua Grecia como la mensajera de los dioses. Sus idas y venidas entre el Olimpo —la morada de los dioses— y el mundo terrenal —donde vivimos los seres humanos— queda bien reflejado en el arcoíris y su aparente conexión entre el cielo y la tierra. Podemos definirlo como una gran banda luminosa semicircular, o una fracción de ella, formada por un conjunto de arcos concéntricos, solapados entre sí, que despliegan los colores del espectro visible de la luz. El color rojo aparece en el borde superior del arcoíris y el violeta en el inferior. Esta descripción se corresponde con la del arcoíris primario o principal, pero, a veces, pueden verse también el arcoíris secundario y los arcos supernumerarios. La aparición de todos ellos obedece a los fenómenos de refracción, reflexión, difracción e interferencia de la luz al atravesar una cortina de gotas de lluvia iluminadas por el sol o la luna. Aunque es común referirse a los siete colores del arcoíris, en realidad la banda multicolor está formada por un *continuum*, por lo que esa división es arbitraria.

arcoíris de fuego. Expresión coloquial usada para describir al arco circunhorizontal. Este fotometeoro pertenece a la familia de los halos y consiste en un arco luminoso, similar a una pequeña fracción de un arcoíris, que aparece en el cielo en un plano imaginario paralelo al horizonte, siempre y cuando el sol esté lo bastante alto. Esta última condición impide su observación en las regiones polares, debido a la poca altura que alcanza allí el astro rey. Su formación es consecuencia de la refracción de la luz al atravesar cristales hexagonales de hielo contenidos en nubes cirriformes, orientados de tal forma que la luz incida sobre sus caras prismáticas laterales y emerja por las bases horizontales. Dicha circunstancia, poco habitual, hace del arcoíris de fuego un fotometeoro difícil de ver. Cuando se produce, es muy llamativo, ya que provoca sobre un cirro un efecto parecido a una llama de vivos colores, de ahí su nombre.

arcoíris lunar. Arcoíris formado a la luz de la luna. El mecanismo de formación es el mismo que el del arcoíris diurno, pero la intensidad de sus colores es mucho menor. Esto es así debido a la débil iluminación lunar, en comparación con la que genera el sol.

arcoíris primario o principal. El más común de todos los arcoíris que pueden observarse y el que llamamos arcoíris, sin más. Es el resultado de la emergencia de la luz procedente de una cortina de gotas de agua (lluvia, llovizna, una ducha, un aspersor...) tras haber sufrido —en cada gota— una doble refracción, una reflexión interna y la difracción en los colores que forman el espectro visible. Visto desde una zona poco elevada de la superficie terrestre, el arcoíris primario puede formar casi un semicírculo entero o una fracción menor de este. Si ganamos altura —por ejemplo, desde la cumbre de una montaña— cubre un sector aún mayor de la circunferencia, pudiendo llegar a verse entera desde un avión en vuelo. En cualquiera de los casos, lo que interceptan nuestros ojos son conos de luz procedentes de las gotas, dada su simetría esférica. La sección transversal de un cono es una circunferencia, de manera que cada color del arcoíris nos llega bajo un ángulo diferente, concentrándose todos ellos en una banda situada sobre ella. El color violeta emerge de las gotas formando un ángulo de 40º con respecto al eje formado por el sol, la cabeza del observador y el punto antisolar (centro del arcoíris), ocupando el borde inferior de la banda multicolor. El color rojo forma un ángulo de 42º y es el que aparece en la parte superior. Cuanto mayor sea el tamaño de las gotas de agua, más brillantes veremos los colores del arcoíris; de ahí la espectacularidad que adquiere el fenómeno con tiempo tormentoso, en que se producen fuertes chubascos.

arcoíris rojo. Recibe este nombre el arcoíris en el que dominan las tonalidades rojizas, circunstancia que suele ocurrir cuando el sol está situado en las cercanías del horizonte, o bien al amanecer o durante la puesta. En ambos casos, los colores rojizos crepusculares tiñen el cielo, las nubes y también el arcoíris.

arcoíris secundario. Arcoíris de mayor anchura y radio que el primario, menos brillante y con el orden de los colores invertido. Surge, ocasionalmente, por encima del arcoíris principal y es consecuencia de una segunda emergencia de luz difractada en las gotas de agua, como resultado de una doble reflexión en su interior. En este caso, el color rojo emerge bajo un ángulo de 50º y ocupa el borde inferior del arcoíris, y el violeta lo hace a 54º, ocupando la parte superior. La franja de cielo situada entre el arcoíris primario y el secundario o periférico es de un color azul mucho más apagado que el del cielo que se ve por debajo, lo que se conoce como la banda oscura de Alejandro.

arcos de Lowitz. Fotometeoro muy difícil de ver, consistente en un tenue pilar de luz que se proyecta hacia arriba desde los parhelios (soles falsos) o paraselenes ligados al fenómeno del halo. Existen muy pocas observaciones documentadas de los mismos y apenas fotografías. Tienen ese nombre en honor del químico Tobias Lowitz (1757-1804), que los observó en San Petersburgo (Rusia) el 18 de junio de 1790, junto a muchos otros fenómenos ópticos tanto o más escurridizos, dejando constancia de ello en un famoso dibujo reproducido con frecuencia en los tratados de óptica atmosférica.

arcos de Parry. Uno de los distintos tipos de halos que pueden verse en la atmósfera, principalmente en las regiones polares, debido a la presencia allí de una mayor variedad y cantidad de cristales de hielo en el aire. Se trata de un par de arcos luminosos similares a pequeños arcoíris, que surgen por encima y por debajo del disco solar, a una distancia angular del mismo algo superior a los 22°, que es donde aparece el halo ordinario. Al igual que el resto de halos, es debido a la refracción de la luz al atravesar cristales de hielo, orientados en este caso en una determinada dirección. Fueron documentados por primera vez por el explorador inglés Sir William Edward Parry (1790-1855), tras observarlos durante un viaje por el Ártico, que llevó a cabo entre los años 1819 y 1820. *Véase también* halo.

arcos supernumerarios. Reciben este nombre unas franjas luminosas estrechas, preferentemente de color verde y violeta, que se observan a veces por debajo del arcoíris primario y, con menor frecuencia, por encima del secundario. Son debidos al fenómeno de la interferencia de luz que tiene lugar cuando las gotas de agua de las que emerge el arcoíris son particularmente pequeñas (con diámetros inferiores a 1 mm) y de tamaño uniforme. En función de cual sea ese tamaño, pueden verse más o menos arcos supernumerarios. *Véase también* arcoíris.

arcus (arc). [Imagen 1, pliego]. Nube baja y compacta, con forma de arco o rodillo horizontal, que surge en el borde delantero de algunas tormentas, adosada a la base del correspondiente *cumulonimbus*. Oscura y amenazante, en su parte inferior las fuertes rachas de viento reinantes (frente de racha) desgarran literalmente la nube, formándose jirones que dan a esa parte baja una apariencia deshilachada. Su nombre en latín es el que establece el *Atlas Internacional de Nubes* de la OMM para el rasgo suplementario descrito.

argavieso. Término en desuso, cuyo origen etimológico proviene de la expresión latina *«aquae versus»*, 'vertido de agua', que es equivalente a chubasco, aguacero o turbión. También se identifica con una tempestad o temporal. Tiene como variante el arcaísmo argaviezo.

argaya. *Véase* aguarrina.

argayo de nieve. Nombre que dan en Asturias al alud o avalancha de nieve. El término genérico argayo alude al desprendimiento de tierra y piedras de un terreno en pendiente.

Argestes. En la mitología romana era el equivalente al dios-viento griego Apeliotes, con el que se identificaba al viento del sureste, también llamado «el viento del otoño».

argón. Tercer gas más abundante de los que forman el aire. Su porcentaje en volumen es del 0,93 %, muy por debajo del 78 % del nitrógeno y del 21 % del oxígeno. Su condición de gas noble hace que apenas reaccione químicamente con el resto de gases presentes en la atmósfera. *Véase también* aire.

aridez. Condición que caracteriza un lugar donde la pluviometría es baja, lo que provoca una falta de agua en el suelo, sequedad ambiental y, como consecuencia de ello, una vegetación muy escasa, adaptada a ese entorno tan hostil. El máximo exponente de un lugar árido es el desierto, de ahí que se hable indistintamente de climas desérticos o áridos. *Véanse también* índice de aridez, sequía.

arramascar. Doblar, agitar con violencia o arrancar el viento las ramas de los árboles.

arrasar(se). Quedar el cielo raso, despejado de nubes.

arreballarse. Toma el significado de levantarse el viento, por ejemplo cuando empieza a soplar la brisa marina, rompiendo la calma precedente.

arrebol. [Imagen 5, pliego]. Color rojizo muy intenso y llamativo, con tonalidades rosadas, que adquieren a veces las nubes iluminadas por el sol al atardecer o amanecer. Desde la Antigüedad, fue interpretado como un signo del tiempo venidero a corto plazo, lo que ha quedado reflejado en numerosos refranes meteorológicos («Arreboles a la mañana, a la noche son agua», «Arreboles al anochecer, agua o viento al amanecer»).

arrebolada. *Véase* arrebol.

arreciar. Dicho del viento o de un temporal, hacerse cada vez más fuerte y violento. También se emplea habitualmente en referencia a la lluvia, para indicar que aumenta de intensidad.

arrumazón. Término náutico o marinero que describe las nubes que aparecen agrupadas en el horizonte marino. También se expresa como rumazón.

arrumar(se). Llenarse de nubes el horizonte en la mar. Este término marinero tiene una segunda acepción no meteorológica, que alude a la acción de distribuir y colocar la carga en una embarcación. En ambos casos, la palabra toma el significado de amontonarse, o bien la citada carga o bien las nubes en lontananza.

artifact. Término que traduciríamos del inglés como «artefacto» y que se emplea en Meteorología para aludir a un elemento ficticio reproducido por un modelo numérico de predicción o en una imagen de radar, que es claramente artificial, alejado de lo que debería de aparecer.

asadero. Lugar donde con frecuencia hace mucho calor, debido a su elevada insolación. Es equivalente a solanera, retestero y rachisol, entre otros términos.

ascendencia. Corriente de aire que asciende por la atmósfera. Los movimientos verticales ascendentes que ocurren en el seno de una masa de aire son debidos al fenómeno de la convección.

asimilación. Primer proceso que se lleva a cabo en la ejecución de un modelo numérico de predicción, consistente en la determinación de los campos iniciales de las distintas variables meteorológicas que integra el modelo, de manera tal que se obtenga el mejor análisis de partida. Mediante métodos variacionales que exigen una gran cantidad de cálculos matemáticos, se establece el estado inicial del modelo (datos asignados a cada punto de la malla) a partir de las observaciones disponibles (de distintos tipos y distribuidas de manera irregular por toda la Tierra) y las predicciones de estas en la anterior salida del modelo. La asimilación de datos es el proceso en el que más tiempo de cálculo emplean los potentes ordenadores encargados de ejecutar los modelos de circulación general de la atmósfera.

asperitas. Rasgo suplementario de nube que tiene el aspecto de la superficie de un mar agitado, pero visto desde debajo del agua. Hasta 2017 no fue incorporado al *Atlas Internacional de Nubes* de la OMM. Ya desde hace tiempo se habían documentado muchas observaciones de estas llamativas ondulaciones rugosas en distintos lugares del mundo. Se forman, ocasionalmente, en la parte inferior de una capa de estratocúmulos o altocúmulos. La apariencia de aspereza que tienen —con elementos que a veces presentan perfiles afilados— dio origen a su nombre oficial en latín, si bien en la propuesta que se hizo a la OMM se sugirió como nombre la variante *asperatus*. No es raro encontrar referencias a este último nombre como identificativo de esas singulares estructuras onduladas.

áspero. Aplicado al tiempo atmosférico, desapacible.

aspiropsicrómetro. Psicrómetro dotado de un pequeño ventilador que se acciona a través de un mecanismo de relojería. El modelo más común es el de tipo Assmann. Con este instrumento se logran obtener unas medidas más precisas de la humedad relativa del aire que con los psicrómetros de ventilación natural, que tienden a sobreestimar dicha variable meteorológica cuando el aire está en calma.

aspirotermómetro. Instrumento, también llamado termómetro de aspiración, que permite medir la temperatura del aire fuera de un abrigo meteorológico. Para ello, dispone, por un lado, de una protección especial de la radiación solar y, por otro, de un dispositivo mecánico que fuerza la ventilación del aire sobre el instrumento.

asta del viento. *Véase* flecha del viento.

astrafobia. *Véase* brontofobia.

astrometeorología. Nombre que recibe el conjunto de técnicas de predicción meteorológica a largo plazo basadas en la astrología y en la supuesta influencia planetaria y de la posición de otros cuerpos celestes en el comportamiento atmosférico. Los métodos empleados por las personas que elaboran esos pronósticos fueron desarrollados, en su mayoría, en épocas anteriores al surgimiento de la Meteorología como disciplina científica.

asubiarse. Guarecerse de la lluvia. Refugiarse de las inclemencias del tiempo poniéndose bajo techo. Término usado en Cantabria.

asurado. Término que hace referencia al viento sur y al tiempo que lo acompaña. Se aplica, por un lado, al cereal echado a perder debido a la incidencia del citado viento seco y recalentado. Entre los agricultores es común referirse, por ejemplo, a un «trigo asurado». Por otro lado, en el Cantábrico se refieren así al tiempo pesado, con sensación de bochorno, que anuncia la llegada del viento sur.

atapecer. Término usado en Asturias con el significado de oscurecerse el cielo o anochecer. Se emplea también la variante tapecer, sin la letra «a» del principio.

atemperar. Templar, poner a temperatura ambiente. En algunos países de América Latina lo usan para referirse a la acción de irse a un lugar de clima distinto en busca de un mayor confort o por motivos de salud.

atemporalado. Tiempo que caracteriza a un temporal. Equivalente a tempestuoso.

aterido. Que tiene mucho frío. No es, propiamente, un término meteorológico, pero está ligado al frío, relacionado a su vez con las bajas temperaturas. La expresión «aterido de frío» es redundante, ya que el propio término hace referencia implícita al frío.

aterreñarse. Localismo del Pirineo Aragonés que hace referencia a la fusión de la nieve. Se emplea cuando en un monte nevado comienzan a aparecer calvas en la nieve, a consecuencia de la citada fusión.

atlas climático o climatológico. Atlas que incluye mapas donde aparecen representadas las distribuciones mensuales, estacionales y anuales de las principales variables meteorológicas (temperatura, presión, viento, precipitación, etc.) para un determinado ámbito geográfico. Para su confección, se toman como bases de datos series climatológicas lo suficientemente largas para caracterizar bien el clima del territorio en cuestión. A los tradicionales atlas climáticos publicados en papel, se han ido sumando los de formato digital, muchos de ellos interactivos y disponibles en Internet.

Atlas Internacional de Nubes. Publicación centenaria de la Organización Meteorológica Mundial en la que se catalogan, nombran y describen con detalle los distintos tipos de nubes que pueden observarse. Su primera edición data de 1896, a la que siguieron varias más hasta la última, de 2017, disponible solo en versión electrónica, siendo de libre acceso a través de Internet (https://cloudatlas.wmo.int). Obra de referencia en materia de nubes, incluye toda la nomenclatura oficial de las mismas, en latín, y una extensa colección de fotografías y figuras explicativas. En total, hay catalogados 10 géneros nubosos, 15 especies, 9 variedades, 11 rasgos suplementarios, 4 nubes accesorias y 6 nubes especiales. Tanto los géneros como las especies son mutuamente excluyentes, de manera que una nube no puede pertenecer a la vez a dos o más géneros o especies. No ocurre lo mismo con las variedades y los rasgos suplementarios, pudiendo presentar varios de ellos una única nube. Las nubes altas (situadas en el piso alto o superior) son de los géneros *Cirrus (Ci)*, *Cirrocumulus (Cc)* y *Cirrostratus (Cs)*; las nubes medias (situadas en el piso medio), se corresponden con *Altocumulus (Ac)*, *Altostratus (As)* y *Nimbostratus (Nb)*, si bien este último género nuboso ocupa a veces el piso bajo o inferior, donde se localizan las nubes bajas; de los géneros *Stratus (St)*, *Stratocumulus (Sc)*, *Cumulus (Cu)* y *Cumulonimbus (Cb)*. Los dos últimos géneros nubosos *(Cu y Cb)* son las llamadas nubes de desarrollo vertical, que si bien surgen en el piso bajo, donde tienen su base, según van ganando altura van ocupando también los otros dos pisos. Los cumulonimbos llegan a alcanzar el límite superior de la troposfera, penetrando alguno de ellos ligeramente en la estratosfera. El presente diccionario contiene entradas correspondientes a cada uno de los diez géneros nubosos, así como a cada especie *(castellanus, calvus, capillatus, congestus, fibratus, floccus, fractus, humilis, lenticularis, mediocris, nebulosus, spissatus, stratiformis, uncinus, volutus)* y variedad *(du-*

plicatus, intortus, lacunosus, opacus, perlucidus, radiatus, translucidus, undulatus, vertebratus).

atmómetro. *Véase* evaporímetro.

atmósfera. Envoltura gaseosa que rodea la superficie (sólida y líquida) de la Tierra. La definición puede generalizarse a cualquier cuerpo celeste, pero en esta entrada nos referiremos solo a la atmósfera terrestre, llamada habitualmente atmósfera. Constituye uno de los cinco subsistemas que forman el sistema climático. El aire que la forma se distribuye en capas cuyo número varía en función del criterio que se considere. Atendiendo al perfil vertical de temperatura, la atmósfera se divide en cinco capas bien definidas (troposfera, estratosfera, mesosfera, termosfera y exosfera), en las que, alternativamente, se producen ascensos y descensos térmicos. Esta es la división atmosférica que prevalece, si bien pueden establecerse otras complementarias, igualmente válidas, en función de la composición química o de la estructura electrónica. Aunque algunos autores fijan el límite superior de la atmósfera a determinada altitud, tal límite carece de sentido físico, ya que la frontera con el espacio es difusa. La densidad del aire decrece progresivamente al ascender, sin que pueda afirmarse que a partir de un nivel es igual a cero. Mientras que a efectos aeronáuticos el límite entre la atmósfera y el espacio exterior queda establecido a 100 kilómetros de altitud —la llamada línea de Kármán—, en Meteorología, lo más común es situar dicha frontera 300 kilómetros por encima de nuestras cabezas. La mayor parte de la masa de la atmósfera se concentra en su parte baja, donde la densidad del aire disminuye muy acusadamente con la altura. Aproximadamente la mitad de esa masa se localiza en los primeros cinco kilómetros de atmósfera y el 99 % en los primeros treinta. De ahí para arriba, el aire está muy enrarecido.

atmósfera baroclina (o baroclínica). Atmósfera teórica en la que la densidad del aire no depende únicamente de la presión, sino también de la temperatura. Este modelo se asemeja más a la atmósfera real que el modelo de la atmósfera barotrópica.

atmósfera barotrópica. Atmósfera teórica en la que la densidad del aire solo depende de la presión. Es un modelo muy simplificado de atmósfera, válido, únicamente, cuando no hay movimientos verticales de aire y, en consecuencia, este se encuentra estratificado. En una atmósfera barotrópica, las superficies isobaras son paralelas a las isopícnicas (de densidad constante).

atmósfera libre. Nombre que recibe la zona de atmósfera donde los efectos de la fricción del aire con la superficie terrestre son nulos o despreciables. Las condiciones meteorológicas determinan la altitud a la que se alcanza la atmósfera libre. Bajo ella se sitúa la capa de fricción.

atmósfera tipo. Atmósfera de referencia adoptada por la OACI (Organización Internacional de Aviación Civil), que tiene como objetivo facilitar la navegación aérea. Establece para el nivel medio del mar una presión atmosférica de 1013,25 hPa y una temperatura de 15 °C. Además, considera que entre ese nivel y la tropopausa la temperatura disminuye a razón de 0,65 °C/100 m (gradiente térmico vertical), al aire como un gas perfecto y que se cumple la ecuación de la hidrostática. A partir de esas premisas, pueden calcularse fácilmente los valores de presión y temperatura a la altitud que interese. La atmósfera tipo se conoce también como atmósfera estándar o ISA y sus características están basadas en las condiciones que, en promedio, se dan en latitudes templadas.

atrapanieblas. Dispositivo cuyo elemento principal es una gran pantalla con una malla muy fina hecha de un material sintético como el polipropileno, que tiene la capacidad de capturar las minúsculas gotitas de la niebla, permitiendo su recolección y almacenamiento. Estas pantallas —también llamadas captanieblas— logran abastecer de agua potable a algunas pequeñas comunidades que viven en regiones desérticas donde apenas llueve, como Atacama, en Chile.

atronar. Sonar el trueno. Tronar.

aturbonado. Perteneciente o relativo al turbón o la turbonada. Tormentoso.

aturbonarse. En relación al cielo, cuando se oscurece y adquiere un aspecto amenazante, poco antes de que descargue una tormenta, con el aire todavía encalmado y una sensación de intenso bochorno.

aufá. Corriente de aire. El término, posiblemente, guarda relación con la palabra bufar, una de cuyas acepciones meteorológicas está relacionada con el viento.

aura. En lenguaje poético, un viento suave y apacible. Leve soplido. Equivalente a hálito. Es una de las acepciones del término latino homónimo.

aureola. Círculo luminoso que rodea, a veces, el sol o la luna y que puede venir o no acompañado de una corona a su alrededor. La parte de la aureola más próxima al astro presenta un color blanco azulado intenso, mientras que la externa tiene una tonalidad parda rojiza o castaña. *Véase también* corona.

aurora. Forma abreviada con la que habitualmente se hace referencia a una aurora polar. Es menos común referirnos a ella en alusión al amanecer. La aurora es la luz crepuscular sonrosada que adopta el cielo en los momentos previos a la salida del sol. Se alude a ella en la conocida frase: «Acabar como el rosario de la aurora», que decimos cuando presentimos que algo que está pasando va a acabar mal. Hay distintas versiones sobre el origen de la expresión, si bien en todas ellas el citado rosario de la aurora hace referencia al hecho de que ese acto de oración se prolongó durante la madrugada hasta que clareó el nuevo día.

aurora austral. *Véase* aurora polar.

aurora boreal. *Véase* aurora polar.

aurora polar. [Imagen 2, pliego]. Fenómeno luminoso que tiene lugar en la alta atmósfera, a altitudes superiores a los 100 km, y que se observa habitualmente en las regiones polares. Es el resultado de la interacción del viento solar con la atmósfera terrestre. Parte de ese flujo de partículas eléctricas muy energéticas, que irradia sol en todas las direcciones, es interceptado por el potente campo magnético de la Tierra, que actúa como un escudo protector y lo desvía hacia los dos polos magnéticos. El bombardeo de partículas sobre las moléculas gaseosas que hay en la parte superior de la atmósfera da como resultado la emisión de luz en diferentes longitudes de onda (distintos colores) y, consecuentemente, la formación de las auroras polares. Sus tonalidades dependen del tipo de moléculas bombardeadas. Las de oxígeno forman auroras de color verde; el nitrógeno, resplandores en tonos rojos, rosas y púrpuras, mientras que el color azul —menos frecuente— procede de moléculas de hidrógeno, situadas muy arriba en la atmósfera. Dependiendo del hemisferio terrestre donde se formen, tenemos auroras boreales (hemisferio norte) y australes (hemisferio sur). Las grandes tormentas geomagnéticas, provocadas en la magnetosfera terrestre por la llegada de un viento solar más intenso del normal, dan como resultado auroras polares de mayores dimensiones, que pueden llegar a observarse en latitudes más bajas de lo habitual. Las auroras boreales se conocen también como las luces del norte y en torno a ellas existen multitud de leyendas. En algunas culturas nórdicas se pensaba que eran las almas de los muertos, que habitaban por encima de la atmósfera y que danzaban con unas antorchas encendidas para guiar los pasos de los nuevos espíritus. *Véase también* tormenta solar.

Austro. En la mitología romana era el dios-viento del sur, cuyo equivalente en la griega era Notos. Se expresa también como Austros, Ostros y Ostria; palabras, todas ellas, que tienen su origen en el término latino *auster*.

auvernés. Nombre que recibe el viento del noroeste en el Macizo Central francés. Es un viento frío que suele venir acompañado de lluvias o nevadas. Alude a su procedencia: la región francesa de Auvernia.

avalancha. Nombre dado al deslizamiento de tierra en una ladera montañosa como consecuencia de unas lluvias copiosas. También es sinónimo de alud.

aventar. Arrastrar o esparcir el viento un grupo de objetos ligeros que se encuentran juntos, como las hojas secas de los árboles amontonadas en el suelo. En la labor agrícola de la trilla del cereal, es la acción de lanzar al aire las espigas y las cañas que se han segado, para separar de esta manera la paja del grano.

aviso meteorológico. Mensaje elaborado por un Servicio Meteorológico Nacional en el que se informa de los fenómenos meteorológicos actuales o previstos que pueden suponer un riesgo potencial para las personas, sus actividades y las infraestructuras, por sus características, zona afectada o momento de aparición. Habitualmente, se utiliza un código de colores muy intuitivo para identificar los avisos en función de su relevancia. Es muy común confundir avisos con alertas meteorológicas. Estas últimas las declara Protección Civil, en base a los avisos que les envía el Servicio Meteorológico.

azorrarse. Equivalente a aparatarse, ponerse el cielo de tormenta.

azul celeste. Expresión que alude a la luz difusa de color azul que emana del cielo cuando está libre de nubes. La luz solar al atravesar las moléculas del aire se dispersa, pero no lo hace igual en todas las longitudes de onda que forman el espectro visible. La intensidad de la luz difusa correspondiente a las longitudes de onda más pequeñas es mucho mayor que la del resto, de ahí que veamos el cielo de color azul, en lugar de rojo o amarillo; siempre y cuando la luz en su recorrido atmosférico atraviese un aire seco y con una baja densidad de aerosoles. En las moléculas gaseosas que forman el aire tiene lugar la llamada disper-

sión de Rayleigh, llamada así en honor al físico inglés John William Strutt (1842-1919), más conocido como Lord Rayleigh.

azulear. Adquirir algo el color azul o mostrar ese color. Se aplica
tanto al cielo («Ya está azuleando el cielo. Pronto va a amanecer») como a los elementos del paisaje («Azulean los cerros a lo
lejos»).

B

babada. Localismo con varias acepciones meteorológicas. En el Serrablo (Alto Aragón) es sinónimo de rocío y también llaman así a la lámina de agua, muy resbaladiza, que, como consecuencia del citado hidrometeoro, se forma sobre las piedras y el terreno rocoso. En otras zonas de Aragón, recibe este nombre el barro que se forma debido al deshielo, mientras que en algunos lugares de Castilla y León emplean la variante babaza para identificar al rocío muy abundante, de esos que empapan los prados.

babinas. Término leonés que expresa lo que popularmente se conoce como «cuatro gotas»; una lluvia casi testimonial.

badina. Pequeño charco formado por el agua de la lluvia. Es equivalente a tollo, que también es sinónimo de fango.

baharina. En algunas zonas de Extremadura, Andalucía y también en Venezuela llaman así a la llovizna generada por una niebla. Tiene su origen etimológico en el término harinear, equivalente a lloviznar.

baguio. Nombre que se da en Filipinas a un ciclón tropical y que coincide con el de una ciudad de ese país, situada en el norte de la isla de Luzón. Dependiendo de la fuente consultada, podemos verlo también expresado como baguió, bagio o bagyo. *Véase también* ciclón tropical.

baja. Forma abreviada de llamar a una baja presión. Al igual que ocurre con el término «alta», su uso es relativamente frecuente en Meteorología. *Véase también* borrasca.

baja aislada. *Véase* dana.

baja relativa. Zona de alta presión en la que la citada presión atmosférica alcanza valores inferiores que en los alrededores, por tener lugar en un entorno sinóptico de altas presiones. La baja térmica es un caso particular de baja relativa.

baja térmica. Zona de baja presión que se forma junto al suelo debida al intenso calentamiento de este. Las bajas térmicas son típicas del verano, que es cuando mayor es la insolación. Al calentarse mucho el suelo, el aire que hay en contacto con él también se calienta y al disminuir su densidad comienza a ascender. El hueco que deja ese aire al escapar hacia arriba se rellena de inmediato por aire situado en los alrededores, lo que da como resultado la formación de la baja térmica. *Véase también* convección.

bajaradas. Nombre que dan en Canarias a las fuertes ráfagas de viento que descienden ladera abajo desde la cumbre de las montañas, a sotavento de estas.

balance energético terrestre. [Figura 1]. Equilibrio entre el flujo de energía radiante que recibe la Tierra y el que devuelve al espacio. En promedio global y para un período de tiempo suficientemente largo, el balance debe ser nulo, lo que garantiza las condiciones de habitabilidad del planeta. La existencia de ese equilibrio entre la energía entrante y la saliente implica que la radiación solar (de onda corta) que absorbe la Tierra debe ser igual a la suma de la fracción de esta que es directamente reflejada, más la radiación terrestre (radiación infrarroja de onda larga) emitida por nuestro planeta. En números redondos, si al tope de la atmósfera llegan 100 unidades de energía (equivalentes a los 342 W/m² del flujo solar incidente), 50 unidades son absorbidas por la superficie terrestre, 20 por la citada atmósfera y las 30 restantes son devueltas al espacio, lo que constituye el albedo planetario. El actual cambio climático está desequilibrando la balanza entre lo que entra y lo que sale, ya que, al estar aumentando la concentración de los gases de efecto invernadero en la atmósfera, el medio atmosférico está absorbiendo más radiación infrarroja terrestre, dejando escapar una fracción menor al espacio. La consecuencia de ello es el calentamiento global observado. *Véanse también* radiación de onda corta, radiación de onda larga.

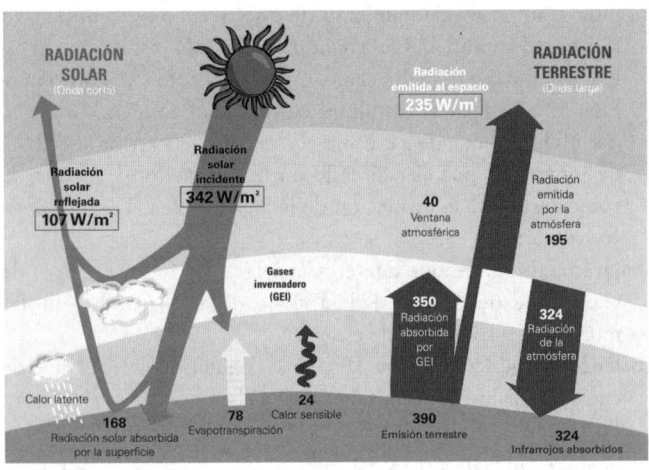

Fig. 1. Balance energético terrestre. Esquema con los principales flujos de energía radiante que tienen lugar entre el espacio, la atmósfera y la superficie terrestre. La energía entrante al sistema, de onda corta y cuya fuente es el Sol (flechas gris claro, en la parte izquierda de la figura), se compensa con la energía saliente, de onda larga y origen terrestre (flechas gris oscuro, en la parte derecha). La diferencia entre la radiación solar que incide en el tope de la atmósfera (340 W/m²) y la que es reflejada al espacio (107 W/m²) [albedo planetario], es igual a la cantidad de energía que la Tierra emite al espacio (235 W/m²).

balsearse. Inundarse. Formarse balsas de agua.

banco de niebla. Niebla que ocupa una pequeña extensión de terreno. La anchura de un banco de niebla típico alcanza, como mucho, unos cuantos centenares de metros.

banco de nubes. Nube o conjunto de ellas de un mismo género agrupadas y situadas en un mismo nivel atmosférico, que cubren solo una fracción no muy grande del cielo. Lo más habitual es emplear la expresión para el caso particular de la niebla.

banda de nubes. Nube alargada o conjunto de ellas bien definido y compacto, que se extiende por el cielo formando una línea recta o con ligera curvatura. Cuando una de estas bandas se localiza sobre el horizonte y abarca una parte importante del mismo, recibe el nombre de banco de nubes. *Véase también* arrumazón.

banda oscura de Alejandro. Zona del cielo situada entre el arcoíris primario y el secundario, que es sensiblemente más oscura que el cielo circundante. Esa oscuridad se debe a que la citada banda coincide con un sector angular en el que la intensidad de la luz dispersada por las gotas de lluvia es muy pequeña. Su nombre alude al filósofo griego Alejandro de Afrodisias (siglos II y III d. C.), que fue el primero en referirse a ella. *Véase también* arcoíris.

banderola. Triángulo que colocado en una flecha del viento representa un valor de 50 nudos. La palabra también identifica un tipo particular de nube orográfica que se despliega como una bandera desde la cima de una montaña. *Véase también* nube bandera.

banquera. Popularmente, se llama así a la forma que adoptan las nubes próximas al horizonte durante la puesta de sol. La aparición de varias nubes delgadas y alineadas, de colores encendidos, es relativamente común en ese momento del día.

banquisa polar. Capa de hielo flotante que se forma en las regiones polares, como consecuencia de la congelación del agua del mar. Su extensión sigue un ciclo estacional, alcanzando su máximo al final del invierno y su mínimo al final del verano. La banquisa polar puede adquirir diferentes aspectos (liso, rugoso, agrietado...), en función de las condiciones meteorológicas y marítimas que haya durante el proceso de congelación.

bar. Unidad de presión que equivale a un millón de barias, también llamada megabaria por tal motivo. Habitualmente, la presión atmosférica se expresa en hectopascales (hPa), cumpliéndose que 1 bar = 1000 hPa (pascal y hectopascal). Al igual que otros términos meteorológicos relacionados con la presión, como barómetro, baroclino o bárico, bar tiene su origen etimológico en el término griego *báros*, que significa peso. A mayor peso de una columna de aire, mayor presión ejerce y viceversa. *Véase también* presión atmosférica.

barba. Nombre que recibe cada una de las pequeñas líneas oblicuas que llevan adosadas las flechas del viento trazadas en los mapas sinópticos, y que indican la velocidad del viento. Las barbas aparecen dibujadas en la parte trasera izquierda o derecha de la flecha, dependiendo del hemisferio terrestre (norte o sur) que se trate. Cada barba equivale a 10 nudos. También se trazan rayitas más cortas para representar 5 nudos (media barba). Cuando los vientos son muy intensos, como los que soplan en las corrientes en chorro, se dibujan banderolas para simbolizar 50 nudos; se evita de esta forma que las flechas contengan un número excesivo de barbas, facilitando su lectura. A la barba se le llama también pluma. *Véase también* velocidad del viento.

barbazar. Localismo asturiano que tiene el mismo significado que lloviznar. Se emplean otras variantes como barbuzar y barciar.

barbuceiro. Nombre que en la sierra de Ancares (Lugo-León) dan a la llovizna. Cuando es muy fina o hay niebla —meteoro muy frecuente en la zona— emplean el localismo barruzo/u. Pertenecen a la misma familia de palabras los también localis-

mos barbuza, babuña, barbaña, babuxa, barrufa, barrallo o barruñeira.

barda. Banda de nubes oscuras, de aspecto amenazante, situada
justo sobre el horizonte marino. Similar a arrumazón.

bardera. Término que deriva de la palabra barda y que se refiere a la
nube o niebla que cubre la cima de una montaña. A nivel popular
se emplean también otras palabras equivalentes como montera,
boina, gorro o sombrero. En la literatura meteorológica es común
encontrar referencias a la nube en capuchón o nube en toca. La
toca es una tela con la que antiguamente las mujeres se cubrían la
cabeza, de donde procede también la palabra tocado. Existe una
larga colección de refranes meteorológicos que hacen referencia a
la aparición de estas llamativas nubes en determinadas montañas,
lo que, acertadamente, los lugareños interpretan como un signo
inequívoco de cambio de tiempo y de la llegada de la lluvia («Cuando la sierra de Estepa tiene montera, llueve aunque Dios no quiera», «Si el Teide tiene toca, recoge la ropa»).

baria. Unidad de presión en el sistema cegesimal (CGS), equivalente a la presión que ejerce una fuerza de una dina sobre una
superficie de un centímetro cuadrado (1 baria = 1 dyn/cm²). Es
igual a la millonésima parte de un bar y a la milésima parte de
un milibar (mb) o hectopascal (hPa). *Véase también* milibar.

bárico. Relativo a la presión atmosférica. Puede aparecer expresado tal cual (en masculino o femenino) o formando parte de la
palabra que resulta de su unión con un prefijo (mapa isobárico,
cámara hiperbárica).

barih. Véase shamal.

barlovento. Término de origen marinero que indica de dónde sopla el viento, referido a un determinado lugar. En Meteorología, es habitual llamar así a la ladera de la montaña enfrentada
al viento y sotavento a la contraria.

baroclinidad. Concepto usado en dinámica de fluidos, que se
aplica tanto al aire (atmósfera) como al agua (océano). Es una

medida del estado de estratificación del fluido en cuestión, en el que las superficies isobáricas y las de densidad constante se cruzan. En la atmósfera, estas condiciones se dan en zonas donde hay frentes o donde se desarrollan ciclones (áreas de baja presión). Se expresa también como baroclinicidad.

baroclino. Aplicado a un fluido que se caracteriza por su baroclinidad. Se expresa también como baroclínico. En Meteorología, es común referirse a una atmósfera baroclina.

barógrafo. Barómetro de tipo aneroide que dispone de un dispositivo capaz de llevar a cabo un registro continuo de la presión atmosférica. Las oscilaciones a las que se ve sometida la cápsula aneroide —como consecuencia de los cambios de presión— son transmitidas a una plumilla que se apoya sobre un papel graduado dispuesto sobre un tambor giratorio. La aguja tintada va trazando una gráfica en el papel y de esta forma quedan reproducidas fielmente las variaciones de presión, con sus continuas subidas y bajadas. El instrumento debe calibrarse cada poco tiempo (lo ideal es hacerlo cada 24 horas) con un barómetro de mercurio, dada la mayor precisión de este último instrumento. *Véase también* presión atmosférica.

barograma. Gráfica con el registro de un barógrafo.

barómetro. Instrumento meteorológico empleado para medir la presión atmosférica. Los hay de varios tipos. El más clásico de todos es el de mercurio o de Torricelli, llamado así en honor a su inventor, Evangelista Torricelli (1608-1647). El más popular es el de tipo aneroide, que es el típico barómetro ornamental que muchas personas tienen en el salón de su casa. La invención del barómetro, en 1643, supuso un punto de inflexión en la historia de la Meteorología, ya que a partir de ese momento se empezaron a sentar sus bases como disciplina científica de pleno derecho.

barómetro aneroide. Barómetro que mide las variaciones de la presión atmosférica a partir de las deformaciones que dichos cambios provocan en las paredes elásticas y finas de una cápsula metálica, cerrada herméticamente, en la que se ha hecho un semivacío. Las pequeñas contracciones o expansiones de la llamada cápsula aneroide impulsan una palanca mecánica que amplifica dichos movimientos y los transmite a una aguja, que es la que indica el valor de la presión sobre un círculo graduado. Los barómetros de este tipo incluyen normalmente una segunda aguja, que se acciona manualmente, destinada a marcar el valor de la presión registrada en un observatorio cercano al emplazamiento. Comparando ese valor de referencia con los que va marcando la aguja móvil, puede saberse en todo momento si la presión atmosférica está aumentando o disminuyendo. Este barómetro fue inventado por el físico francés Lucien Vidie (1805-1866) en 1844.

barómetro de mercurio o de Torricelli. Barómetro inventado por el físico italiano Evangelista Torricelli (1608-1647) en 1643, gracias al cual pudo demostrar experimentalmente que el peso del aire es el responsable de la presión atmosférica que en todo momento actúa sobre la superficie terrestre, sometida a constantes variaciones. Se trata de un instrumento muy sencillo, que consta de un tubo de vidrio de algo menos de un metro de longitud, cerrado en su parte superior y abierto en la inferior. Una vez lleno de mercurio, se coloca verticalmente sobre una cubeta también llena de ese metal líquido y se permite que entre en contacto el mercurio del tubo con el de la cubeta, lo que provoca un descenso en el nivel del mercurio del tubo capilar hasta una determinada altura. Al disponer el citado tubo de una escala graduada, dicho nivel marca el valor de la presión atmosférica. Sus ascensos o descensos por la columna vienen dictados por el aumento o la disminución de la presión que ejerce el aire sobre la superficie de mercurio de la cubeta. Al descender inicialmente el mercurio en la columna, queda un espacio vacío en su parte superior que recibe el nombre de cámara barométrica o vacío de Torricelli. Desde el 10 de abril de 2014, se prohíbe en la Unión Europea la comercialización de cualquier instrumento que contenga mercurio, entre ellos este tipo de barómetros.

barómetro de sifón. Barómetro de mercurio formado por un único tubo de vidrio acodado con forma de jota mayúscula (J), con una rama larga que tiene su extremo superior cerrado, y una corta que está abierta, en contacto con el aire del exterior, que cumple la misma función que la cubeta de mercurio del barómetro de Torricelli.

barotropía. Característica que cumple un fluido cuando la presión en su seno solo depende de la densidad, no de la temperatura, en cuyo caso el citado fluido deja de ser barotrópico y pasa a ser baroclino. En una región de atmósfera hay barotropía cuando las superficies isobáricas coinciden con las de densidad constante. Esta condición suele darse en los trópicos, ya que allí el campo de temperaturas es bastante uniforme, sin grandes cambios de unas zonas a otras.

barotrópico. Aplicado a un fluido que se caracteriza por su barotropía. El aire lo es cuando la presión que ejerce solo depende de su densidad.

barra. Nombre coloquial dado a la nube grande y alargada que se sitúa sobre el horizonte o que asoma por la cumbre de una montaña. En este último caso, se trata de una nube orográfica vista desde barlovento, asociada a vientos fuertes que soplan desde la montaña hacia el observador (muro de foehn). En algunos lugares de las islas Canarias (Lanzarote, Gran Canaria) usan el localismo barrón.

barrancada. Aluvión o avenida súbita que tiene lugar ladera abajo de un monte o montaña. El término hace referencia a los barrancos, por los que a veces se precipita con violencia el agua, como consecuencia de la acumulación debida a unas lluvias intensas.

barriau. Localismo de la Ribera Baja del Ebro con el que los lugareños identifican un cielo nublado, no del todo cubierto de nubes.

barrote. Nombre que en Fuerteventura (Canarias) dan al nubarrón alargado y oscuro pegado al horizonte marino. Equivalente a barda.

barrumbada. En un contexto meteorológico, lluvia torrencial, diluvio. En cualquiera de sus acepciones, hace alusión a algo excesivo, desmedido.

base de una nube. Nivel más bajo que alcanza una nube en la atmósfera. En el caso particular de una niebla, la base de esta nube del género *Stratus* coincide con la superficie terrestre. Las bases de las nubes se observan más o menos oscuras en función de la cantidad de gotitas de nube, cristales de hielo, gotas de agua y granizos contenidos en ellas. Todos estos hidrometeoros forman una pantalla natural a la luz del sol, lo que da como resultado el citado oscurecimiento.

bastio. Chaparrón. En los Ancares leoneses se emplea la variante bastiao con idéntico significado. El término también se aplica para identificar la combinación de viento y lluvia, de lo que resulta un tiempo desapacible.

batida. Chubasco, chaparrón, lluvia intensa de corta duración. Equivalente a batilazo.

batilazo. *Véase* batida.

bazabrera. Nombre dado en la provincia de Salamanca al viento muy fuerte.

bentisquiar. Variante de ventiscar.

bernizo. Llovizna. La expresión «llover en bernizo» significa lloviznar. Podemos verlo escrito tanto con «b» (bernizo) como con «v» (vernizo).

besedo. *Véase* abaceo.

bioclimatología. Disciplina científica que se encarga del estudio de la influencia del clima y sus variaciones a largo plazo en los

seres vivos; por ejemplo, en su distribución geográfica. La llamada bioclimatología humana es la parte centrada exclusivamente en el hombre y su relación con el clima.

biometeorología. Disciplina científica que se encarga del estudio
de la influencia del tiempo atmosférico en los seres vivos. En
los últimos años, ha adquirido especial relevancia la biometeorología médica, que investiga las relaciones entre el tiempo y
nuestra salud, tanto física como mental.

biosfera. Componente o subsistema del sistema climático que incluye al conjunto de los seres vivos de la Tierra, con la vegetación
como elemento principal. Las formas vivas se localizan en la parte baja de la atmósfera, los océanos y las capas superficiales del
suelo de todas las tierras emergidas (áreas continentales e islas).

biruji. Frío intenso, con frecuencia asociado al viento. Es equivalente a rasca y a algún otro término también coloquial. Entre
sus variantes tenemos birujis, birugi, viruji, virugi, virugí, biru-
je, viruje y beruje.

bisa. Brisa fría, airecillo fresco. Existen algunas variantes que se
emplean también para nombrar al viento fresco no muy fuerte
pero machacón, como bisca, brisca, sisga o garabisa. En el Alto
Aragón, se refieren a ella como brochina. *Véase también* brisa.

bise. Viento frío y seco del primer cuadrante (N-NE) que sopla en
Suiza, preferentemente en invierno. Lo hace de forma impetuosa en la meseta suiza y el lago Lemán, afectando a la ciudad
de Ginebra. Alcanza con frecuencia rachas de 30 a 40 km/h,
aunque de forma ocasional las intensidades máximas pueden
acercarse a los 100 km/h e incluso superar ese valor, soplando
con mucha violencia. Ocasionalmente, el bise irrumpe con un
tiempo muy desapacible, con los cielos nublados, lluvias y tormenta, en cuyo caso recibe el nombre de *bise noir* (bise negro).

blando. En el contexto meteorológico en el que se enmarca este
diccionario, el término hace referencia a la blandura. Referido
al tiempo, es sinónimo de templado.

blandura. Templanza asociada a la presencia de aire con un alto contenido de humedad. En invierno, se dice que hay blandura si —debido a la anterior circunstancia— las noches son relativamente suaves, lo que ocurre cuando cambia el tiempo y llegan lluvias. La blandura contribuye a fundir la nieve y a deshacer los hielos. También se considera sinónimo de rocío y de relente, aunque esta última acepción poco tiene que ver con la templanza.

blizzard. Nombre con el que se conoce internacionalmente al temporal invernal de nieve, en el que el viento sopla con violencia, el aire es gélido y se acumula mucha nieve, parte de la cual es levantada del suelo nevado por una cegadora ventisca. El término es originario de la parte central de los EE UU, donde casi todos los inviernos acontecen duros temporales del norte y noroeste, que dejan grandes nevadas, temperaturas muy bajas y generan vientos muy intensos, cargados de nieve. El Servicio Meteorológico de los EE UU define el *blizzard* de manera precisa como «una tempestad con vientos superiores a 51 km/h que transporta nieve, reduciendo la visibilidad por debajo de 150 m». El *blizzard* pasa a catalogarse como severo (o extremo) si soplan vientos superiores a 70 km/h, la visibilidad es nula y la temperatura es inferior a -12 ºC, lo que da como resultado una sensación térmica del orden de los -35 ºC. Los cristalitos de hielo transportados por el viento a esas altas velocidades se convierten en minúsculas cuchillas que, al impactar sobre los objetos, actúan como una lijadora. El impacto sobre un rostro es peligroso por ese efecto cortante, razón por la que en el noreste de los EE UU y zonas fronterizas de Canadá se conoce popularmente al *blizzard* como *the barber* ('el barbero'). *Véase también* ventisca.

bloqueo. Término que se asigna a un sistema de alta presión cuando permanece casi estático durante bastante tiempo, bloqueando —de ahí su nombre— la circulación del oeste que domina en latitudes medias, lo que impide el paso normal de borrascas hacia el este. Las olas de calor en verano o los períodos prolongados de frío en invierno, en los que se disparan los niveles de contaminación atmosférica en las grandes ciudades, vienen siempre de la mano de un anticiclón de bloqueo. *Véase también* dorsal.

bocanada de viento. Golpe de viento. Súbita ráfaga que irrumpe de forma brusca y cesa también rápidamente. En el lenguaje cotidiano, se emplea la expresión «bocanada de aire fresco» para indicar que un hecho o circunstancia tiene consecuencias positivas.

bochornera. Localismo aragonés con el que se identifica al bochorno, que en las tierras del Ebro es el viento recalentado que sube valle arriba (viento del SE), provocando un calor sofocante.

bochorno. Sensación térmica de intenso calor, difícil de llevar, debida a la presencia de aire cálido y muy húmedo. En los días de intenso bochorno el aire suele estar calmado y el cielo presenta un aspecto blanquecino, siendo habitual la presencia de nubes altas. El bochorno se manifiesta de forma clara a orillas del Mediterráneo en verano, particularmente en los momentos del día en que se detiene la brisa. También recibe ese nombre el viento del sureste que durante la época estival logra penetrar por el valle del Ebro hacia arriba y se va recalentando de forma progresiva, llegando a Zaragoza (valle medio del Ebro) como un viento ardiente y seco, llamado también por allí bochornera. La palabra bochorno tiene su origen en el término latino *vulturnus*, que era el viento del sureste para los antiguos romanos. Otros términos populares equivalentes son caloracho, calorina, chicharrina, chicharrera, quemazón o farria.

boina. Forma popular de llamar a la nube que cubre la cima de una montaña («Boina puesta, niebla hasta la cresta»), similar a los términos montera, gorro o sombrero, usados con idéntico fin. La palabra también se emplea para referirse al conjunto de partículas y gases contaminantes que cubre algunas grandes ciudades cuando la polución atmosférica es elevada; en esas ocasiones, los aerosoles forman una enorme burbuja de aire sucio de color parduzco que envuelve a la ciudad. En España, se ha hecho tristemente famosa la boina de Madrid.

boira. Niebla, en catalán y gallego. El término también se emplea en otros lugares de la geografía española –principalmente en Aragón– con idéntico significado y con el de nube. La niebla en el Serrablo (Alto Aragón) se expresa como «boira preta», mientras que en el Bajo Aragón se usa la variante güaira. El origen etimológico de boira está en el nombre griego Bóreas. *Véase también* niebla.

boirón. Nubarrón, nube tormentosa. Localismo del Pirineo Aragonés.

bolaga. Pequeño alud.

bólido. Fragmento rocoso de origen extraterrestre que atraviesa velozmente la atmósfera, generando a su paso una traza luminosa muy brillante. En ocasiones, el meteoroide puede fragmentarse y dar lugar a una o varias explosiones. La intensa luz que emite es debida al estado de incandescencia al que se ve sometido, al ir atravesando capas de aire cada vez más denso, lo que aumenta su fricción con el medio gaseoso. Este tipo de objetos, lo mismo que los meteoritos o los pequeños restos de roca y hielo de origen cometario que dan lugar a las estrellas fugaces, no son de naturaleza atmosférica, por lo que no son objeto de estudio de la Meteorología, sino de la Astronomía.

bolisa. Minúsculo copo de nieve que suele caer al principio de una nevada, de tamaño y aspecto similar a la caspa. Término de uso común en la cuenca minera turolense.

bollo. Nombre popular que recibe la cascada de nubes que se produce en algunos enclaves montañosos, bajo determinadas circunstancias meteorológicas. Uno de los mejores ejemplos es el del bollo de

Orduña, que tiene lugar en la peña del mismo nombre, en la sierra Salvada, en el extremo sur de la provincia de Vizcaya. En situaciones anticiclónicas invernales, la presencia de una inversión térmica en la zona favorece la formación de niebla en el vecino valle de Losa (Burgos). Cuando empieza a soplar viento del sur, la niebla es empujada hasta el borde de la peña, precipitándose hasta media ladera y formando una vistosa cascada de nubes.

bolómetro. Instrumento que sirve para medir la intensidad de la radiación solar, y cuyo funcionamiento está basado en el comportamiento de la resistencia eléctrica de un material metálico con la temperatura.

bomba biológica. Ciclo natural consistente en el transporte de carbono desde las capas superficiales de los océanos hasta las profundidades, debido a la acción del fitoplancton marino. Estos minúsculos organismos son capaces, a través de la fotosíntesis, de absorber carbono (principalmente CO_2) y nutrientes inorgánicos como el hierro, fosfatos y nitratos, incorporando el carbono a la materia orgánica que forma los seres vivos de orden superior que se alimentan de ellos, y liberando oxígeno. El fitoplancton constituye la base de la cadena trófica. La bomba biológica está modulada por la disponibilidad de luz y de nutrientes. A veces, un exceso de estos últimos provoca la rápida multiplicación de los microorganismos, dando lugar a las llamadas mareas rojas. La absorción de CO_2 por parte de los océanos (aproximadamente el 70 % del que emiten a la atmósfera las distintas fuentes) no solo es debido al fitoplancton, sino también a la disolución de ese gas en el agua del mar, lo que se conoce como bomba física del carbono.

bomba meteorológica. Expresión equivalente a ciclogénesis explosiva. También se expresa como bombogénesis. En los medios de comunicación hay un abuso de estos términos equivalentes, debido principalmente a que su fuerza expresiva los convierte en un reclamo.

bonancible. En la escala anemométrica de Beaufort, se corresponde con el calificativo dado a un viento de fuerza 4, con velocidades comprendidas entre 11 y 16 nudos (20-29 km/h). Se llama también brisa moderada. La palabra hace alusión a la bonanza, en sentido meteorológico.

bonanza. Tiempo tranquilo o sereno. Aunque, originalmente, solo se aplicaba en el mar, las referencias a la bonanza meteorológica no faltan tampoco en tierra firme.

bora. Viento frío, seco e impetuoso del noroeste que, procedente de Rusia y tras atravesar los Balcanes, desciende hasta las costas de Dalmacia y el mar Adriático. Sopla preferentemente en invierno, alcanzando grandes velocidades, con ráfagas muy violentas. Aunque se trata de un viento regional, su nombre designa también a los vientos catabáticos similares que soplan en otros lugares del mundo.

Bóreas. Nombre que en la mitología griega recibía el dios-viento del norte, y que da origen a palabras como borrasca, boira o bora. En la Torre de los Vientos de Atenas aparece representado como un anciano alado y barbudo, con la melena suelta y alborotada, abrigado con una túnica y portando una caracola en su mano derecha. En las rosas de los vientos de la Antigüedad, este viento frío e impetuoso se identificaba con el que sopla del nordeste. Su equivalente en la mitología romana era el dios-viento Aquilón.

boria. Variante del término boira (niebla) usada en Murcia y Almería. También se emplea en plural (borias). La palabra pone de manifiesto la influencia aragonesa en el habla murciana, ya que la palabra boira se usa en Aragón, aunque es originaria de Cataluña. Del uso del término en tierras murcianas da fe el siguiente refrán: «Si boria tres días seguidos, se empapa al cuarto El Ejido».

boriza. Nombre que dan a la niebla y a la bruma marítima en el oriente de Asturias y en la costa occidental de Cantabria.

borraos. Localismo cántabro que alude a los pequeños jirones nubosos, de aspecto desgarrado debido a la acción del viento, que
dan lugar a brumas sobre la superficie marina.

borrasca. [Imagen 3, pliego]. Forma común de llamar a un área
de baja presión de latitudes medias, lo que en lenguaje técnico
es una depresión o ciclón extratropical. Las borrascas llevan
asociadas abundante nubosidad, precipitaciones y vientos fuertes. El aire gira en torno a su centro en sentido antihorario en
el hemisferio norte y horario en el sur. El término también se
utiliza como sinónimo de temporal, tempestad o tormenta. Es
habitual asociarla al «mal tiempo», en contraposición al anticiclón, que se identifica con el «bueno», aunque no es recomen-
dable emplear esos calificativos; con frecuencia falsean la realidad meteorológica (por ejemplo, cuando hay sequía, el «buen
tiempo» viene de la mano de las borrascas que dejan lluvia). La
palabra proviene del término latino *borras*, que a su vez tiene su
origen etimológico en Bóreas, el dios-viento del norte en la Antigua Grecia.

borrascada. Así llaman en Galicia a la lluvia fuerte. El término
hace alusión a las borrascas, que habitualmente riegan con ge-
nerosidad esa región abierta al Atlántico, situada en el noroeste de la península ibérica.

borrasco. En lenguaje coloquial, lluvia.

borrascón. Forma popular de referirse a una borrasca muy profunda. Cuanto menor sea la presión en el centro de una de
ellas, más profunda será, y mayor la velocidad de los vientos
que genera y que giran a su alrededor.

borrego. Ola pequeña con la cresta muy blanca. Los borregos
empiezan a surgir cuando sopla un viento de fuerza 3 en la escala Beaufort, aunque son más abundantes a partir de fuerza 5,
con una brisa fresca y fuerte marejada en la mar.

borreguero. Cielo en el que hay borreguitos. Equivalente a aborregado.

borreguillos. Crestas en las pequeñas olas que se forman en el mar cuando comienza a soplar el viento. El nombre alude a los pequeños elementos de espuma (blanca) que salpican la ondulada superficie marina. También se conocen como cabrillas.

borreguito. A las pequeñas nubes blancas y redondeadas, de aspecto similar al algodón, se las suele llamar borregos, pues su presencia en el cielo nos recuerda a un rebaño de ellos. Su diminutivo es la forma más extendida. Es el nombre que en meteorología popular reciben los elementos o unidades que forman los altocúmulos de la especie *floccus*. Su aparición anticipa, a menudo, un cambio de tiempo, ya que no pocas veces anteceden a la llegada de un sistema frontal que deja lluvias a su paso («Borreguitos en el cielo, charcos en el suelo»). No hay que confundir los borreguitos (en el cielo) con los borreguillos (en la superficie del mar), aunque a veces se intercambian los nombres.

borrina. Niebla densa, fría y muy húmeda que empapa todos los objetos que entran en contacto con ella. Es un término usado en Asturias y en zonas próximas de la provincia de León. Presenta distintas variantes, como borrín, gurriana, burriana, nublina o burina (localismo de la Ribera Baja del Ebro).

bosque de niebla. Bosque frondoso y muy húmedo, situado en áreas de montaña del ámbito tropical y subtropical, donde habitualmente hay niebla o neblina. Su exuberante vegetación parece humear, debido a la presencia casi permanente de nubes de aspecto desgarrado, llamadas *silvagenitus*. En estos bosques nubosos, como la laurisilva de las islas Canarias, se produce el fenómeno de la lluvia horizontal.

briefing. Conversación rutinaria que se establece entre el meteorólogo y el piloto antes de cualquier vuelo. El primero le expone verbalmente al segundo, de forma clara y concisa, cuáles son las condiciones meteorológicas actuales y previstas durante la ruta, incidiendo en los aspectos más relevantes y aclarando al piloto cualquier duda que le pudiera surgir. La información fluye en las dos direcciones, ya que los meteorólogos destinados en los aeropuertos y bases aéreas también se abastecen de los comentarios sobre el tiempo en ruta que les ofrecen los pilotos que acaban de aterrizar. Podemos extender el término *briefing* a la exposición hablada del meteorólogo ante cualquier audiencia interesada en conocer en detalle el pronóstico del tiempo.

bris. Viento frío y racheado de componente norte que da como resultado un tiempo muy desapacible. En algunos lugares de España se emplea la variante «gris» (cambiando la «b» inicial por una «g»). Existen, aparte, varios localismos que adoptan el mismo significado, como matacabras, descuernavacas o pelacañas, entre otros.

brisa. La palabra tiene varias acepciones meteorológicas. Por un lado, es la forma más común de llamar a un viento flojo. Por otro, alude al viento local de ciclo diario y origen térmico, debido al calentamiento o enfriamiento desigual de la superficie terrestre. En la costa alternan la brisa de mar (virazón, marinada) durante el día y la de tierra (terral) durante la noche; en las montañas, la brisa de valle diurna (viento anabático) y la de montaña nocturna (viento catabático). El término también aparece en la escala anemométrica de Beaufort, para nombrar a los vientos comprendidos entre fuerza 2 y 6, acompañado de los calificativos: «muy débil», «débil», «moderada», «fresca» y «fuerte». En Honduras y Colombia es sinónimo de llovizna.

brisa de glaciar. Viento frío que sopla pendiente abajo a lo largo de la lengua de un glaciar, tanto de día como de noche. El aire frío y denso que permanentemente hay sobre la superficie del hielo, sometido a la acción de la gravedad, se desliza en sentido descendente, dando como resultado un viento catabático que se percibe con claridad si nos situamos frente al borde delantero de cualquier glaciar.

brisa del eclipse. Viento que comienza a percibirse los instantes previos a la ocultación total del disco solar durante un eclipse de sol, como consecuencia del brusco descenso de temperatura que tiene lugar en la banda de totalidad. Fuera de esa zona donde se hace de noche, el sol sigue calentando el suelo, calentándose también el aire en contacto con él. Las diferencias de presión que se establecen dan como resultado un desplazamiento del aire desde dentro hacia fuera de la banda de totalidad, y la consiguiente brisa, también llamada viento del eclipse.

brisa de mar. Viento que sopla de día en las costas y sus inmediaciones, desde mar hacia tierra. Esta brisa es debida al desigual calentamiento de la superficie marina (o de un lago) frente a tierra firme. La capacidad calorífica del agua es mucho mayor que la del suelo, de ahí que el medio marino consiga absorber la radiación infrarroja solar sin apenas elevar su temperatura, cosa que no ocurre en el medio terrestre. Por la mañana, según gana altura el sol, el aire pegado al suelo se calienta con rapidez, y al disminuir su densidad empieza a elevarse. Su lugar es ocupado por aire más fresco de procedencia marítima, lo que da inicio a la brisa de mar. Con el paso de las horas, va aumentando de intensidad, alcanzando las mayores rachas —de hasta 40 km/h— entre las cuatro y las cinco de la tarde. A partir de ese momento, la brisa afloja, hasta detenerse por completo al ocaso. *Véase también* virazón.

brisa de montaña. Viento local descendente que sopla desde la montaña hacia el valle durante la noche. Tiene su origen en el enfriamiento nocturno al que se ve sometido el aire en las laderas montañosas. Al enfriarse y hacerse más denso, se precipita ladera abajo, acumulándose en el valle. Esta brisa (viento catabático) es más intensa que la que asciende durante el día, ladera arriba (viento anabático), ya que la fuerza de gravedad juega a su favor.

brisa de tierra. Viento que sopla de noche en las costas y sus inmediaciones, desde tierra hacia el mar. Su entrada en escena tiene lugar tras la puesta del sol, cuando la tierra se enfría con rapidez, mientras que la superficie marina (o de un lago) mantiene sin apenas cambios su temperatura. Dicha circunstancia provoca un desalojo natural del aire situado sobre tierra firme hacia el mar, donde la presión atmosférica es menor. Esta brisa recibe el nombre de terral, si bien no debemos de confundirla con el viento recalentado que incide en algunos lugares costeros, como el que sopla a sotavento de los montes de Málaga y dispara las temperaturas en un amplio sector de la Costa del Sol (terral). La brisa de tierra sopla en sentido contrario a la de mar y es algo menos intensa.

brisa de valle. Viento local ascendente que sopla desde el valle hacia la montaña durante el día. Cuando sale el sol por la mañana, comienza a iluminarse la ladera de solana, pero no así el valle, que se mantiene a la sombra. Durante el tiempo que transcurre hasta que el sol ilumina el fondo del valle (mayor o menor en función de lo angosto que sea), el aire situado sobre la pendiente iluminada se calienta y asciende, siendo reemplazado por aire procedente de la parte baja, lo que da lugar al establecimiento de la brisa.

brisote. Americanismo usado para designar a una brisa fuerte acompañada de chubascos. En Cuba llaman así al viento fuerte del nordeste, de fuerza 5 en la escala Beaufort.

brochina. Nombre que en algunas comarcas de Huesca, en el Alto Aragón, dan al viento frío, no muy intenso, procedente de la sierra de Guara («Esta brochina de Guara no se oye, pero corta la cara»). En ocasiones, viene acompañado de una llovizna fría o arrastra niebla. También se emplea la variante bronchina.

brontofobia. Miedo irracional a los rayos y truenos que genera angustia y ansiedad en las personas que lo sufren. Afecta a individuos de todas las edades, pero es más común en la infancia. También se conoce como astrafobia.

bruja. Nombre popular dado al remolino de polvo o tolvanera.

bruma. Equivalente a neblina. El término se emplea, sobre todo, cuando el citado hidrometeoro se forma sobre el mar o en zonas costeras. A nivel coloquial, tampoco es raro usarlo cuando hay calima o en cualquier otra circunstancia en la que la visibilidad sea reducida. *Véase también* neblina.

brumazón. Nombre coloquial empleado para referirse a una neblina o niebla marítima espesa que ocupa una gran extensión. También se usa para referirse a la bruma originada por las pulverizaciones que genera un fuerte oleaje. El sufijo aumentativo «-ón», o su equivalente «-ona» (en palabras del género femenino), aplicado a un fenómeno meteorológico o a un meteoro, remarca su carácter extraordinario; una bruma más espesa de lo habitual en el caso que nos ocupa.

bufa. Viento frío, intenso y penetrante, asociado con frecuencia a un silbido o sonido característico, al que hace referencia justamente el término (bufar). También tiene una segunda acepción meteorológica: la niebla de valle que asciende ladera arriba por una montaña. Existen algunas variantes del término, como bruga (localismo usado en Argentina) o bufo.

bufada. Equivalente a bufa.

bufar. Soplar el viento. Etimológicamente, proviene del término en latín *buffare*, que es una voz con origen onomatopéyico.

bufina. Viento frío, pero menos intenso que la bufa. Podemos identificarlo con una brisa fría.

buran. Destacado viento regional del nordeste que sopla en Rusia y zonas próximas de Asia Central. Es más frecuente en invierno, en cuyo caso, aparte de ser un viento intenso y muy frío, levanta grandes cantidades de nieve del suelo, provocando cegadoras ventiscas. En las zonas de tundra este *buran* blanco recibe el nombre de *purga*. En verano, el *buran* es menos frecuente; se trata de un viento también intenso, pero seco y caliente, que levanta grandes cantidades de polvo del suelo, arrastrándolo largas distancias y dando lugar a tormentas de arena. Los lugareños se refieren a él como *karaburan*. La palabra *buran* en ruso significa 'ventisca' o 'tormenta de nieve' y fue el nombre con el que en la antigua URSS bautizaron al transbordador espacial que llegaron a desarrollar, y cuyo único vuelo orbital tuvo lugar el 15 de noviembre de 1988. En Alaska, por su proximidad geográfica con Rusia, llaman *burga* al gélido viento procedente del nordeste.

burbuja de aire. *Véase* parcela de aire.

burina. Nombre dado a la niebla en la Ribera Baja del Ebro. Al igual que otros localismos similares, como borrina, burriana o borrín, deriva del término latino *borras*, con origen en Bóreas, el dios-viento del norte en la mitología griega.

burgalés. Nombre que dan al viento frío del nordeste en el sur de la provincia de León y en algunas otras comarcas vecinas de la meseta castellano-leonesa.

burriana. Variante del localismo asturiano borrina. También se expresa encabezada con la letra «g» (gurriana).

burz. Localismo aragonés de origen árabe que significa tempestad, tormenta particularmente intensa. *Véase también* tormenta.

C

cabañuelas. Método tradicional de predicción meteorológica a largo plazo, basado en la observación local de los cambios atmosféricos durante determinados días del año (los veinticuatro primeros días de agosto en su fórmula más popular y extendida, aunque hay lugares donde se hacen en enero). Las cabañuelas establecen una correspondencia entre los días del período considerado y los meses del año venidero. Existen distintas variantes, dependiendo de los lugares y de las personas que las lleven a cabo, pero, en todos los casos, los cambios en el estado del cielo y en las condiciones atmosféricas a lo largo de cada día considerado, son interpretados como el comportamiento meteorológico que tendrá el mes del año siguiente asociado a ese día. Es bastante común identificar los primeros doce días de agosto con los doce meses en orden creciente, y luego los siguientes doce días también con los doce meses, pero en sentido decreciente, lo que se conoce como las contracabañuelas o retornás. A pesar de su uso arraigado en algunas zonas rurales, carecen de fundamento científico.

cabrillas. Crestas de pequeñas olas, blancas y espumosas, que se forman en el mar cuando este empieza a agitarse por la acción del viento.

cabrillear. Comenzar a formarse cabrillas en la superficie del mar.

cachón. Esta palabra tiene dos acepciones relacionadas indirectamente con la Meteorología. Por un lado, así se llama la ola grande que rompe en la orilla del mar y esparce una gran cantidad de agua y espuma. También recibe este nombre el brazo de río que se llena durante las avenidas y barrancadas y que horada la ribera formando una especie de canal.

Caecias. Variante de Kaikias, que es el nombre que, en la mitología griega, recibía el dios-viento del nordeste. También se expresa como Cecias.

caer. Término náutico que significa aflojar el viento, lo que conlleva una clara mejoría del estado del mar. Cuando lo que hace el viento es aumentar de intensidad, se emplea la palabra refrescar, también esta última de uso común en el ámbito marítimo.

cainada. Nombre que recibe en Asturias la niebla o neblina marítima cuando es especialmente persistente. *Véase también* niebla de advección.

calabobos. Forma coloquial dada a la llovizna cuando es muy fina y pertinaz. Las gotas que la forman son tan pequeñas que apenas se perciben, y sin embargo lo empapan todo. Es bastante habitual confiarse y pensar que el calabobos apenas nos mojará, para que al cabo de un rato comprobemos que estamos calados y que se nos queda una cara de circunstancias (de bobo) ante el inesperado remojón, de ahí el origen de la expresión. *Véase también* llovizna.

calabrón. Variante de calambrón.

calado de altímetro. El también llamado calaje o ajuste de altímetro es el procedimiento rutinario mediante el cual en el citado instrumento se fija como referencia un determinado valor de presión, usado para compensar las desviaciones de las condiciones atmosféricas reales con respecto a las que establece la atmósfera tipo o estándar. Dependiendo de cuáles sean las distintas fases del vuelo de un avión, se emplea uno u otro calado, como por ejemplo el QNH o el QNE.

calambriza. Nombre que dan a la escarcha en algunas zonas de Asturias. El mismo término es usado por tierras leonesas, pero allí lo utilizan para identificar la cencellada, que, aunque tiene una apariencia parecida, es un meteoro distinto, cuya formación obedece a diferentes causas. En Salamanca se usa la variante escambriza.

calambrizo. Localismo del occidente asturiano con el que llaman al carámbano. En aquella zona de España es muy común que los días más fríos del invierno, tras haberse producido una nevada, se formen esas agujas de hielo (calambrizos) en los aleros de los tejados de los hórreos y paneras.

calambrón. Término de origen asturiano que tiene distintas acepciones meteorológicas y presenta algunas variantes, como calabrón, calambrión y calandrón. Una primera acepción lo identifica como una niebla baja, espesa y muy fría (dorondón). También hace referencia al tiempo más frío del invierno, en el que se producen fuertes heladas, y al viento helador que sopla del norte o nordeste. Ligado también al frío, se llama así a la nieve congelada que hay depositada sobre los árboles, y en algunos casos a la escarcha; además es uno de los muchos nombres que recibe el carámbano. Por último, se llama así al rayo de sol que se cuela entre las nubes, si bien es más común referirse a él con la variante calandrón.

calamoco. Literalmente, moco que cae. *Véase también* carámbano.

calandrón. Rayo de sol que se cuela entre los nubarrones de una tormenta o a través de una capa nubosa que cubre total o parcialmente el cielo, en la que se abre algún hueco. Equivalente a escaldachón, chugaína y chugá (localismo de Los Argüellos, en León).

calderino. Nombre que recibe en Madridejos (Toledo) el viento del sur, debido a que parece proceder de la cercana sierra de La Calderina. Este localismo tiene su origen en la nomenclatura usada por los antiguos molineros de la localidad, que, al igual que los de otros pueblos manchegos, recurrieron a la toponimia para asignar los nombres de algunos vientos locales. Dicha circunstancia hace que un mismo viento reciba nombres distintos en localidades relativamente próximas. El uso de alguno de ellos se mantiene aún vigente en la actualidad.

calendario de la cebolla. Método popular de predicción meteorológica a largo plazo con un origen medieval, que todavía pervive en algunas zonas rurales del Alto Aragón y de Cataluña, donde se conoce como el *calendari de la ceba*. En los últimos años se ha popularizado en EE UU, gracias a la cobertura dada por algunos medios de comunicación a las prácticas que todas las Nocheviejas llevan a cabo varias familias de la localidad de Aberdeen, en el estado de Dakota del Sur. El procedimiento, consistente en observar lo húmedas o secas que están unas láminas de cebolla sobre las que previamente se vertió sal y deducir de ello cómo se comportará meteorológicamente el año nuevo, carece de fundamento científico.

calendario zaragozano. Pequeño almanaque que incluye pronósticos del tiempo a largo plazo, publicado anualmente en España de forma ininterrumpida desde 1862, si bien en su portada se indica —erróneamente— que se empezó a editar en 1840. Su creador fue Mariano Castillo y Ocsiero (1821-1875). Su tamaño de media cuartilla y el color naranja de su cubierta y contraportada se han mantenido inalterables a lo largo de su siglo y medio de existencia, lo que ha convertido a esta publicación periódica española en una de las más populares. Las predicciones meteorológicas que incluye están basadas en métodos astrológicos que en su época —mediados del siglo XIX— puso en práctica el autor, sin que se tenga constancia

alguna de su fundamento científico. *Véase también* astrometeorología.

calentamiento global. Expresión de uso muy extendido en la actualidad, que alude al aumento experimentado por la temperatura media del aire en la superficie terrestre durante la época
instrumental (desde mediados del siglo XIX). Ese aumento es
debido principalmente al incremento en la concentración en la
atmósfera de gases de efecto invernadero, consecuencia, a su
vez, de las emisiones provocadas por la quema masiva de combustibles fósiles. En ocasiones, la expresión se usa como sinónimo de cambio climático y de cambio global.

calentamiento súbito estratosférico. Alteración significativa del
vórtice polar estratosférico como consecuencia de la intrusión
de una onda de Rossby desde la troposfera hasta la estratosfera
(de abajo arriba) y su «rotura» en la parte superior del vórtice
polar, lo que provoca su debilitamiento. A consecuencia de
ello, se desplaza y/o fragmenta, lo que conlleva un importante
desalojo del aire frío hacia latitudes medias y un calentamiento
muy anómalo del aire situado en la estratosfera polar. Para referirse a estos eventos en la literatura científica se emplea la sigla SSW (*Sudden Stratospheric Warming*), y su equivalente en español CSE.

caliginoso. Término, fundamentalmente literario, que equivale a
oscuro, tenebroso, sombrío... En un contexto estrictamente
meteorológico, se aplica tanto a un cielo encapotado y plomizo, como al ambiente opresivo generado por la presencia de calima, en que la visibilidad es reducida.

calima. [Imagen 4, pliego]. Litometeoro que consiste en la suspensión en la atmósfera de partículas sólidas no acuosas (polvo, arena, cenizas), en cantidad suficiente para enturbiar el
aire y reducir la visibilidad. Si la visibilidad al nivel de la superficie terrestre es reducida y la humedad relativa del aire es
menor del 70 % hay calima, pero si es mayor del 70 % el fenó-

meno observado o pronosticado será la bruma (según los criterios técnicos de AEMET). La calima hace que el cielo adquiera un color terroso (ocre, parduzco, amarillento, naranja, rojizo), variable en función de cuál sea la naturaleza del terreno del que escaparon las partículas y de la iluminación solar. La mayor o menor opacidad generada por ella depende tanto de la concentración de partículas como de la capacidad higroscópica de las mismas. Atendiendo a esto último, se distingue entre la calima seca y la húmeda. Un caso particular de esta última es la llamada calima de sal, provocada por la presencia de minúsculas partículas de sal marina, originadas por la evaporación de los rociones que escapan de la superficie del mar. Tanto el término calima como sus variantes calina y calisma tienen su origen etimológico en la voz latina *caligo*, que significa oscuridad, de la que provienen también caligino, calígine y caliginoso.

calima alta. Calima presente a cierta altura en la parte baja de la atmósfera, sin llegar a afectar a la superficie terrestre. Tiene especial interés en aeronáutica, donde se considera como tal aquella que puede reducir la visibilidad en niveles de vuelo situados por debajo de los 5 kilómetros de altitud.

calina. Arcaísmo de calima, cuyo uso sigue vigente en algunos lugares.

calisma. Igual que calima, aunque también se emplea como sinónimo de bochorno. Describe la sensación de incomodidad —particularmente angustiosa para las personas con problemas respiratorios— que genera la propia calima, especialmente cuando se trata de un episodio destacado que se prolonga durante varios días.

calles de nubes. Conjunto de nubes —habitualmente pequeños cúmulos de la especie *mediocris*— que se alinean formando bandas paralelas, según la dirección del viento dominante en el nivel atmosférico donde se forman. Debido al efecto de perspectiva, parecen converger en un punto o dos opuestos del horizonte, desplegándose en forma de abanico. *Véase también* radiatus.

callejón de los tornados. Traducción literal al español de la expresión *Tornado Alley*, que es el nombre coloquial que recibe en los EE UU la extensa zona de su territorio donde se forman con mayor frecuencia los tornados. Dicha zona se corresponde principalmente con las Grandes Llanuras. Según las estadísticas, en los estados de Texas, Oklahoma, Kansas, Nebraska, Luisiana, Misisipi, Arkansas, Alabama, Tennessee, Misuri, Illinois, Indiana y Kentucky es donde hay un mayor número de tornados de categorías altas (EF3 o superior). Es común verlo expresado también como «el corredor de los tornados». *Véase también* tornado.

calma. Coloquialmente, ausencia de viento. En la escala anemométrica de Beaufort, recibe este nombre el viento cuya velocidad es inferior a un nudo (entre 0 y 1,8 km/h), equivalente a fuerza cero en dicha escala. El origen etimológico de la palabra está en la voz griega *karma*, que significa «calor sofocante». Existen distintas variantes antiguas, como calmazo, calmoso, calmería, calmia o calmaria.

calma chicha. Expresión popular, de origen marinero, empleada inicialmente para referirse a la ausencia de viento en la mar, pero cuyo uso se ha generalizado, no limitándose al ámbito marino. La palabra «chicha» es una deformación fonética del término francés *chiche*, que significa avaro, en alusión a la avaricia (figurada) del mar, al no ceder ni un ápice de viento para que puedan avanzar las embarcaciones a vela. Al parecer, ese fue el sentido que le dio a la expresión un marinero de origen francés que viajaba en un navío español en el siglo XVII, desesperado por la ausencia de viento.

calmaria. Neblina acompañada de bochorno. El término se usa también como sinónimo de canícula. En Toledo identifican la calmaria con los días de intenso bochorno en los que hay calima. Arcaísmo de calma. Con este último significado se emplea en el mundo náutico, como sinónimo de calma chicha.

calmas ecuatoriales. Franja terrestre que abarca una zona situada tanto a uno como a otro lado del ecuador, caracterizada por la ausencia de vientos significativos durante largos períodos de tiempo. Su posición no es siempre la misma, ya que está sometida a una basculación estacional que la sitúa principalmente en el hemisferio norte, oscilando su posición entre los 5°S y los 15°N. La zona de calmas ecuatoriales es conocida en inglés por la forma coloquial *doldrums*, cuyo origen se remonta al siglo XVIII, a la época de la navegación a vela en que empezaron a ser comunes las rutas comerciales que atravesaban la línea ecuatorial. *Véase también* zona de convergencia intertropical.

calmas subtropicales. Zonas de la superficie terrestre coincidentes con la parte central de los grandes anticiclones subtropicales, donde el viento es flojo o está encalmado. Las calmas asociadas a los dos cinturones de altas presiones que hay en la Tierra —uno en cada hemisferio— también reciben el curioso nombre de «latitudes de los caballos». La expresión tiene su origen en la época dorada del Imperio español, cuando era habitual que se sacrificaran esos animales en los navíos que permanecían más tiempo de la cuenta en alguna de esas zonas de calma. El agua dulce empezaba a escasear a bordo y se optaba por matar a los equinos como medida de ahorro y supervivencia. Se tiraban los caballos por la borda, y no era raro que los barcos que transitaban por aquellas rutas marítimas se cruzaran con el cadáver de alguno de ellos flotando en el agua.

calmazo. Sinónimo de calma. El sufijo aumentativo «-azo» enfatiza el carácter marcado de la situación atmosférica descrita. Su uso es más frecuente en el mar y tiene idéntico significado que las expresiones calma chicha y calma total.

calmería. Término marinero para referirse a la ausencia de viento en la mar. Calma chicha. Equivalente a calmia.

calmia. En el lenguaje marinero, lo mismo que calmazo. Dependiendo de las fuentes consultadas, aparece expresada así o con tilde en la «i».

calor. Desde el punto de vista de la Física, es la cantidad de energía que se transfiere entre dos cuerpos o sistemas caracterizados por tener distintas temperaturas. La transferencia de calor está vinculada al movimiento molecular y tiene lugar desde el cuerpo o sistema que está más caliente —a mayor temperatura— al más frío.

calor latente. Cantidad de calor que libera o absorbe la unidad de masa de un cuerpo o sustancia al cambiar de estado. En la atmósfera, se producen importantes transferencias de calor latente debidas a los cambios de fase del agua contenida en ella. Por cada gramo de agua que se condensa, se liberan al aire 540 calorías (en números redondos), que contribuyen a calentarlo. Esa misma cantidad de calor se absorbe del aire cuando tiene lugar la evaporación de los hidrometeoros. En los procesos de formación de nubes y de precipitación, la cantidad de calor latente puesta en juego es muy grande, dadas las enormes cantidades de vapor de agua que se transforman en gotitas, gotas y cristales de hielo. Las transferencias de calor latente en la congelación (paso de agua líquida a hielo) y la fusión (paso de hielo a agua líquida), son bastante menores (80 calorías por gramo). *Véanse también* condensación, evaporación.

calor sensible. Calor que absorbe o libera un cuerpo o sustancia al cambiar de temperatura, sin que en dicho proceso tenga lugar un cambio de estado. En los procesos termodinámicos que tienen lugar en la atmósfera, particularmente en el balance energético terrestre, juega un importante papel, lo mismo que el calor latente.

caloracho. Forma muy coloquial de referirse al bochorno.

calorín. Variante de calorina y equivalente a caloracho y a otros términos coloquiales similares, usados para describir el intenso y sofocante calor.

calorina. En lenguaje coloquial, intenso calor. En la Región de Murcia el término se emplea como sinónimo de calima.

calorón. Aumentativo de calor, que constituye una forma vulgar usada en algunos países de América latina, como Venezuela y El Salvador, para expresar que hace mucho calor.

calorza. Forma coloquial de referirse al bochorno. Equivalente a caloracho y calorina.

calura. Calor muy intenso. Antónimo de friura.

calvus (cal). Una de las dos especies que puede presentar el género nuboso *Cumulonimbus (Cb)* —la otra es *capillatus (cap)*—. Viene caracterizada por el contorno aparentemente liso y de color blanco, sin protuberancias destacadas ni una cabellera nubosa cirriforme, en la parte alta de la citada nube. Dicho vocablo latino significa calvo, despojado o desnudo. Los cumulonimbos *calvus* no suelen alcanzar la tropopausa, en cuyo caso, los fuertes vientos reinantes a partir de ese nivel atmosférico deforman el tope nuboso y este adopta la forma del característico yunque *(Cb incus)*. *Véase también Cumulonimbus.*

camanchaca. Nombre local, de origen aimara, que significa 'oscuridad' y que en el sur de Perú y norte de Chile recibe el estratocúmulo marítimo que se forma habitualmente sobre las frías aguas costeras de la zona, y que penetra tierra adentro, cubriendo los cielos de la franja desértica que domina aquella región. Al remontar los cerros de la primera línea de montañas, forma una densa niebla. En algunos enclaves de esa cordillera prelitoral hay instaladas pantallas atrapanieblas, capaces de obtener importantes cantidades de agua a partir de la captura de las gotitas de agua que desplaza esa niebla de advección. La camanchaca llega a veces a dejar una fina llovizna, que recibe también el nombre de garúa. *Véase también atrapanieblas.*

cambio climático. El uso más común que se da a esta expresión hace referencia a los cambios que están teniendo lugar en el clima terrestre como consecuencia —en gran medida— de las actividades humanas ligadas a la emisión a la atmósfera de gases de efecto invernadero, provenientes de la quema masiva de combustibles fósiles. El calentamiento global observado es la manifestación más clara del cambio climático actual (implícitamente antropogénico). En sentido más amplio, el término alude a cualquier forma de inconstancia climática, independientemente de sus causas físicas. Teniendo en cuenta que el clima terrestre es cambiante por naturaleza, cuando dentro de su variabilidad natural se detectan tendencias estadísticamente significativas (en plazos de tiempo lo suficientemente largos), puede hablarse, con propiedad, de un cambio climático. A lo largo de la historia de la Tierra han ocurrido muchos, de diferente signo y magnitud, si bien la singularidad del actual es que no puede achacarse exclusivamente a causas naturales. *Véanse también* efecto invernadero, dióxido de carbono.

cambio climático abrupto. Cambio a gran escala en los patrones climáticos que se desencadena de forma brusca, en un lapso de tiempo corto —climáticamente hablando—, que puede ser desde unas pocas décadas hasta unos pocos años, cuando en el sistema climático se rebasa determinado umbral crítico. Los registros paleoclimáticos permiten deducir que han ocurrido algunos de estos cambios climáticos abruptos en el pasado. La posibilidad de que tengan lugar en un futuro próximo, en el marco del actual calentamiento global, es por ahora puramente especulativa.

cambricia. Localismo leonés para referirse a la cencellada.

cambrina. Nombre dado a una escarcha poco intensa. Equivalente a carama o caramada, entre otros localismos.

cambriza. Forma coloquial de referirse a la escarcha.

candelizo. Una de las muchas formas con las que, coloquialmente, se conoce al carámbano. Comparte idéntica raíz y significado con candela (localismo alavés), candelón (localismo aragonés) y canelón.

candelón. Localismo aragonés con el que se conoce al carámbano.

candilazo. [Imagen 5, pliego]. Tonalidad rojiza muy intensa que adquieren a veces las nubes próximas al horizonte durante el crepúsculo matutino o el vespertino, en los momentos previos a la salida del sol y posteriores a la puesta. Dicha circunstancia es muy llamativa y suele anunciar cambios de tiempo para las próximas horas, tal y como recogen algunos refranes meteorológicos («Candilazo al anochecer, agua al amanecer»). *Véase también* arrebol.

candilejo. Variante de candilazo.

candor. Sinónimo de calor, actualmente en desuso. En su acepción más conocida, toma el significado de claridad.

canelón. Variante de candelón. *Véase también* carámbano.

canícula. Época del año en la que habitualmente hace más calor. Aunque no hay unas fechas fijas en el calendario que marquen su inicio y finalización, la canícula suele identificarse con el período que va entre el 15 de julio y el 15 de agosto («De Virgen a Virgen, el sol aprieta de firme»). La palabra tiene su origen etimológico en la voz latina *canis*, que significa «perro». La salida de la estrella Sirio por el horizonte, marcaba el inicio de las inundaciones del Nilo en el Antiguo Egipto, lo que coincidía con la llegada del verano. Sirio es la estrella más brillante de la constelación del *Canis Maior* (El Can Mayor), de ahí el curioso nombre que recibe la época más calurosa del año.

canicular. Referido al período de tiempo que dura la canícula.

cantalear. Variante de acantalear. Llover a cántaros.

cantrelo. Nieve endurecida en forma de canto rodado. Adopta esa forma como consecuencia de la acción del viento. Ocasionalmente se forman bolas de nieve de aspecto similar en las playas de algunos mares y lagos de latitudes altas, sometidos periódicamente a intensos *blizzards*. Los pescadores de la isla canadiense de Cabo Bretón se refieren a este singular fenómeno como *lolly*. Esas bolas son el resultado de la acción combinada del viento y las olas, bajo unas condiciones ambientales muy particulares, en las que la temperatura del aire y la del agua se mueven en unos estrechos márgenes.

cañón granífugo. Dispositivo empleado por los agricultores en la lucha antigranizo para tratar de evitar que una tormenta deje granizos potencialmente peligrosos para los cultivos. Ubicados en zonas agrarias donde el riesgo de fuertes granizadas es alto, estos cañones utilizan una mezcla de gases explosivos (acetileno o butano) con aire y se accionan minutos antes de que una nube tormentosa pueda dejar granizo, en base a la información que va suministrando el radar meteorológico. Las detonaciones que provocan generan ondas de choque, cuya misión es alterar el proceso de crecimiento de los granizos en el interior de la tormenta. La eficacia de estos cañones es baja, ya que intervienen muchos factores, la mayoría de los cuales escapan al control humano. Con idéntico fin, también se lanzan a las nubes de tormenta cohetes cargados de yoduro de plata (sal higroscópica), tanto desde tierra como desde avionetas en vuelo, obteniendo mejores resultados (siembra de nubes).

capa atmosférica. [Figura 2]. Cada una de las capas en que se divide la atmósfera para su estudio. Su número es variable, en función del criterio utilizado. La división más común es en cinco capas (de abajo arriba: troposfera, estratosfera, mesosfera, termosfera y exosfera), atendiendo a la distribución vertical de temperatura. El número de capas se reduce a dos en el caso de que lo que se tenga en cuenta sean las propiedades físico-químicas (ozonosfera e ionosfera) o la composición (heterosfera y homosfera).

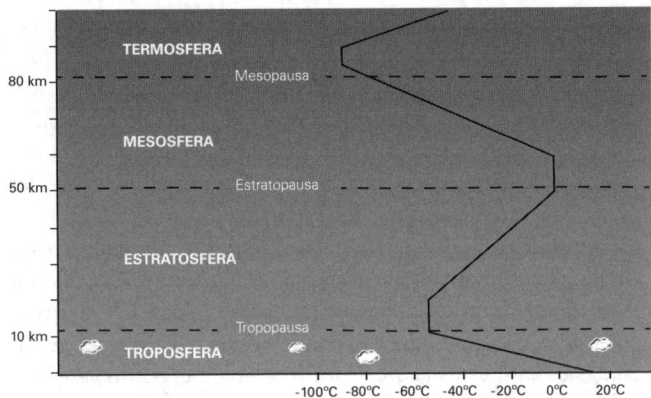

Fig. 2. Las capas de la atmósfera. Representación esquemática de cuatro de las cinco capas en que se divide la atmósfera terrestre, atendiendo al comportamiento térmico de la misma. De abajo arriba aparece la troposfera –donde tienen lugar la mayor parte de los fenómenos meteorológicos–, la estratosfera, la mesosfera y la termosfera. Por encima de ella se sitúa la capa atmosférica más externa, llamada exosfera. La línea negra zigzagueante muestra el comportamiento de la temperatura con la altitud. En la figura aparecen indicados los nombres de las zonas de separación entre las distintas capas.

capa D. Región de la atmósfera situada entre los 60 y los 90 km de altitud que solo se manifiesta de día y que constituye la parte inferior de la ionosfera. Por encima, se solapa con la capa E o de Heaviside. La capa D tiene una gran capacidad de absorción, atenuándose la radiación solar que la atraviesa. Es un eficaz escudo protector. *Véase también* ionosfera.

capa de Appleton. Nombre que recibe la capa ionosférica F, en honor al físico inglés Edward Appleton (1892-1965). Esta región de la atmósfera actúa como una pantalla reflectora de las ondas electromagnéticas de determinados rangos de frecuencia (entre 3 y 10 MHz), lo que permite la propagación de ondas de radio a larga distancia. La capa F se desdobla en dos subcapas, llamadas F_1 y F_2, que fluctúan en función del ciclo día-noche. La F_1 es la inferior y se sitúa entre los 150 y los 300 km de altitud. La F_2 se sitúa por encima, algo separada de la F_1 durante el día. Por la noche, ambas se fusionan y el conjunto de la capa de Appleton se expande, pudiendo llegar a alcanzar hasta los 1000 km de altitud. *Véase también* ionosfera.

capa de Ekman. Capa atmosférica de transición situada entre la capa límite superficial y la atmósfera libre, en la que el efecto de la fricción sobre el aire disminuye muy rápidamente con la altura hasta desaparecer por completo en su parte alta. También se conoce como capa de fricción. En su base —situada aproximadamente a 100 metros de altitud— el viento corta las isobaras, formando un ángulo máximo de 30º con ellas, mientras que en el límite superior de la capa —a unos 600 metros de altitud— el viento sopla paralelo a las isobaras y alcanza una mayor intensidad que en la base, debido a la ausencia de rozamiento. Si sobre un plano horizontal se proyectan los vectores del viento a diferentes niveles en la capa, y se unen los extremos delanteros de dichos vectores, forman una figura geométrica llamada espiral de Ekman. Su nombre, lo mismo que el de la capa, hace mención al oceanógrafo sueco Vagn Walfrid Ekman (1874-1954), estudioso de las corrientes marinas, que describió por primera vez ese esquema teórico para el transporte de agua en la capa superficial del océano, siendo igualmente aplicable a la atmósfera.

capa de fricción. Nombre con el que también se conoce a la capa de Ekman.

capa de Heaviside. Nombre que recibe la capa ionosférica E, también conocida como capa de Kennelly-Heaviside, debido a que su existencia fue predicha, de forma independiente, por los científicos ingleses Arthur E. Kennelly (1861-1939) y Oliver Heaviside (1850-1925). Su altitud no es fija, pudiendo fluctuar entre los 90 y los 150 kilómetros. La elevada ionización del aire presente en ella hace que actúe como un espejo frente a determinadas ondas de radio, lo que permite su propagación entre puntos distantes de la superficie terrestre.

capa de inversión. Capa atmosférica en la que tiene lugar una inversión térmica, que ocasionalmente puede formarse en el seno de la troposfera. Al ascender por ella, la temperatura aumenta o se mantiene constante.

capa de nubes. Conjunto de nubes que se distribuyen horizontalmente en la atmósfera entre dos niveles dados. Las capas nubosas pueden ser continuas y cubrir el cielo en su totalidad, o estar formadas por elementos separados, como ocurre, por ejemplo, con determinadas agrupaciones de altocúmulos.

capa de mezcla. Uno de los nombres que recibe la capa límite planetaria.

capa de ozono. *Véase* ozonosfera.

capa E. *Véase* capa de Heaviside.

capa F. *Véase* capa de Appleton.

capa F1. Parte inferior de la capa F. *Véase también* capa de Appleton.

capa F2. Parte superior de la capa F. *Véase también* capa de Appleton.

capa límite planetaria (CLP). Capa de aire en contacto con la superficie terrestre, sometida a su influencia y situada por debajo de la atmósfera libre. Los movimientos en su seno están fuertemente influenciados por el rozamiento con dicha superficie. Su espesor es variable, oscilando entre los 500 y los 1000 metros, si bien algunos autores sitúan su cota superior a 1500 m de altitud. Su parte más baja es un estrato turbulento, mientras que por encima se sitúa la capa de Ekman o de fricción, donde la influencia del rozamiento disminuye rápidamente con la altura. La capa límite planetaria (CLP) recibe distintas denominaciones, tales como capa de mezcla, capa convectiva, capa mecánica o capa límite atmosférica. Es habitual referirse a ella por el acrónimo indicado en el texto, o sus equivalentes en inglés (PBL [*Planetary Boundary Layer*], ABL [*Atmospheric Boundary Layer*], CBL [*Convective Boundary Layer*], ML [*Mixed Layer*]...). *Véase también* fricción.

capa límite superficial. Parte inferior de la capa límite planetaria, correspondiente a sus primeros 100 metros, en la que la generación de turbulencia mecánica condiciona los movimientos del aire. Su base no coincide exactamente con la superficie terrestre, sino que se apoya sobre una delgada capa, de unos pocos milímetros de espesor, cuyo régimen no es turbulento, sino laminar, dictado por la viscosidad del aire.

CAPE. Acrónimo de *Convective Available Potencial Energy* (energía potencial convectiva disponible). Índice teórico, calculado a partir de la información que proporciona un radiosondeo, que permite estimar la magnitud de la convección responsable del crecimiento de las tormentas, en un entorno de inestabilidad atmosférica. Se expresa en julios por kilogramo (J/kg). Para valores de entre 1000 y 2000 J/kg, las condiciones ambientales son óptimas para que haya actividad tormentosa. Si el índice CAPE supera los 5000 J/kg, las tormentas que se formen serán muy intensas, con previsibles granizadas, importante aparato eléctrico y violentas rachas de viento asociadas. *Véase también* convección.

capillatus (cap). Una de las dos especies asociadas al género nuboso *Cumulonimbus (Cb)* —la otra es *calvus (cal)*—. Significa peludo o melenudo, y deriva del término latino *capillus* (pelo, melena). Los cumulonimbos de esta especie son fáciles de identificar, ya que su parte superior presenta un aspecto deshilachado, formando una especie de cabellera desordenada de nubes cirriformes, de estructura fibrosa o estriada. La aparición de dicha estructura es un buen indicador de la fase en que se encuentra la tormenta. Cuando el tope de un cumulonimbo se empieza a deshilachar, podemos estar seguros de que la tormenta no irá a más —no crecerá más en la vertical—, iniciándose su fase de disipación.

cápsula aneroide. Cápsula metálica, herméticamente cerrada, de paredes muy delgadas y elásticas, en la que se ha hecho un vacío parcial, que se expande o contrae en función de las variaciones de la presión atmosférica. El barómetro de nombre homónimo está basado en las deformaciones de este dispositivo, también llamado cápsula de Vidi (barómetro aneroide).

captanieblas. *Véase* atrapanieblas.

carajada. Palabra que deriva del término despectivo carajo, que suele usarse para describir de forma expresiva el intenso frío («hace un frío del carajo»). El término se identifica particularmente con una escarcha débil. Equivalente a carama o cambriza.

carama. Término usado por la gente de Burgos como sinónimo de escarcha, si bien hay personas que lo identifican con la cencella. Para la gente de Valladolid, la carama es menos intensa y fría que la citada cencella o cencellada. En una crónica del periódico vallisoletano *El Norte de Castilla* podía leerse hace unos años: «No es nieve, son cencellas», en alusión a la escarcha (carama para los burgaleses). En Palencia, se identifica con la cencellada.

carambanera. Conjunto de carámbanos.

carámbano. Aguja de hielo muy compacto, de forma cónica y longitud y grosor muy variables, que se forma como resultado del goteo de agua proveniente de la fusión de la nieve o el hielo, cuando las gotas entran en contacto con un aire a temperatura inferior a los 0 ºC y se congelan, formando —por acumulación— dicha estructura. La palabra tiene su origen en la voz latina *calamulus* (*calamellus* en latín vulgar), que es el diminutivo de *calamus* (cálamo), que significa caña. Los carámbanos suelen aparecer en los aleros de los tejados cuando, una vez que se ha acumulado nieve sobre ellos, se inicia el proceso de fusión de la citada nieve y se produce después una helada. También es común verlos colgar de los arcos de un puente, en las entradas de las cuevas o en los abrigos rocosos. Existen decenas de localismos con los que se identifica al carámbano, tales como chapitel, pinganil, candelizo, calambrizo, calamoco, caramelo, chorlito, churro, chuzo, chupón, chupador o rencello, entre otros.

caramelo. *Véase* carámbano.

carañada. En Cantabria, chubasco intenso de lluvia fina.

Carbas. Viento del ENE (este-nordeste) en la rosa de vientos de Vitruvio, de 24 rumbos. Su nombre hace referencia a que es un viento que procede del país de los carbanos, una antigua tribu fenicia y bárbara en la época romana.

carbeso. Nombre que recibe el viento frío del norte en los Ancares leoneses.

carga del viento. Presión que ejerce el viento sobre la superficie de una estructura expuesta a él. Su cálculo resulta fundamental a la hora de diseñar edificios y otras construcciones, para garantizar su resistencia al viento y por tanto su seguridad.

carrucho. Localismo aragonés. La expresión «llueven carruchos» indica que el día es soleado y aprieta el calor.

cascada de nubes. Caso particular de una nube sombrero o en capuchón —situada en la cresta de una montaña— que desborda a sotavento del obstáculo montañoso, adoptando una forma similar a una cascada de agua. La citada nube orográfica es una capa de estratocúmulos, cuyo ascenso a barlovento se ve frenado por la presencia de una inversión térmica situada algo por encima de la cima de la montaña; dicha circunstancia fuerza su descenso ladera abajo, a sotavento de la cumbre, desbordando más o menos en función de cuál sea el espesor de la capa nubosa. El calentamiento adiabático, al que se ve sometida la masa de aire al descender, termina por disipar la nubosidad a partir de cierta cota en la montaña, siendo habitual que la cascada culmine en una especie de lenguas fluctuantes.

cascarrina. En Álava, forma coloquial de referirse a la granizada. Tiene su origen en la palabra del euskera *kaskabar* (granizo), con origen onomatopéyico en la expresión *kask-kask*, que recuerda el ruido que hacen los granizos al impactar y rebotar contra el suelo. También se emplea la variante cascarrinada y el verbo cascarrinar.

castellano. En relación al viento, procedente de Castilla. Nombre que recibe el viento sur en Álava y el viento del suroeste en Cantabria. Tanto en el País Vasco como en Burgos, se refieren a él también como solano.

castellanus (cas). Especie nubosa cuya principal singularidad es su parecido con las almenas de un castillo. La palabra deriva del vocablo latino *castellum*, que significa muralla o fortaleza. Los pequeños torreones que caracterizan a esta especie son protuberancias cumuliformes, que aparecen, a veces, alineadas en la parte superior de los géneros nubosos *Cirrus*, *Cirrocumulus*, *Altocumulus* y *Stratocumulus*. Son el resultado de cierto grado de inestabilidad atmosférica, lo que en muchos casos anticipa la formación de tormentas.

castellatus. Denominación que en algunos libros de Meteorología —principalmente de formación aeronáutica— recibe la especie nubosa *castellanus*, si bien la OMM en su *Atlas Internacional de Nubes* solo reconoce este último nombre como el oficial.

CAT. Sigla inglesa de *Clear Air Turbulence*, con la que internacionalmente se identifica a la turbulencia en aire claro. En algunos textos en español se expresa como TAC.

catafrente. Nombre que recibe el frente frío en el que tiene lugar un desplazamiento de aire cálido, sobre la cuña de aire frío de su parte trasera, hacia delante (igual que el propio frente) y en sentido descendente. El prefijo «cata-» deriva del término griego κατὰ *(kata)*, que significa «hacia abajo». Ese aire cálido contribuye al crecimiento de la nubosidad de desarrollo vertical asociada al frente.

catavientos. *Véase* manga de viento.

cauro. Nombre que recibía el viento del noroeste (NW) en la rosa de los vientos de Vitruvio, bajo la denominación latina *caurus*. También se expresa como coro *(corus)*.

cava. *Véase* pozo de nieve.

cavok. Término que aparece en los informes meteorológicos aeronáuticos cuando la visibilidad es óptima y no supone una incidencia reseñable para los pilotos. Es el acrónimo de *Ceiling And Visibility OK*. Sustituye a los grupos —en lenguaje cifrado— correspondientes a esa variable cuando, simultáneamente, la citada visibilidad es mayor o igual a 10 km, hay ausencia de nubes por debajo de 1500 m o de una altitud de referencia (distinta para cada aeropuerto o aeródromo) y tampoco se observan o pronostican cumulonimbos, torrecúmulos (cúmulos de gran desarrollo vertical) ni fenómenos de tiempo significativo. Habitualmente, aparece escrito en mayúsculas (CAVOK). *Véanse también* METAR, TAF/TAFOR.

cavum. [Imagen 6, pliego]. Rasgo suplementario incorporado como novedad al *Atlas Internacional de Nubes* de la OMM en su edición de 2017. Se trata de un agujero bien definido, habitualmente circular o elíptico, que perfora una capa de cirrocúmulos o altocúmulos, llegándose a ver a través de él el cielo azul del nivel superior de la atmósfera. En ocasiones, esas cavidades presentan formas alargadas y es común que en su interior haya una pequeña y deshilachada nube del género *Cirrus*, de la que se descuelga una virga. Durante algún tiempo, estos llamativos agujeros dieron origen a distintas teorías sobre su formación. En 2011 se resolvió el dilema, al relacionar la mayoría de ellos con el paso de aviones. Una importante fracción de esas capas nubosas lo constituyen gotitas de agua en estado de subfusión, que sometidas a un brusco cambio de presión se congelan de inmediato y precipitan. Cuando un avión en su fase de despegue atraviesa una de esas capas nubosas, se pone en marcha un proceso en cadena de congelación de las citadas gotitas, que da como resultado el agujero, también conocido internacionalmente como *hole punch cloud*.

CCM. Siglas de complejo convectivo de mesoescala. El acrónimo equivalente en inglés es MCC (*Mesoscale Convective Complex*).

Cecias. Equivalente a Caecias; deformación fonética de Kaikias.

Céfiro. Nombre que en la mitología griega recibía el dios-viento del oeste, cuyo nombre original era *Zéphyros*. Era el viento benefactor por excelencia, anunciador de la primavera. Un viento templado y apacible. En la Torre de los Vientos de Atenas aparece representado por un joven con el torso descubierto, que sujeta una túnica —usada a modo de hatillo— llena de flores. Una de sus representaciones más conocidas es la que aparece en el cuadro *El nacimiento de Venus*, del pintor italiano Sandro Botticelli (1445-1510). En la mitología romana era conocido como Favonio *(Favonius)*, en clara alusión a su condición de viento favorable.

cegazón. Variante de cerrazón, que alude a la visibilidad reducida por causa meteorológica.

ceilómetro. Traducción al español del término inglés *ceilometer*, con el que también se conoce al nefobasímetro. En algunas malas traducciones del inglés aparece expresado como cielómetro, lo que invita a pensar, erróneamente, en una alusión directa al cielo, cuando, en realidad, el término deriva de la palabra inglesa *ceiling* (techo), pues lo que mide dicho instrumento es el techo de nubes. En algunos textos también se expresa como celómetro.

ceja. Forma coloquial de referirse a la nube situada sobre la cumbre de una montaña. En algunos casos se corresponderá con una nube en toca, con su característica forma de sombrero, y en otros puede tratarse del murallón nuboso (muro de foehn) que emerge desde el lado de barlovento por la parte alta de las montañas, envolviendo las cimas.

cejo. En su acepción meteorológica más común, es la niebla o neblina de río, formada durante las horas nocturnas y que suele levantarse a primeras horas de la mañana. También es una variante de ceja y como tal se usa para referirse a la nube con esa forma que corona en ocasiones las montañas.

celaje. Palabra usada preferentemente en el lenguaje poético y literario, expresada la mayoría de las veces en plural [celajes], que describe un cielo llamativo, velado de nubes altas y medias, rico en matices y con una gran variedad cromática. («Aquellos celajes tan diáfanos, tan puros, no eran signos de la tempestad que él temía...», José María de Pereda, *Al primer vuelo,* 1896). En el lenguaje náutico se emplea para describir las nubes que hay en el cielo en un momento dado. Tanto celaje como cielo tienen su origen etimológico en la voz latina *caelum,* que deriva a su vez de la voz griega κοῖλον (*koilon*), que alude a algo cóncavo o abovedado, que está hueco, en clara alusión a la bóveda celeste.

celajería. Lo mismo que celaje. Aunque se emplea para referirse al conjunto de nubes presentes en el cielo, su uso más frecuente alude específicamente a los cielos enmarañados de nubes de vivos colores que hay en la mar durante la salida y la puesta de sol.

cellerisca. En Cantabria, sinónimo de cellisca.

cellisca. Precipitación en forma sólida formada por pequeñas esferas lisas, ocasionalmente con puntas cónicas, de hielo traslúcido, cuyo diámetro está comprendido entre los 2 y los 5 milímetros, superando en ocasiones este último valor. La cellisca es un tipo particular de nieve granulada, que presenta características morfológicas similares al granizo. Es bastante común emplear el término para nombrar a una ventisca en la que el viento arrastra esa nieve menuda, mezclada con gotas de agua. Su uso también se aplica para referirse a la mezcla de las citadas gotas con copos de nieve convencionales, aunque de pequeño tamaño, o granizos también pequeños, todo ello empujado de forma impetuosa por el viento. Es habitual identificarlo con el graupel y con el hielo granulado, dadas las similitudes que presentan los tres hidrometeoros.

cello. Nombre que dan en Aragón a la neblina. En el interior de Murcia con esta palabra se nombra al cielo oscuro, tormentoso, de aspecto amenazante y también a una cortina de lluvia o granizo, de similar apariencia. El término es una variante de cejo.

celómetro. Variante de ceilómetro. *Véase también* nefobasímetro.

célula abierta. Patrón que se produce a veces en capas de nubes convectivas, formadas sobre aguas frías. La citada célula o celda está formada por un anillo exterior constituido por un rosario de cúmulos solapados entre sí, y una parte central libre de nubes en la que tienen lugar descensos de aire. El aspecto de un conjunto de ellas recuerda al de la malla hexagonal de un panal de abejas. *Véase también* convección.

célula cerrada. Patrón nuboso con una configuración opuesta a la de la célula abierta. En este caso, la presencia de aire caliente en la parte central genera en esa zona ascensos de aire (impulsados por la convección), mientras que en los bordes el aire frío de los niveles superiores desciende. La agrupación de muchas células cerradas da como resultado un cielo empedrado, constituido por un conjunto de unidades nubosas, cada una de ellas asociada a una de esas células. *Véase también* convección.

célula de Hadley. Nombre que recibe la más importante y conocida de las células o bucles del esquema clásico de la CGA (circulación general de la atmósfera). Su existencia fue propuesta por primera vez por el abogado y meteorólogo aficionado inglés George Hadley (1685-1768). Se refirió a ella —relacionándola con la rotación terrestre— en su obra *Philosophical Transactions*, publicada en 1735, de ahí que en su honor reciba su nombre. Existen dos de estas células; una en cada hemisferio. Cada una de ellas comporta una circulación meridiana (según la dirección N-S), en la que se transporta aire desde el ecuador hasta aproximadamente el paralelo 30º (región subtropical) en los niveles altos de la troposfera, y en sentido contrario en los inferiores. Su principal motor son los ascensos de aire que tienen lugar en la franja ecuatorial, generados por la convección provocada, a su vez, por la fuerte insolación. Las células o celdas de Hadley (también se conocen así) juegan un importante papel en la transferencia de calor desde el ecuador hacia latitudes medias.

célula de Ferrel. Célula de circulación atmosférica inversa a la de Hadley y de menor entidad, que se sitúa entre esta y la polar. Hay una en cada hemisferio. Situada entre los 30º y los 60º de latitud, trasporta aire desde latitudes subtropicales hacia las polares en niveles bajos, próximos a la superficie terrestre, y en sentido contrario en niveles medios-altos troposféricos. Fue propuesta por el meteorólogo estadounidense William Ferrel (1817-1891) en 1859 y su presencia justifica la existencia de los *westerlies. Véase también* circulación general de la atmósfera.

célula polar. Célula de circulación atmosférica que se localiza sobre cada una de las regiones polares, en la que el aire discurre entre el polo y los 60º de latitud. Esta célula es el resultado del desalojo de aire frío que tiene lugar en las citadas regiones polares. En la vertical de cada una de ellas hay un marcado descenso de aire, dictado por el anticiclón situado sobre cada una de esas zonas frías de la Tierra.

célula tormentosa. Expresión usada, en ocasiones, como sinónimo de tormenta eléctrica, pero que en sentido estricto es la zona de fuertes ascensos de aire que tiene lugar en la parte central de un cumulonimbo (nube de tormenta), flanqueada por una zona periférica en la que se producen descendencias. Con frecuencia, coexisten varias de estas células convectivas, conectadas entre sí, lo que contribuye al desarrollo de una línea o racimo de tormentas.

cencella. Equivalente a cencellada.

cencellada. Acumulación de hielo blanco, de textura irregular y dureza variable, sobre una superficie sólida y fría expuesta a las gotitas de agua subfundida de una niebla engelante. Este hidrometeoro puede adquirir diferentes formas, tales como plumas o agujas de hielo, y en ocasiones puede estar constituido también, en parte, por hielo transparente. Cuando las citadas gotitas entran en contacto con los elementos del terreno (árboles, arbustos, postes, vallas...), se congelan de inmediato. La acumulación de hielo da lugar a unas estructuras alargadas que resultan de la superposición de láminas y que crecen en sentido contrario al que sopla el viento. El paisaje resultante adquiere un aspecto similar a uno nevado. La anterior descripción se corresponde con la llamada cencellada blanca, en contraposición a la dura, que abunda en alta montaña, donde las condiciones meteorológicas son más extremas. Los fuertes vientos y las bajas temperaturas reinantes —de hasta varios grados bajo cero— propician la formación de agujas de hielo muy duro y de gran tamaño, pudiendo alcanzar hasta varios decímetros de longitud. Dependiendo de los lugares, se refieren a la cencellada también como cencella o cenceñada.

cenceñada. Variante de cencellada.

cencio. Variante de cercio, que a su vez deriva del vocablo latino *cercius*. Aparte de servir para nombrar al conocido viento frío del norte (cierzo), se usa también para identificar a la escarcha o la niebla, así como a la brisa fresca que discurre por las cercanías de un río, arroyo o humedal. Localismo de Salamanca.

centella. Nombre que recibe el rayo en bola o globular. Tiene su origen etimológico en el término latino *scintilla*, que traducimos como chispa (de naturaleza eléctrica). En lenguaje coloquial, se llama así a cada uno de los rayos de baja intensidad (la popular culebrilla) que acompaña a la descarga principal de una tormenta. El rayo y las centellas asociadas al mismo se despliegan en el cielo de forma ramificada.

centelleo. Variaciones rápidas en el brillo de las estrellas o de las fuentes puntuales de luz artificial observadas de noche a lo lejos. Estas fluctuaciones luminosas son provocadas por la turbulencia atmosférica, ya que al agitarse el aire —preferentemente en la parte más baja de la atmósfera— se producen variaciones significativas del índice de refracción, que dan como resultado el citado parpadeo, conocido también como titileo.

Centro Europeo de Predicción Meteorológica a Medio Plazo. Centro meteorológico de referencia a nivel mundial, integrado por 22 Estados Miembros —uno de ellos España— y 12 Estados Asociados, principalmente europeos, que inició su actividad en 1975 y que tiene como principal objetivo el desarrollo y la mejora de las predicciones meteorológicas a medio plazo en el ámbito geográfico de los países que lo integran, así como su puesta en marcha operativa. Cuenta con el modelo numérico global de mayor resolución espacial y nivel de confianza de todos los existentes hoy en día. Esta organización intergubernamental se conoce por sus siglas ECMWF (en inglés) o CEPMMP (en español), siendo también común referirse a ella de forma coloquial como «el Centro Europeo».

ceño. Cielo oscuro con nubarrones, de aspecto amenazador, habitualmente tormentoso.

CEPMMP. Sigla adaptada al español del Centro Europeo de Predicción Meteorológica a Medio Plazo.

ceraunómetro. Detector de rayos. Instrumento que contabiliza el número de descargas eléctricas procedentes de tormentas que impactan alrededor del aparato, en un radio dado. Desde un punto de vista etimológico, su raíz deriva del término griego κεραυνός *(keraunos),* que significa rayo.

cercear. Palabra que alude al cierzo, usada en León y Palencia. Toma el significado de soplar fuerte el citado viento (del norte, en general), de forma impetuosa y machacona. *Véase también* cierzo.

cercera. Variante de ciercera.

cercina. Viento frío e intenso acompañado de lluvia o nieve. Tanto esta palabra como su equivalente cierzada proceden del término latino *cercius*, que era el nombre que recibía el cierzo en la época de los romanos.

cernidillo. Forma coloquial de referirse a la llovizna. La palabra es un diminutivo de cernido, en alusión a la harina muy fina que se obtiene tras la criba con un cedazo o tamiz. Queda así establecido un curioso paralelismo entre la harina cernida y la lluvia muy fina.

cerraina. El oscurecimiento del cielo a plena luz del día como consecuencia de la aparición de los nubarrones que presagian tormenta. Se emplean también otras palabras equivalentes como cerrazón u oscurina.

cerrazón. En un contexto meteorológico, se refiere a la oscuridad asociada a las tormentas o a otras situaciones en las que el cielo también se cubre de nubes de gran espesor, lo que reduce considerablemente la luz ambiental. Es común referirse a un cielo cerrado para expresar que está encapotado.

cerrión. Carámbano. También se emplea la variante cirrión, que deriva de la palabra cirio, debido a la similitud entre esas velas largas y gruesas y las agujas de hielo que cuelgan de los aleros de los tejados. Por idéntica razón, los carámbanos también reciben el nombre de candelitas, entre otras muchas denominaciones.

cerúleo. En relación a un color, que es como el azul celeste (del cielo despejado) o el de un mar azulado.

CFC. Sigla con la que se conoce internacionalmente a los clorofluorocarbonos. Estos compuestos químicos sintéticos, de origen industrial y conocidos también como freones, comenzaron a utilizarse en la década de 1930 como refrigerantes, incorporándose a los circuitos de los frigoríficos en sustitución del tóxico y corrosivo amoníaco. A partir de la década de 1960, empezaron a usarse masivamente como propulsores de aerosoles (lacas, pinturas...) y solventes en productos de limpieza, dada su nula toxicidad e inflamabilidad, así como su aparentemente baja reactividad química. Las alarmas saltaron a mediados de los años setenta, cuando los químicos F. Sherwood Rowland y Mario Molina descubrieron que, debido a su prolongada permanencia en la atmósfera, estos gases destruían moléculas de ozono estratosférico, contribuyendo a la disminución de la concentración del citado gas sobre la Antártida. A raíz de la entrada en vigor del Protocolo de Montreal —el 1 de enero de 1989—, fue prohibida su fabricación, siendo progresivamente sustituidos por otros compuestos químicos más inocuos. *Véase también* ozonosfera.

CGA. *Véase* circulación general de la atmósfera.

chaguaza. Término leonés usado para la nieve húmeda. Esta nieve de textura pastosa, como resultado de una fusión parcial del hielo que la forma, recibe otros nombres tales como chapina o fallicosa.

champlazo. Chubasco intenso de corta duración.

chapa. Sinónimo de chaparrón. También se usa la variante chupa.

chapaleteo. Acción de chapaletear o chapotear. Se usa tanto para describir el sonido del agua de las olas del mar golpeando la costa como el de la lluvia, generado por las gotas al impactar contra el suelo y sobre todas las superficies que interceptan en su caída.

chaparrada. Forma común de llamar al chaparrón en el País Vasco. También se emplea la variante zaparrada.

chaparrear. Producirse un chaparrón. Llover intensamente.

chaparrón. Forma coloquial de llamar al chubasco. La principal característica de esta lluvia intensa de corta duración es que comienza y finaliza de forma brusca. También son frecuentes los cambios rápidos en su intensidad. Tanto esta palabra como las del resto de su familia tienen un origen onomatopéyico. La raíz «chap-» simula el ruido del impacto de las gotas de lluvia contra el suelo.

chapetazo. Equivalente a chaparrón. El sufijo «-azo» remarca la brusquedad y/o intensidad del fenómeno; circunstancia que se repite con otros términos meteorológicos.

chapetón. Chaparrón, chubasco.

chapina. Una de las formas usadas para nombrar a la nieve húmeda. La palabra hace alusión al ruido que se hace al pisarla *(chap)*, similar al del chapoteo en los charcos. Es la nieve más traslúcida que blanca que va quedando a medida que se va fundiendo.

chapitel. Carámbano. Uno de los muchos nombres que hay para nombrarlo.

charpazo. Chaparrón. Se emplea también la variante zarpazo.

chelada. Helada, en Aragón. Término que deriva del localismo aragonés *chelo* (hielo). Similar a chelera.

chelera. Nombre que recibe el helero en el Alto Aragón. Suelo cubierto de hielo.

chemtrail. Vocablo que resulta de fusionar las palabras inglesas *chemical* y *trail*, y que traducimos como estela química. La teoría que postula su existencia es defendida con vehemencia desde la década de 1990 por algunas personas —cuyo número ha ido creciendo gracias a Internet—, que piensan que las estelas que dejan, a veces, los aviones a su paso están compuestas de productos químicos tóxicos, destinados a causar daño a la población. Según esos postulados, existe un plan secreto para realizar fumigaciones masivas por todo el mundo, cuya prueba irrefutable son las citadas estelas de los aviones. Estas tesis son rebatidas por la comunidad científica, al no existir prueba alguna que demuestre el fundamento de dicha teoría conspirativa. *Véase también* estela de condensación.

chergui. Viento muy cálido y muy seco del este y sureste, que sopla en Marruecos procedente del desierto del Sáhara. Se expresa también como sharqi. Esta última palabra deriva del término árabe šarquīa, que significa «viniendo del este». Equivalente al siroco.

chicharrera. Calor muy intenso, propio del verano. Tanto este término como su equivalente chicharrina hacen alusión a las chicharras (o cigarras). Los machos de estos insectos emiten un sonido estridente con su abdomen, cuya potencia e intermitencia aumentan con la temperatura. Esta es la razón por la que durante la sobremesa de un día de verano, en las horas de más calor, es cuando escuchamos con mayor intensidad esa serenata campestre. Algunas especies son capaces de emitir un sonido de hasta 120 decibelios, audible a 2 kilómetros de distancia.

chicharrina. Sinónimo de chicharrera.

chinarra. Variante de cinarra, de uso local, que adopta un significado distinto a ese término. En el Alto Aragón lo emplean para referirse a los neveros y a la nieve que se amontona en los ventisqueros. Equivalente a los también localismos oscenses conchesta y cuniestra.

chinook. Viento preferentemente del suroeste, seco y recalentado debido al efecto foehn, que sopla a sotavento de las Montañas Rocosas (EE UU), en su vertiente oriental. Su irrupción provoca una subida significativa de las temperaturas. Toma su nombre de las tribus indias que habitaban la región de la costa del Pacífico del noroeste de EE UU, a lo largo del curso del río Columbia, si bien popularmente se le conoce como el «devorador de nieve» *(snow eater).*

chipilete. Carámbano. Uno de los muchos términos empleados para nombrar a dicha estructura de hielo. Morfológicamente similar a los sinónimos chipitel y chapitel.

chipitel. Carámbano. Variante de chapitel.

chiribitas. Forma coloquial de llamar a las chispas eléctricas, con el que también se identifican las pequeñas descargas zigzagueantes que habitualmente acompañan al rayo principal en las tormentas. *Véase también* culebrilla.

chirimiri. Llovizna. Término usado en el País Vasco, amplias zonas de Navarra y en el norte de Burgos. Se emplean también las variantes sirimiri, txirimiri y zirimiri. Todas ellas con origen onomatopéyico en las expresiones del euskera *chipi-chipi, ziri-ziri* y *txirri-txirri*, que simulan el ruido provocado por la llovizna al caer.

chiriso. Término con el que se refieren a la llovizna en algunos lugares de Canarias.

chiscantazo. Trueno muy fuerte como consecuencia del impacto de un rayo próximo a nosotros, que se percibe como un golpe seco, similar a una detonación. El intenso ruido hace retumbar el suelo y los objetos y edificios situados sobre él.

chisnar. Calentar mucho el sol. Toma idéntico significado que picar (el sol), aunque su uso está menos extendido.

chispas. Forma coloquial de referirse a las gotas de lluvia de pequeño tamaño. Con frecuencia, se usa el diminutivo chispitas, con idéntico significado.

chispear. Coloquialmente, llover de forma débil y escasa. Su uso está muy extendido y se emplea, a menudo, cuando empieza a llover y lo que caen son unas pocas gotas de pequeño calibre; lo que vulgarmente se dice «cuatro gotas». En sentido literal, significa caer o llover chispas.

chivisnear. Uno de los muchos sinónimos que hay de lloviznar. También se emplea la variante chivisquear.

chorro. Forma abreviada para referirse a la corriente en chorro.

chorro de bajos niveles. Corriente de aire de menor escala que un chorro convencional, en la que el viento alcanza un máximo y que discurre, ocasionalmente, en la baja troposfera. Está asociado a situaciones de elevada inestabilidad atmosférica, tales como una dana o un complejo convectivo de mesoescala.

chubascar. Producirse un chubasco. Llover con intensidad. Otros términos equivalentes son chubasquear, chaparrear o chucear.

chubasco. Precipitación fuerte y de corta duración, que comienza y termina de forma brusca, caracterizada también por los cambios rápidos en su intensidad. Los chubascos son generados por nubes convectivas y pueden ser de lluvia, nieve o granizo. El tamaño de las gotas, los copos o los granizos suele ser mayor que los que dejan otros tipos de precipitación. Forman parte de la misma familia de palabras otras como chubascoso, chubasquear, chubascar, así como numerosos localismos. Se emplea también la variante chubazo y, entre sus sinónimos, los de uso más común son aguacero, chaparrón y chuzo.

chubazo. Variante de chubasco.

chucear. Llover con intensidad. Literalmente, caer chuzos de punta. *Véase también* chuzo.

chuflina. Nombre que recibe en Aragón la fuerte ráfaga de viento generada por una tormenta, con frecuencia acompañada de lluvia. Equivalente a zofrina.

chupa de agua. Expresión coloquial equivalente a aguacero, chubasco o chaparrón («Caer una chupa de agua»). El término chupa es una variante de chapa, que también recoge el presente diccionario.

chupitel. Carámbano. Junto a chapitel y chipitel forma un singular trío de palabras con idéntico significado, en las que lo único que cambia es la primera vocal.

chupón. Forma bastante extendida de referirse al carámbano. En la Ribera Baja del Ebro utilizan el término chupador.

churro. Nombre que recibe el carámbano en el valle del Roncal (Navarra).

chuvia. Nombre que recibe la lluvia en gallego, cuyo uso no se restringe únicamente a Galicia, sino a otras zonas del noroeste de la península ibérica. Comparte la misma raíz una amplia familia de palabras relacionadas con la citada lluvia y la llovizna, así como con la acción de llover y lloviznar. En gallego, también se usa el término equivalente choiva.

chuvichuvi. En Cantabria, llovizna intermitente.

chuviera. Una de las muchas formas usadas en Galicia para referirse a una lluvia fuerte. Se expresa también como chuvieira.

chuvinela. Nombre que recibe la llovizna en la comarca zamorana de Sanabria, si bien el término —con origen en la palabra gallega chuvia— se usa en otros enclaves del noroeste peninsular.

chuvisco. Término portugués usado en algunas zonas de España como las islas Canarias, que si bien traducimos como chubasco, se emplea para identificar una lluvia débil y sin viento.

chuzo. Palabra que toma un sentido meteorológico al identificarla con la forma que parecen adoptar las gotas de lluvia al caer en un aguacero, similar a pequeñas agujas. Por definición, el chuzo es un palo largo rematado por un pincho o cuchilla, que se popularizó gracias a los serenos, ya que estos vigilantes nocturnos llevaban una especie de bastón terminado en una punta metálica. La palabra «chuzo» podría ser una deformación fonética del gentilicio «suizo» (natural de Suiza). Antiguamente, los soldados de ese país empleaban los chuzos como arma intimidatoria, algo que continúa haciendo en la actualidad la Guardia Suiza del Vaticano. La conocida expresión «caer (o llover) chuzos de punta» —de uso muy extendido— toma el significado de llover con mucha intensidad. La palabra chuzo también es sinónimo de carámbano.

cianómetro. Instrumento meteorológico no convencional que permite determinar, por comparación visual, la tonalidad del azul del cielo, lo que es a su vez una medida del grado de transparencia del aire, debida a la mayor o menor cantidad de vapor de agua contenido en él. Lo inventó, en 1789, el naturalista suizo Horace-Bénédict de Saussure (1740-1799). Algunas fuentes atribuyen su invención al también naturalista Alexander von Humboldt (1769-1859), pero este último lo único que hizo fue tomar medidas con uno de los cianómetros de Saussure, en sus viajes de exploración por América. El artilugio consiste en un círculo de cartulina dividido en 53 secciones numeradas —desplegadas en abanico—, cada una de las cuales está pintada de un color azul ligeramente distinto al de las adyacentes. Para la confección de esa escala de azules, Saussure tomó como referencia los colores de los cielos despejados que observó en su país natal, tanto en Ginebra como en Chamonix y en las ascensiones que llevó a cabo en el Mont Blanc. *Véase también* dispersión de Rayleigh.

ciclo del carbono. Importante ciclo natural que tiene lugar en la Tierra y que engloba a todo el flujo de carbono entre los distintos reservorios de los distintos compuestos que lo contienen y cada uno de los distintos componentes que forman el sistema climático (atmósfera, hidrosfera, criosfera, biosfera y litosfera). La emisión a la atmósfera de compuestos de carbono procedentes de la quema de combustibles fósiles, está alterando este ciclo natural, lo que se está manifestando en cambios perceptibles en el citado sistema climático, particularmente en la atmósfera.

ciclo hidrológico. [Figura 3]. Ciclo natural que engloba a todos los procesos implicados en el transporte del agua contenida en la Tierra. La evaporación de agua de los océanos y la precipitación —previa condensación de vapor de agua atmosférico— son los principales procesos del ciclo hidrológico, también conocido como ciclo del agua.

ciclogénesis. Proceso que da lugar a la formación y a la posterior intensificación de un ciclón o borrasca.

ciclogénesis explosiva. Ciclogénesis que ocurre muy rápidamente. En latitudes medias, la profundización de una borrasca se considera explosiva si la caída de presión en su centro es de al menos 18 a 20 hPa en 24 horas, o submúltiplos de ella. En latitudes altas (en torno a los 60°), se establece como umbral un

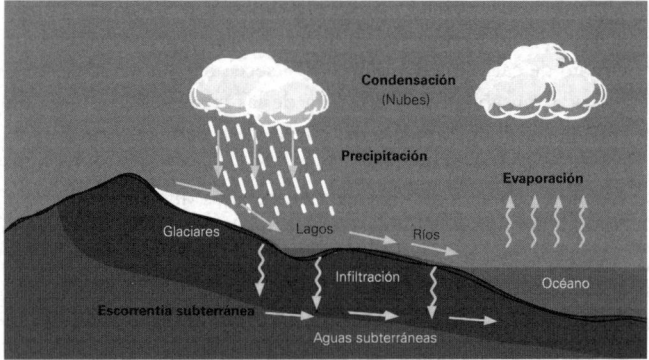

Fig. 3. Principales procesos físicos implicados en el ciclo hidrológico terrestre. Uno de los procesos físicos más importantes es la evaporación que tiene lugar en la superficie de los océanos, siendo la encargada de aportar grandes cantidades de vapor de agua a la atmósfera, parte del cual se condensa formando las nubes, que posteriormente aportan agua a la superficie terrestre, a través de la precipitación.

descenso de presión de 24 hPa en 24 horas o menos. En cualquier caso, es el criterio del meteorólogo el que al final prevalece, no ajustándose en todos los casos la calificación como tal a unos umbrales tan rígidos. Tanto esta expresión como la equivalente «bomba meteorológica», se han puesto de moda en los últimos años, gracias a su aparición reiterada en los medios de comunicación.

ciclolisis. Proceso inverso a la ciclogénesis, consistente en el debilitamiento y la fase final de un ciclón o borrasca. Es un término menos usado que la referida ciclogénesis.

ciclón. Zona de bajas presiones en la atmósfera, dotada de un movimiento rotatorio, que se caracteriza por la presencia de abundante nubosidad, vientos y precipitaciones intensas. La presión disminuye desde fuera hacia dentro, alcanzándose el valor mínimo en su parte central. El término lo acuñó el científico y marino anglo-hindú Henry Piddington (1797-1858). Se refirió a él por primera vez en 1840, para nombrar a sendos ciclones tropicales de efectos devastadores que acontecieron en aguas del océano Índico en su época. La palabra deriva del término griego *kyklón*, que traducimos como arremolinarse o dar vueltas, y que en el caso que nos ocupa alude al carácter giratorio del sistema depresionario. Aunque ciclón es un término genérico, válido para cualquier lugar de la Tierra, se llama así al ciclón tropical que se forma en la cuenca del océano Índico y en la parte occidental del Pacífico Sur.

ciclón extratropical. Ciclón que se forma fuera del ámbito tropical y subtropical. El término borrasca es el más usado para referirse a él, aparte de los genéricos baja (presión) y depresión. Su principal rasgo es la presencia en él de un núcleo frío con sistemas frontales asociados.

ciclón híbrido. Ciclón que combina características de los ciclones tropicales y extratropicales.

ciclón subtropical. Sistema de baja presión, sin frentes asociados, que se forma a veces en el ámbito tropical o subtropical y que presenta características comunes tanto con el ciclón tropical como con el extratropical.

ciclón tropical. Como su propio nombre indica, es el ciclón que se forma en el ámbito tropical, si bien solo recibe este nombre el sistema ciclónico lo suficientemente desarrollado para adquirir unas características singulares que lo distingan de la depresión tropical y la tormenta tropical. Este par de sistemas de baja presión son también ciclones, pero no alcanzan el estatus de ciclón tropical. Es muy común usar el término huracán como sinónimo de ciclón tropical, pero solo deben nombrarse así los que se forman en la franja tropical de la cuenca del Atlántico y en la parte oriental de la del Pacífico. Los formados en el resto de cuencas oceánicas reciben otros nombres genéricos (tifones, ciclones), aparte de algunos localismos. El ciclón tropical se forma siempre sobre aguas cálidas situadas entre los dos trópicos o, de forma esporádica, en el ámbito subtropical. Alcanza varios centenares de kilómetros de diámetro, variando mucho su tamaño de unos a otros. Visto desde satélite, adopta una forma en espiral muy característica, con una zona central libre de nubes, denominada «ojo», de algunas decenas de kilómetros de diámetro, donde la presión atmosférica alcanza el valor más bajo (inferior a los 900 hPa en muchos casos) y los vientos son flojos. El ojo está rodeado de un primer anillo de grandes cumulonimbos, que forman una gruesa pared nubosa en la que se producen lluvias torrenciales. A ese primer anillo le siguen otros, separados entre sí por pasillos concéntricos en los que soplan vientos sostenidos muy intensos. Las mayores ráfagas se alcanzan en la parte externa de las paredes del ojo. En toda esa zona exterior hay un fuerte aparato eléctrico. En función de la intensidad de los vientos sostenidos que genere un ciclón tropical, se le asigna una categoría de cinco posibles. La condición de huracán se alcanza cuando la intensidad de esos vientos es igual o superior a 119 km/h (escala de Saffir-Simpson).

cielo. En su acepción meteorológica, sinónimo de atmósfera. Etimológicamente, deriva del término latino *caelum*, no existiendo unanimidad sobre su origen primigenio. La mayoría de autores lo sitúan en el término griego κοῖλον *(kílon),* que traducimos como cóncavo, vacío o hueco, y que relacionamos con la bóveda que parece formar el cielo al observarlo desde la superficie terrestre.

cielo aborregado o borreguero. Nombre coloquial que se le da al cielo cuando está cubierto de una capa de cirrocúmulos *(Cc)* o altocúmulos *(Ac)* de la especie *floccus,* cuyo aspecto recuerda al de un rebaño de ovejas o de borregos. El refranero recoge numerosas alusiones a este llamativo celaje («El cielo borreguero, vendaval o agua del cielo», «Cielo aborregado, suelo mojado»).

cielo caótico. Expresión con la que se identifica un cielo en el que hay nubes de distintos tipos distribuidas de forma anárquica. El paso de una tormenta o el de un frente frío son situaciones propicias para dar lugar a un cielo de estas características. Los cielos que plasmó Diego Velázquez (1599-1660) en alguno de sus cuadros —enmarañados, ricos en matices y con una gran variedad de formas nubosas—, son buenos ejemplos de cielos caóticos. En honor al pintor, también se conocen como cielos velazqueños.

cielo cubierto. Cielo totalmente cubierto de nubes, que a nivel coloquial se llama también encapotado o entoldado. En los informes meteorológicos aeronáuticos se codifica como OVC *(overcast),* lo que corresponde a una cobertura nubosa de 8 octas; es decir, que las ocho fracciones en que los observadores dividen el cielo están cubiertas de nubes.

cielo despejado. Coloquialmente, cielo sin nubes. Equivalente a raso, claro o tendido. Técnicamente, se define como un cielo cuya cobertura nubosa es inferior a una octa, por lo que puede haber alguna nube suelta.

cielo muy nuboso. Cielo mayoritariamente cubierto de nubes, que ocupan entre 6 y 7 octas, si bien no se codifica como tal en los informes meteorológicos aeronáuticos.

cielo nublado. *Véase* cielo nuboso.

cielo nuboso. Expresión con la que habitualmente nos referimos a un cielo en el que abundan las nubes, identificándolo a veces con uno cubierto. Técnicamente, se corresponde con un cielo que tiene entre 5 y 7 octas de nubosidad (del máximo de 8 en que los observadores meteorológicos dividen el cielo para estimar cuál es la cobertura nubosa). En los informes meteorológicos aeronáuticos se codifica como BKN *(broken).*

cielo parcialmente nuboso. Esta expresión alude a un cielo en el que alternan las nubes y los claros. Técnicamente, se asocia a una cobertura nubosa de entre 3 y 4 octas, lo que en los informes meteorológicos aeronáuticos se codifica como SCT (*scatte-red*) y podemos interpretar como nubes dispersas.

cielo poco nuboso. Cielo en su mayor parte azul, en el que las nubes son escasas. Se corresponde con una cobertura nubosa de entre 1 y 2 octas, de las ocho partes (octas u octavos) en que los observadores encargados de estimar la fracción de cielo cubierta de nubes dividen la bóveda celeste. En los informes meteorológicos aeronáuticos se codifica como FEW.

cielos velazqueños. Expresión que alude a los cielos que pintó Velázquez en algunos de sus cuadros más conocidos, cuyo uso se ha extendido para describir unos cielos complejos, enmarañados, con presencia en ellos de nubes de distintos géneros, dominando las medias y altas, que cubren en su totalidad la bóveda celeste, con el azul entreverado en esas veladuras nubosas. Se corresponden, en muchos casos, con cielos pre y postfrontales.

ciercera. Ventolera asociada al cierzo. Término usado en Aragón cuando el citado viento sopla muy fuerte y con persistencia, durante varios días seguidos.

cierzo. Nombre genérico que recibe el viento frío de componente norte en muchos lugares de España. Su acepción más común hace referencia específica al viento frío, fuerte y racheado que sopla con persistencia en el valle del Ebro. Existen distintas variantes como cencio, siero, zaracio o zarzagán, todas ellas con origen común en la palabra cercio (*cercius*, en latín), con la que antiguamente los romanos llamaban a ese viento. La impetuosidad del cierzo es una de sus principales señas de identidad. Ya en el siglo II a. C., el político y escritor romano Marco Catón (234-149 a. C.) dejó escrito sobre él que «cuando hablas te llena la boca, y derriba un hombre armado y una carreta con su carga». Otros autores clásicos, como Aulo Gelio (130-180), lo llamaron *circius*, que era el nombre que recibía el viento próximo al noroeste en algunas rosas de los vientos de la Antigüedad (*circius*). En algunas zonas de Asturias y Cantabria llaman cierza o cercia (*cierzu* en bable) a la niebla o neblina matutina. El tiempo frío con niebla y viento del norte recibe también el nombre de acierzado.

cinarra. Precipitación similar al graupel o la celisca, formada también por pequeños gránulos de hielo, aunque en este caso son blancos, opacos y de menor tamaño. Su diámetro no suele superar el milímetro. Otra de sus características es que dichos gránulos presentan un ligero achatamiento, adoptando la forma de gragea. Recibe también este último nombre.

cinta transportadora oceánica. Nombre con el que también se conoce la circulación termohalina.

cinturones de Van Allen. Par de regiones de la magnetosfera, situadas en el plano del ecuador, en las que hay una elevada concentración de partículas eléctricas muy energéticas, como resultado de la interacción del viento solar y la radiación cósmica con el campo magnético terrestre. Cada uno de esos cinturones forma un toroide donde se confinan las citadas partículas, orbitando todas ellas alrededor de la Tierra. El cinturón interior se localiza a una distancia de entre 1 y 2 radios terrestres, y el exterior entre 3 y 4. Se llaman así en honor a James A. Van Allen (1914-2006), el físico estadounidense que los descubrió. *Véase también* magnetosfera.

cinturón de Venus. Equivalente a la faja de Venus.

circius. Nombre que recibe uno de los veinticuatro vientos de la rosa de Vitruvio, ubicado en el cuarto cuadrante, con una dirección próxima a la de *caurus*, que en la citada rosa es el noroeste puro. Podemos identificarlo con un viento del oeste-noroeste (ONO). En la rosa de los vientos de Timosteno, el viento equivalente se denomina *thrascios* o *thracias*. En el Imperio Romano se extendió el uso de la variante *cercius*, palabra latina que da origen al conocido cierzo.

circulación ciclónica. Rotación que presentan los ciclones que se forman en la Tierra y cuyo sentido coincide con el de rotación terrestre. En el hemisferio norte, dicha rotación es antihoraria (en sentido contrario al de las agujas del reloj) y en el sur horaria. Aparte de las borrascas y los ciclones tropicales, casi todos los mesociclones y tornados presentan también una circulación ciclónica, pero a escalas más pequeñas puede haber vórtices cuya rotación sea anticiclónica.

circulación de Walker. Célula de circulación atmosférica de gran escala situada sobre la región tropical del océano Pacífico. En ella, el aire asciende en la parte oeste, propiciando la generación de lluvias intensas en el norte de Australia y el sureste asiático, y desciende en la este, sobre las frías aguas que bañan las costas americanas del Pacífico. La existencia de esta circulación fue postulada por el meteorólogo británico Sir Gilbert Thomas Walker (1868-1958), lo que contribuyó al conocimiento del fenómeno de El Niño.

circulación general de la atmósfera. [Figura 4]. Flujo tridimensional del aire en la troposfera. En las representaciones más o menos detalladas que se hacen de ella, aparecen las principales corrientes ascendentes y descendentes, los vientos dominantes y las células de circulación que configuran la compleja dinámica atmosférica terrestre. Cualquiera de esos esquemas muestra una representación simplificada de la realidad y un promedio de las continuas fluctuaciones, tanto espaciales como temporales, a las que se ve sometido el citado flujo de aire. La radiación solar y la rotación terrestre son sus principales motores. La diferente cantidad de radiación solar que recibe la superficie terrestre en función de la latitud, el calentamiento desigual al que se ven sometidas las áreas continentales y las oceánicas, así como su distribución espacial, generan importantes diferencias de presión atmosférica entre unas zonas a otras de la superficie terrestre, lo que induce el movimiento de aire a escala planetaria. La CGA (sigla con la que se expresa de forma abreviada la circulación general de la atmósfera) es la encargada de transportar el calor que se acumula por exceso en la zona ecuatorial al resto del planeta.

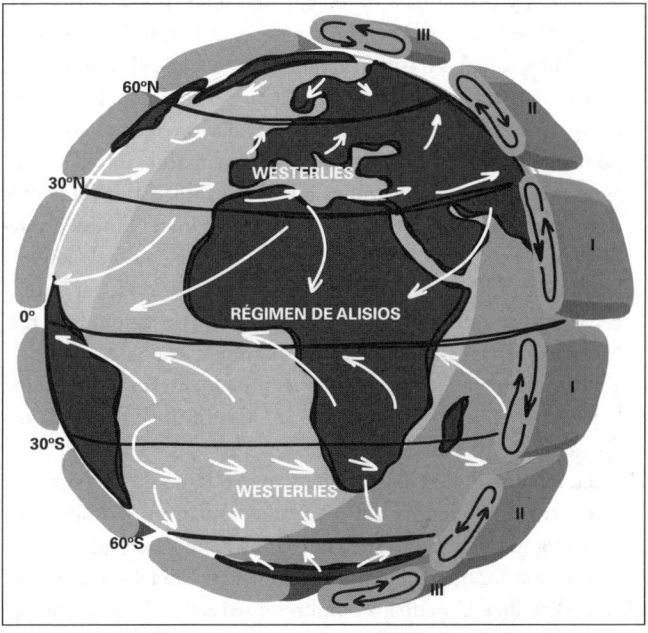

Fig. 4. Circulación general de la atmósfera. Esquema clásico simplificado en el que aparecen representadas los principales cinturones de vientos de la Tierra y las células de circulación atmosférica encargadas de repartir el calor entre el ecuador y las dos regiones polares. En cada uno de los hemisferios queda configurada una célula de Hadley (I), una de Ferrel (II) y una polar (III). La convergencia de los vientos alisios a uno y otro lado del ecuador, configura la conocida ITZC (zona de convergencia intertropical). Las ramas descendentes de las células de Hadley dan como resultado los grandes anticiclones subtropicales. En latitudes medias de ambos hemisferios, dominan las corrientes del oeste o *westerlies*.

circulación meridiana. Movimiento del aire a escala sinóptica en sentido norte-sur o sur-norte, es decir, según la dirección de los meridianos terrestres.

circulación termohalina. Circulación oceánica a escala planetaria, encargada de renovar las aguas superficiales por aguas intermedias y profundas, de mayor densidad que las primeras. Su nombre hace referencia a la temperatura (prefijo «termo-») y al contenido de sal (sufijo «-halina», que alude al término latino *hals* = sal). La CTH (sigla usada en oceanografía física para expresar de forma abreviada la circulación termohalina) se pone en marcha en zonas de la superficie marina donde hay un agua más densa que en zonas adyacentes, bien por estar más fría y/o también por tener una mayor salinidad. También pueden contribuir a ese «encendido» fenómenos como el viento o las mareas. El hundimiento de esa agua va dando lugar al proceso lento de renovación, de varios siglos de duración. Este mecanismo de transporte de calor —también conocido como la cinta transportadora oceánica—, complementario al que tiene lugar en la atmósfera a través de la CGA, influye de forma decisiva en el clima terrestre.

circulación zonal. Circulación del aire a lo largo de los paralelos terrestres. Los vientos del oeste que soplan en latitudes medias, cuando lo hacen justa o aproximadamente en sentido oeste-este, son un buen ejemplo de circulación zonal (*westerlies*).

círculo de Ulloa. Uno de los nombres que recibe el fenómeno óptico de la gloria. También se conoce como anillo, arco, corona o halo del Ulloa.

círculo paraselénico. Fotometeoro, de la familia de los halos, consistente en un círculo luminoso de color blanquecino y gran amplitud, situado en un plano horizontal a la misma altura angular que la luna. Aparte de atravesar el disco lunar, se observan a veces en él un par de manchas de luz llamadas paraselenes o «lunas falsas» (equivalentes a los parhelios que flanquean a veces al sol), situadas en los puntos de intersección del citado círculo paraselénico con el halo lunar ordinario (de 22º). Este fenómeno óptico atmosférico es análogo al círculo parhélico. La única diferencia entre ambos es la fuente luminosa: la luna y el sol respectivamente. *Véase también* halo.

círculo parhélico. Fotometeoro, de la familia de los halos, consistente en un círculo luminoso de color blanquecino y gran amplitud, situado en un plano horizontal a la misma altura angular que el sol. Este fenómeno óptico atmosférico es debido a la refracción y la reflexión de la luz solar en determinados cristales de hielo que constituyen los cirros y los cirroestratos. Suele venir acompañado de otros fotometeoros como el halo ordinario y los parhelios o «soles falsos». De noche, en ausencia del sol y con la luna actuando como fuente luminosa, se forma a veces un fotometeoro análogo llamado círculo paraselénico.

cirriforme. Referido a una nube, que es del género *Cirrus*. En un contexto más general, que tiene forma de cirro (cabellera).

cirro. [Imagen 21, pliego]. Nombre dado en español al *Cirrus*, que es la palabra latina con la que se conoce oficialmente a ese género nuboso. Es bastante común usar esta palabra como sinónimo de nube alta, con independencia de que la nube en cuestión sea un cirro, un cirrostrato o un cirrocúmulo. También podemos referirnos a ella como una nube cirriforme.

cirrocúmulo. Nombre dado en español al *Cirrocumulus*, que es la palabra latina con la que se conoce oficialmente a ese género nuboso.

Cirrocumulus (Cc). Género nuboso perteneciente a la familia de las nubes altas, que aparece en el cielo formando un banco, una capa delgada o sábana de nubes blancas, que no generan sombras, compuesta por una distribución bastante regular de pequeños elementos globulares. Estos pueden estar o no soldados entre sí y su diámetro angular es inferior a un arco de grado. El tamaño aparente (visto desde la superficie terrestre) de esos elementos nubosos es significativamente menor que el del granulado de los altocúmulos, lo que ayuda a su identificación. El *Atlas Internacional de Nubes* de la OMM establece cuatro especies distintas de ellos *(stratiformis, lenticularis, castellanus* y *floccus)* y dos variedades *(undulatus* y *lacunosus).*

cirroestrato. Nombre dado en español al *Cirrostratus*, que es la palabra latina con la que se conoce oficialmente a ese género nuboso. Se expresa indistintamente como cirrostrato.

Cirrostratus (Cs). Género nuboso perteneciente a la familia de las nubes altas, con forma de velo blanquecino, de aspecto lechoso, siendo a veces tan tenue que es casi transparente. La apariencia de esta nube puede ser lisa y bastante uniforme, o fibrosa, con trazas dispuestas de forma irregular, similares a delicadas pinceladas de pintura blanca. El *Atlas Internacional de Nubes* de la OMM establece para este género nuboso dos especies distintas *(fibratus* y *nebulosus)* y otras tantas variedades *(duplicatus* y *undulatus).* El *Cirrostratus* puede cubrir total o parcialmente el cielo y se localiza entre los 6 y los 12 kilómetros de altitud, en el tramo superior de la troposfera. Los cristales de hielo que lo forman dan lugar con frecuencia al fenómeno óptico del halo, cuya aparición anticipa muchas veces la llegada de la lluvia a corto plazo, al ser una de las nubes que preceden a un frente cálido.

Cirrus (Ci). La nube alta por excelencia. Género nuboso de aspecto deshilachado y fácil identificación, constituido por un conjunto de unidades nubosas separadas, de color blanco reluciente y con forma de delicados filamentos, bancos o franjas estrechas. La palabra *cirrus* es un término latino que significa hebras de cabello o cabellera, lo que define muy bien su aspecto. Los cirros surcan los cielos entre los 8 y los 12 kilómetros de altitud y están constituidos en su totalidad por cristales de hielo, que reflejan la mayor parte de la radiación solar que incide sobre ellos, de ahí su blancura resplandeciente. Según el *Atlas*

Internacional de Nubes de la OMM, este género nuboso puede presentar hasta cinco especies distintas *(fibratus, uncinus, spissatus, castellanus* y *floccus)* y cuatro variedades *(intortus, radiatus, vertebratus* y *duplicatus).*

cizalladura. Variación que en un momento dado experimenta el vector viento o una componente de este, bien en su dirección o en su módulo (intensidad), en un plano determinado. También se conoce como «cortante del viento» (traducción literal de la expresión inglesa *windshear).* Es común que la cizalladura se refiera implícitamente a la cizalladura vertical, por ser esta la que tiene un mayor interés aeronáutico, convirtiéndose a veces en un factor peligroso para el vuelo. En la atmósfera siempre suele haber cizalladura, pues normalmente la intensidad del viento aumenta al ascender por ella, aparte de cambiar de dirección, pero la que puede afectar a un avión es únicamente la que se produce en distancias cortas.

cizalladura horizontal. Cizalladura del viento según el plano horizontal.

cizalladura vertical. Cizalladura del viento según el plano vertical. Es uno de los factores de riesgo para la aviación, ya que los remolinos o bucles a los que da lugar pueden afectar seriamente las operaciones de vuelo, particularmente cuando es intensa. Empieza a ser importante con variaciones de la velocidad del viento de 15 a 20 nudos (de 27 a 38 km/h) en distancias —según la vertical— de unos cuantos centenares de pies (1 pie = 0,3 m). En las operaciones aéreas cerca del suelo (despegue y aterrizaje) la cizalladura vertical es particularmente crítica, debido a los cambios que provoca en la sustentación de las aeronaves, de ahí que sea muy importante detectarla a tiempo con los instrumentos que hay para tal fin diseminados por las pistas de los aeropuertos.

clarear. Despejarse el cielo de nubes. El término se usa, sobre todo, los días nublados en que ha estado lloviendo, cuando remite la lluvia y se van abriendo claros. Las palabras abrir(se) y aclarar(se) se emplean como sinónimos. También se utiliza para referirse a la aparición en el cielo nocturno de las primeras luces del día, lo que coincide con el inicio del crepúsculo astronómico.

clarecer. Amanecer, empezar a clarear.

clarera. Claridad que sigue al chubasco, lo que coincide, en ocasiones, con la aparición del arcoíris.

claro. En un contexto meteorológico y a nivel coloquial, es el nombre que recibe el hueco entre nubes en un cielo mayoritariamente cubierto de ellas. Sinónimo de despejado, libre de nubes. El uso de diminutivos de la misma familia de palabras, como clarillo o clarilla, es muy común.

clave meteorológica. Mensaje cifrado, en formato alfanumérico o binario, con información meteorológica, que está codificado atendiendo a un conjunto de normas y reglas acordadas en convenios internacionales o nacionales, se transmite de forma electrónica y su decodificación también obedece a esa normativa. Entre las claves más extendidas están la SYNOP, METAR y TAF (estas dos últimas usadas en aviación).

clave SYNOP. Mensaje codificado usado para transmitir observaciones sinópticas de las distintas variables meteorológicas, efectuadas en estaciones terrestres de todo el mundo, tanto manuales como automáticas. Se trata de una clave internacional aprobada en su día por la Organización Meteorológica Mundial, en la que se cifran las citadas observaciones en una serie de bloques preestablecidos, de cinco dígitos cada uno. La transmisión de esta información se efectúa cada una, tres o seis horas, dependiendo del tipo de estación meteorológica. Gracias a estos informes, se tiene acceso a miles de observaciones realizadas simultáneamente, a determinadas horas UTC, en otras tantas estaciones meteorológicas terrestres diseminadas por todo el planeta, lo que permite la confección de mapas sinópticos.

clima. Conjunto de las condiciones atmosféricas medias de un lugar determinado durante un período de tiempo de al menos 30 años, según las recomendaciones de la Organización Meteorológica Mundial. Está caracterizado por distintos valores estadísticos, tales como la media, la varianza o la probabilidad de ocurrencia de valores extremos, de los elementos meteorológicos del lugar en cuestión. Tiene su origen etimológico en la palabra griega κλίμα (*klíma*), que significa pendiente o inclinación. Los antiguos geógrafos y astrónomos griegos llamaron así a cada una de las franjas terrestres delimitadas por paralelos, pues consideraban que el clima venía dictado por la inclinación de la línea del horizonte de una determinada región con respecto al eje de rotación terrestre. Aquel concepto fue evolucionando hasta el actual, donde se tiene en cuenta la variabilidad meteorológica. Para la ciencia geográfica, el clima es lo percibido y vivido por el ser humano en un territorio dado a lo largo de una serie lo suficientemente larga de años. Conviene precisar que el clima es distinto al tiempo, a pesar de lo cual es muy común considerarlos sinónimos. Mientras que el tiempo es lo inmediato, lo que está aconteciendo en la atmósfera en un momento dado, el clima hay que verlo como una película que muestra la sucesión de estados atmosféricos acontecidos en un lugar durante los 30 años antes apuntados. En ese largometraje, el tiempo sería cada uno de los fotogramas. En la actualidad, hay una tendencia creciente a extender el concepto de clima más allá del ámbito estrictamente atmosférico, pasando a ser una descripción estadística del estado del sistema climático en su conjunto.

clima continental. Tipo de clima que domina en zonas terrestres, preferentemente del interior de los continentes, donde no hay influencia oceánica. Su principal rasgo es la gran amplitud térmica diaria, así como las grandes diferencias de temperatura entre el invierno y el verano. En la clasificación climática de

Köppen se corresponde con el tipo D, existiendo varios subtipos en función del régimen de precipitaciones y el rango de temperaturas alcanzado en las diferentes épocas del año.

clima de montaña. Caracteres climáticos propios de las zonas de montaña, debidos al factor altitudinal. En la clasificación climática de Köppen aparece catalogado como clima de alta montaña, con el identificativo EH. Se considera como tal el clima de lugares situados por encima de los 2000 metros sobre el nivel del mar. Viene caracterizado por inviernos largos y fríos, en los que la temperatura con frecuencia es inferior a los 0 ºC, y veranos cortos y frescos. También destaca por tener un régimen de vientos propio, bajas presiones atmosféricas, precipitaciones orográficas y una radiación solar mayor que en zonas menos elevadas, donde llega más atenuada.

clima histórico. Clima de cualquier período anterior al instrumental (sin observaciones meteorológicas tomadas con instrumentos) en el que hay fuentes documentales escritas que permiten reconstruir dicho clima. *Véase también* Climatología histórica

clima marítimo. Caracteres climáticos propios de las zonas próximas a la costa y los litorales, de marcada influencia marítima. Entre sus principales características destaca el régimen de vientos propio (brisas costeras), la pequeña amplitud térmica, tanto diaria como anual, así como el elevado contenido de humedad del aire.

clima mediterráneo. Clima que, a pesar de referirse explícitamente al mar Mediterráneo, no se da únicamente allí —en su área de influencia—, sino también en otros lugares del mundo, presentando distintas variantes. En la clasificación climática de Köppen se corresponde con un subtipo del clima templado (tipo C). Dicha clasificación considera, por un lado, el clima mediterráneo típico (Csa), de veranos secos y cálidos y, por otro, el de influencia oceánica (Csb), con veranos más suaves.

clima tropical. Tipo de clima característico del ámbito tropical, cuyas principales señas de identidad son la presencia de calor húmedo todo el año, la ausencia de heladas y un régimen pluviométrico de marcado carácter torrencial, con una estación de lluvias y otra seca. En la clasificación climática de Köppen se corresponde con el tipo A. En los lugares donde se da este clima, todos los meses del año, sin excepción, la temperatura media es superior a los 20 °C (algunos autores rebajan ese umbral hasta los 18 °C). La citada clasificación establece los siguientes tres subtipos: el clima tropical húmedo o ecuatorial (Af), el tropical monzónico (Am) y el tropical seco o de sabana (Aw o As, en función de que el invierno o el verano sea seco).

clima urbano. Caracteres climáticos propios de las ciudades, particularmente acusados en las grandes urbes, debido a la influencia que la urbanización y el tráfico ejercen sobre el medio atmosférico urbano. *Véase también* isla de calor.

climatérico/a. Aplicado al tiempo, a un determinado episodio meteorológico, que conlleva algún peligro. Término poco usado en este contexto.

Climatología. Rama de la Geografía Física dedicada al estudio de los climas, tanto a nivel descriptivo como en lo que respecta a sus cambios a largo plazo y a las distintas causas que los determinan. Entre sus misiones está la recopilación y el tratamiento estadístico de datos meteorológicos, lo que permite definir y caracterizar los distintos climas y clasificarlos según determinados criterios. Es habitual confundir Climatología con Meteorología, si bien se trata de dos ciencias distintas, que persiguen objetivos diferentes. Es muy común usar la expresión «climatología adversa» para referirse al tiempo meteorológico adverso, y también aludir a las «condiciones climatológicas» en lugar de a las meteorológicas, lo que pone de manifiesto el mal uso que muchas personas hacen de los conceptos tiempo y clima (Meteorología y Climatología). El estudio del cambio climático ha impulsado esta rama del saber, convirtiéndola en una disciplina científica emergente, a la que se dedican en la actualidad miles de científicos en todo el mundo. La palabra climatología referida a un lugar, también se utiliza para identificar al conjunto de datos estadísticos que caracterizan su clima.

Climatología histórica. Rama de la Climatología encargada de caracterizar el clima de períodos anteriores al uso de instrumentos meteorológicos, a partir de fuentes documentales históricas muy diversas. El trabajo que se lleva a cabo es muy laborioso y comienza con la búsqueda de información escrita adecuada, que contenga datos que se puedan vincular, de forma directa o indirecta, al comportamiento atmosférico que aconteció cuando se redactaron los documentos analizados. Tanto la localización de esas fuentes, como la selección de información óptima, su correcta interpretación y finalmente su validación, es un proceso largo y complejo, abordado, en muchos casos, por equipos multidisciplinares, formados por climatólogos, físicos, historiadores, filólogos... La Climatología histórica está en auge en los últimos años y ha contribuido al descubrimiento de episodios meteorológicos de rango extraordinario ocurridos en el pasado, a entender mejor las principales teleconexiones climáticas, así como a conocer el comportamiento del cambiante clima a lo largo de la historia.

climograma. Gráfica donde se representan los valores medios mensuales de la temperatura y de la precipitación, correspondientes a un observatorio o estación meteorológica. Aparte del eje de abscisas —el horizontal—, donde aparecen los meses del año, incluye dos ejes de ordenadas: el de la izquierda con la escala de temperatura, y el de la derecha con la de precipitación. El climograma muestra, de forma simultánea, la curva del comportamiento anual de la temperatura y el histograma de la precipitación media mensual. Recibe también otros nombres equivalentes, como climagrama, climatograma, ombrograma, diagrama ombrotérmico o diagrama climático.

clorofluorocarbonos. *Véase* CFC.

CLP. Acrónimo con el que se conoce la capa límite planetaria.

CO_2. Fórmula química del dióxido de carbono, también llamado anhídrido carbónico. Desde que el cambio climático empezó a estar en boca de todos y se vinculó la subida global de la temperatura a la emisión de gases de efecto invernadero, en particular de CO_2, es común referirse a él de esta manera. *Véase también* dióxido de carbono.

coalescencia. En microfísica de nubes, es el proceso mediante el cual se forma una gota (o gotita) de agua líquida por agregación de dos o más de ellas, tras haber colisionado entre sí. El mecanismo de colisión-coalescencia es uno de los que dan lugar a la formación de gotitas de nube y de gotas de lluvia en la atmósfera.

cobertura nubosa. Fracción de cielo cubierto de nubes. Para estimarla, se establece una división imaginaria de la bóveda celeste en ocho partes iguales, llamadas octas u octavos. La persona encargada de la observación, agrupa mentalmente todas las nubes que observa en el cielo y las hace corresponder con un número determinado de octas, siendo ese el dato que se transmite en los distintos informes meteorológicos. La cobertura nubosa puede variar desde cero octas (0/8), correspondiente a un cielo totalmente despejado, hasta ocho (8/8), que identificamos con un cielo cubierto, pasando por cada una de las fracciones intermedias. *Véase también* cielo.

códigos Q. Conjunto de códigos creados a principios del siglo XX por el gobierno británico para facilitar las comunicaciones entre sus barcos de guerra y las estaciones costeras. Este sistema fue desarrollado inicialmente para la radiotelegrafía, pero se fue extendiendo a diferentes campos, entre ellos las comunicaciones por radio en aviación. Cada uno de los códigos Q consta de tres letras. La primera de ellas es el identificador y en todos los códigos es la Q. Los asignados a la aviación son los incluidos en el rango QAA-QNZ, y dentro de ellos encontramos varios que proporcionan al piloto distintas referencias de presión atmosférica. *Véanse también* QFE, QFF, QNE, QNH.

cohete antigranizo. Pequeño cohete que, junto a su carga explosiva, porta una sustancia química capaz de modificar los procesos de nucleación en el interior de una nube tormentosa, evitando la formación de granizos de gran tamaño. En la siembra de nubes, el yoduro de plata es el agente que más se utiliza. Esta sal tiene una estructura cristalina parecida a la del hielo, y cuando logra dispersarse en la parte alta de un cumulonimbo, donde coexisten gotitas de agua subfundida y cristales de hielo, aporta una cantidad extra de núcleos de congelación, lo que hace que el vapor de agua procedente de las gotitas se incorpore a una cantidad mayor de embriones (tanto de hielo como del yoduro de plata que se ha incorporado), formándose únicamente granizos pequeños. *Véase también* cañón granífugo.

cola de agua. Nombre popular que recibe la tuba en México. En ocasiones, el fenómeno evoluciona hasta llegar a convertirse en un tornado o manga marina, refiriéndose los lugareños a él de la misma manera. También se conoce como culebra de agua. *Véase también* tuba.

colaborador meteorológico. Persona que colabora de forma voluntaria y altruista con un Servicio Meteorológico Nacional (SMN), llevando a cabo tareas de observador meteorológico. Los colaboradores —en su mayoría del ámbito rural— adquieren el compromiso de anotar a diario las medidas efectuadas con sus estaciones y la observación del estado del cielo, y de enviar periódicamente (habitualmente, una vez al mes) la información al organismo meteorológico al que están adscritos. Disponen o bien de una estación pluviométrica (un pluviómetro con el que registran la precipitación diaria) o de una termopluviométrica, en la que, aparte del pluviómetro, cuentan con una garita meteorológica con un termómetro de máxima, uno de mínima y un evaporímetro, de manera que anotan también los registros que les suministran dichos instrumentos. La labor de los colaboradores es muy importante, ya que sus datos permiten caracterizar mejor el clima de extensas zonas del territorio, insuficientemente cubiertas por las redes de estaciones meteorológicas de los servicios meteorológicos nacionales.

colada. Pequeño derrumbe de nieve en la ladera de una montaña, de menor magnitud que un alud. También se conoce como purga.

colas de gato. Expresión marinera con la que se identifican los cirros. Es equivalente a otras de corte similar como rabos de gallo o nubes palmeras. Esta última se utiliza en algunas comarcas toledanas. Todas ellas aluden al aspecto deshilachado del citado género nuboso. *Véase también Cirrus (Ci).*

collada. En lenguaje náutico, el tiempo seguido que sopla un mismo viento. («Gran subida tras de gran bajada [en referencia al barómetro], señal segura de mayor collada», sentencia una regla usada por los marinos).

collado. Configuración en el campo de presión atmosférica que adopta la forma de una silla de montar a caballo. Es la región de presión casi uniforme limitada por dos borrascas (zonas hundidas) y dos anticiclones (zonas elevadas) dispuestos alternativamente, formando una cruz.

columna atmosférica. Volumen de aire con forma de cilindro o prisma cuadrangular, cuyas bases se sitúan en dos niveles distintos de la atmósfera y tienen una superficie unidad (1 m^2). En Meteorología, es común elegir ese tipo de columnas de aire para definir algunos conceptos y determinar matemáticamente principios básicos del comportamiento atmosférico.

columna de luz. Proyección de luz en la vertical del sol, la luna o una luminaria artificial, con forma de columna. Recibe también otras denominaciones, como pilar de luz (la más habitual) y obelisco luminoso o de luz.

cometa meteorológica. Cometa usada con fines meteorológicos, con una función similar a la de los actuales globos sonda. La primera vez que se usó una de ellas fue durante una expedición al Ártico, entre los años 1821 y 1823, comandada por el marino y explorador polar William Edward Parry (1790-1855). Las cometas meteorológicas vivieron su época dorada desde finales del siglo XIX hasta la década de 1930. Durante ese período, se desarrollaron diferentes modelos y llegaron a lanzarse de forma sistemática desde distintos observatorios, destacando entre todos ellos el de Blue Hill, en Massachusetts (EE UU). En 1883, el meteorólogo británico Edmund Douglas Archibald (1851-1913) sentó las bases del uso de la cometa en las investigaciones atmosféricas. Posteriormente, en 1894, el ingeniero y explorador australiano Lawrence Hagrave (1850-1915) inventó la cometa celular o de caja, siendo la que logró un mayor grado de perfeccionamiento, al conseguir transportar de forma estabilizada, sin bruscos zarandeos, instrumentos como el meteorógrafo. La investigación de la atmósfera fue requiriendo de observaciones en niveles cada vez más altos, lo que junto al surgimiento de la aviación, la mejora de los globos sonda y el riesgo de recibir el impacto de rayos, hizo que las cometas meteorológicas cayeran en desuso, si bien todavía hoy se usan de forma esporádica en alguna campaña científica. *Véase también* aerología.

complejo convectivo de mesoescala. Conjunto muy organizado de tormentas de tamaño mucho mayor que una tormenta ordinaria, que suele llevar asociados fenómenos meteorológicos adversos, particularmente intensos y duraderos. Las características de un CCM (sigla con la que se conoce en español) vienen dictadas por determinados criterios establecidos por distintos autores a partir del análisis de imágenes infrarrojas de satélite. Los que estableció el meteorólogo estadounidense

Robert A. Maddox, en 1980, son considerados la principal referencia.

compuestos orgánicos volátiles (COV). Conjunto de sustancias químicas de origen orgánico que se caracterizan por su gran volatilidad. Incluye a todos los hidrocarburos que están en estado gaseoso a temperatura ambiente (en condiciones normales) o que rápidamente pasan de líquido a gas. Hay inventariados más de un millar de estas sustancias contaminantes y están distribuidas por toda la Tierra, en lugares tan remotos como la Antártida, las profundidades marinas, las selvas tropicales o en alta montaña.

conchesta. Nombre que dan en el Alto Aragón tanto al ventisquero y al nevero como a la nieve que se acumula y apelmaza en ellos. También se emplean las variantes cuniestra, cuñestra y chinarra.

condensación. Cambio de estado de la materia, de fase gaseosa a líquida. Es uno de los procesos físicos más importantes que tienen lugar en la atmósfera, gracias al cual pueden formarse las nubes en el cielo, la niebla o el rocío, a partir del vapor de agua presente en el aire. Es el proceso inverso a la evaporación. *Véase también* calor latente.

condensador telúrico. Nombre que recibe el modelo conceptual que considera a la Tierra como un gigantesco condensador eléctrico. En dicho condensador esférico, la armadura inferior es la superficie terrestre, la superior es la base de la ionosfera —situada a unos 80 kilómetros de altitud— y la capa de aire que existe entre ellas (el grueso de la atmósfera) es el medio dieléctrico. Ambas armaduras se comportan como conductores perfectos, estando la inferior cargada negativamente y la superior con carga positiva. Bajo condiciones de buen tiempo (estabilidad atmosférica), existe un campo eléctrico entre ambas placas, cuyo valor en promedio junto al suelo es de 125 V/m. Entre la ionosfera y el suelo hay establecida una débil corriente eléctrica en sentido descendente, que tiende a descargar constantemente el condensador telúrico; para evitar su descarga, están las tormentas (dipolos eléctricos en este contexto), que aunque actúan de forma discontinua son el mecanismo natural de recarga.

conducción. Una de las formas de transmisión de calor en la naturaleza. Tiene lugar por contacto directo entre dos cuerpos o zonas de un mismo material que se encuentran a diferentes temperaturas. Dicha transferencia de energía calorífica se produce gracias a la agitación molecular. Como el aire tiene una baja conductividad térmica, la superficie terrestre solo consigue calentar por conducción una minúscula capa de atmósfera —de apenas 5 centímetros de grosor— apoyada sobre ella. Ese calentamiento del aire situado a ras de suelo propicia su ascenso (como consecuencia de la disminución de su densidad), transmitiéndose el calor de abajo arriba por convección.

congestus (con). [Imagen 7, pliego]. Especie nubosa muy llamativa del género *Cumulus*, cuya principal característica es el aspecto similar a una coliflor de su parte superior, con numerosas protuberancias de intenso color blanco. El término es el participio del verbo latino *congenere*, que significa amontonar, apilar, acumular... Los cúmulos de esta especie son los que alcanzan un mayor desarrollo vertical, gracias a las intensas corrientes de aire que ascienden por su interior. Esta nube convectiva es la precursora del cumulonimbo y con frecuencia deja fuertes chubascos.

constante solar. Valor numérico teórico que resulta de calcular la cantidad de radiación solar que, por unidad de tiempo, incide sobre una superficie de un metro cuadrado perpendicular al flujo radiante y situada en el límite exterior de la atmósfera, con la Tierra situada a su distancia media del sol (149,6 millones de kilómetros). Las medidas de satélite certifican que la irradiancia solar varía ligeramente con el tiempo, por lo que la citada «constante» es en realidad un valor promedio, igual a 1367 W/m^2. En la mayoría de los textos de Meteorología se identifica con la letra S.

contaminación atmosférica. Conjunto de sustancias presentes en el aire, al margen de las que habitualmente componen la atmósfera, en una concentración tal que inciden negativamente tanto en las personas como en el resto de seres vivos. La contaminación atmosférica puede tener un origen natural (erupciones volcánicas, incendios forestales no causados por el hombre...) o artificial (actividades industriales, tráfico...). En este último caso, se conoce también como polución atmosférica. Los contaminantes presentes en el aire pueden ser de muy distinta naturaleza: gases tóxicos, humo, *smog,* cenizas volcánicas, material radiactivo... En las zonas urbanas, la exposición a niveles altos de ozono, dióxido de nitrógeno y partículas (PM) conlleva un riesgo alto para la salud humana, siendo cada vez mayores las evidencias de ese impacto.

contaminación lumínica. Aumento de la luminosidad natural de fondo del cielo nocturno, debido a la dispersión y reflexión de la luz artificial. Aparte de limitar la observación del firmamento e impedir su disfrute, se considera un subtipo de contaminación atmosférica, con afectaciones directas en los ecosistemas.

contenido de humedad. Cantidad de vapor de agua. En Meteorología, la humedad del aire se puede expresar de diferentes maneras.

contrail. Acrónimo que resulta de la fusión de las palabras inglesas *condensation* (condensación) y *trail* (estela, sendero, rastro...). *Véase también* estela de condensación.

contralisio. Corriente de aire en altura de componente oeste, presente en las regiones subtropicales de ambos hemisferios, justo por encima de donde soplan los vientos alisios. Los vientos contralisios —también conocidos como antialisios— deben su nombre a que soplan en sentido contrario a los alisios (del suroeste en el hemisferio norte y del noroeste en el sur). Tienen su origen en el desplazamiento hacia latitudes más altas de las masas de aire cálido que ascienden en la zona de convergencia intertropical, estando ligados a cada una de las dos células de Hadley.

convección. Una de las formas de transmisión de calor en la naturaleza, que en Meteorología identificamos con el transporte vertical de calor y de otras propiedades de las masas de aire, como el vapor de agua o la cantidad de movimiento, en la atmósfera. Implica el desplazamiento de grandes volúmenes de aire y es un mecanismo fundamental en el intercambio vertical de las propiedades apuntadas en el seno de la troposfera. La convección se produce preferentemente sobre un suelo previamente calentado por el sol, sobre el que se generan corrientes ascendentes de aire caliente que pueden o no culminar en la formación de nubes de desarrollo vertical, también llamadas convectivas.

convección celular. Convección asociada a células de circulación en el seno de una capa de aire. En estas células (convectivas), las zonas de ascensos y de descensos de aire se disponen de forma regular y alternada.

convección húmeda. Convección que da lugar a la formación de nubes. Se produce cuando al ascender una parcela de aire húmedo y enfriarse progresivamente, logra alcanzar su saturación de vapor de agua, lo que da lugar a la formación de gotitas de agua líquida, momento en el que empezamos a observar en el cielo una pequeña nube. Su mayor o menor desarrollo vertical posterior dependerá, en gran medida, del grado de inestabilidad atmosférica.

convección libre. Ascenso de aire que resulta exclusivamente de su flotabilidad, como consecuencia de la diferencia de densidad (o temperatura) del aire entre dos niveles dados de una columna atmosférica. También se conoce como convección natural. *Véase también* nivel de libre convección.

convección profunda. Caso particular de convección húmeda, en la que las nubes que se forman alcanzan un gran desarrollo vertical, lo que culmina en grandes y potentes tormentas. Esta convección alcanza normalmente el nivel de la tropopausa, consiguiendo rebasarlo en algunas ocasiones. Las corrientes ascendentes son muy vigorosas, superando al menos los 10 m/s (36 km/h). *Véase también* sistema convectivo de mesoescala.

convección seca. Convección en la que no llegan a formarse nubes. Se limita, por tanto, al proceso de formación de corrientes ascendentes de aire cálido pobre en contenido de humedad. *Véase también* térmica.

convergencia. Este concepto, aplicado a un campo de vientos en un nivel atmosférico dado, representa el encuentro de dos flujos enfrentados, lo que da como resultado un desplazamiento de aire en la vertical, gracias al cual logra escapar el excedente de aire que esta situación tiende a acumular en el citado nivel atmosférico. Si la convergencia se produce en niveles bajos, el aire escapa hacia arriba (ascendencia), mientras que la convergencia en altura provoca un forzamiento de signo contrario, generando corrientes de aire descendentes (subsidencia). Es lo contrario al concepto de divergencia.

copo de nieve. Bajo esta denominación genérica podemos tener tanto cristales de hielo individuales como aglomerados de esos cristales que, en su caída a través del aire y sometidos a un continuo zarandeo, se sueldan unos con otros, dando como resultado el tradicional copo de nieve. Sus dimensiones y esponjosidad son muy variables, en función de cuáles sean las condiciones ambientales durante la nevada. Los cristalitos de hielo que forman los copos de nieve se forman en el interior de nubes frías, donde, en un primer momento, coexisten gotitas de agua subfundida y minúsculos prismas de hielo microscópicos, de estructura hexagonal, que actúan como embriones de hielo. La evaporación de las gotitas aporta el vapor de agua necesario para que los cristales vayan creciendo. Lo hacen a través de un complejo proceso de ramificación, que varía en función de cuál sea la temperatura y el grado de saturación del vapor de agua que rodea los cristales. Su forma final —placa, columna o estrella— depende de cómo se combinen ese par de variables. *Véase también* nieve.

cordonazo de san Francisco. Expresión marinera con la que se identifica el primer gran temporal del otoño. El nombre del santo hace referencia a la festividad de san Francisco de Asís, que se celebra el 4 de octubre. Según cuenta una leyenda, este santo era el encargado de administrar el reparto de las lluvias durante todo el año, y el citado día sacudía el cordón de su túnica para quitarse de encima el agua que se había ido acumulando en ella, lo que daba inicio a la temporada de lluvias. Aunque no es una regla fija, muchos años hacia esas fechas irrumpe la primera gran borrasca del otoño, propiciando una situación de tiempo adverso, con lluvias abundantes, tormentas, vientos intensos y mala mar. «El cordonazo de san Francisco se hace notar, tanto en la tierra como en el mar», sentencia un conocido refrán. En algunos países caribeños identifican al huracán con la palabra cordonazo.

corisco. Por tierras castellanas, recibe este nombre el viento fresco que comienza a soplar las tardes de final del verano. El conocido refrán «Agosto, frío en el rostro» ilustra dicha circunstancia.

coro. *Véase* cauro.

corona (solar y lunar). Fenómeno óptico atmosférico debido a la difracción de la luz, consistente en un conjunto de anillos coloreados —rara vez más de tres— que rodean el disco solar o lunar, dispuestos concéntricamente alrededor suyo. La intensidad de los colores es directamente proporcional a la uniformidad del tamaño de las pequeñas gotas de agua en las que la luz se difracta, mientras que el radio de la corona es inversamente proporcional a dicho tamaño. La parte interior de este fotometeoro se conoce como aureola. También recibe el nombre de corona solar la capa más externa del sol, compuesta de plasma, a una temperatura del orden del millón de grados Celsius. *Véase también* tormenta solar.

corredor de los tornados. *Véase* callejón de los tornados.

corriente de aire. Flujo de aire que sopla en una dirección dada. Puede darse tanto en el plano horizontal (viento), como en el vertical (ascenso o descenso de aire). El uso más extendido de la expresión alude a un pequeño movimiento de aire (por ejemplo, en el interior de una vivienda). A escala planetaria, las corrientes de aire que dominan la escena meteorológica son los chorros. *Véase también* corriente en chorro.

corriente circumpolar antártica. Corriente oceánica superficial de agua fría que discurre de oeste a este alrededor de la Antártida, siendo la que mayor volumen de agua transporta y la más veloz de toda la Tierra. Acoplada a ella, discurre un cinturón de profundas borrascas, lo que dificulta mucho la navegación en toda esa vasta región marítima que rodea el continente antártico.

corriente del Golfo. Corriente oceánica superficial de agua cálida, relativamente estrecha y rápida, que discurre por el Atlántico Norte. Desplaza una gran cantidad de agua, con un caudal estimado de 80 millones de metros cúbicos por segundo, y una velocidad de 2 m/s (unos 7 km/h). Se origina en el estrecho de Florida y discurre —en su tramo inicial— paralela a la costa este de los EE UU, para comenzar a adentrarse en el océano Atlántico a partir del cabo Hatteras, en Carolina del Norte, en dirección a Europa. Aproximadamente a 40ºN y 40ºO se divide en varios ramales (corrientes de menor magnitud), al interaccionar con la corriente fría del Labrador. La corriente del Golfo ejerce una marcada influencia en el clima de la fachada atlántica del continente europeo, debido a su efecto atemperador.

corriente en chorro. [Figura 5]. Intensa y estrecha corriente de aire que discurre a lo largo de un eje casi horizontal en las cercanías de la tropopausa. En su parte central alcanza la velocidad máxima del viento, nunca inferior a los 110 km/h y superando con frecuencia los 200 km/h. Las corrientes en chorro

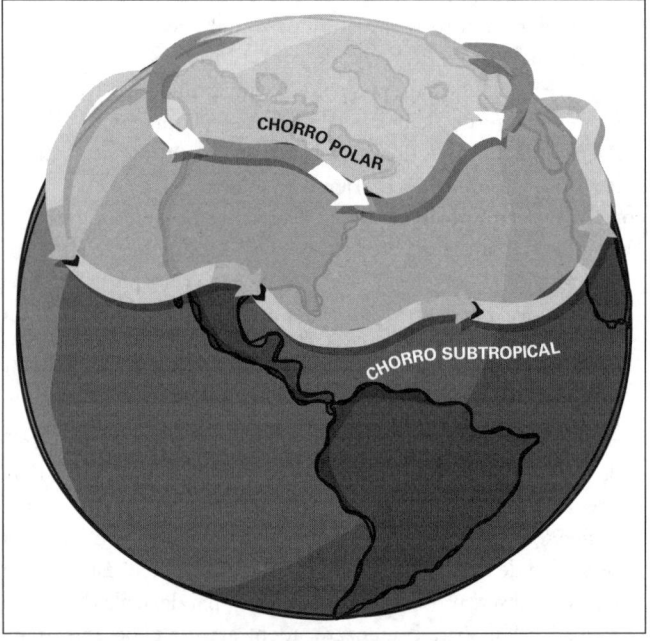

Fig. 5. Corrientes en chorro. Representación esquemática del chorro polar y el chorro subtropical en el hemisferio norte. En el sur se da una configuración idéntica. El chorro polar es el principal modulador de los tipos de tiempo que dominan en latitudes medias. Su mayor o menor ondulación, el que presente unos meandros más o menos acusados, viene determinada por el contraste de temperatura entre la región polar y la intertropical. El chorro polar es más intenso que el subtropical y se extiende de forma continua, cosa que no ocurre con el subtropical que es más discontinuo, aunque en la figura se ha representado continuo.

pueden llegar a alcanzar varios miles de kilómetros de longitud y suelen adoptar una forma sinusoidal. Su anchura es de varios centenares de kilómetros y el espesor de algunos kilómetros. Alrededor de su núcleo hay una fuerte cizalladura horizontal y vertical de viento, lo que genera áreas de fuerte turbulencia. Los aviones comerciales consiguen ahorrar combustible y acortar la duración de sus viajes al volar, con viento a favor, en el núcleo del chorro. La única precaución que deben tomar los pilotos es la de penetrar en esa parte central evitando el paso por las zonas periféricas donde la turbulencia es peligrosa. Para ello, se confeccionan a diario unos mapas con información muy precisa sobre la posición y la altitud que previsiblemente ocuparán las distintas corrientes en chorro en ruta. Su posición y orientación varía de unos días a otros. Ocasionalmente, surge alguna de estas corrientes más abajo en la atmósfera (chorro de bajos niveles). En la Tierra existen cinco corrientes en chorro principales. Debido a la simetría esférica de nuestro planeta, en cada hemisferio terrestre hay un chorro polar y uno subtropical (ambos del oeste), mientras que en el ecuador discurre una corriente en chorro en sentido contrario (del este). Tanto en el Ártico como en la Antártida surgen a veces los llamados chorros estratosféricos. Las corrientes en chorro fueron descubiertas por el meteorólogo japonés Wasaburo Oishi (1874-1950) en 1926, aunque la primera referencia científica es posterior; debida al meteorólogo alemán Heinrich Seilkopf (1895-1968), que en 1939 utilizó la expresión *strahlströmung* («corriente en chorro») para referirse a ellas. También se emplean las formas abreviadas chorro y jet (de *jet stream*).

cortante del viento. *Véase* cizalladura.

cortina de arena/polvo. Parte delantera de una tempestad de arena o polvo, de aspecto muy amenazador. El murallón puede alcanzar una altura de varios centenares de metros y se desplaza sobre el terreno con rapidez.

cortina de foehn. *Véase* muro de foehn.

cortina de precipitación. Conjunto de hidrometeoros (gotas de lluvia, granizos...) que precipitan de una nube. El término se aplica sobre todo a los chubascos, debido a la nitidez con la que se ven las cortinas de precipitación que los forman. *Véase también* virga.

cota de nieve. Altitud a partir de la cual la precipitación es en forma de nieve. Existe bastante confusión con este concepto, ya que es común identificarlo con la cota a partir de la cual la nieve cuaja en el suelo. El hecho de que, en una determinada zona, se pronostique una cota de nieve a 700 metros (por ejemplo), no significa que en todos los lugares cuya elevación coincida con dicha cota vaya a acumularse nieve sobre el terreno, formando el característico manto. Hay factores críticos, como la temperatura del suelo, que dictan cuál es la distribución final de la cubierta nival sobre el terreno.

crecida. Aumento significativo del caudal de un río o arroyo, con la consiguiente subida del nivel del agua. Tanto las precipitaciones abundantes como el deshielo son las causas más habituales de las crecidas. *Véanse también* riada, inundación.

crepúsculo. Resplandor celeste cuya intensidad aumenta progresivamente antes de la salida del sol (crepúsculo matutino) y decrece tras su puesta (crepúsculo vespertino). Esa luminosidad ambiental es provocada por el astro ya oculto bajo el horizonte, pero próximo a él. Su duración varía en función de cuál sea el día del año y la latitud del observador. El crepúsculo matutino recibe otras denominaciones como amanecer, aurora, alba o albor, mientras que el vespertino también se llama ocaso, declive, entrelubricán o anochecer. La palabra lubricán es sinónimo de ambos.

crepúsculo astronómico. El matutino es el intervalo de tiempo que discurre desde que el centro del disco solar se halla 18º por debajo del horizonte hasta la salida del sol. El vespertino comienza con la puesta de sol y termina cuando el centro del disco solar está 18° por debajo del horizonte.

crepúsculo civil. El matutino es el intervalo de tiempo que discurre desde que el centro del disco solar se halla 6° por debajo del horizonte hasta la salida del sol. El vespertino comienza con la puesta de sol y termina cuando el centro del disco solar está 6° por debajo del horizonte.

crepúsculo náutico. El matutino es el intervalo de tiempo que discurre desde que el centro del disco solar se halla 12° por debajo del horizonte hasta la salida del sol. El vespertino comienza con la puesta de sol y termina cuando el centro del disco solar está 12° por debajo del horizonte.

cresta nubosa. Forma protuberante que presentan las nubes de desarrollo vertical en su parte más alta.

criosfera. Componente del sistema climático que engloba toda el agua que se halla en estado sólido en la Tierra, bien sea por encima o por debajo de la superficie terrestre, tanto en zonas continentales como marítimas. Incluye los hielos marinos, lacustres y fluviales, la nieve depositada sobre tierra firme, los glaciares, los grandes mantos de hielo (Antártida, Groenlandia) y el terreno congelado temporal o permanentemente (permafrost). La criosfera juega un importante papel en el clima terrestre y es clave en la evolución futura del calentamiento global. El elevado poder reflectante de la nieve y el hielo (hasta el 90 % de la radiación solar incidente) es un regulador natural de la temperatura media planetaria. Una menor superficie helada implica una mayor absorción de calor en la Tierra, con el consiguiente aumento de temperatura.

criptoprecipitación. Nombre técnico que recibe la precipitación oculta u horizontal. A diferencia de la lluvia (precipitación incidente), en la que caen gotas de agua por la acción de la gravedad, en este caso, el suelo y la cubierta vegetal captan agua a través de las microgotas de una niebla o del rocío. En los bosques húmedos o de niebla, como la laurisilva de las islas Canarias, las criptoprecipitaciones son la principal fuente de agua, superando los aportes de la lluvia convencional. Las gotitas de la niebla pueden incorporarse directamente a las plantas a través de su superficie foliar o también se pueden unir varias de ellas para formar gotas más grandes que terminan precipitando al suelo. La presencia de un régimen de vientos constante —los alisios en el caso de Canarias— que desplaza estratos nubosos (nieblas de advección) sobre un terreno expuesto a dichos vientos, convierte a la lluvia horizontal en un mecanismo muy eficiente. En los observatorios meteorológicos no ubicados en bosques de niebla, la criptoprecipitación debida a nieblas de irradiación muy densas o a importantes rociadas puede dar como resultado un registro de lluvia inapreciable (Ip.) o de hasta algunas décimas de milímetro en 24 horas. *Véase también* bosque de niebla.

cristal de tormenta. Instrumento meteorológico no convencional, cuyo uso se extendió mucho en los barcos de la Marina Real Británica durante la segunda mitad del siglo XIX, y que tuvo en el contraalmirante Robert Fitzroy (1805-1865) su principal valedor. La supuesta capacidad predictiva del aparato —capaz de anticipar los cambios de tiempo, tal y como proclamaba el propio Fitzroy— fue cuestionada ya en aquella época por algunos científicos y ha sido refutada en estudios posteriores. El cristal de tormenta (*storm glass*, en inglés) consiste en un recipiente sellado de vidrio, normalmente cilíndrico, que contiene una mezcla de dos disoluciones; una de ellas de alcanfor y etanol, y la otra de agua destilada con algunas sales inorgánicas como el nitrato de potasio o el cloruro de amonio. Con el paso del tiempo, el líquido va cambiando de aspecto y surgen a veces en él llamativos cristales de alcanfor. La mayor o menor turbidez de la mezcla, la presencia o no de escamas, cristalitos o estructuras filamentosas similares a plumas, se relacionó, erróneamente, con los cambios atmosféricos. Varios experimentos han demostrado que la apariencia que tiene el cristal de tormenta en un momento dado obedece a un comportamiento caótico, modulado exclusivamente por la temperatura. El instrumento se sigue comercializando en la actualidad, aunque como un mero objeto decorativo, si bien los fabricantes siguen proclamando las bondades del aparato como predictor del tiempo.

cruz de luz. Fenómeno óptico atmosférico compuesto, en el que se observan simultáneamente un pilar de luz y círculo parhélico o paraselénico (dependiendo de que sea de día o de noche, con el sol o la luna), que lo atraviesa, dando forma a la cruz. Este fenómeno fue el que, supuestamente, vio en el cielo el emperador romano Constantino durante la batalla del Puente Milvio, el 28 de octubre del año 312, y que, según las crónicas históricas, inspiró el sueño que tuvo, en el que vio la cruz flotando en el aire, pero con una inscripción en griego donde ponía: *Ev τούτω νίκα*, que en latín se expresa como: *In hoc signo vinces* (IHSV) y que significa: «Con este signo vencerás».

cuarenta rugientes. Expresión de la jerga marinera que alude a los duros temporales marítimos, con vientos muy fuertes del oeste y gran oleaje, que de forma casi permanente acontecen en la franja de latitud sur comprendida entre los paralelos 40º y 50º. El reto que suponía para los barcos a vela surcar esas agitadas aguas y las situadas aún más al sur, popularizó —a lo largo del siglo XIX— tanto esta expresión (*roaring forties*, en inglés) como otro par de ellas, todavía más expresivas: los cincuenta furiosos o aulladores (*furious fifties)* y los sesenta bramadores (*shrieking sixties o screaming sixties).*

cubeta barométrica. Depósito cilíndrico en el que está inmerso el extremo inferior del tubo capilar de un barómetro de mercurio. Dependiendo del modelo de barómetro, la cubeta puede ser fija (tipo Tonnelot) o ajustable con respecto a la columna (tipo Fortín).

cubeta nivométrica. Recipiente metálico rectangular usado para determinar la nieve acumulada. Cumple la función de nivómetro totalizador. Para proteger su embocadura del viento, se suele rodear de un escudo protector formado por unas varillas metálicas.

cubierta de nieve. Capa o manto de nieve que cubre el suelo.

cucadas. En el interior de Cantabria llaman así a los temporales de lluvia y de granizo propios del mes de abril («En abril cucadas y en marzo ventoladas»). Es común el uso del vulgarismo cucás.

cucutero. Nombre que en la localidad turolense de Blesa dan al viento solano. Hace referencia a Las Cucutas; un par de cumbres gemelas de la sierra de Arcos, que se localizan al nordeste de la localidad y de donde parece proceder ese viento seco y cálido.

cuenco de polvo. Traducción al español de la expresión en inglés *Dust Bowl*, con la que se bautizó una extensa franja del centro-sur de EE UU que en la década de 1930 se vio afectada por una prolongada sequía y violentas tormentas de polvo, de consecuencias devastadoras. Dicha región incluía parte de los estados de Colorado, Kansas, Texas, Nuevo México y Oklahoma. También suele traducirse como el tazón de polvo.

cuérragos. Nombre que reciben los arroyos que caen por las cuestas procedentes de la fusión de la nieve y los neveros, en las comarcas montañesas del interior de Cantabria.

culebrilla. En una tormenta, cada una de las descargas eléctricas serpenteantes que suelen acompañar al rayo principal, siendo de menor tamaño e intensidad que este. También se llama culebrina. *Véanse también* tormenta eléctrica, rayo.

cumuliforme. Referido a una nube, que presenta formas redondeadas, típicas de las nubes convectivas, en particular de los cúmulos y cumulonimbos.

cúmulo. [Imagen 7, pliego]. Nombre en español del término latino *Cumulus*, que es la denominación oficial de ese género nuboso, tal y como establece el *Atlas Internacional de Nubes* de la OMM. *Véase también Cumulus (Cu).*

cumulonimbo. Nube de tormenta. *Véase también Cumulonimbus.*

Cumulonimbus (Cb). [Imagen 8, pliego]. Nube de gran desarrollo vertical, que constituye uno de los diez géneros nubosos que establece el *Atlas Internacional de Nubes* de la OMM. Ocupa los tres pisos en los que se distribuyen las nubes, con su base situada en el inferior —por debajo de los 2000 m de altitud— y su parte más alta en el entorno de la tropopausa —alrededor de los 11 000 m de altitud (en latitudes medias)—, logrando en ocasiones penetrar en la estratosfera. En la zona ecuatorial, donde la tropopausa se sitúa a mayor altitud, esta nube supera con frecuencia los 20 kilómetros de altitud. En latitudes medias, de forma ocasional, puede crecer hacia arriba hasta los 15-20 km. Se trata de una nube muy compacta, de formas redondeadas y grandes dimensiones. Su base es muy oscura y a su alrededor es habitual que se forme un séquito de nubes de aspecto desgarrado, que pueden estar o no adosadas a ella. De la base también se descuelgan densas cortinas de precipitación. Su cima está total o parcialmente aplastada, presentando una forma lisa *(Cb calvus)* o deshilachada *(Cb capillatus)*. El conjunto de la nube adopta a veces la llamativa forma de un yunque *(incus),* como consecuencia de la acción moldeadora de los fuertes vientos que soplan en su parte superior. El citado yunque suele presentar uno de sus extremos más alargado que el otro, lo que permite deducir —por la simple observación de la estructura— hacia dónde se desplaza el cumulonimbo a merced del flujo rector dominante en altura. En el interior de la nube hay una gran cantidad de granizos y gotas de agua que precipitan con violencia, lo que genera intensas corrientes descendentes de aire frío que, al impactar contra la superficie terrestre y esparcirse en todas las direcciones, provocan vientos racheados muy fuertes. Dentro de la nube también se produce una separación de cargas eléctricas, acumulándose las de signo positivo en la parte alta y las negativas en la inferior, lo que culmina con la generación de los rayos que caracterizan a las tormentas. *Véase también* tormenta eléctrica.

Cumulus (Cu). [Imagen 7, pliego]. Género nuboso que, junto al *Cumulonimbus*, forma parte de las nubes de desarrollo vertical. Es una nube que crece de forma aislada y está constituida por un conjunto de formas redondeadas, que configuran una nube densa y de contornos habitualmente bien definidos. Los cúmulos más pequeños *(Cu humilis)* son blancos en su totalidad y se conocen coloquialmente como cúmulos de buen tiempo o nubes de algodón. Los de tamaño intermedio *(Cu mediocris)* y particularmente los grandes *(Cu congestus)* presentan un color gris oscuro en su base, debido a la gran cantidad de hidrometeoros que albergan en su interior, ya que estos elementos forman una pantalla natural que obstaculiza el paso de la luz solar. Esa oscuridad relativa de la base contrasta con el blanco brillante que presenta el resto de la nube cuando está iluminada directamente por el sol. La parte superior adopta la forma de una coliflor. El crecimiento vertical de un cúmulo viene dictado por la convección, pudiendo presentar alturas y tamaños muy variables. Su base queda situada por debajo de los 2000 m de altitud, pudiendo crecer hacia arriba hasta los 6000 m (en latitudes medias). En el interior del cúmulo dominan las corrientes de aire ascendentes, si bien en los de mayor tamaño coexisten con descendencias asociadas a la precipitación. La palabra latina *Cumulus* significa montón o pila, lo que describe bien el amontonamiento de las formas globulares que constituyen esta nube convectiva. Aunque ese es su aspecto más habitual, a veces aparece desgarrado, como a jirones, lo que constituye la especie *fractus*.

cuniestra. *Véase* conchesta.

cuña anticiclónica. Configuración isobárica asociada a las altas presiones. *Véase también* dorsal.

cura corbatón. Curiosa expresión con la que se identifica al cumulonimbo en un área geográfica que se extiende desde la comarca turolense de las Cuencas Mineras hasta Molina de Aragón (Guadalajara), en el Alto Tajo, y desde la cuenca alta del valle del Jiloca hasta la comarca zaragozana de Campo de Belchite. Por ejemplo, en Mainar (comarca de Campo de Daroca), llaman así a la nube de tormenta que empieza a emerger sobre la Sierra de Cucalón, mientras que desde el Alto Jiloca hacen lo propio con la que aparece en Sierra Palomera. El nombre alude al pequeño pueblo turolense de Corbatón, cercano a las localidades de Monreal del Campo y Calamocha. El origen de la expresión es incierto. Algunos historiadores lo sitúan en la época prerromana, mientras que para otros es mucho más reciente. Una de las versiones que más circula por la zona, apunta a un antiguo sacerdote de Corbatón, que al parecer tenía muy mal genio. Alguien empezó a identificar al citado cura con las nubes de tormenta que crecen en verano por la zona, y así se quedó. Lo cierto es que cuando comienza a despuntar un cumulonimbo, suele estar acompañado de varios cúmulos o cumulonimbos de menor altura, que el imaginario popular comenzó a identificar con los monaguillos que acompañan al cura corbatón. A esto hay que sumar el hecho de que la base oscura de las nubes de tormenta recuerda a la sotana del cura, y la parte superior, de gran blancura, al alzacuello.

curva de estado. Línea trazada en un diagrama termodinámico confeccionada a partir de los datos obtenidos en un radiosondeo, que representa la variación de la temperatura con la altura. En combinación con el perfil también vertical de la temperatura del punto de rocío, y con el apoyo de las líneas auxiliares que contiene el citado diagrama, permite analizar cuáles son las condiciones de estabilidad o inestabilidad atmosférica en un momento y lugar dados.

D

dana. Palabra cada vez más integrada en el lenguaje meteorológico, que se expresa indistintamente con letras minúsculas o mayúsculas (DANA), si bien esta última forma —con la que el término se empezó a usar— va sustituyéndose progresivamente por la primera, tal y como figura en esta entrada. Es el acrónimo de «depresión aislada en niveles altos»; una expresión que empezaron a usar los meteorólogos del antiguo Instituto Nacional de Meteorología (INM) —actual AEMET— a mediados de la década de 1980, para contrarrestar el uso abusivo que ya por aquel entonces se empezaba a hacer de la expresión «gota fría». De esta última manera la población empezó a identificar, particularmente en el área mediterránea, a cualquier episodio de lluvias intensas en la zona, con independencia de que hubiera o no una dana. No es necesario que exista un embolsamiento de aire frío en altura, descolgado del flujo general, para que pueda llover torrencialmente, ni tampoco su presencia garantiza en todos los casos esas lluvias fuertes. El término dana fue elegido para honrar la memoria del meteorólogo Francisco

164

García Dana (1924-1984), quien ocupó la jefatura del Centro de Predicción del INM desde 1979 hasta 1984, año en que falleció. La dana es una baja presión aislada en altura, que tiene su reflejo en los niveles isobáricos de 300 y 500 hPa, pero no en superficie. Al estar descolgada del flujo general del oeste, evoluciona de forma independiente, con un ciclo de vida propio. Las danas acostumbran a ser bastante estacionarias, estando a veces dotadas de un movimiento retrógrado, contrario al de las típicas borrascas. *Véase también* gota fría.

datos proxy. Indicadores climáticos indirectos, obtenidos a partir de registros geológicos y biológicos, así como procedentes de fuentes documentales, de los que se puede extraer información de interés para el estudio de los climas del pasado. Gracias a ellos, es posible reconstruir el comportamiento climático de períodos muy antiguos de la historia, de los que no se dispone de observaciones meteorológicas instrumentales. Su procedencia es muy diversa, tanto de sedimentos y suelos, como de muestras de hielo, anillos de crecimiento de los árboles, pólenes fósiles, corales y documentos de todo tipo, como actas capitulares, registros eclesiásticos o cuadernos de bitácora. *Véanse también* paleoclima, paleoclimatología.

dendroclimatología. Rama de la Climatología que se encarga de la reconstrucción del clima del pasado a partir del análisis de los anillos de crecimiento de los árboles. Las fluctuaciones climáticas quedan bien reflejadas en las características que presentan los citados anillos que conforman el tronco de determinadas especies arbóreas.

densidad del aire. Masa de aire por unidad de volumen, expresada habitualmente en kg/m^3. Junto a la presión y la temperatura es una de las variables fundamentales en el estudio teórico de la atmósfera. A nivel del mar y bajo las condiciones estándar que establece la atmósfera ISA, toma el valor aproximado de 1,225 kg/m^3. La densidad del aire, lo mismo que la presión atmosférica, disminuye con la altitud, siendo particularmente acusada su disminución al ascender por la troposfera y la estratosfera. No ocurre lo mismo con la proporción de nitrógeno y oxígeno (N_2/O_2) que forman la mezcla gaseosa, y que se mantiene aproximadamente constante en los primeros 80 kilómetros de atmósfera (homosfera). Su densidad disminuye con la altitud, pero no así su proporción. Por encima de esa cota —en los dominios de la ionosfera—, el aire está muy enrarecido, su densidad es bajísima y deja de haber moléculas estables, ya que a esos niveles atmosféricos la radiación solar llega casi sin atenuar, es muy energética y rompe literalmente las moléculas gaseosas. Se forma allí arriba una especie de «nube electrónica», constituida mayoritariamente por iones, que son buenos conductores de la electricidad. *Véase también* ecuación de estado.

deposición atmosférica. Transferencia de elementos solubles (gases y partículas) presentes en el aire hacia la superficie terrestre, o bien por sedimentación (deposición seca) o a través de las gotas de lluvia u otros hidrometeoros (deposición húmeda).

depresión. En Meteorología, zona de baja presión atmosférica. Es una región de la atmósfera donde la presión es menor que en los alrededores, aumentando de dentro hacia afuera. En los mapas sinópticos de superficie viene representada por un conjunto de isobaras cerradas en sentido creciente según nos desplazamos desde su centro (mínimo de presión) hacia fuera. En los mapas de altura, las isohipsas adoptan una forma parecida, configurando una zona hundida que forma una depresión (barométrica), de ahí el nombre que recibe. Es sinónimo de baja, ciclón y borrasca.

depresión tropical. Primer estadio de desarrollo de un ciclón tropical, en el que el sistema de baja presión comienza a adquirir un cierto grado de organización. Existe bastante ambigüedad con la terminología utilizada para describir al citado ciclón tropical, ya que por un lado es el nombre genérico que reciben los ciclones formados en el ámbito tropical, y por otro la tercera fase de desarrollo que pueden alcanzar estos sistemas. Hay establecida una división de ellos en tres etapas, en función de la intensidad que llegan a alcanzar: 1) depresión tropical; 2) tormenta tropical; y, por último, 3) ciclón tropical o huracán, estableciéndose cinco categorías dentro de esta última (escala de Saffir-Simpson).

derecho. Vientos muy intensos y racheados que surgen a lo largo de una línea de turbonada severa, que puede llegar a alcanzar varios centenares de kilómetros de largo y se desplaza con rapidez sobre el terreno. Esos vientos, de efectos devastadores, son la consecuencia del conjunto de reventones que dejan a su paso las tormentas que forman esa estructura en línea, asociada la mayoría de las veces a un sistema convectivo de mesoescala. La diferencia con un frente de racha es que, en el caso del derecho, los vientos son sostenidos y aumentan por detrás de la línea tormentosa. Los derechos pueden llevar también asociados tornados y dar lugar a fuertes precipitaciones e inundaciones repentinas (*flash floods*). El término se expresa en español internacionalmente, igual que ocurre con el fenómeno de El Niño. Fue empleado por primera vez por el químico de origen alemán Gustavus Detlef Hinrichs (1836-1923), en un trabajo publicado en 1888 en la revista *American Meteorological Journal*. Nombró así al fenómeno atmosférico que había observado en el estado de Iowa (EE UU) el 31 de julio de 1877; violento como un tornado, pero de diferentes características. Mientras que el tornado genera vientos rotatorios alrededor suyo, en el caso del derecho, los vientos «van derechos» (de ahí su nombre) únicamente en la dirección de desplazamiento de la línea de turbonada.

descarga de retorno. Descarga eléctrica ascendente (en sentido tierra-nube), intensa y de muy corta duración, que tiene lugar inmediatamente después de haberse producido un rayo principal de una tormenta. Este arco eléctrico recorre de abajo arriba el mismo canal de descarga, fuertemente ionizado, por el que discurrió el rayo nube-tierra. No es perceptible a simple vista, ya que apenas dura del orden de 100 microsegundos. *Véase también* rayo.

descarga eléctrica. *Véase* rayo.

descarga fría. Recibe este nombre la masa de aire frío posfrontal que, empujada por vientos del cuarto cuadrante, avanza por detrás de un frente frío. Cuando ese aire tiene una temperatura particularmente baja y discurre sobre aguas que están menos frías, se desarrolla en su seno la convección, formándose cúmulos de gran desarrollo y cumulonimbos que dan lugar a chubascos posfrontales y actividad tormentosa.

descendencia. Corriente de aire descendente. *Véase también* subsidencia.

descuernacabras. Una de las formas populares con la que se denomina al viento frío del norte, cuando es particularmente intenso y da lugar a un ambiente desapacible. Entre sus variantes destacan descuernavacas, matacabras (la de uso más extendido), pelacabras y pelacañas.

descuernavacas. *Véase* descuernacabras.

despejado. Referido al cielo, que no tiene nubes. Es común emplear este término cuando luce el sol, aunque pueda haber alguna nube en el cielo; por ejemplo, cuando se parte de una situación inicial en la que está cubierto, pero se van abriendo claros de forma progresiva, con una tendencia a despejarse, aunque no llegue a hacerlo por completo.

desplome (de aire frío). En Meteorología un desplome hace referencia a un descenso brusco de aire frío desde una nube hacia la superficie terrestre, donde puede llegar a impactar con violencia.

día de... Expresión empleada en los observatorios meteorológicos para contabilizar la ocurrencia de determinados meteoros o hechos reseñables a lo largo de las 24 horas que completan el día. Se aplica a la niebla, la helada, la precipitación (lluvia, nieve, granizo...) o la tormenta, entre otros. Por ejemplo, se computa un día de helada si entre las 0 y las 24 h del día en cuestión la temperatura mínima ha sido igual o inferior a 0 ºC. En lo que respecta al día de precipitación, solo se considera como tal aquel en el que la cantidad recogida en el pluviómetro alcanza o supera una décima de litro por metro cuadrado (o de forma equivalente 0,1 mm). Aparte de eso, el día pluviométrico contabiliza la cantidad de precipitación caída entre las 07:00 UTC de un día y las 07:00 UTC del día siguiente. El día de tormenta, por último, es aquel en el que se escucha al menos un trueno o se observan rayos y relámpagos, aunque la tormenta no llegue a dejar precipitación en el observatorio.

Día de la Marmota. Fiesta de exaltación de la meteorología popular, celebrada en EE UU cada 2 de febrero. La fecha marca justamente el ecuador del invierno y, según el folclore, el hecho de que una marmota haga o no sombra dictamina cómo se comportará el tiempo lo que resta de estación invernal. El origen de esta tradición es medieval y centroeuropeo, si bien antaño era el oso el animal elegido para llevar a cabo tan osado pronóstico. La mañana de ese día —2 de febrero—, en un pequeño pueblo del estado de Pensilvania llamado Punxsutawney, tiene lugar una pomposa y multitudinaria ceremonia, retransmitida por cadenas de televisión de todo el mundo. Un miembro del «Club de la Marmota», saca de su madriguera al mediático roedor, lo despierta de su letargo invernal y observa si proyecta o no sombra en el suelo. Si la marmota ve su propia sombra, la tradición dice que el invierno durará seis semanas más. Si no la ve, entonces el tiempo primaveral se adelantará ese año. En España y en otros países de tradición católica, ese día se celebra el día de La Candelaria o Candelera, una fecha que tiene una especial significación para los agricultores.

Día Meteorológico Mundial. Día que se celebra el 23 de marzo de cada año y que conmemora la entrada en vigor —el 23 de marzo de 1950— del convenio por el que se creó la Organización Meteorológica Mundial (OMM). Al estar integrada por más de 180 países, los actos de celebración tienen lugar prácticamente en todo el mundo, y consisten en un gran número de actividades, tales como simposios, conferencias, actos de homenaje o exposiciones, dirigidas tanto a los profesionales de la Meteorología como al público en general. La OMM elige cada año un lema con el que quiere llamar la atención sobre un asunto de interés general ligado al tiempo o al clima.

diablo de polvo. Expresivo nombre que recibe el remolino de polvo o tolvanera. Es la traducción literal al español de *dust devil*, que es como llaman a ese litometeoro en el mundo anglosajón. También se conoce como derviche danzante, bruja, diablo del desierto o taladro de arena; aunque el uso de estas expresiones no es tan extendido. *Véase también* tolvanera.

diagrama ombrotérmico. *Véase* climograma.

diagrama termodinámico. También conocido como aerograma o diagrama aerológico, es aquel en el que se representan gráficamente los valores de temperatura y del punto de rocío obtenidos mediante un radiosondeo. Con ayuda de una serie de líneas auxiliares (isolíneas) que aparecen representadas en él (isobaras en escala logarítmica, isotermas, adiabáticas secas, pseudoadiabáticas —también conocidas como adiabáticas húmedas o saturadas— y equisaturadas), se puede extraer mucha información sobre la estructura vertical de la atmósfera y su estado termodinámico. En función del sistema de coordenadas elegido, hay diferentes tipos de diagramas, como el emagrama, el de Stüve, el oblicuo (o de Skew-T) y el tefigrama.

diferencia psicrométrica. Diferencia entre la lectura del termómetro seco y del húmedo de un psicrómetro.

difluencia. Concepto usado en dinámica de fluidos para definir la separación progresiva que experimentan las líneas de corriente en una determinada zona del flujo. En Meteorología, se aplica con frecuencia a las isohipsas, ya que allí donde esas líneas se abren en forma de abanico, alejándose del eje central que marca la dirección general del flujo aéreo, en niveles atmosféricos inferiores a donde se produce, se favorece la convergencia del aire, el desarrollo de la convección y la actividad tormentosa. En el hemisferio norte, dicha circunstancia ocurre en la parte delantera de las vaguadas, justo lo contrario que en el sur.

difusión. Proceso físico que tiene lugar en el seno de un fluido, mediante el cual se propaga una determinada propiedad del mismo, o una cantidad de partículas materiales contenidas en él. Se produce tanto a nivel molecular como a través de los movimientos turbulentos, de diferentes escalas, tal y como ocurre en la atmósfera (difusión turbulenta). El término también se utiliza en referencia al proceso que resulta de la interacción de la radiación electromagnética con las moléculas del medio material que atraviesa (por ejemplo, la luz solar en la atmósfera), lo que más comúnmente se expresa como dispersión.

difusión turbulenta. Referida a la atmósfera, es la difusión de algunas propiedades del aire o de una determinada cantidad de materia procedente de una fuente de emisión, debida a la acción de remolinos turbulentos de diferentes escalas, conocidos en la literatura científica como *eddies*. En ausencia de viento, los olores, por ejemplo, logran propagarse por el aire gracias a este mecanismo. La difusión turbulenta es la responsable de que la proporción de los tres gases principales que forman el aire (nitrógeno, oxígeno y argón) se mantenga aproximadamente constante en los primeros 80 kilómetros de atmósfera, desde la superficie terrestre hasta los dominios de la ionosfera. De no existir esos remolinos turbulentos, la proporción de argón y oxígeno (gases cuyos pesos moleculares son mayores que el del nitrógeno) sería mayor abajo que arriba, disminuyendo la de nitrógeno (el más ligero de los tres).

diluviar. Llover de forma copiosa. El término hace alusión al Diluvio Universal del relato bíblico.

dióxido de carbono (CO_2). Uno de los gases traza presentes en la atmósfera, cuyo origen es tanto natural como debido a la combustión de combustibles fósiles, ricos en carbono —tales como el petróleo, el carbón mineral o el gas natural—, la quema de biomasa, así como los cambios del uso del suelo y algunas actividades industriales. Es el principal gas de efecto invernadero de origen antrópico, cuya concentración en la atmósfera ha ido aumentando de forma muy destacada desde mediados del siglo pasado, en paralelo a como lo han hecho las emisiones generadas por nuestras actividades. A finales de la segunda década del siglo XXI alcanza las 415 partes por millón en volumen. Es un gas incoloro, inodoro y con un sabor ligeramente ácido, que en elevadas concentraciones produce asfixia. No es inflamable y es soluble en agua. Su tiempo de residencia en la atmósfera oscila entre los 5 y los 200 años. No se puede establecer uno solo, debido a la complejidad del ciclo de carbono, existiendo diferentes tasas de absorción del gas ligadas a distintos procesos naturales de eliminación. Su fórmula química es CO_2 y se conoce también como anhídrido carbónico o por el arcaísmo bióxido de carbono, ya en desuso. En los estudios de cambio climático se emplea el concepto de «dióxido de carbono equivalente», que se define como la cantidad de CO_2 que se necesitaría para ejercer el mismo forzamiento radiativo (calentamiento) que produce un gas de efecto invernadero determinado o una mezcla de varios de esos gases. *Véanse también* calentamiento global, efecto invernadero.

dipolo orográfico. Modelo conceptual que describe, de forma esquemática, una configuración a escala subsinóptica en la que aparecen una mesoalta y una mesobaja, a uno y otro lado de un obstáculo montañoso, respectivamente. A principios de la década de 1990, en el marco del proyecto PIREX, se llevaron a cabo distintas campañas de observación en los Pirineos, destinadas a caracterizar el dipolo orográfico que se forma en esa cadena montañosa. Las situaciones de norte generan la mesobaja a sotavento —en el lado español— y la mesoalta a barlovento —en el francés—, mientras que las de sur dan lugar a la configuración contraria, invirtiéndose las posiciones que ocupan esas zonas de baja y alta presión. La influencia de las montañas en los flujos atmosféricos ha sido estudiada en otros lugares del mundo. La existencia de dipolos orográficos explica en muchos casos el comportamiento atmosférico local observado.

dirección del viento. Variable meteorológica que se corresponde con el punto del horizonte de donde viene o sopla el viento. *Véase también* rosa de los vientos.

discontinuidad climática. Cambio brusco y duradero que ocurre durante un determinado período de una serie climática; por ejemplo: un escalón en la variable temperatura.

disdrómetro. Instrumento usado habitualmente en los aeropuertos para determinar el alcance visual en pista (RVR). Se conoce también como transmisómetro o captador de gotas. El dispositivo es capaz de determinar el diámetro y la velocidad de caída de los hidrometeoros que intercepta.

disipación. En relación con una nube o —como caso particular— a una niebla, es el proceso que conduce a su desaparición, como consecuencia de la evaporación de todas las gotitas de agua que la forman. Puede ser una evolución natural o algo forzado por las condiciones meteorológicas locales. En el caso particular de una niebla de radiación que se extiende por una zona extensa de terreno, su disipación comienza por los bordes y va avanzando hacia dentro. En la zona periférica, el calentamiento del suelo genera turbulencia, lo que da lugar a pequeños remolinos y ráfagas de viento que agitan el aire, evaporan gotitas y terminan por levantar la niebla, para finalmente disiparla por completo.

dispersión de Mie. Dispersión (o difusión) que sufre la radiación electromagnética tras incidir sobre partículas esféricas con diámetros comprendidos entre 0,1 y 50 veces la longitud de onda de dicha radiación incidente. En la atmósfera terrestre, este tipo de dispersión de la luz está provocada por una amplia gama de aerosoles, como el polvo en suspensión, siendo en gran parte responsable de los vivos colores que adopta el cielo durante los amaneceres y atardeceres, del color térreo de la calima y del resplandor blanquecino de la niebla. Se llama así en honor al físico alemán Gustav Mie (1868-1957), que fue quien estableció la primera teoría completa sobre la dispersión esférica de la luz.

dispersión de Rayleigh. Dispersión (o difusión) atmosférica de la luz o cualquier otra radiación electromagnética que se produce tras incidir en moléculas de aire o minúsculas partículas de simetría esférica en suspensión, con diámetros inferiores a la décima parte de la longitud de onda de la radiación incidente. Esta dispersión es la responsable del color azul del cielo. La intensidad de la radiación difusa que emana de la atmósfera es inversamente proporcional a la cuarta potencia de la longitud de onda, tal y como establece la ley que en 1871 propuso el físico y aristócrata británico John William Strutt (1842-1919), más conocido como Lord Rayleigh. Si el cielo raso lo vemos azul en lugar de rojo o de otros colores del espectro visible, es porque, de acuerdo con la citada ley, se dispersan con mayor intensidad los colores de menores longitudes de onda (azul y violeta) que los de mayores (rojo y naranja).

distrail. Acrónimo que resulta de la fusión de las palabras inglesas *dissipation* (disipación) y *trail* (estela, sendero, rastro...). Se trata, por tanto, de una estela de disipación, producida, a veces, tras el paso de un avión, en el seno de una capa nubosa de poco espesor, formada por gotitas de agua subfundida. Las estelas turbulentas que genera la aeronave, al agitar el aire en el interior de la nube, dan lugar a un proceso rápido de formación de cristales de hielo, que crecen a costa de las gotitas y terminan precipitando, lo que genera un hueco tubular de aire claro (*cavum*). También contribuye a ello la carbonilla que expulsa el avión por sus motores, procedente de la combustión. Al actuar las partículas que la forman como núcleos higroscópicos, atrapan vapor de agua y gotitas subfundidas, con idéntico resultado: la formación y el rápido crecimiento de cristales de hielo.

disturbio. Término usado habitualmente en el ámbito de la meteorología tropical y en países de América Latina afectados por huracanes. Hace referencia a un área de inestabilidad atmosférica, de algunos centenares de kilómetros de diámetro, con abundante nubosidad, chubascos, actividad tormentosa y vientos racheados. El disturbio tropical es la zona situada sobre el mar donde la convección comienza a adquirir cierto grado de organización y se empieza a gestar un potencial ciclón tropical.

divergencia. Término opuesto a la convergencia. Aplicado a un campo de vientos en un nivel atmosférico dado, representa la expansión de los vectores que configuran una determinada corriente de aire, con la consiguiente separación de las líneas de flujo. La divergencia en altura (alta y media troposfera) refuerza los ascensos de aire y con ello la posibilidad de que las nubes convectivas adquieran un gran desarrollo vertical y culminen con la formación de tormentas.

DMM. Sigla de Día Meteorológico Mundial.

doldrums. Término con el que se conocen internacionalmente las calmas ecuatoriales.

domo de calor. Dorsal de aire cálido favorecida por una situación de bloqueo persistente, lo que da como resultado la formación de una especie de bóveda o cúpula de aire atrapado donde la temperatura es anómalamente alta en cualquier nivel troposférico. Esta expresión coloquial se ha popularizado los últimos años en paralelo a la generación, cada vez más recurrente, de olas de calor extremo en diferentes regiones del mundo.

dorondón. Nombre que recibe en el Alto Aragón la niebla densa y fría típica del invierno. El uso del término no es exclusivo de esa zona, identificándose en ocasiones con otros meteoros como la escarcha o la cencellada. En el interior de Cantabria, se emplea la variante macazón para referirse a una niebla cerrada. *Véase también* niebla.

dorsal. Configuración isobárica, también conocida como cuña anticiclónica, loma o cresta de altas presiones, que se corresponde con una región de la atmósfera donde la presión es más alta que en los alrededores. En los mapas de superficie, viene caracterizada por un conjunto de isobaras no cerradas, que forman una especie de lengua y que se extiende en una determinada dirección (el eje de la dorsal), desde el centro de un anticiclón hacia una zona periférica situada en latitudes más altas. Las dorsales también aparecen bien definidas en los mapas de altura, flanqueadas siempre por dos vaguadas.

drosómetro. Instrumento meteorológico que permite hacer una estimación de la cantidad de rocío depositado por unidad de superficie. Existen varios tipos, en función de la metodología empleada. Todos ellos incluyen una superficie horizontal sobre la que se deposita el citado hidrometeoro. En unos casos, se fotografía dicha superficie con las gotas observadas y se comparan sus tamaños, formas y distribución con las captadas en fotografías usadas como patrones; en otros, la cantidad de rocío se obtiene directamente por pesada. El aparato también se conoce como drosímetro.

Dryas Reciente. *Véase Younger Dryas.*

duende. Nombre que recibe el TLE (evento luminoso transitorio) más conocido y fotografiado de todos los que hay catalogados hasta la fecha. Este escurridizo fenómeno luminoso, de naturaleza eléctrica, tiene lugar en la alta atmósfera. Surge a veces por encima de las tormentas, como consecuencia de los cambios bruscos en el campo eléctrico generados por determinados rayos, preferentemente de carga positiva. Su aspecto recuerda el de una medusa o unos fuegos artificiales, con una parte superior difusa, de colores rojizos, situada alrededor de los 80 kilómetros de altitud —en la alta mesosfera—, y una inferior constituida por una serie de filamentos de aire muy ionizado, de entre 10 y 100 metros de grosor cada uno, conocidos como dardos *(streamers),* que presentan una tonalidad azulada. En su parte alta, la ionización del aire es mayor, lo que impide la formación de esos filamentos, generándose una descarga difusa, conocida como duende halo, que llega a alcanzar varios centenares de kilómetros de anchura. La duración de un duende típico es de algunas centésimas de segundo, si bien los más rápidos solo duran unos milisegundos. El resplandor que genera el duende halo es la manifestación luminosa más fugaz, ya que apenas dura entre 1 y 2 milisegundos. *Véase también* eventos luminosos transitorios.

duplicatus (du). Variedad que presentan los géneros nubosos *Cirrus, Cirrostratus, Altocumulus, Altostratus* y *Stratocumulus,* en la que aparecen en el cielo superpuestas varias capas o sábanas de las citadas nubes, situadas en niveles atmosféricos muy próximos entre sí, pudiendo llegar a estar ocasionalmente soldadas. El término —con origen etimológico en el verbo latino *duplicare* (doblar, repetir, duplicar)— puede inducirnos a error, al pensar que la nube en cuestión aparece por duplicado, presentando únicamente dos unidades o elementos, cuando en realidad el número de iteraciones puede ser bastante mayor, tal y como ocurre, a veces, con los altocúmulos lenticulares, que presentan una estructura vertical multicapa, lo que les confiere un aspecto similar a un platillo volante.

E

ECMWF. Sigla con la que se conoce internacionalmente el Centro Europeo de Predicción Meteorológica a Medio Plazo. En español se expresa como CEPMMP, si bien es habitual mantener el acrónimo en su forma original.

ecotop. Altitud máxima relativa del eco o señal de retorno de un radar meteorológico, a partir de un valor umbral de reflectividad usado como referencia, que suele fijarse en 12 dBZ (decibelios Z), ya que por debajo del mismo, generalmente, no existe precipitación. Se expresa en kilómetros sobre el nivel del mar. En las imágenes de ecotops, cada píxel informa de la altura máxima alcanzada por el eco más intenso, mayor del citado umbral de referencia. Los ecotops no podemos identificarlos con el tope de las nubes, sino con las mayores alturas donde se puede producir precipitación (granizos en el caso de una tormenta).

ecuación de estado. Ecuación matemática que relaciona las diferentes variables que describen un sistema en equilibrio termodinámico; a saber: presión (P), densidad (ρ) —o de forma equivalente el volumen específico ($\alpha = 1/\rho$)– y temperatura (T). Uno de sus usos más comunes es para el estudio de los gases, si bien la ecuación solo es válida si el comportamiento del gas en cuestión se aproxima al de uno ideal o perfecto, que es aquel en el que no se producen choques entre sus moléculas y la consiguiente interacción entre ellas, lo que permite predecir su estado futuro. En la atmósfera, tanto el aire seco como el vapor de agua podemos considerarlos gases ideales, por lo que cumplen sus respectivas ecuaciones de estado. Combinando ambas, se obtiene la ecuación de estado del aire húmedo. En cada una de las ecuaciones por separado o en la combinada, aparece una constante de proporcionalidad –designada habitualmente con la letra R–, distinta en cada caso ($R_d = 287$ J K^{-1} kg^{-1} [cte. del aire seco]; $R_w = 461,5$ J K^{-1} kg^{-1} [cte. del vapor de agua]). La ecuación se expresa como $P \cdot \alpha = R \cdot T$.

ecuación de Navier-Stokes. Ecuación matemática fundamental de la dinámica de fluidos, usada para describir el movimiento de un fluido newtoniano (de viscosidad constante), que se aplica al aire, constituyendo el armazón matemático en el que se sustenta la dinámica atmosférica. En realidad, se trata de un conjunto de ecuaciones en derivadas parciales no lineales que no tienen una solución analítica, por lo que solo pueden resolverse de forma aproximada, teniendo en cuenta una serie de simplificaciones y recurriendo a métodos numéricos. Debe su nombre al ingeniero y físico francés Claude-Louis Henri Navier (1785-1836) y al también físico y matemático irlandés George Gabriel Stokes (1819-1903), ya que ambos contribuyeron a su desarrollo y puesta de largo, para lo cual aplicaron los principios de conservación de movimiento y la termodinámica a un volumen fluido.

edad de hielo. *Véase* glaciación.

efecto Ártico. Hipotético escenario climático futuro, según el cual, el deshielo masivo de hielo en el Ártico, como consecuencia de las elevadas temperaturas que se están alcanzando los últimos años en esa zona de la Tierra, podría dar lugar a una brusca transición del calor al frío en amplias zonas del hemisferio norte, entrando Europa y Norteamérica en una especie de mini-glaciación. La causa de ese brusco enfriamiento se debería a la parada de la cinta transportadora oceánica (circulación termohalina), como consecuencia de los aportes de agua dulce procedentes del deshielo en latitudes altas del Atlántico Norte. Si bien hay registros paleoclimáticos que apuntan a que algo así ha ocurrido alguna vez en el pasado, de momento, ningún modelo climático vaticina semejante escenario para lo que resta del presente siglo.

efecto del barómetro invertido. Significativa bajada del nivel del mar como consecuencia de una subida de la presión atmosférica. El efecto es particularmente acusado en invierno, durante los períodos de tiempo anticiclónico, en las costas mediterráneas, donde recibe el nombre de las calmas, las secas (*seiches*, *seques*) o las menguas de enero. El efecto también puede producirse a la inversa: subiendo bruscamente el nivel del mar al paso de un sistema de baja presión, tal y como ocurre con la marea ciclónica provocada por un huracán, o con las *rissagas*. El efecto del barómetro invertido fue descubierto por el científico sueco Nils Gissler (1715-1771), a partir del análisis que llevó a cabo de las observaciones de la presión atmosférica y del nivel del mar en la pequeña localidad costera de Härnösand, en el golfo de Botnia. Sus resultados los publicó en 1747.

efecto de Coriolis. En un sistema de referencia en rotación, es el efecto que induce la propia rotación sobre cualquier objeto en movimiento. Se llama así en honor al ingeniero y matemático francés Gaspard-Gustave de Coriolis (1792-1843), que fue el primero en describirlo matemáticamente, en un artículo publicado en 1835. En la Tierra, el efecto de Coriolis tiende a desviar la trayectoria de los objetos que se desplazan sobre su superficie, así como la de los propios fluidos geofísicos, tanto el agua como el aire. Esa desviación es hacia la derecha en el hemisferio norte y hacia la izquierda en el sur. Cualquier volumen de aire que se desplaza en la atmósfera se ve sometido a este efecto, lo que provoca sobre él una fuerza ficticia o aparente, que se suma a las fuerzas que actúan sobre el aire, como la debida al gradiente horizontal de presión, la fricción o la fuerza centrífuga, que solo entra en escena cuando las trayectorias son circulares.

efecto foehn. Fenómeno de origen termodinámico que da lugar a un viento muy cálido, seco y turbulento, como resultado del calentamiento adiabático al que se ve sometida una masa de aire tras atravesar una cordillera y descender a sotavento, desde las cumbres de las montañas hasta el fondo de los valles, donde el efecto se percibe de forma más acusada. El aire originalmente es húmedo y su temperatura es sensiblemente inferior a la que termina teniendo tras atravesar el obstáculo montañoso. A barlovento del mismo, al verse forzado a ascender, el aire se enfría progresivamente, perdiendo gran parte de su contenido de vapor de agua en el tramo superior de la montaña, debido a la formación de nubes y de precipitaciones orográficas. En ese ascenso, la tasa de enfriamiento del aire es mayor que la del calentamiento que experimenta, por compresión adiabática, al precipitarse ladera abajo, a sotavento. El resultado es un viento recalentado y seco, que provoca un notable ascenso de la temperatura en las zonas donde irrumpe, haciéndolo, además, de forma brusca e impetuosa, con rachas violentas. La palabra *foehn* es una variante del término alemán *föhn,* con origen en el vocablo latino *favonius,* que es el nombre dado en la mitología romana al viento suave del oeste. El efecto foehn empezó a estudiarse en Suiza, donde periódicamente se dan episodios de altas temperaturas como consecuencia del fenómeno descrito, incluso en pleno invierno, bajo un régimen de vientos (inicialmente fríos) del norte. El efecto foehn adquiere especial relevancia en aquellos lugares del mundo donde hay dispuestas cordilleras perpendiculares al flujo dominante. *Véase también foehn.*

efecto Fujiwhara. Interacción entre dos ciclones tropicales que tiene lugar cuando la distancia entre ellos es inferior a unos 1500 kilómetros. Bajo tales circunstancias, ambos sistemas comienzan a describir una especie de danza, puesta de manifiesto en las secuencias de imágenes de satélite. Si los dos ciclones tropicales tienen tamaños comparables, empiezan a orbitar alrededor del punto intermedio de la línea imaginaria que une sus centros. Si uno de los ciclones es significativamente mayor que el otro, este último comienza a orbitar alrededor del primero, siendo finalmente absorbido por él y formándose un único sistema. El fenómeno lleva ese nombre en honor al meteorólogo japonés Sakuhei Fujiwhara (1884-1950), que a principios de la década de 1920 lo describió, tras observarlo en unos experimentos que llevó a cabo con dos vórtices ciclónicos de agua.

efecto invernadero. Calentamiento de la baja atmósfera debido a la absorción neta de radiación terrestre infrarroja (de onda larga) por parte de sus componentes, tanto gases como aerosoles. Si bien en la Tierra hay un efecto invernadero natural —algo extensible a las atmósferas de otros planetas—, en el contexto de cambio climático actual, la expresión se refiere al calentamiento extra debido al aumento que vienen experimentando las concentraciones de gases de efecto invernadero en la atmósfera —con el CO_2 a la cabeza—, como consecuencia de la combustión masiva de combustibles fósiles y biomasa por parte de los seres humanos. El forzamiento radiativo inducido por ello ha provocado un aumento de la temperatura media global a nivel de la superficie terrestre, que todavía no ha tocado techo. El matemático y físico francés Jean-Baptiste Joseph Fourier (1768-1830) fue el primer científico que consideró —en 1824— que la

Tierra retenía calor de manera similar a como lo hace un invernadero. Esa analogía no es del todo acertada, ya que los cristales del invernadero son transparentes a la radiación solar (de onda corta), pero opacos a la infrarroja (de onda corta) que se genera en su interior —lo que provoca el aumento de la temperatura—, mientras que en el caso de la atmósfera, solo una parte de la radiación terrestre (infrarroja, de onda corta) es retenida por los gases de efecto invernadero, escapando el resto al espacio exterior.

efecto lago. Expresión que se aplica a las nevadas particularmente copiosas que tienen lugar en las riberas de sotavento de determinados lagos y mares interiores, cuando una masa de aire muy frío, inicialmente seco, se va cargando de humedad a medida que se desplaza sobre la extensa superficie de agua líquida, dando lugar a una tempestad de nieve capaz de acumular espesores de entre 1 y 2 metros en menos de 24 horas. Sobre las aguas se forman hileras de cúmulos de gran desarrollo vertical, que van descargando intensos chubascos de nieve, ocasionalmente acompañados de tormenta. El fenómeno está muy bien documentado en los Grandes Lagos de Norteamérica, de donde toma su nombre (*lake-effect snow,* en inglés).

efecto Lenard. Fenómeno físico que provoca la ionización del aire, como consecuencia de la separación de carga eléctrica que tiene lugar al impactar las gotas de lluvia entre sí, en su caída, y contra los elementos sólidos presentes en la superficie terrestre. Las gotitas resultantes quedan cargadas con iones positivos y el aire circundante con carga negativa. El efecto también se produce en las tormentas y como consecuencia del impacto de gotas de agua en las cataratas, cascadas, fuentes y otras zonas donde el agua fluye con rapidez sorteando obstáculos. El efecto lleva el nombre del físico húngaro nacionalizado alemán Philipp Lenard (1862-1947), que descubrió que una superficie metálica emitía electrones (ionizaba el aire en torno a ella) al ser irradiada con luz.

efecto Magnus. Conocido efecto de la dinámica de fluidos, que se manifiesta en la atmósfera sobre cualquier objeto en rotación que se desplace por el aire, lo que provoca una desviación en su trayectoria. Fue descrito por primera vez, en 1853, por el físico y químico alemán Heinrich Gustav Magnus (1802-1870), de quien toma su nombre. Las inverosímiles trayectorias que adoptan a veces los balones de fútbol o las pelotas de tenis en los partidos son buenos ejemplos de cómo actúa este efecto.

efecto mariposa. Comportamiento de un sistema dinámico no lineal (caótico) como la atmósfera, que pone de manifiesto la gran dependencia que tiene su evolución de las condiciones iniciales. Descubierto de forma casual, a principios de la década de 1960, por el meteorólogo y profesor del Instituto Tecnológico de Massachusetts, en EE UU, Edward Norton Lorenz (1917-2008), lo dio a conocer en un artículo —publicado en 1963— que apenas trascendió fuera del ámbito meteorológico. El reconocimiento mundial le llegó en diciembre de 1972, a raíz de una conferencia que impartió en el congreso de ese año de la AAAS (Asociación Estadounidense para el Avance de la Ciencia), titulada: «¿El aleteo de una mariposa en Brasil puede originar un tornado en Texas?». Lorenz había descubierto cómo la atmósfera es un sistema gobernado por las leyes del caos, de ahí que no seamos capaces de predecir su comportamiento futuro con total exactitud. Nuestra incapacidad para establecer con absoluta precisión un estado inicial atmosférico, establece un límite a la predictibilidad del sistema. La expresión se ha popularizado y se usa para indicar que todo está interrelacionado: algo que ocurra en un determinado momento y lugar puede provocar algo muy diferente e inesperado lejos de allí.

efecto Venturi. Conocido fenómeno de la dinámica de fluidos, dado a conocer por el físico italiano Giovanni Battista Venturi (1746-1822) en 1797, que consiste en la disminución de la presión en un líquido o un gas que fluye por una conducción, cuando esta se estrecha, como consecuencia de la mayor velocidad que adquiere el fluido. En la atmósfera, el efecto Venturi se manifiesta de forma clara, tanto en los puertos de montaña y las cimas, como en zonas angostas del terreno (estrecho, desfiladero, valle...), donde se juntan las líneas de flujo, con el consiguiente descenso local de la presión y el aumento de la velocidad del viento y su rafagosidad.

EFI. Acrónimo de *Extreme Forecast Index* (Índice de Predicción Extrema). Es uno de los productos que elabora el ECMWF y mide la diferencia entre la distribución estadística de la predicción por conjuntos (EPS) y la de la climatología del modelo. El EFI puede tomar valores entre –1 y +1, de manera que cuanto más alto sea, más inusual será el parámetro pronosticado. En este sentido, podemos considerar al EFI como un «índice de rareza». Su utilidad reside en que permite cuantificar el grado de excepcionalidad que puede llegar a tener un determinado episodio meteorológico.

El Niño. Fase negativa del fenómeno climático ENSO, cuya principal manifestación es un calentamiento anómalo de las aguas superficiales de la parte oriental del Pacífico ecuatorial, lo que ocurre de forma cíclica, aunque errática, en períodos que oscilan entre los 3 y los 8 años. La entrada en escena de El Niño altera tanto los patrones meteorológicos como los oceánicos a ambos lados de la cuenca del Pacífico, con importantes anomalías en las corrientes marinas y atmosféricas. Su señal también se detecta en otras zonas terrestres más alejadas, siendo varias las teleconexiones bien establecidas. El Niño se expresa así, en español, en el vocabulario meteorológico internacional. Alude al Niño Jesús o Niño Dios —principal protagonista de la Navidad cristiana—, ya que los antiguos pescadores del puerto de Paita, en el norte de Perú, empezaron a llamar así a la corriente marina procedente del golfo de Guayaquil, en Ecuador, que irrumpía a finales de año –hacia navidades– y calentaba el agua del mar, lo que hacía disminuir drásticamente las capturas. Se veían entonces obligados a quedarse en casa, sin poder faenar durante varios meses. Además, durante todo ese tiempo, llovía de forma muy abundante. La vuelta a la normalidad no llegaba hasta que empezaban a producirse afloramientos de agua fría, rica en nutrientes, lo que daba lugar a la aparición de grandes bancos de peces frente a las costas peruanas.

El Niño costero. Fenómeno que suele ser precursor de El Niño y que consiste en el calentamiento anómalo de las aguas superficiales del Pacífico ecuatorial en las cercanías de Sudamérica, lo que provoca una alteración tanto de las corrientes oceánicas como de los patrones meteorológicos en Perú, Ecuador y el norte de Chile. Su alcance es regional, a diferencia de El Niño o La Niña, que tienen una influencia global.

electricidad atmosférica. Conjunto de fenómenos de naturaleza eléctrica que tienen lugar en la atmósfera. Aunque la manifestación más conocida es el rayo, hay muchas más, incluyendo la electricidad que hay en el aire, en condiciones de buen tiempo, como consecuencia del movimiento libre de cargas eléctricas, preferentemente positivas. Son muchas y muy variadas las causas que producen electricidad en la atmósfera, tales como la fricción entre las propias moléculas que forman el aire, o procesos como la condensación y la evaporación.

electrometeoro. Manifestación visible o audible de la electricidad atmosférica. La tormenta es el electrometeoro por excelencia. También lo son el relámpago y el trueno que acompañan a las descargas eléctricas discontinuas generadas por ella. En esta categoría de meteoros se incluyen también el fuego de San Telmo, la aurora polar y cada uno de los TLE que hay catalogados.

elemento meteorológico. Todo aquel fenómeno (lluvia, niebla, tormenta...) o variable meteorológica (presión atmosférica, temperatura del aire, viento...) que caracteriza el estado del tiempo en un momento dado y en un determinado lugar. El concepto se extiende con frecuencia al clima, en cuyo caso el elemento pasa a ser representativo del clima de un lugar.

elevación. Distancia vertical medida desde el nivel medio del mar hasta un punto, objeto fijo o nivel situado sobre la superficie terrestre. Con frecuencia, este concepto se confunde con el de altitud, que solo debe aplicarse para referenciar niveles atmosféricos o un punto u objeto situado en la atmósfera, como un globo sonda o un avión. Para un lugar situado sobre tierra firme, lo correcto es referirse a su elevación, no a su altitud.

elfo. Uno de los eventos luminosos transitorios (TLE) que hay catalogados, consistente en un gigantesco anillo luminoso, de forma toroidal, que se expande a toda velocidad en alta atmósfera, en torno a los 100 km de altitud, alcanzando centenares de kilómetros de diámetro. Es imperceptible a simple vista, ya que su duración es inferior a una milésima de segundo. Al igual que los duendes, surge por encima de determinadas tormentas, simultáneamente con los rayos de carga positiva nube-tierra. *Véase también* eventos luminosos transitorios.

EMA. Acrónimo de Estación Meteorológica Automática. Formadas por distintos módulos y dotadas de diferentes sensores, estas estaciones tienen la capacidad de tomar datos meteorológicos, elaborar gráficas con ellos, almacenarlos y transmitirlos automáticamente, a través del Sistema Mundial de Telecomunicaciones de la OMM, sin necesidad de que haya personas encargadas de llevar a cabo todas esas tareas. La intervención humana solo se requiere en las labores de reparación y mantenimiento, así como para el volcado de datos, en el caso de que la EMA no pueda transmitirlos. Las redes de EMA complementan a las de las estaciones terrestres convencionales y son usadas tanto con fines climatológicos como para labores de vigilancia meteorológica.

emagrama. Diagrama termodinámico que tiene como coordenadas cartesianas u oblicuas a la variable temperatura (T) y al logaritmo neperiano de la presión (ln P) [escala de presión logarítmica]. En un emagrama, el área delimitada por un determinado ciclo es proporcional a la absorción o pérdida de energía que tiene lugar en la evolución de la burbuja de aire descrita por dicho ciclo.

embarañado. Localismo usado por tierras salmantinas que toma el significado de nublado y también brumoso. Variante de enmarañado.

embat. Nombre que recibe la brisa costera en la isla de Mallorca. Adquiere especial relevancia en los meses de verano, al ser la época del año de mayor insolación. La convección que tiene lugar en el interior de la isla, favorece la succión de aire fresco procedente del mar, estableciéndose la célula de brisa. El embat sopla aproximadamente perpendicular a la línea de costa, por lo que su dirección varía dependiendo del lugar de la isla, y alcanza picos de hasta 15 nudos (cercanos a los 30 km/h). En Valencia, al golpe de brisa que tiene lugar en verano hacia el mediodía se le conoce como *embatá de migdia*.

embata. Nombre dado en las islas Canarias al viento del suroeste —del mar hacia tierra—, de origen térmico, que sopla a sotavento de las islas, favorecido por el role de los alisios (del nordeste) que tiene lugar allí. Las propias islas, al actuar como obstáculos, modifican el régimen de alisios, rompiéndose el flujo en esas zonas protegidas, lo que permite la aparición de esta brisa.

embate. Sinónimo de embestida, que tiene varias acepciones meteorológicas. Uno de sus usos más comunes es para referirse al golpe impetuoso de mar (el embate de las olas, contra un barco o un acantilado). También recibe este nombre el golpe de viento; es decir, una racha fuerte y repentina, y la brisa marina que sopla en verano en las costas. Con este último significado se emplean los localismos embat y embata. El término euskera enbata (galerna) tiene también su origen en esta palabra.

embebido. Traducción literal de la palabra inglesa *embebed*, que significa «estar dentro de». En Meteorología, se aplica a un cúmulo de gran desarrollo vertical o a un cumulonimbo cuando la citada nube está inmersa total o parcialmente en otras capas nubosas. En los informes meteorológicos aeronáuticos se incluye el descriptor EMBD, aplicado solo a tormentas (TS) o a torrecúmulos (TCU), para informar al piloto justamente de la situación antes apuntada.

emborrascarse. Volverse el tiempo borrascoso.

embrumarse. Sinónimo de nublarse. El uso de este término no se restringe al fenómeno meteorológico de la bruma, al que hace referencia. Solo en este último caso particular toma el significado de cubrirse de bruma.

empedrado. En relación al cielo, que está cubierto por una capa nubosa cuya apariencia recuerda a la de un suelo empedrado, con losetas, ladrillos... o también a un rebaño de borregos. La citada capa es de altocúmulos de la especie *floccus*, formada por pequeñas unidades nubosas que llegan casi a soldarse y que tradicionalmente se han identificado con los elementos apuntados. Hay varios refranes meteorológicos que llaman la atención sobre este llamativo celaje («Cielo empedrado, a los tres días mojado») e incluyen tanto esta palabra como otras equivalentes, tales como enlosetado, enladrillado, aborregado, borreguero...

enbata. Nombre dado a la galerna en el País Vasco. Aunque es un término en euskera, se trata de una variante de la palabra embate, con origen en el arcaísmo embatir(se), que deriva a su vez del verbo latino *battuere*, que significa golpear.

encabrillarse. Referido al cielo, cubrirse de pequeñas nubes de aspecto algodonoso, similar a los vellones de lana, que recuerdan a un rebaño de ovejas o carneros, si bien el término hace referencia al género caprino. En función del tamaño aparente que tengan dichos elementos, la formación nubosa puede ser un cirrocúmulo o un altocúmulo, ambos de la especie *floccus* (copo). *Véase también* empedrado.

encalmar. Detenerse el viento. Quedar en calma. También se aplica al tiempo, con el significado de tender a la calma meteorológica.

encapotado. Cielo cubierto de nubes. El término hace alusión a la capota que parecen formar las nubes cuando cubren en su totalidad la bóveda celeste.

encapotar. Cubrirse el cielo de nubes. Se emplea sobre todo cuando el espesor de la capa nubosa que cubre el cielo es lo suficientemente grande para oscurecer el ambiente de forma significativa, adquiriendo un aspecto sombrío y amenazador.

encarabanarse. Helarse el suelo o el agua. Posiblemente, el término guarda relación con la palabra carámbano. Una de las zonas de España donde está documentado su uso es el valle del Tera, en la provincia de Zamora.

encarnizada. En un contexto meteorológico, recibe este nombre coloquial la nube rosada —de color carne— que se observa a veces durante el amanecer y el atardecer. Esa coloración se debe a la manera en que se dispersa la luz solar cuando el astro rey se sitúa en las cercanías del horizonte; las nubes situadas a mayor altura adquieren unas llamativas tonalidades que abarcan desde los citados colores rosáceos hasta una amplia gama de rojizos, anaranjados y dorados. Las nubes encarnizadas reciben también otros nombres como rubias, rubiales o rubianas. *Véase también* crepúsculo.

encerrarse. Cubrirse el horizonte de nubes oscuras de aspecto amenazante, anunciadoras de lluvia.

encerruscado. *Véase* enmarañado.

encerruscarse. Nublarse. De forma más específica, se aplica cuando el cielo se cubre de nubes altas del género *Cirrus*, lo que no impide que siga luciendo el sol. Literalmente significa: cubrirse el cielo de cirros.

encielada. Niebla alta, cuya base se sitúa a cierta altura por encima de la superficie terrestre.

enfoscar. Volverse el cielo oscuro (fosco) al cubrirse de nubes. Equivalente a encapotarse.

engarzarse. Término usado para referirse a las aguas congeladas de charcas y arroyos en invierno, o al hielo que se forma sobre el suelo, en cuyo caso se dice que las aguas están engarzadas.

engelamiento. Formación de un depósito o capa de hielo sobre objetos sólidos, como consecuencia del impacto de gotas o gotitas de agua líquida en estado de subfusión. Es la principal causa de siniestralidad aérea en el mundo, por delante de la turbulencia en sus diferentes variantes. En Aeronáutica, se presta especial atención a esta incidencia en vuelo, para lo cual se pronostican las áreas nubosas y los niveles dentro de ellas donde el engelamiento puede llegar a ser peligroso. En función del tamaño y la cantidad de gotitas de agua engelantes que se encuentre un avión a su paso, al atravesar una nube, la tasa de acumulación de hielo en zonas sensibles de su estructura será mayor o menor, y eso dictará el tiempo máximo que podrá volar el citado avión de forma segura en ese entorno nuboso. En los casos más extremos (engelamiento severo), la acumulación de hielo es tan rápida (> 50 mm en 5 minutos) que los sistemas antihielo que llevan los aviones se ven incapaces de eliminarlo, con el consiguiente riesgo para la seguridad del vuelo.

enladrillado. Referido al cielo, término equivalente a enlosetado o empedrado. Goza de popularidad gracias, principalmente, a un conocido trabalenguas («El cielo está enladrillado. ¿Quién lo desenladrillará? El desenladrillador que lo desenladrille, buen desenladrillador será»).

enmarañado. Cielo cubierto de nubes del género *Cirrus*, en el que puede haber también otras nubes, preferentemente altas.

enorme

Se trata de un cielo tapizado de una maraña de tenues trazas nubosas, de color blanquecino y aspecto deshilachado, dispuestas de forma anárquica. Su forma vulgar (enmarañao) tiene un uso más extendido. Término equivalente a encerruscado.

enorme. En un contexto meteorológico, este término aparece en la escala Douglas del estado del mar y se corresponde con una altura de olas de más de 14 metros.

ENOS. Sigla de El Niño – Oscilación Sur. Su uso está menos extendido que el de la forma original, en inglés, del citado acrónimo. *Véase también* ENSO.

ensemble. Conjunto de simulaciones de un modelo meteorológico o climático que permite disponer de una predicción probabilística. *Véase también* EPS.

ENSO. Sigla con la que se conoce internacionalmente al patrón climático de El Niño – Oscilación Sur (*El Niño – Southern Oscillation*, en inglés). Este fenómeno natural es la manifestación más clara del acoplamiento existente entre la atmósfera y el océano. Se trata de una oscilación bimodal a gran escala, cuya fase negativa es El Niño y positiva La Niña. La entrada en escena de un episodio del ENSO viene marcada por importantes anomalías de la presión en superficie entre Tahití, en la Polinesia Francesa, y Darwin, en el norte de Australia, así como de las temperaturas de la superficie del mar en la franja central y oriental del Pacífico ecuatorial. En Climatología, se utiliza el llamado Índice de la Oscilación del Sur (conocido como SOI, por su sigla en inglés) para poder saber cuándo se inicia una determinada fase del ENSO. Ese índice viene dado por la diferencia estandarizada de las presiones atmosféricas medidas en los lugares antes apuntados. En condiciones normales —con un ENSO neutro—, la presión es menor en Darwin que en Tahití, lo que mantiene un flujo de aire de este a oeste (régimen de alisios) que transporta grandes cantidades de vapor de agua a la parte oriental de la cuenca del Pacífico, dando lugar al tiempo lluvioso característico del norte de Australia y las vecinas Papúa Nueva Guinea e Indonesia. Cuando se dan las condiciones de El Niño, la diferencia de presión a uno y otro lado de la cuenca se debilita, hacen lo propio los vientos alisios, se reducen los ascensos de aire húmedo y se alteran las corrientes oceánicas, calentándose el agua superficial del mar en la franja antes apuntada. Todo ello modifica de forma notable los patrones de viento y los regímenes de precipitaciones en toda la región del Pacífico. Mientras que en Australia se experimentan sequías, al otro lado de la cuenca, en la costa oeste de la franja ecuatorial de América del Sur, se producen lluvias torrenciales que provocan inundaciones. Con el fenómeno de La Niña (la fase positiva o fría del ENSO), ocurre justamente lo contrario. En ambas fases, la incidencia del ENSO no se circunscribe a la cuenca del Pacífico, siendo muchas más las regiones del mundo donde se dejan sentir sus efectos.

entoldar. En relación con las nubes, cubrirse el cielo de ellas. El término alude al toldo natural que forma la cobertura nubosa. La expresión «entoldarse el cielo» toma el significado de cubrirse o cerrarse.

entrelubricán. Crepúsculo vespertino. *Véase también* lubricán.

entretiempo. Tiempo de transición entre la primavera y el verano y entre el verano y el otoño, en que suelen darse grandes contrastes de temperatura entre el día y la noche. Dicha circunstancia complica la elección de la ropa más adecuada que uno debe ponerse al salir de casa, ya que, si bien es habitual que haga frío a primera hora de la mañana y al final de la tarde, durante gran parte del día el ambiente es caluroso y sobra la manga larga. Las amplitudes térmicas diarias durante el entretiempo son particularmente grandes en zonas de clima continental.

envernía. Arcaísmo con el que se refieren al tiempo invernal en algunas zonas de la vertiente atlántica de la península ibérica, tales como Galicia, Asturias, León, Zamora o Portugal. Tiene su origen en el término latino *hibernum* y se usa indistintamente para referirse al invierno o a la acción de invernar (invernada). Dependiendo de las zonas, se utilizan distintas variantes como ivernía, invernio, enverno o envernada. En lugares donde se cultiva el viñedo, llaman envernía al tiempo de letargo invernal de la vid.

envernizo. Equivalente a invernal.

enverno. Forma antigua para referirse al invierno, lo mismo que sus variantes invernio e ivernio. Todas ellas tienen su origen etimológico en el término en latín vulgar *hibernum*.

EPS. Acrónimo de *Ensemble Prediction System*, que traducimos al español como «predicción por conjuntos». Se trata de un método de predicción probabilística que integra un conjunto de simulaciones llevadas a cabo por un modelo meteorológico o climático, cada una de las cuales parte de unas condiciones iniciales ligeramente diferentes. Procediendo de esta manera, se puede acotar la incertidumbre inherente a la evolución futura del sistema atmosférico, dada su naturaleza caótica. A diferencia de lo que ocurre con una predicción determinista, en la que solo se considera una solución única como estado futuro de evolución del sistema, en este caso tenemos un conjunto de esos estados, que se pueden agrupar por similitud, asignando a cada grupo una determinada probabilidad de ocurrencia. Si se consideran 50 simulaciones y de ellas 40 evolucionan en el tiempo de manera parecida, entonces estaremos razonablemente seguros (probabilidad del 80 %) de que la evolución real del tiempo atmosférico será parecida a la que marquen esos 40 estados futuros similares.

equilibrio geostrófico. Condición que se da en el campo de movimiento horizontal del aire cuando la fuerza del gradiente de presión es igual, pero de signo contrario, a la debida al efecto de Coriolis. Este equilibrio entre fuerzas opuestas da como resultado el viento geostrófico; un viento teórico que se aproxima al real siempre y cuando consideremos que el movimiento del aire es rectilíneo (fuerza centrífuga nula) y que su fricción con la superficie terrestre sea despreciable (fuerza de rozamiento también nula).

equilibrio hidrostático. Estado natural de la atmósfera, en el que la fuerza gravitatoria (descendente) está compensada por la fuerza del gradiente vertical de presión (ascendente). La existencia de dicho equilibrio evita que haya un desplazamiento neto del aire en la vertical. De no estar la atmósfera en equilibrio hidrostático, colapsaría por su propio peso, aplastándose toda ella contra la superficie terrestre.

equilux. Cada uno de los dos días del año en que en un determinado lugar hay exactamente 12 horas de luz (con insolación) y 12 de oscuridad (sin ella). Debido a la anchura angular que tiene el disco solar (aproximadamente 32' de arco), no coincide con el equinoccio, produciéndose el equilux de primavera unos días antes del equinoccio homónimo y el de otoño unos días después. En los equinoccios se iguala la duración del día y de la noche, pero se considera como hora de salida del sol cuando el punto central de su disco asoma por el horizonte, y como hora del ocaso cuando dicho punto se oculta bajo él.

equinoccial. Perteneciente o relativo al equinoccio. En Meteorología son habituales las referencias a las regiones equinocciales, que son aquellas que tienen clima tropical, situadas entre el trópico de Cáncer, en el hemisferio norte, y el de Capricornio, en el sur, y a las lluvias equinocciales.

equinoccio. Aunque no es un término puramente meteorológico, es habitual referirse a él en textos de Meteorología y Climatología. Tiene su origen etimológico en la voz latina *aequinoctium*, que surge de la fusión de las palabras en latín *aequus* (igual) y *noctem, nox* (noche), de donde se deduce que se corresponde con el día del año en que se iguala la duración del día y de la noche. Cada año hay dos equinoccios y cada uno de esos días el sol sale justamente por el este y se pone por el oeste. En el hemisferio norte, el equinoccio de primavera o vernal suele caer el 20 o el 21 de marzo, y el de otoño, el 22 o 23 de septiembre. La correspondencia se invierte en el hemisferio sur. Tanto los equinoccios como los solsticios marcan los cambios de las cuatro estaciones astronómicas en que se divide el año.

equisaturada. Línea de igual razón de mezcla saturada. Es una de las isolíneas que aparecen trazadas en los diagramas termodinámicos.

era glacial. Nombre que recibe el período prolongado de tiempo, inferior al de una era geológica, en el que disminuye de forma notable la temperatura global de la Tierra, lo que da lugar a un aumento en la extensión de los mantos de hielo y los glaciares, con presencia de los dos casquetes polares y una marcada expansión de los mismos. Las eras glaciales engloban a su vez períodos más fríos (glaciaciones), separados por otros más templados (interglaciales). En la actualidad, estamos viviendo uno de ellos —el Holoceno—, que se inició al término de la última glaciación (Würm), hace unos 12 000 años. Estamos, por tanto, inmersos en una era glacial, algo que resulta poco intuitivo. Es muy común identificar una glaciación o edad de hielo con una era glacial.

escarrachante. Nombre coloquial que recibe el trueno muy fuerte, generado por un rayo que impacta cerca de nuestra posición.

escala absoluta de temperatura. Escala termodinámica de temperatura que parte de un valor mínimo teórico, conocido como cero absoluto, que marca la ausencia total de energía y, en consecuencia, de movimiento (nula agitación molecular). La unidad de temperatura en esta escala es el kelvin (K), que es una de las unidades básicas del Sistema Internacional. Recibe su nombre en honor al físico y matemático británico William Thomson (1824-1907), conocido como Lord Kelvin, gracias a su título nobiliario. En 1848, sugirió que era necesario disponer de una escala termométrica absoluta, que partiera del valor más bajo de temperatura capaz de alcanzarse en la naturaleza. En la escala Kelvin (nombre con el que también se conoce), al punto triple del agua pura se le asigna una temperatura de 273,16 K (equivalente a 0,01 °C), mientras que el citado cero absoluto (0 K) equivale a –273,15 °C. Existe una relación lineal entre esta escala y la centígrada, de manera que una variación de un kelvin (K) es equivalente a la de un grado Celsius (°C). Conviene también precisar que el kelvin no debe expresarse con el símbolo de los grados (°), cosa que sí que hay que hacer con las medidas termométricas en la escala centígrada o la Fahrenheit.

escala Beaufort. [Figura 6]. Escala usada para medir la intensidad del viento, que establece una división numérica en trece grados o fuerzas —desde 0 (calma) hasta 12 (temporal huracanado)–, asociando a cada categoría un determinado rango de velocidades del viento, el aspecto que presenta la superficie del mar y los efectos observados en tierra. La escala fue creada hacia 1805 por el marino e hidrógrafo irlandés Sir Francis Beaufort (1774-1857) y se concibió inicialmente solo para uso naval, sin incluir por aquel entonces las velocidades de los vientos. Fue a mediados del siglo XIX cuando se incorporaron los valores de velocidad correspondientes a cada número de la escala. Finalmente, a principios del siglo XX, el entonces director de la Oficina Meteorológica Británica, Sir George C. Simpson (1878-1965), introdujo en ella las descripciones de los efectos del viento en tierra.

escala centígrada. Escala de temperatura de uso cotidiano, propuesta por el físico sueco Anders Celsius (1701-1744) en 1742, que asigna el valor cero (t = 0 °C) al punto de fusión del hielo y el cien (t = 100 °C) al de ebullición del agua, bajo condiciones normales de presión en ambos casos. El rango de temperaturas considerado abarca un total de cien grados en la escala, de ahí su nombre. Aunque es común referirse a los grados centígrados, la unidad en esta escala termométrica es el grado Celsius (°C) y así deben expresarse los valores de temperatura. La equi-

Número de la escala	Denominación	Símbolo	Velocidad del viento		Efectos	
			nudos (kt)	Km/h	En alta mar	En tierra
0	Calma		≤1	≤1	Mar lisa como un espejo	Aire en calma
1	Ventolina		1-3	1-5	Superficie ligeramente ondulada. Olitas sin espuma	El humo indica la dirección del viento dominante
2	Flojito (Brisa muy débil)	⌐	4-6	6-11	Pequeñas olas de aspecto vítreo, sin llegar a romper	Comienzan a moverse las aspas de los molinos de viento
3	Flojo (Brisa débil)		7-10	12-19	Olas con pequeñas crestas que forman borreguitos de espuma	Agitación de las hojas de los árboles. Banderas ondeando
4	Bonacible	⌐¬	11-16	20-28	Olas más largas y con más espuma	Se levanta el polvo del suelo. Se agitan las copas de los árboles
5	Fresquito (Brisa fresca)	⌐╥	17-21	29-38	Olas medianas alargadas. Primeros rociones	Ligero zarandeo de las copas de los árboles
6	Fresco (Brisa fuerte)	⌐╥┐	22-27	39-49	Olas grandes con crestas de espuma y abundantes rociones	Ramas de los árboles moviéndose. Dificultad en mantener abierto un paraguas
7	Frescachón (Viento fuerte)	⌐╥╥	28-33	50-61	Mar gruesa con la espuma arrastrada por el viento	Dificultad para caminar contra el viento
8	Temporal (Viento duro)	⌐╥╥┐	34-40	62-74	Grandes olas rompientes con mucha espuma	Violento zarandeo de las copas de los árboles
9	Temporal fuerte	⌐╥╥╥	41-47	75-88	Olas muy grandes. Visibilidad reducida	Daños en árboles. Se empiezan a dañar las construcciones
10	Temporal duro	⌐┐	48-55	89-102	Mar muy agitada. Largas crestas y mucha espuma	Árboles arrancados, destrozos en estructuras de edificios y mobiliario urbano
11	Temporal muy duro	⌐┐	56-63	103-117	Olas de altura excepcional. Mar cubierta de espuma y visibilidad muy reducida	Daños generalizados. Voladura de personas y objetos
12	Temporal huracanado (Huracán)	⌐╫	≥64	≥118	Olas enormes. Mar blanca por la espuma. Visibilidad nula	Voladura de vehículos, cubiertas y paredes de edificios, vehículos y personas

Fig. 6. Escala Beaufort.

valencia entre esta escala y la absoluta o Kelvin viene dada por la relación: t (ºC) = T (K) − 273,15. También se conoce como escala Celsius, en memoria de su inventor. Como anécdota cabe señalar que Celsius, en su escala original, asignó el 0 al punto de ebullición del agua y el 100 al de congelación. Posteriormente, en la escala centígrada que empezó a usarse, se invirtió el orden de ese par de valores de referencia.

Grado	Denominación	Altura (metros)
0	Calma o llana	0
1	Rizada	0 a 0,1
2	Marejadilla	0,1 a 0,5
3	Marejada	0,5 a 1,25
4	Fuerte Marejada	1,25 a 2,5
5	Gruesa	2,5 a 4
6	Muy Gruesa	4 a 6
7	Arbolada	6 a 9
8	Montañosa	9 a 14
9	Enorme	Más de 14

Fig. 7. Escala Douglas.

escala Douglas. [Figura 7]. Escala numérica que clasifica de 0 a 9 los distintos estados del mar, en función del tamaño de las olas. Fue creada por el vicealmirante inglés Sir Henry Percy Douglas (1876-1939) en 1919, durante la etapa en que dirigió el Servicio Hidrográfico de la Marina Real Británica. En el extremo inferior de la escala, el grado 0 se corresponde con una mar llana o en calma, en la que no hay olas. En el superior, el grado 9 se corresponde con una mar enorme (sic), con olas de más de 14 metros.

escala Fahrenheit. Escala de temperatura propuesta por el fabricante de instrumentos de vidrio y físico holandés, nacido en Polonia, Daniel Gabriel Fahrenheit (1686-1736) en 1724, en la que los puntos de congelación y ebullición del agua, en condiciones normales, se corresponden con los valores 32 y 212 respectivamente, expresados ambos en grados Fahrenheit (ºF), que es la unidad en esta escala. Con el fin de obtener la temperatura en grados Celsius [t (°C)] a partir de su equivalente en Fahrenheit [t (°F)], o viceversa, hay que hacer uso de las siguientes fórmulas de conversión: t (°C) = [t (°F) − 32] / 1,8; t (°F) = 1,8 · t (°C) + 32. EE UU es uno de los pocos países del mundo donde sigue vigente el uso de esta escala.

escala Fujita (F). Escala que permite clasificar la fuerza de un tornado en función de la destrucción que ocasiona a su paso, tanto en las estructuras construidas por el hombre (edificios, mobiliario urbano, vehículos...) como en los elementos de la vegetación. Fue confeccionada en 1971 por el físico de la Universidad de Chicago (EE UU) Tetsuya Fujita (1920-1998) y el meteorólogo Allan Pearson, que entre 1965 y 1979 dirigió el Centro Nacional de Predicción de Tormentas Severas, en los EE UU. La escala, conocida también como de Fujita-Pearson (FPP en su forma abreviada), considera un total de trece grados de intensidad, numerados de 0 a 12, si bien los tornados registrados hasta la fecha están englobados solo dentro de las siete primeras categorías. En 2007, empezó a utilizarse en los EE UU una nueva versión de la escala, ligeramente modificada, conocida como escala Fujita mejorada (EF).

escala Fujita mejorada (EF). [Figura 8]. Escala usada para estimar la fuerza de los tornados, que empezó a utilizarse en los EE UU el 1 de febrero de 2007, en sustitución de la escala Fujita (F). De estructura muy similar a la original, incorpora algunos ajustes en los rangos de viento asociados a cada grado de intensidad, pasando de siete grados (F0 a F6) a seis (EF0 a EF5). También incluye unas descripciones más precisas de los daños potenciales que tienen lugar al paso de los tornados clasificados dentro de cada categoría.

escala Kelvin. *Véase* escala absoluta de temperatura.

escala (de) Saffir-Simpson. [Figura 9]. Escala que permite clasificar los ciclones tropicales en cinco categorías, a partir del estado evolutivo previo de tormenta tropical, en función de la intensi-

Escala	Velocidad del viento (km/h)	Daños potenciales
EF0	105-137	Daños leves. Algunas tejas caídas, daños en canaletas y algunos árboles de raíces poco profundas arrancados.
EF1	138-177	Daños moderados. Rotura parcial de cubiertas de casas, caravanas volcadas o con daños importantes. Desprendimiento de puertas y ventanas, con cristales rotos.
EF2	178-217	Daños considerables. Tejados arrancados por los aires. Vehículos levantados del suelo, árboles gruesos tronchados o arrancados de cuajo. Pequeños objetos lanzados como proyectiles.
EF3	218-266	Daños graves. Tabiques y paredes de edificios reventados. Trenes volcados. Vehículos pesados levantados del suelo y arrojados a distancia. Cortezas de árboles desprendidas.
EF4	267-322	Daños devastadores. Casas, tanto de madera como de hormigón y cemento, destruidas. Vehículos lanzados al aire como proyectiles.
EF5	> 322	Daños increíbles. Edificios destruidos en su totalidad, cimientos incluidos. Estructuras de hormigón armado críticamente dañadas. Devastación total.

Fig. 8. Escala Fujita mejorada (EF).

Categoría	Velocidad del viento		Presión mínima en superficie (hPa)	Marejada ciclónica	
	nudos (kt)	km/h		pies (ft)	metros (m)
1	64-82	119-153	Superior a 980	3-5	1,0 a 1,7
2	83-95	154-177	979 a 965	6-8	1,8 a 2,6
3	96-112	178-208	964 a 945	9-12	2,7 a 3,8
4	113-136	209-251	944 a 920	13-18	3,9 a 5,6
5	≥ 137	≥ 252	Inferior a 920	≥ 19	≥ 5,7

Fig. 9. Escala Saffir-Simpson.

dad de los vientos que generan. La escala también incluye, para cada categoría, un intervalo de alturas de la marea ciclónica asociada, los valores mínimos de la presión alcanzada en el centro del sistema y la descripción de los daños ocasionados. Esta escala de huracanes fue desarrollada inicialmente por el ingeniero civil estadounidense Herbert Saffir (1917-2007) y completada por el meteorólogo, también estadounidense, Robert H. Simpson (1912-2014). Establecida en 1969, a partir de ese momento comenzó a utilizarse, siendo pocas y pequeñas las modificaciones que se han introducido en ella desde entonces.

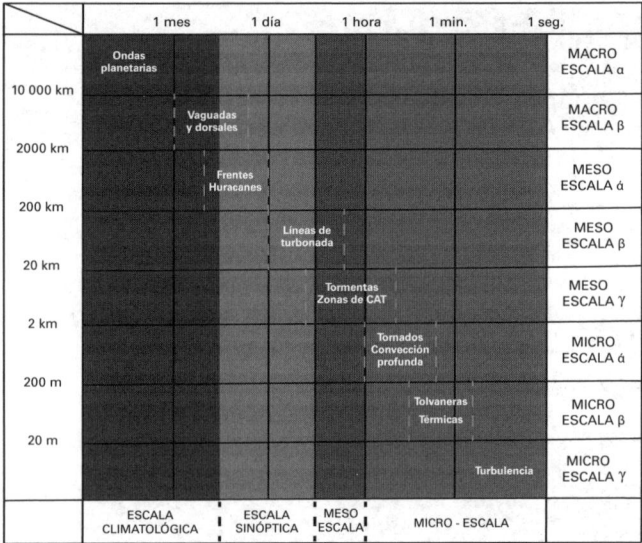

	1 mes	1 día	1 hora	1 min.	1 seg.	
10 000 km	Ondas planetarias					MACRO ESCALA α
2000 km		Vaguadas y dorsales				MACRO ESCALA β
200 km			Frentes Huracanes			MESO ESCALA ά
20 km				Líneas de turbonada		MESO ESCALA β
2 km				Tormentas Zonas de CAT		MESO ESCALA γ
200 m					Tornados Convección profunda	MICRO ESCALA ά
20 m					Tolvaneras Térmicas	MICRO ESCALA β
					Turbulencia	MICRO ESCALA γ
	ESCALA CLIMATOLÓGICA	ESCALA SINÓPTICA	MESO ESCALA	MICRO - ESCALA		

Fig. 10. Las escalas en Meteorología. Los fenómenos meteorológicos se caracterizan tanto por una escala espacial como por una temporal. En esta figura están representadas las distintas escalas empleadas en Meteorología. En el eje vertical de la izquierda aparecen los tamaños de referencia correspondientes a las escalas espaciales indicadas en el eje vertical de la derecha. En el eje horizontal superior aparecen distintos tiempos de duración característicos de las diferentes escalas consideradas.

escala sinóptica. [Figura 10]. Escala meteorológica que engloba a los sistemas y estructuras atmosféricas con dimensiones típicas en la horizontal desde varios centenares hasta unos pocos miles de kilómetros, y una duración del orden de días a semanas. Las borrascas, los anticiclones, los ciclones tropicales o los frentes son algunos ejemplos de fenómenos de esta escala, también llamada grande o ciclónica.

escala TORRO (T). Escala de medición de la intensidad de los tornados desarrollada por el físico y meteorólogo británico Terence Meaden a principios de la década de 1970, que fue concebida como una extensión de la escala Beaufort. Contempla un total de doce categorías —T0 a T11—, la menor de las cuales (T0) se corresponde con un viento de fuerza 8 en la citada escala Beaufort.

escaldachón. *Véase* calandrón.

escampar. Dejar de llover. Existen varios localismos con idéntico significado, tales como albanciar (Asturias), abocanar, espazar (Aragón), estenar (Asturias) o escarpiar.

escañacabras. Chubasco frío de primavera. Término de la misma familia que descuernacabras.

escarcha. Depósito de hielo cristalino, de morfología muy variable, generalmente en forma de escamas, agujas, plumas o abanicos, que se forma sobre la cubierta vegetal y los objetos situados a ras de suelo, tras caer la temperatura por debajo de los 0 °C en el transcurso de la noche. La formación de este hidrometeoro, conocido también como helada blanca, se debe principalmente a la sublimación del vapor de agua del aire al entrar en contacto con las superficies frías sobre las que se acumula, si bien parte del hielo puede tener su origen en la congelación de gotas de rocío (rocío blanco). En función de cuáles sean las condiciones de humedad y temperatura, domina uno u otro mecanismo de generación de hielo. La palabra escarcha deriva del término latino *excrepitare*, que significa crujir o rajar, en alusión al sonido característico que produce la rotura del hielo en trozos, similar a la del cristal. Dependiendo de las regiones de España, se usan diferentes localismos para referirse a la escarcha, tales como calambriza, cambriza, carama o carajada, entre otros.

escarchar. Acción de formarse la escarcha.

escarpiar. Dejar de llover. Variante de escampar.

escascar. En Cantabria, jarrear, llover a cántaros.

escenario climático. Representación que describe de forma simplificada un posible estado futuro del clima, confeccionada a partir de una simulación matemática en la que se plantean determinados supuestos, como la evolución que tendrán las emisiones de gases de efecto invernadero, la demanda de energía o la demografía. Estos y otros factores son determinantes en la evolución futura del sistema climático. El IPCC en sus informes plantea distintas proyecciones climáticas confeccionadas a partir de diferentes escenarios, tanto globales como regionales. Un escenario de cambio climático es la diferencia entre un escenario climático y el clima actual.

escenario de emisiones. Representación plausible de la evolución futura de las emisiones de gases de efecto invernadero (o aerosoles), basada en un conjunto coherente de supuestos sobre los factores que las propician y las principales relaciones entre ellos. A partir de los escenarios de emisiones preestablecidos, se obtienen escenarios de concentraciones en la atmósfera de las sustancias consideradas, que se introducen en un modelo climático para obtener las proyecciones climáticas que da a conocer el IPCC en sus informes de evaluación de cambio climático.

escoba del cielo. Expresión coloquial con la que llaman en Mallorca al viento del noroeste. El término alude al efecto de barrido que produce el citado viento, también conocido en la zona como mestral. Se trata de un viento seco y racheado, que irrumpe en la isla cuando es rebasada por un frente frío y limpia de nubes el cielo, quedando despejado y con el aire diáfano. El efecto foehn al que se ven sometidas las masas de aire cuando rebasan la sierra de Tramontana, en el norte de la isla, determina las características de este viento mallorquín.

esconjuradero. Pequeño edificio de piedra, de planta cuadrangular, con cuatro arcos de medio punto en cada una de sus fachadas, orientados según los cuatro puntos cardinales. Ubicado al lado de las iglesias —a veces, anexado a ellas—, es un elemento de la arquitectura popular pirenaica, cuya finalidad era mágica. Antiguamente, cuando amenazaba tormenta, el sacerdote llevaba a cabo allí un ritual destinado a ahuyentar el peligro. Para ello, proclamaba una serie de conjuros (de ahí el nombre de la construcción), a la vez que lanzaba al aire agua bendita y sonaban de fondo unos toques de campana, empleados con idéntico propósito (tocar a nublo). La gente de los pueblos, basándose en antiguas creencias cristianas, también llevaba a cabo rituales de corte similar en sus casas, como hacer cruces de sal en los dinteles de las puertas, lanzar un puñado de sal al fuego, usar como amuletos ramas de romero o de laurel bendecidas y rezar determinadas oraciones o exorcismos. Aunque la principal función de los esconjuraderos era la de conjurar las tormentas, también se hacía uso de ellos cuando acontecía cualquier otra desgracia o calamidad, como pasó en la Edad Media con la peste negra. Tanto en el Pirineo aragonés como en el catalán, siguen en pie varias decenas de esconjuraderos, alguno de ellos restaurado. En Cataluña, reciben el nombre de *comunidors*. El origen del verbo *comunir*, del que deriva la palabra *comunidor*, está en el término latino *commonere*, que significa precisamente «conjurar el mal tiempo con oraciones o exorcismos». También se emplea la variante esconjuradera.

escorrentía. Parte del agua precipitada sobre zonas continentales que discurre sobre el terreno (escorrentía superficial) o bajo él (escorrentía subterránea), antes de incorporarse a un curso fluvial o masa de agua que encuentre en su camino. Es uno de los procesos que forman parte del ciclo hidrológico.

escorrido. Término de origen portugués que se dice de un día cuando, después de haber llovido y haberse despejado, el ambiente queda cargado de humedad. Su uso está documentado en Villablino (León).

escuchicín. Localismo leonés usado para describir un frío intenso y penetrante.

Escuela de Bergen. También conocida como Escuela de Noruega, recibe este nombre la pléyade de brillantes meteorólogos nórdicos que, entre la segunda y la cuarta década del siglo XX, sentaron las bases teóricas de la dinámica atmosférica. Tanto talento junto fue posible gracias al meteorólogo noruego Vilhem Bjerknes (1862-1951) —«el padre de la Meteorología moderna»—, quien tras haber pasado varios años en Alemania, volvió a Noruega en 1917, aceptando una oferta para trabajar en la cátedra de Geofísica del Museo de Bergen. Allí, junto a su hijo Jacob Bjerknes (1897-1975), se fue rodeando de jóvenes colaboradores, estudiosos de la Meteorología, como Halvor Solberg (1895-1974), Carl-Gustav Rossby (1898-1957), Tor Bergeron (1891-1977), Erik Palmén (1898-1985) o Sverre Petterssen (1898-1974), entre otros. Las distintas teorías que desarrollaron obtuvieron un rápido reconocimiento mundial, lo que hizo que se empezara a usar en el mundillo meteorológico esta denominación, tanto para referirse a todas esas aportaciones científicas, como al grupo de meteorólogos que las concibieron.

esmog. *Véase smog.*

espalambrar. Término del ámbito rural usado para expresar la acción de agostarse los prados y los campos de cultivo, como consecuencia de la elevada insolación y el excesivo calor propios del verano.

espazar. Localismo del Alto Aragón equivalente a escampar. Dejar de llover.

especie nubosa. Nombre que recibe cada una de las categorías en que se subdividen la mayor parte de los géneros nubosos que establece el *Atlas Internacional de Nubes* de la OMM. Los únicos dos géneros que no presentan especies son el *Altostratus* y el *Nimbostratus*. Dicha subdivisión obedece a determinadas peculiaridades de las formas de las nubes, así como a su estructura interna. Mientras que una nube de un género solo puede llevar asociado el nombre de una especie, hay especies comunes a varios géneros. Aunque hay géneros en los que pueden darse especies distintas, eso no implica que toda nube identificada con uno de esos géneros, tenga necesariamente que nombrarse con el de alguna de las especies asociadas al mismo.

espectro de Brocken. [Imagen 9, pliego]. Fenómeno óptico que consiste en el alargamiento de la sombra de un objeto —habitualmente la del propio observador— en sentido opuesto al del sol sobre un mar de nubes. Lo más común es que dicho lecho nuboso sea el tope de una niebla o de un estrato situado algo por encima del terreno. Con frecuencia, la parte superior de la silueta humana que forma el espectro de Brocken aparece rodeada de una gloria, lo que da gran vistosidad al fenómeno. Debe su nombre al pico más alto de los montes Harz, en Alemania, de 1141 m de elevación. Allí, el teólogo y científico alemán Johann Esaias Silberschalg (1721-1791) observó, con asombro, el espectro de Brocken generado por su propia sombra en una ascensión que llevó a cabo en 1780, y dejó escrita la primera descripción que se conoce del citado fenómeno.

espectrofotómetro. Instrumento científico que, tal y como se deduce de su nombre, consta de un espectrómetro y de un fotómetro. Mientras que el primero de los dispositivos permite dispersar y transmitir la luz en un determinado rango de longitudes de onda, el fotómetro es capaz de medir la intensidad del haz luminoso resultante, gracias a un detector fotoeléctrico. En Meteorología, el principal uso de este aparato es la medida del ozono en la atmósfera, tanto de su cantidad total como de su distribución en una columna atmosférica. Existen espectrómetros Dobson y Brewer; las medidas que llevan a cabo estos últimos —algo más de 200 aparatos en todo el mundo— se toman como referencia (patrón), según dictamina la Organización Meteorológica Mundial. *Véase también* unidad Dobson.

espejismo. Ilusión óptica debida a la desviación que sufren los rayos de sol al atravesar el tramo inferior de atmósfera, situado en las cercanías de la superficie terrestre, cuando hay en él un fuerte gradiente vertical de temperatura, lo que modifica sus tancialmente los índices de refracción del aire. El fenómeno, también conocido como espejeo —del latín *speculum* (espejo)—, altera nuestra percepción visual de los objetos alejados de nosotros, en el horizonte. Se forman imágenes estables o temblorosas de ellos, que, dependiendo del tipo de espejismo, vemos deformadas, repetidas, invertidas o desplazadas respecto a su posición original. *Véase también* refracción atmosférica.

espejismo (o efecto) de Nueva Zembla. Tipo particular de espejismo superior, que suele aparecer escrito con la grafía original (*Novaya Zemlya*) del archipiélago ruso situado en el océano Glacial Ártico —en la divisoria entre el mar de Barents y el mar de Kara—, donde se documentó la primera observación del fenómeno, a finales del siglo XVI. La combinación de una fuerte inversión térmica con una estrecha capa de aire muy frío «pegada» a la superficie terrestre, junto al efecto de la curvatura terrestre, llega a provocar una serie de reflexiones internas de la luz del sol a través de esa capa (como la transmisión de un haz luminoso en una fibra óptica). El resultado es un número variable de franjas horizontales del disco solar, vistas por el observador, aunque el astro se encuentre por debajo del horizonte.

espejismo inferior. Caso particular de espejismo y el más común de todos ellos, que se produce cuando el aire junto al suelo está muy caliente, lo que hace que las trayectorias de la luz se curven de tal forma que su parte convexa se dirija hacia abajo. El ejemplo más representativo de este tipo de espejismo son los charcos que parecen surgir a lo lejos sobre el ardiente asfalto de una carretera, cuando viajamos por ella un caluroso día de verano. Lo que vemos, en realidad, es el reflejo del cielo, ya que, debido a la curvatura de los rayos de luz antes apuntada, llega hasta nuestros ojos una porción de bóveda celeste desde una posición aparente, distinta a la real. Ocurre lo mismo en los desiertos, observándose allí también falsas superficies de agua. Si, además, tenemos en el horizonte un objeto (palmera, edificio...), lo que observamos es su imagen invertida. Todas estas imágenes especulares parecen fluctuar, lo que es debido al continuo trasiego de burbujas de aire caliente sobre el ardiente suelo (turbulencia térmica).

espejismo superior. Espejismo relativamente común en las regiones polares, que requiere para su aparición de una acusada inversión térmica en las cercanías del suelo o la superficie marina. Bajo tales circunstancias, sobre el aire muy frío que reposa sobre la superficie terrestre se sitúa uno a mayor temperatura. La interfase entre ambas capas actúa como una potente lente refractante, produciendo una imagen invertida de los objetos situados en el horizonte, que pasan a verse colocados encima de su posición original, dando la sensación de que flotan en el aire. El solapamiento de ambas imágenes también produce el efecto de alargamiento en la vertical. Ocasionalmente, el objeto que genera la imagen invertida se sitúa por debajo del horizonte del observador. En este espejismo, la curvatura de los rayos de luz es inversa a la del inferior, apuntando la parte convexa hacia arriba. *Véase también* Fata Morgana.

esperruchá. Forma vulgar leonesa para referirse a un chaparrón.

espesor de la nieve. Distancia en la vertical entre la superficie del manto de nieve y el terreno sobre el que se asienta. Es un dato que se mide de forma rutinaria tanto en las estaciones de esquí como en los observatorios meteorológicos de montaña, y se expresa en centímetros. El método tradicional de medida es mediante la introducción de una varilla en la capa de nieve, si bien para obtener un registro continuo y preciso del mismo se emplea el telenivómetro.

espiral de Ekman. *Véase* capa de Ekman.

espurniar. Sinónimo de lloviznar. Se emplea, principalmente, para describir la acción de comenzar a llover o nevar, haciéndolo de forma muy leve. Una de las zonas de España donde está documentado su uso es la sierra de Albarracín (Teruel), donde también se expresa como espurnear.

estabilidad. Referida a la atmósfera, representa su estado de equilibrio hidrostático. La estabilidad atmosférica contribuye a frenar cualquier posible ascenso de aire que pudiera acontecer, imposibilitándolo cuando, para cualquier nivel de atmósfera que consideremos, el aire situado por encima sea menos denso que el situado a dicho nivel o por debajo. Los anticiclones invernales son un claro ejemplo de estabilidad atmosférica. Puede ocurrir que el aire situado abajo tenga una menor densidad que el de arriba; en tal caso, habrá también estabilidad atmosférica si cuando ese aire de la parte inferior intenta subir —o bien por la propia flotabilidad o por un forzamiento—, al ir enfriándose, según se eleva, alcanza rápidamente la temperatura ambiente en el nuevo nivel, dejando, en consecuencia, de ascender. La nube convectiva que pudiera formarse, no alcanzaría gran desarrollo vertical, viéndose frenado su crecimiento.

estación agrometeorológica. Estación meteorológica automática cuya principal función es la obtención de datos de interés para la agricultura. No se diferencia de otras utilizadas en otros ámbitos, si bien en algunos casos incluye sensores que miden variables no convencionales, como la temperatura del suelo a diferentes profundidades. Las redes de estaciones agrometeorológicas suelen estar gestionadas por organismos públicos ligados al sector agrario. *Véase también* observatorio meteorológico.

estación meteorológica. Lugar donde se efectúan observaciones meteorológicas, también conocido como observatorio (se sobreentiende que meteorológico). Dependiendo de sus características, de los instrumentos de los que esté dotado y del tipo de medidas que se efectúan en él, recibe diferentes denominaciones. Las más completas de las que disponen los servicios meteorológicos son las estaciones sinópticas principales, en las que se realizan observaciones diarias a una serie de horas establecidas internacionalmente, lo que garantiza la simultaneidad de las medidas en todas las estaciones de la red, tanto a escala nacional como mundial. Los parámetros que se miden son la temperatura y el contenido de humedad del aire, la presión atmosférica, el viento, la precipitación, la cobertura nubosa, el techo de nubes y el tiempo presente en la estación en la última hora. Toda esa información se transmite codificada (clave SYNOP) a través del Sistema Mundial de Telecomunicaciones de la OMM. En algunas de estas estaciones —un número reducido de ellas— se realizan también observaciones aerológicas, para lo cual se efectúan dos veces al día (a las 0 UTC y a las 12 UTC) lanzamientos de globos sonda, con los que se confeccionan sendos radiosondeos. Hay también estaciones sinópticas complementarias, en las que se llevan a cabo observaciones que atienden una necesidad específica (agricultura, aeronáutica, contaminación...). La red de estaciones sinópticas se complementa con otras como las de estaciones pluviométricas y termopluviométricas (mantenidas ambas por colaboradores) o las de estaciones automáticas (EMA).

estado del cielo. Descripción de la cobertura nubosa, los tipos de nubes y las alturas de las mismas en un momento dado. Los observadores meteorológicos tienen entre sus tareas rutinarias la de evaluar cuál es el estado del cielo, codificando esa información de manera adecuada para poder ser transmitida. Tiene un especial interés para los pilotos, de cara a las operaciones de despegue y aterrizaje.

estado del mar. Aspecto que presenta la superficie marina en un determinado momento y lugar, en función de las condiciones meteorológicas reinantes —que sople más o menos viento— y de la mar de fondo. *Véase también* escala Douglas.

estancamiento. En relación con la nubosidad, recibe este calificativo la nube orográfica que permanece mucho tiempo anclada o estancada —de ahí el nombre— en la ladera de barlovento de una montaña, sobre la que incide un flujo constante de aire húmedo. Las nubes de estancamiento son comunes en las vertientes montañosas enfrentadas a los vientos dominantes.

estela de condensación. [Imagen 10, pliego]. Nube estrecha y alargada que deja un avión a reacción a su paso, como consecuencia de la expulsión al aire de gases a muy alta temperatura, principalmente vapor de agua. Al nivel de crucero al que vuelan los aviones comerciales —habitualmente por encima de los 8 kilómetros de altitud—, la presión y la temperatura son tan bajas (del orden de los 20 hPa y –40 ºC, respectivamente), que el vapor de agua expelido se congela casi de inmediato, teniendo lugar una sublimación. Los aviones también expelen minúsculas partículas procedentes de la combustión, que actúan como núcleos de condensación y cuya presencia favorece la formación de los cristales de hielo que forman las estelas. El tiempo de permanencia de una estela en la atmósfera depende fundamentalmente de cuáles sean las condiciones de temperatura y humedad en la zona de vuelo. Allí arriba, el aire es bastante seco, por lo que lo más común es que las estelas desaparezcan rápido al paso del avión; sin embargo, cuando aumenta el contenido de humedad del aire en las capas medias y altas de la troposfera, las estelas se quedan marcadas en el cielo, ensanchándose con el paso del tiempo. Los *contrails* —término con el que se conocen internacionalmente— fueron incorporados al *Atlas Internacional de Nubes* de la OMM en su edición de 2017, siendo uno de los ejemplos más representativos de una nube de la especie *homogenitus*.

estela de disipación. Lo contrario de una estela de condensación; su negativo. *Véase también distrail.*

estela turbulenta. Estela de condensación que se forma en el seno de los bucles turbulentos generados por las puntas de las alas de los aviones en ruta, cuando se dan las condiciones de humedad y temperatura adecuadas. La agitación del aire provocada por esos vórtices favorece el mecanismo de formación de las gotitas de agua y cristales de hielo que constituyen la estela. Esos vórtices turbulentos siempre se forman al paso de la aeronave, pero no siempre surgen las estelas, pues depende del factor ambiental. Cuando el avión atraviesa una capa nubosa delgada, el resultado suele ser una estela de disipación. Las estelas turbulentas forman unos tirabuzones característicos, que desvelan la presencia de los bucles de aire, cuyo tamaño aumenta con la distancia al avión.

estenar. Localismo asturiano equivalente a escampar, parar de llover.

estiaje. Nivel más bajo alcanzado por las aguas de un río, lago o laguna, como consecuencia de la ausencia prolongada de lluvias durante el verano y la elevada insolación estival. También se conoce por el mismo nombre al período de tiempo que dura dicha circunstancia.

estío. *Véase* verano.

estrato. Nombre genérico que se le da a una capa nubosa. También se denomina así en español al término latino *Stratus*, con el que oficialmente se conoce a ese género nuboso.

estratocúmulo. Nombre que recibe en español la palabra latina *Stratocumulus*, con la que oficialmente se conoce a ese género nuboso.

estratopausa. Zona de transición entre la estratosfera y la mesosfera, situada en torno a los 50 kilómetros de altitud.

estratosfera. Capa de la atmósfera situada entre la troposfera y la mesosfera, que en latitudes medias se extiende aproximadamente desde los 11 hasta 50 kilómetros de altitud. En ella, apenas hay movimientos verticales de aire, dominando los horizontales. Los vientos soplan con intensidad. Mientras que en su parte baja la temperatura apenas varía con la altura —subcapa isoterma—, algo más arriba comienza a aumentar rápidamente. Dicho aumento es debido a la presencia de moléculas de ozono, un gas que alcanza su máxima concentración a alrededor de los 25 kilómetros de altitud y que absorbe muy eficazmente gran parte de la radiación solar ultravioleta, con el consiguiente calentamiento del aire. La estratosfera es una capa con una marcada estabilidad atmosférica. Mientras que en su límite inferior —tropopausa— la temperatura suele oscilar entre los -50 y los -60 °C, en su parte más alta —estratopausa— ronda los 0 °C. Gracias a los lanzamientos de globos sonda iniciados en la última década del siglo XIX, se tuvo constancia por primera vez de la existencia de esta capa, al detectarse la marcada inversión térmica que tiene lugar en ella. El meteorólogo francés Léon Teisserenc de Bort (1855-1913) fue su descubridor, en 1898, si bien no fue hasta 1902 cuando se hizo público el descubrimiento.

estrellita de nieve. Forma común, aunque no dominante, de los cristales de hielo que forman los copos de nieve. Todas las estrellitas de nieve, casi sin excepción, tienen seis puntas, debido a la geometría hexagonal del hielo. Cada punta presenta, a su vez, múltiples ramificaciones. El resultado es una estructura dendrítica de gran belleza, vista al microscopio.

estudio de atribución. Procedimiento mediante el cual se puede determinar si un evento o episodio meteorológico extremo está relacionado con el cambio climático, y, en caso afirmativo, cuantificar lo que ha aumentado su probabilidad de ocurrencia por dicha circunstancia. Los estudios de atribución se elaboran con modelos climáticos. Se trabaja con series climatológicas largas para cuantificar, en primer lugar, la frecuencia con la que se repite un episodio de magnitud similar al ocurrido. Hecho eso, se llevan a cabo simulaciones del clima del pasado y del clima actual sin la influencia del cambio climático, para finalmente comparar los resultados de ambas simulaciones y poder establecer y cuantificar la relación causal entre el cambio climático y el evento.

etesios. Vientos frescos, secos e intensos del norte y noroeste que soplan entre mayo y septiembre en el Mediterráneo Oriental, especialmente en el mar Egeo. Tienen mayor relevancia durante la parte central del verano, coincidiendo con la época más calurosa del año. La presencia de una profunda baja térmica sobre la parte occidental de Turquía —debida a la fuerte insolación estival— y de una zona de altas presiones al norte de Grecia, constituyen el marco sinóptico favorable para que soplen los etesios o etecianos. Conocidos desde la Antigüedad, su nombre tiene su origen en el término griego ετησίαι (*etesiai*), que significa anual y que hace referencia al hecho de que aparecen cada año por las mismas fechas. En Turquía reciben el nombre de *meltemi;* una palabra de etimología diferente.

Euro. Nombre que en la mitología griega recibía el dios-viento del este. Los autores clásicos se refieren a él, indistintamente, como Euro (*eurus*) o Euros. Dependiendo de la rosa de los vientos de la Antigüedad que se considere, varía el sector de direcciones de procedencia asociado a él, desde el nordeste (NE) hasta el sureste (SE). En la Torre de los Vientos de Atenas aparece representado en la fachada orientada al sureste (*vulturnus*), mientras que Apeliotes ocupa la fachada este. Euro es uno de los cuatro vientos principales mencionados por Homero, y se corresponde con los rumbos comprendidos entre el ENE y ESE.

Euro Notos. En las rosas de viento de la Antigüedad este viento quedaba situado entre Euro (viento del este) y Austro o Notos (viento del sur), con un rumbo distinto dependiendo de la rosa que se considere.

evaporación. Cambio de estado de líquido a vapor, a una temperatura inferior al punto de ebullición. Junto a la condensación, es uno de los principales procesos termodinámicos que tienen lugar en la atmósfera, involucrando una gran cantidad de calor. Por cada gramo de agua líquida que se evapora, se absorben del aire del orden de 600 calorías. Esta es la energía calorífica requerida para que ese gramo de agua se transforme en vapor.

evaporímetro. Instrumento meteorológico, también conocido como atmómetro, utilizado para medir la cantidad de agua que se evapora en la atmósfera, en un lugar dado y durante un período de tiempo determinado. Los hay de dos tipos: 1) los que basan su medida en la evaporación que tiene lugar sobre una superficie libre de agua (tanque de evaporación); y 2) aquellos que utilizan como soporte un papel poroso o material cerámico, empapados ambos de agua. Dentro de esta segunda categoría, uno de los más usados es el evaporímetro de Piche, siendo su ubicación habitual el interior de la garita meteorológica. Ese sencillo instrumento consta de un simple tubo de cristal graduado, abierto solo por uno de sus extremos. Tras llenarlo parcialmente de agua destilada, se tapa su abertura con un disco de papel de filtro insertado en un anillo metálico, quedando todo ese elemento sujeto al tubo mediante una abrazadera. Hecha esta operación, se le da la vuelta al tubo y se le deja colgado del otro extremo. La tasa de evaporación a través del papel de filtro varía en función de cuál sea la humedad ambiental, lo que termina reflejándose en la diferencia entre la posición que ocupa inicialmente el menisco de agua dentro del tubo y la que ocupa en el momento de efectuar la observación. La medida hecha con este evaporímetro es menos precisa que la llevada a cabo con un tanque de evaporación.

evapotranspiración. Transferencia de vapor de agua a la atmósfera desde un suelo con vegetación, debida tanto a la evaporación directa del agua presente en dicha superficie, como a la transpiración de las plantas. Su estimación no resulta sencilla, existiendo para ello distintas fórmulas de cálculo. En 1948, el climatólogo estadounidense Charles Warren Thornthwaite (1899-1963) propuso una de las más usadas desde entonces, e introdujo el concepto de evapotranspiración potencial (ETP), que es aquella que tendría lugar bajo unas condiciones óptimas, distintas de las reales.

evapotranspirómetro. *Véase* lisímetro.

eventos Dansgaard-Oeschger. Conjunto de cambios climáticos abruptos ocurridos durante la última glaciación (entre hace aproximadamente 115 000 años y 12 000 años), tal y como se deduce de distintos registros paleoclimáticos, en particular de los núcleos de hielo de Groenlandia. Estos eventos presentan cierta ciclicidad y cada uno de ellos consiste en un calentamiento muy rápido, que ocurre en pocas décadas, seguido de un progresivo enfriamiento que se dilata más en el tiempo (varios siglos). No hay una única teoría que explique por qué tuvieron lugar. Deben su nombre a los paleoclimatólogos Willi Dansgaard (1922-2011) y Hans Oeschger (1927-1998).

eventos Heinrich. Conjunto de eventos ocurridos en al menos cinco de las últimas siete glaciaciones, en cada uno de los cuales se produjo un colapso masivo de las plataformas de hielo del hemisferio norte, lo que generó el desprendimiento masivo de icebergs. Dicha circunstancia provocó importantes anomalías climáticas en distintas regiones terrestres. De los registros paleoclimáticos procedentes de los sedimentos marinos del Atlántico Norte se infiere que cada evento se inicia de forma abrupta y se prolonga durante un período de varios siglos, inferior al milenio. La causa que desencadena los eventos Heinrich es motivo de discusión científica, si bien la opinión general es que pudieron ser debidos a la inestabilización del gigantesco manto de hielo Laurentino, que durante las glaciaciones cubría una notable extensión de América del Norte. Toman su nombre del geólogo marino y climatólogo alemán Harmut Heinrich, que fue el primer científico que los describió.

eventos luminosos transitorios. Conocidos internacionalmente con la sigla TLE, se trata de un conjunto de fenómenos luminosos, de naturaleza eléctrica y muy corta duración, que acontecen de forma ocasional por encima de determinadas nubes de tormenta, en el seno de la alta atmósfera. Aunque existen referencias de avistamientos de los bautizados como duendes (*sprites*, en inglés) desde hace más de un siglo, la primera vez que se fotografiaron fue en 1989 y de forma fortuita. Desde entonces, se han ido descubriendo otros nuevos, asignándolos nombres exóticos, como elfos, gnomos, chorros azules o pixies. Si bien no existe aún una teoría unificada que explique toda la fenomenología observada, todo apunta a que los rayos cósmicos, junto a las alteraciones del campo eléctrico provocadas por determinadas descargas eléctricas, desempeñan un papel clave en su formación.

exhalación. En un contexto meteorológico, sinónimo de rayo. También se emplea para referirse a una estrella fugaz, aunque es un uso menos frecuente.

exosfera. Capa exterior de la atmósfera, sin unos límites bien definidos. La mayoría de los autores la sitúan entre los 500 y los 10 000 kilómetros de altitud, pero no hay un acuerdo unánime. El reciente análisis de unos datos tomados en la década de 1990 por el SOHO (Observatorio Solar y Heliosférico) ha revelado la presencia de átomos de hidrógeno neutro de naturaleza atmosférica a 630 000 kilómetros de distancia de la superficie terrestre. En la exosfera la densidad del aire es muy pequeña —despreciable a efectos prácticos—, sin que apenas se produzcan choques entre las moléculas gaseosas de ese aire tan enrarecido, escapando algunas de ellas —las más ligeras— del campo gravitatorio terrestre. En Meteorología, es común considerar el tope de la atmósfera a 300 kilómetros de altitud, de manera que lo que queda por encima se considera el vacío. Por su parte, la Federación Aeronáutica Internacional fija a tan solo 100 km el límite entre la atmósfera y el espacio, lo que se conoce como la línea de Kármán.

extinción atmosférica. Atenuación que sufre la luz al atravesar la atmósfera. El concepto suele extenderse al conjunto de la radiación electromagnética que atraviesa el medio atmosférico. Dicha circunstancia es debida a la dispersión de Rayleigh, la que provocan los aerosoles presentes en el aire y la absorción por parte de las moléculas que forman el medio gaseoso. En Física, la extinción se define como la anulación de la intensidad de las radiaciones debida a la absorción del medio material que atraviesan.

extremo climático. Episodio meteorológico de rango extraordinario, cuya magnitud supera holgadamente los valores que, en promedio, alcanza uno del mismo tipo. Pueden tener un carácter extremo las lluvias torrenciales, los temporales de viento, las nevadas, sequías, inundaciones, olas de frío y de calor, tornados, ciclones tropicales, etc. Los fenómenos meteorológicos extremos causan importantes daños materiales y tienen un elevado impacto en la población mundial, lo que reflejan las cifras de víctimas mortales causadas por ellos cada año.

F

fagüeño. Nombre dado en muchos lugares de Aragón al viento del oeste, cuya templanza contribuye a fundir la nieve y a subir la temperatura, dejando de haber heladas. A diferencia del viento frío e impetuoso del norte, el fagüeño goza, desde antaño, de buena fama entre los agricultores. Su entrada en escena es vista por la gente del campo como un signo de buen augurio. Tanto la palabra fagüeño como su variante fagoño tienen su origen en el término latino *favonius* (favonio), que es el nombre que los antiguos romanos daban al viento del oeste. Ese también es el origen de *foehn* y *föhn*. El término fagüeño podría ser la contracción resultante de la unión de las palabras favonio y halagüeño, ya que esta última alude a las bondades del citado viento.

faja de Venus. Recibe este nombre la franja de cielo de color azul oscuro, delimitada en su parte superior por otra algo más estrecha de color rosáceo, visible durante algunos minutos por encima del horizonte opuesto al que se encuentra el sol, tanto antes de su salida como después de su puesta. El fenómeno, también conocido como el cinturón de Venus, es debido a la proyección de la sombra de la Tierra sobre su propia atmósfera, pudiendo observarse con nitidez esa porción de cielo más apagada cuando está despejado y la visibilidad es buena. Tanto los grandes horizontes marinos y planicies como las cumbres de las montañas, son lugares propicios para observar la sombra del planeta.

falapo. Copo de nieve. Se trata de una de las muchas variantes con idéntico o parecido significado, todas ellas con origen común en el término latino *faluppa* (pelusa). Entre esa familia de palabras están farapo, falampo (copo grande), falispa, falispo, falisca, folerpa, foleca, falopo, falepa y falopa. Esta última y su variante farlopa son formas vulgares de referirse a la cocaína, cuya apariencia se suele identificar con la nieve.

falispa/o. Término leonés empleado para referirse al copo de nieve muy pequeño. En algunas comarcas de León (Babia, Maragatería) se emplea la variante falisca. *Véase también* nevisca.

falliscosa. Nieve húmeda, pastosa, que se pega al calzado cuando caminamos sobre ella. Equivalente a farrapera. También recibe nombres como farrapera, farzada (León), chapina o chaguaza (León). *Véanse dichas entradas.*

fallusca. Término leonés para referirse a la nieve seca.

falopo. Copo de nieve. *Véase también* falapo.

farrapera. Nieve pastosa, mezclada con agua, en que va transformándose la nieve original que depositó en el suelo una nevada. Aparece sobre todo en las zonas de paso, como en las aceras o los arcenes de las carreteras y caminos, adoptando una tonalidad grisácea característica. *Véase también* falliscosa.

farrapo. Nombre vulgar dado al copo de nieve.

farraspa. Copo de nieve muy pequeño, que se desplaza en el aire de forma caótica, arremolinada, a merced de las ráfagas de viento. Equivalente a falispa y a algunas de sus variantes.

farraspina. Nevada poco importante, que no llega a cuajar en el suelo. Es un término usado en el norte de León, que se expresa tanto de esta forma como mediante las variantes fallaspina y falaspina.

farria. Arcaísmo de origen castellano que se usa para referirse al bochorno. Hace alusión al farro *(Triticum dicoccum),* una de las especies de trigo, cuya raíz latina «*-far/farris-*» da origen a la palabra harina *(farina).* La conexión entre el bochorno y el cereal es debida a que coinciden en el tiempo los intensos calores estivales y la época del año en que tiene lugar la siega y la recolección del grano.

farzada. Localismo leonés empleado en Babia, con idéntico significado que farrapera.

Fata Morgana. Caso particular de espejismo, en el que la imagen de los objetos situados en el horizonte, aparte de elevarse y aparecer invertida, se deforma tanto en la horizontal como en la vertical. Es, por tanto, un espejismo múltiple, en el que se combinan las características de los espejismos inferior y superior. Su nombre es una expresión en italiano que significa «hada Morgana» y alude a la hermanastra del rey Arturo, quien, según la mitología celta, tenía el poder de cambiar de forma. Tan curiosa expresión empezó a usarse en el sur de Italia para describir este tipo de ilusión óptica que, con relativa frecuencia, se observa en el estrecho de Messina, en la franja de mar que separa Calabria de Sicilia. Hay referencias al fenómeno desde la época clásica. *Véase también* espejismo.

Favonius. Nombre que recibía el dios-viento del oeste en la mitología romana. Su equivalente griego es Céfiro. Este dios aparece representado tanto en la rosa de los vientos de Timosteno (siglo III a. C.), de doce rumbos, como en la posterior de Vitruvio (siglo I a. C.), de veinticuatro. De él derivan el término alemán *föhn* y su variante *foehn,* con los que se identifica el viento recalentado que funde la nieve y desciende por los valles alpinos, y que da nombre al conocido fenómeno. *Véase también* efecto foehn.

fenología. Campo de estudio de las pautas periódicas en los comportamientos de los seres vivos, en relación con el tiempo y el clima. De las plantas se observan cosas como las fechas en las que brotan determinados arbustos, la aparición de las flores, la época en la que maduran los frutos o la de la caída de la hoja. En lo que respecta a los animales, se anotan las fechas de la migración de las aves, las de los primeros cantos de determinados pájaros, la época de celo o la de la aparición de determinados insectos. El término fue usado por primera vez por el botánico belga Charles François Antoine Morren (1807-1858), en 1853, si bien este tipo de observaciones se remontan mucho más atrás en el tiempo, a varios siglos antes de Jesucristo, cuando los chinos ya elaboraban calendarios fenológicos.

fenómeno atmosférico. *Véase* fenómeno meteorológico.

fenómeno meteorológico. Término genérico que alude a cualquier fenómeno que acontece en la atmósfera, catalogado bajo dicha denominación. En Meteorología, se consideran fenómenos meteorológicos todos los meteoros, salvo las nubes (caso particular de hidrometeoro), así como las tormentas, tornados y trombas marinas. No se considera como tal una ráfaga de viento, un pico de temperatura o un descenso acusado de la presión atmosférica.

fenómeno meteorológico adverso (FMA). Fenómeno meteorológico potencialmente peligroso para la población. Su impacto sobre las personas puede ser directo (p. ej., el impacto de un rayo) o indirecto (p. ej., un ahogamiento por una inundación causada por el desbordamiento de un río, cuyo caudal creció súbitamente como consecuencia de unas lluvias torrenciales). También es capaz de provocar daños materiales de diversa consideración.

fenómeno meteorológico extremo. *Véase* extremo climático.

fetch. Término náutico con el que se conoce internacionalmente al alcance del viento.

fibratus (fib). Especie nubosa asociada a los cirros y los cirroestratos. Dicho vocablo latino significa fibroso, compuesto de fibras o filamentos. Describe bien a las nubes altas separadas o que forman un delgado velo y que presentan unas estructuras filamentosas rectilíneas o ligeramente curvadas, adoptando el conjunto la forma de una melena suelta al viento. Si los extremos de los filamentos terminan de forma ganchuda o si presentan pequeños copos, tenemos dos especies distintas: *uncinus* y *floccus*, respectivamente. Inicialmente, a esta especie se la llamó *filosus* (Clayton, 1896) y se extendió su uso también a los altocúmulos (Besson, 1921). En 1951, la OMM reemplazó el término por el actual (*fibratus*), restringiéndose su aplicación a los referidos cirros y cirroestratos.

figuras de Lichtenberg. Formas ramificadas que, a modo de tatuajes, aparecen durante unas horas o días en la piel de algunas personas tras recibir el impacto de un rayo. Dichas marcas reflejan el recorrido de la descarga eléctrica por la piel. Su color rojizo es debido a la rotura de pequeños vasos sanguíneos superficiales, ocasionada por el paso de la corriente eléctrica y el súbito calentamiento que provoca. Estas figuras arborescentes toman su nombre del físico y escritor alemán Georg Christoph Lichtenberg (1742-1799), que fue el primero en observarlas sobre placas cargadas eléctricamente. El polvo depositado sobre ellas formaba las figuras. Este patrón de geometría fractal surge tanto en las superficies como en el interior de materiales aislantes, cuando circula por ellos una corriente eléctrica de cierta intensidad.

Física del Aire. Rama de la Física que estudia la atmósfera y los fenómenos físicos que ocurren en ella. Aborda temas como la microfísica de nubes, los balances de radiación atmosférica, los procesos de transferencia de energía o la física del clima. También se denomina Física de la Atmósfera.

fitoclima. Condiciones meteorológicas que caracterizan el entorno donde hay vegetación. En el caso particular de los cultivos, se corresponde indistintamente con un microclima natural o artificial, dependiendo de que las plantas estén al aire libre o en invernadero. En general, el prefijo «fito-» hace referencia a planta, vegetal...

fitoclimatología. Disciplina científica que se encarga del estudio de los fitoclimas. Se engloba dentro de la bioclimatología, cuya finalidad es estudiar las interrelaciones entre la biosfera (el conjunto de los seres vivos) y la atmósfera.

FL. Acrónimo de *Flight Level*, con el que se identifica en el mundo aeronáutico la altitud a la que vuela una aeronave con respecto al nivel de presión de 1013,25 hPa. *Véase también* nivel de vuelo.

flammagenitus. Nombre que recibe una de las nubes especiales que fueron incorporadas al *Atlas Internacional de Nubes* en su edición de 2017. Se corresponde con una nube de tipo cumuliforme originada por un gran incendio o erupción volcánica. *Véase también* pirocúmulo.

flecha del viento. En los mapas sinópticos, cada una de las pequeñas líneas rectas que representan la dirección desde donde sopla el viento. Cada flecha o asta está coronada por un círculo, localizado sobre la posición de la estación meteorológica donde se tomó la medida, y contiene un número variable de barbas, adosadas lateralmente a su parte trasera, que indican la intensidad del viento. *Véase también* barba.

floccus (flo). Especie nubosa que puede darse en los cirros, cirrocúmulos y altocúmulos, caracterizada por la presencia de pequeñas unidades de aspecto cumuliforme, cuya parte inferior presenta jirones, descolgándose de ella, con frecuencia, una virga. Este vocablo latino significa copo de lana o vello de una tela, lo que describe bien el aspecto aborregado de este tipo de nube, fácil de identificar. Su presencia suele ser anunciadora de un cambio de tiempo («Cielo de lanas, si no llueve hoy lloverá mañana»).

flor de hielo. Llamativa estructura de escarcha con forma de flor, que se forma sobre una capa de hielo marino (banquisa) bajo determinadas condiciones ambientales. El fenómeno tiene su origen en el vapor de agua que logra escapar a través de las pequeñas fisuras y huecos que presenta la superficie helada. Si el aire en contacto con ella está muy frío —a temperaturas próximas a los –22 ºC— y calmado, tiene lugar una sublimación del vapor de agua, desarrollándose la flor. Las partículas de sal que hay sobre esa capa de hielo flotante actúan como núcleos de congelación, sirviendo de soporte a los cristales de escarcha que conforman la bella estructura. También contribuyen a ello las rugosidades que presenta la banquisa. Una de las singularidades de las flores de hielo es que son saladas, algo que no ocurre en el hielo que se forma por congelación directa del agua del mar. Las flores de hielo no aparecen solas, sino formando praderas que alcanzan una considerable extensión. Están documentadas tanto en el Ártico como en la Antártida y también en la superficie helada de algunos lagos y lagunas de agua dulce.

flores de Tyndall. Pequeñas cavidades con forma generalmente hexagonal rellenas parcial o totalmente de agua líquida, que se forman en el interior de una capa delgada de hielo superficial. Son el resultado de la fusión parcial del hielo al incidir sobre él la radiación solar, debido a la presencia de impurezas en la estructura cristalina del hielo. Si el hielo fuera puro en su totalidad, sería transparente a la radiación procedente del sol, por lo que no se desencadenaría en su interior el proceso de fusión.

flotabilidad. Aplicada a un volumen de aire, es la fuerza resultante del balance entre el peso del aire contenido en dicho volumen y la fuerza debida a la presión que ejerce el aire que lo rodea. Aunque ese balance puede ser positivo, negativo o cero, el concepto de flotabilidad se suele identificar solo con el movimiento ascendente que experimenta una burbuja o volumen de aire en la atmósfera, como consecuencia de tener una menor densidad que la del aire circundante.

fluctus. [Imagen 11, pliego]. Rasgo suplementario incorporado al *Atlas Internacional de Nubes* de la OMM en su edición de 2017. Describe un llamativo y efímero tren de ondas, de aspecto similar a rizos o pequeñas olas con cresta, que surge a veces en una banda de cirros o en la parte superior de una capa de altocúmulos, estratocúmulos o estratos. Su formación es consecuencia de una inestabilidad de Kelvin-Helmholtz.

flujo rector. Recibe este nombre cualquier corriente atmosférica que fluye por la troposfera media o superior y que dicta el desplazamiento de los sistemas tormentosos situados por debajo de ella. El desarrollo vertical de los mismos tiene lugar en una zona de difluencia en el citado flujo. Los yunques en que culmina la parte alta de muchos cumulonimbos se alinean con los vientos dominantes en altura que conforman el flujo rector y apuntan en su misma dirección de traslación.

FMA. Acrónimo de fenómeno meteorológico adverso.

foehn. Variante del término alemán *föhn* que, al igual que él, da nombre a un conocido efecto muy estudiado en Meteorología, así como al viento catabático recalentado, seco y turbulento asociado al mismo. La primera explicación científica satisfactoria del fenómeno se remonta al año 1866 y fue debida al meteorólogo austriaco Julius von Hann (1839-1921), que lo estudió en detalle en los Alpes. Hasta ese momento, se tenía la falsa creencia de que su origen era sahariano. El *foehn* no es exclusivo de la región alpina, produciéndose también en muchas otras regiones montañosas del mundo. Dependiendo del lugar, recibe distintas denominaciones locales, tales como poniente (litoral mediterráneo español), *chinook* (Montañas Rocosas), zonda (Argentina) o *Canterbury Northwestern* (Nueva Zelanda), entre otras. *Véase también* efecto foehn.

fogata de viento. Nombre dado en Cantabria a una tolvanera de grandes dimensiones.

folerpa. Copo de nieve diminuto. *Véase también* falapo.

forzamiento climático. Factor que provoca un cambio en el clima terrestre. Cualquier forzamiento de este tipo tiene la capacidad de alterar el balance de energía del sistema climático, o bien modificando la cantidad de energía entrante en el sistema o la saliente. Los forzamientos climáticos pueden ser de muy distinta naturaleza: variaciones en los parámetros orbitales terrestres, cambios en el albedo planetario, en los intercambios suelo-atmósfera o alteración en la concentración en la atmósfera de gases de efecto invernadero y aerosoles, tanto por causa natural (erupciones volcánicas) como antrópica (humana). En cada caso, el cambio climático resultante se manifiesta en un lapso de tiempo diferente.

forzamiento radiativo. Cualquier factor, natural o antrópico, interno o externo al sistema climático, que desequilibra el balance de radiación terrestre. Técnicamente, se define como la variación del flujo neto radiativo en la tropopausa o en el tope de la atmósfera, expresado en W/m^2. *Véase también* forzamiento climático.

fosco. Oscuridad de la atmósfera. Se trata de un término italiano, con origen en el vocablo latino *fuscus* (oscuro, sombrío), que se ha incorporado al español, aunque su uso no está muy extendido. Se emplea principalmente en el lenguaje poético y literario. Se suele recurrir a él para describir el ambiente oscuro, lóbrego y tenebroso generado por una tormenta. La oscuridad, en general, se expresa también como fosca.

fotometeoro. Meteoro luminoso que tiene lugar en la atmósfera debido a la reflexión, refracción, difracción o interferencia de la luz procedente del sol o de la luna. Estos fenómenos ópticos son consecuencia de la interacción de la radiación luminosa con gotas, gotitas de agua y cristales de hielo presentes en el aire. Existe un amplio muestrario de fotometeoros, bien definidos y catalogados, destacando la gran variedad de ellos que se producen en las regiones polares y subpolares.

föhn. Palabra alemana, con origen en el vocablo latino *favonius*, que da nombre a un conocido efecto —de origen termodinámico—, bien estudiado en Meteorología. *Véanse también foehn* y efecto foehn.

fractus (fra). Vocablo latino que da nombre a una especie nubosa que identifica a los cúmulos y estratos cuyo aspecto es desgarrado, con jirones irregulares que hacen que sus contornos —en particular sus bases— pierdan definición. El término *fractus* lo podemos traducir como roto o desgarrado. Es el participio pasado del verbo en latín *frangere*, que significa romper, cortar, fracturar o desgarrar.

fraile. Nombre que recibe la pompa de aire que se forma, a veces, en un charco, como consecuencia del impacto de una gota de lluvia. *Véase también* gorgorito.

fraile del tiempo. Popular instrumento meteorológico, basado en el mismo principio que el higrómetro de cabello, que fue creado en 1894 por el fabricante de juguetes Agapito Borrás Pedemonte y se comercializa desde entonces bajo esta denominación. La relación lineal existente entre el contenido de humedad del aire y la variación de longitud de uno o varios pelos desengrasados y tensados permite a este artilugio anticipar los cambios de tiempo. En la parte frontal del instrumento hay dibujado un fraile franciscano, cuya capucha y brazo izquierdo se desplazan libremente, en función de las contracciones y dilataciones que experimenten los cabellos dispuestos en su interior. Un sencillo mecanismo se encarga de transmitir los pequeños desplazamientos que experimentan los cabellos a los elementos móviles del exterior. En la mano del citado brazo, el fraile porta una varita que señala alguno de los ocho tipos de tiempo —desde seco hasta lluvia— que aparecen rotulados en una columna que hay también dibujada.

frente. Zona de separación entre dos masas de aire, de marcado carácter dinámico, en la que habitualmente se forma una estructura nubosa alargada y estrecha, que suele dejar precipitaciones a su paso. Los frentes están asociados a las borrascas que discurren por latitudes medias. En los mapas isobáricos donde aparecen trazados, cada línea gruesa que representa uno de ellos, indica la zona de intersección de una determinada superficie frontal con la superficie terrestre. Aunque en sentido estricto un frente no es lo mismo que la citada superficie frontal, es común identificar ambos conceptos. Como regla general, un frente en movimiento recibe el nombre correspondiente a la masa de aire que se desplaza frente frío y frente cálido. La teoría que explica su formación y el ciclo vital de los ciclones extratropicales que los genera, fue desarrollada en la segunda década del siglo XX por Jacob Bjerknes (1897-1975), en colaboración con su padre Vilhem [Bjerknes] (1862-1951). Tomó el nombre de «frente» del lenguaje militar, al relacionar su aspecto con el de las primeras líneas de soldados en las batallas de la Primera Guerra Mundial. *Véase también* teoría del frente polar.

frente cálido. Frente que resulta del deslizamiento de una masa de aire cálido sobre una de aire frío. En los mapas del tiempo se corresponde con la línea de intersección de la superficie frontal cálida (SFC) y la superficie terrestre. La citada SFC es la zona de separación entre una masa de aire frío (delantera) y una cálida (trasera). Gráficamente, se representa con una línea roja gruesa con semicírculos también rojos intercalados en ella, orientados en el sentido de avance del frente. En los frentes cálidos dominan las nubes estratiformes, de gran extensión horizontal. Las precipitaciones asociadas a ellos son de intensidad variable e intermitentes, produciéndose por delante de la posición donde aparecen trazados en los mapas. En un sistema frontal, se sitúa por delante del frente frío.

frente de racha. Zona de intensas ráfagas de viento donde se produce un cambio brusco de presión, que marca la frontera entre el aire frío procedente de una o varias tormentas y el cálido del entorno. Las corrientes descendentes del citado aire frío en el interior de un cumulonimbo (nube de tormenta), al impactar contra la superficie terrestre, se expanden en todas las direcciones, formándose el frente de racha. Ocasionalmente, lleva asociado un *arcus* y chubascos muy intensos de lluvia o granizo.

frente estacionario. Frente frío o cálido que deja de avanzar y se detiene, permaneciendo inmóvil durante un largo período de tiempo, que puede ser desde unas horas hasta varios días. Dicha circunstancia ocurre cuando el empuje de la masa de aire trasera se ve frenado en seco por la delantera. Esta situación se da, a veces, cuando un frente se aproxima a una cordillera. El obstáculo montañoso consigue frenar el avance del frente y este queda anclado a barlovento, lo que origina precipitaciones persistentes en la zona. Un frente también se puede volver estacionario cuando en la zona de separación de las dos masas de aire —donde se sitúa el frente— quedan equilibrados dos flujos de aire que soplan en la misma dirección, pero en sentidos opuestos. A veces, el equilibrio de fuerzas entre las dos masas de aire no es perfecto y se desplazan ligeramente; en tales casos tenemos lo que se conoce como un frente semiestacionario. En los mapas del tiempo, los frentes estacionarios se representan con una línea gruesa en la que se alternan semicírculos rojos y triángulos azules, apuntando unos y otros en sentidos opuestos.

frente frío. Frente que se forma como consecuencia del empuje de una masa de aire frío contra una de aire cálido, penetrando bajo ella a modo de cuña y forzándola a ascender de forma impetuosa. En los mapas del tiempo se corresponde con la línea de intersección de la superficie frontal fría (SFF) y la superficie terrestre. La citada SFF es la zona de separación entre una masa de aire cálido (delantera) y una fría (trasera). Gráficamente, se representa con una línea azul gruesa con triángulos también azules que apuntan en el sentido del avance del frente. La nubosidad asociada a él es cumuliforme, dejando precipitaciones en forma de chubascos, ocasionalmente tormentosos. Al paso del frente frío se despejan bastante los cielos, como consecuencia de la entrada de la masa de aire frío, el viento rola a componente norte y sube de forma brusca y acusada la presión atmosférica. En esa zona trasera se producen a veces chubascos (posfrontales). Por delante del frente frío se sitúa el frente cálido, separados ambos por una zona denominada sector cálido. El empuje del aire frío trasero hace que el frente frío viaje a mayor velocidad que el cálido. Cuando lo alcanza y supera, se forma un frente ocluido u oclusión.

frente ocluido. *Véase* oclusión.

frente polar. Línea imaginaria donde confluyen e interaccionan las masas de aire polar y las de origen tropical. Marca la zona de encuentro de los anticiclones subtropicales y los desalojos de aire frío de los anticiclones polares. Se localiza hacia los 50-55º de latitud en verano y los 35-40º en invierno, en ambos hemisferios. Presenta grandes ondulaciones, en torno a las cuales se originan las borrascas frontales responsables del tiempo cambiante que caracteriza a las latitudes medias. Por encima de él discurre la corriente en chorro polar. *Véase también* teoría del frente polar.

fresca. Nombre que recibe el frescor mañanero o de últimas horas de la tarde durante la época del año en la que se suceden los días calurosos. Se expresa anteponiendo el artículo determinado femenino («la fresca»).

frescachón. Término de origen marinero incluido en la escala Beaufort, que se corresponde con un viento de fuerza 7, con velocidades comprendidas entre los 28 y los 33 nudos (51 a 61 km/h). Cuando sopla frescachón, el oleaje empieza a ser importante, con abundante espuma blanca generada por las olas al romper y arrastrada por el viento.

fresco. Término con dos acepciones meteorológicas. La primera de ellas, de uso muy frecuente, es un calificativo de la sensación térmica que se experimenta cuando no llega a hacer frío ni se pasa calor. Se aplica a la templanza de algunos días del invierno, lo mismo que al alivio térmico que proporcionan las sombras en verano, particularmente cuando sopla algo de viento. Así se califica también al ambiente que se experimenta muchos días de la primavera y el otoño. Por otro lado, recibe este nombre el viento de fuerza 6 en la escala Beaufort, con velocidades comprendidas entre los 22 y los 27 nudos (39 a 50 km/h).

fresquito. Nombre que recibe el viento de fuerza 5 en la escala Beaufort. Alcanza unas velocidades comprendidas entre los 15 y los 21 nudos (28 y 38 km/h). Tal y como puede deducirse de su nombre, es menos intenso que el fresco, que en dicha escala se corresponde con un viento de fuerza 6.

fricción. Aplicada al aire en movimiento, es la fuerza de arrastre que empieza a actuar sobre él, frenándolo, en las proximidades de la superficie terrestre; en la llamada capa límite planetaria. La fricción o rozamiento se opone al movimiento, disminuyendo la velocidad del viento en las circunstancias comentadas, así como la de cualquier objeto que se desplace por la atmósfera.

frío. Ausencia total o parcial de calor. Tiene su origen etimológico en el término latino *frigidus*. Aplicado al aire, al tiempo o al ambiente, alude implícitamente a una temperatura que consideramos baja —objetiva o subjetivamente— o a la sensación térmica equivalente.

friolada. Frío intenso. El de los días más fríos del invierno.

friura. Término usado en Valladolid, norte de León y Palencia e interior de Cantabria, para referirse al frío intenso y seco, asociado a los días invernales de fuertes heladas. Se identifica también con la cellisca. Existen distintas variantes, como friuco, friaco, friín o gafura.

friusco. Tiempo que precede a la friura, anunciador de la misma.

frontogénesis. Proceso de formación o de intensificación de un frente. Los ascensos de aire, bien por causas térmicas (convección) como mecánicas (convergencia, forzamiento orográfico), favorecen la frontogénesis.

frontolisis. Proceso de desvanecimiento de un frente. Lo contrario de la frontogénesis. Un buen ejemplo de ello es lo que les suele ocurrir a los frentes atlánticos que atraviesan la península ibérica. La progresiva desecación de la masa de aire marítimo polar que los impulsa hace que la mayoría de ellos al llegar al Mediterráneo apenas dejen lluvias y se limiten a cubrir los cielos durante algunas horas.

fucilazo. *Véase* fusilazo.

fuego de San Telmo. Meteoro eléctrico consistente en una descarga luminosa de efecto corona y baja intensidad, que emana de objetos puntiagudos cuando el aire está muy ionizado. Su aspecto más común es el de una pequeña llama azulada, adoptando a veces una tonalidad rojiza o violácea. Suele venir acompañado de un chasquido. Se forma sobre los cristales de la cabina de vuelo, los bordes de ataque de las alas y las hélices de un avión cuando atraviesa una tormenta. En la superficie terrestre, aparece en los extremos de pararrayos, antenas, chimeneas, torretas de alta tensión y torres anemométricas. El fuego de San Telmo surge también en lo alto de los mástiles de los barcos a vela, lo que ha dado origen a multitud de leyendas marineras. Considerado, históricamente, como un mal presagio por parte de las gentes de la mar, también existe la creencia contraria, ya que su aparición comenzó a interpretarse como una señal del santo protector que da nombre al fenómeno, lo que indicaría que lo peor de la tormenta queda atrás. El citado santo fue Erasmo de Formia (†303), convertido tras su muerte en san Elmo —nuestro san Telmo—. Es el patrón de marineros y violinistas.

fuego fatuo. Fenómeno luminiscente causado por la oxidación de determinados gases, como el metano (CH_4) o el fosfano (PH_3), procedentes de la descomposición de materia orgánica. Su apariencia es la de una pequeña llama, que emite una luz pálida, cuyo color es distinto en función de la naturaleza de las sustancias que sufren la putrefacción. Los fuegos fatuos solo son visibles de noche o durante los crepúsculos, cuando la luminosidad ambiental es baja, y discurren, preferentemente, por el aire situado sobre zonas pantanosas y a ras de suelo en los cementerios. Su observación en estos últimos lugares ha alimentado la creencia de que son las almas de los difuntos, siendo muchas las personas que siguen aferradas a la idea irracional de que se trata de un fenómeno sobrenatural.

fuerza centrífuga. Fuerza aparente a la que se ve sometida un objeto al describir una trayectoria curvilínea, que tira de él hacia fuera del radio de giro. La experimentamos al tomar una curva en un coche o al dar vueltas en un tiovivo. En la atmósfera, actúa sobre el aire cuando al desplazarse describe movimientos circulares.

fuerza de Coriolis. Fuerza aparente debida a la rotación de la Tierra, responsable del efecto de Coriolis. También se conoce como fuerza geostrófica o desviadora de Coriolis.

fuerza del gradiente de presión. Fuerza que actúa sobre el aire debida a las diferencias de presión entre unas zonas y otras (falta de uniformidad del campo de presión). Es una de las fuerzas fundamentales en dinámica atmosférica. Aunque no se indique de forma explícita, el citado gradiente de presión se refiere solo a su componente horizontal, por lo que representa la tasa de variación de la presión atmosférica con la distancia en el plano horizontal. Matemáticamente, esta fuerza viene dada por un vector perpendicular a las isobaras y dirigido desde las altas a las bajas presiones. A menor/mayor gradiente horizontal de presión, menor/mayor es esta fuerza y menor/mayor el viento resultante. La separación de las isobaras en un mapa nos permite deducir en qué zonas soplan los vientos con mayor o menor intensidad. *Véase también* gradiente horizontal de presión.

fulguración. Efectos provocados por la electricidad atmosférica en el cuerpo de una persona como consecuencia del impacto de un rayo.

fulgurita. Estructura tubular de sílice vitrificada, con forma de raíz, que se forma en terrenos arenosos y secos como consecuencia del impacto de un rayo en el suelo. Las elevadas temperaturas —de hasta 4000 ºC— provocadas por la descarga eléctrica en su recorrido subterráneo, funden los granos de arena, formándose un estrecho conducto de material vítreo, que con frecuencia presenta ramificaciones. La evaporación del agua que también tiene lugar en el subsuelo y el rápido enfriamiento posterior, contribuyen a la formación del hueco en el interior de la fulgurita. Estos «tubos de rayo» presentan diámetros que van desde apenas unos pocos milímetros hasta los 5 centímetros, y su longitud llega a superar a veces el metro. Dependiendo de la composición de la arena, presenta unos colores u otros. La palabra tiene su origen etimológico en el término en latín *fulgur*, que significa rayo o relámpago. No debemos confundir una fulgurita con una ceraunia, que es el nombre con el que se conoce a la piedra o punta de rayo.

fusilazo. Relámpago de una tormenta lejana que ilumina el horizonte nocturno, pero sin llegar a percibirse el ruido del trueno. También se expresa como fucilazo.

fusión. Cambio de estado de la materia, de fase sólida a líquida. La fusión del hielo es uno de los procesos más comunes en la atmósfera. Se produce tanto en algunos hidrometeoros al precipitar (nieve, granizo...) como en el interior de las nubes o en las masas de hielo, en contacto con el aire, situadas en la superficie terrestre (glaciares, banquisa, mantos de hielo o nieve...). Por cada gramo de hielo que se funde, se absorben del aire del orden de 80 calorías. Es lo que se conoce como el calor latente de fusión.

fusquia. Término alusivo a la tormenta. Su principal uso describe las fuertes ráfagas de viento que la preceden. En otros casos, se aplica solo a las tormentas particularmente intensas.

G

gabacha. Nombre popular con el que en la vertiente española de los Pirineos se conoce a la nube que envuelve con frecuencia las cumbres o asoma entre ellas, cuando sopla viento fuerte de componente norte. El término gabacho es una forma despectiva usada para referirse a los franceses, de ahí que la gabacha aluda a la nube situada en Francia, retenida por la barrera pirenaica, de la que solo se ve desde España su parte superior.

gafura. Frío intenso. *Véase también* friura.

galarrena. Uno de los nombres dado en el País Vasco a la galerna. También se refieren allí a ella como enbata.

galerna. Temporal súbito y violento que irrumpe, a veces, en el mar Cantábrico, cerca de la costa, dando lugar a vientos racheados muy fuertes —comprendidos en su mayoría entre el oeste y noroeste—; como consecuencia de ello, empeora de forma significativa el estado del mar y se produce un cambio brusco en las condiciones meteorológicas locales. La galerna es un fenómeno singular, pero no exclusivo del Cantábrico, ya que se engloba dentro de las llamadas «perturbaciones atrapadas en la costa» (CTD, en su sigla en inglés), documentadas en diferentes zonas costeras del mundo. La galerna catalogada como típica tiene lugar preferentemente en los meses de verano, con una situación precursora de vientos del sur y ambiente soleado. La elevada insolación provoca un importante contraste de temperaturas entre el aire situado sobre tierra y sobre el mar, lo que se traduce en importantes diferencias locales de presión entre una zona y otra. La dinámica a la que está sometida la frontera entre las dos masas de aire, termina desencadenando la galerna. Otras veces, es el avance de un frente frío lo que propicia su irrupción. En este caso, la galerna no se circunscribe al período estival y se cataloga como frontal. Aparte del role (cambio de dirección) del viento y de las fuertes ráfagas que se alcanzan —con velocidades que pueden superar los 100 km/h—, el fenómeno viene acompañado de un brusco e importante descenso de temperatura —de hasta 12 ºC en 20 minutos—, subida de la presión y la humedad relativa del aire y, ocasionalmente, chubascos cortos pero muy intensos. La palabra galerna es la adaptación al castellano del término francés *galerne* (viento del noroeste) y del inglés *gale* (temporal). Recibe esta última denominación el viento de fuerza 8 en la escala Beaufort.

galgas. Nombre dado en la provincia de Jaén a las nubes en capuchón que, a modo de sombrero, se observan a veces coronando determinados enclaves montañosos, lo que los lugareños interpretan como una señal anunciadora de lluvia («Galgas en La Centenera [zona de sierra próxima a Marmolejo], agua en tierra, aunque Dios no quiera»). El nombre hace alusión al galgo, ya que la forma alargada de estas nubes recuerda al citado perro.

gallego. Así llaman en Castilla y León al viento del noroeste. Como su propio nombre indica, es un viento que para alguien situado en la Meseta Norte procede de Galicia. Es frío, húmedo y racheado. También utilizan esta forma coloquial en las comunidades cantábricas —donde alternativamente se conoce como regañón— y en algunas comarcas extremeñas.

garabisa. Brisa. Una de las muchas variantes usadas para identificar a un viento fresco y suave. *Véase también* bisa.

garbí. Nombre que recibe en catalán el viento del suroeste en el Mediterráneo Occidental, conocido también como garbino o lebeche (*llebeig*, en catalán). El término tiene su origen en la palabra árabe *garb*, que significa oeste. En la costa central catalana llaman así a la brisa plenamente desarrollada, una vez que —debido al efecto de Coriolis— va rolando de sureste (brisa inicial, floja y perpendicular a la línea de costa) al suroeste, intensificándose. El garbí recibe otros nombres equivalentes como garbín o gherbine, dependiendo de las zonas.

garbino. Nombre que recibe también el lebeche, que es como llaman en el sureste de la península ibérica al viento del suroeste. *Véase también* garbí.

garduña. Aparte del animal, de la familia de los mustélidos (su acepción más común), se emplea este nombre para referirse a una helada fuerte («¡menuda garduña está cayendo!»).

gargulito. Uno de los nombres que recibe la burbuja o pompa que se forma en los charcos al llover. El más común de todos ellos es gorgorito, pero se usan algunos otros como frailes, foroles o forolas, ya caídos en desuso.

garita meteorológica. Pequeña caseta de madera, también llamada abrigo meteorológico, destinada a albergar parte de los instrumentos meteorológicos de un observatorio, con el fin de protegerlos de la exposición a la radiación solar directa, evitando así que estén a la intemperie y consiguiendo de esta forma unos registros fiables. La garita homologada por la Organización Meteorológica Mundial es la de tipo Stevenson, de la que existen varios modelos. Pintada de blanco, sus paredes y puertas no son lisas sino de doble persiana, lo que permite la ventilación en su interior, evitándose así un indeseado recalentamiento o enfriamiento artificial del aire. Los instrumentos que suele contener son los termómetros de máxima y mínima, el psicrómetro, un termohigrógrafo y un evaporímetro de Piche. Todo ese instrumental debe estar situado a metro y medio por encima del suelo, para lo cual la base del abrigo se apoya en cuatro patas de longitud adecuada. La puerta de acceso (en los modelos más grandes son dos) se ubica en la pared de la caseta orientada al norte o al sur, dependiendo del hemisferio terrestre en que esté ubicada, para evitar que al abatirla pueda incidir directamente la luz del sol sobre los aparatos. *Véase también* observatorio meteorológico.

garrampazo. En general, se refiere a la fuerte sacudida o calambre (garrampa) que sufrimos al recibir una descarga eléctrica. En un contexto meteorológico, sinónimo de rayo.

garúa. Americanismo que significa llovizna. También se identifica con la niebla y el fenómeno de la lluvia horizontal. Su origen etimológico está en el término portugués *caruja* (rocío), con origen a su vez en los vocablos latinos *calugo/caligo*. La palabra empezó a usarse en el ámbito marinero antes del descubrimiento de América, extendiéndose por el Nuevo Mundo gracias a la llegada de los españoles y portugueses. En la actualidad, es de uso común en América Central y del Sur, pero en España solo sigue vigente en las islas Canarias. El Garoé de la isla de El Hierro —árbol sagrado para sus antiguos pobladores— recibió ese nombre por parte de los conquistadores españoles, al identificar las gotas de agua que caían de sus hojas con la garúa. *Véase también* llovizna.

garuar. Lloviznar.

garugón. Nubarrón que amenaza lluvia, también expresado como gargón. Es el aumentativo del término garuga, variante de garúa, usado en Canarias y en algunos países de América Latina para nombrar la llovizna.

garuja. Llovizna. Variante de garúa. En Lanzarote y Fuerteventura llaman así a la niebla densa que empapa la vegetación, acompañada de una fina llovizna. En la isla de La Palma se usa el localismo molariña.

gas traza. Gas presente en la atmósfera en una proporción variable y en pequeñas cantidades relativas, siempre por debajo del 1 % en volumen. El argón es el gas traza más abundante de todos los que contiene el aire, una concentración aproximada del 0,93 %. También lo son el helio, el ozono y los gases de efecto invernadero, entre otros.

gases de efecto invernadero. Gases traza presentes en la atmósfera, de origen natural o antrópico, que absorben y emiten, en determinadas longitudes de onda, parte de la radiación emitida por la superficie terrestre, las nubes y la propia atmósfera, lo que da lugar al efecto invernadero. Destacan entre ellos los que se conocen como primarios, que son el vapor de agua (H_2O) —el más abundante, pero de proporciones muy variables—, el dióxido de carbono (CO_2), el metano (CH_4), el óxido nitroso (NO_2) y el ozono (O_3). Aparte de los anteriores, existe una larga lista de gases producidos exclusivamente por las actividades humanas, como los hidrofluorocarbonos (HFC), perfluorocarbonos (PFC) y el hexafluoruro de azufre (SF_6). Tanto la eficacia como la abundancia de los distintos gases de efecto invernadero varían mucho de unos a otros. También presentan distintos tiempos de permanencia en la atmósfera. *Véanse también* dióxido de carbono (CO_2), efecto invernadero, metano (CH_4).

gata. Jirón nuboso que se forma sobre la falda de un monte o montaña y evoluciona sobre ella ascendiendo como si fuera gateando, de ahí su nombre. Se trata, en la mayoría de los casos, de un pequeño cúmulo de la especie *fractus*, muy deshilachado, y suele formarse los días lluviosos, una vez que deja de llover.

GEI. Sigla de gases de efecto invernadero. Se puede utilizar indistintamente para expresar uno de esos gases o el conjunto de ellos.

género nuboso. Cada uno de los diez grupos principales de nubes que establece el *Atlas Internacional de Nubes* de la OMM. Al igual que el resto de nomenclatura nubosa, cada género viene expresado por un término en latín, que describe sus principales rasgos morfológicos. Los nombres de los diez géneros nubosos son los siguientes: *Cirrus, Cirrocumulus, Cirrostratus, Altocumulus, Altostratus, Nimbostratus, Stratocumulus, Stratus, Cumulus* y *Cumulonimbus*. Todos ellos son mutuamente excluyentes, de manera que cualquier nube que veamos en el cielo solo puede identificarse con un género.

genitus. Sufijo que incorporado al nombre de una nube indica que se trata de la nube madre de otra que ha evolucionado como una extensión suya, pudiendo o no estar físicamente unida a ella. Si, por ejemplo, tenemos un *Cirrus altocumulogenitus*, el sufijo «-*genitus*» nos está indicando que la nube madre del citado cirro es un altocúmulo.

geoevaporímetro. Evaporímetro que se instala junto al suelo —de ahí el prefijo *geo*— y que permite medir la cantidad de agua que se evapora desde el citado suelo al aire durante un determinado intervalo de tiempo. *Véase también* tanque de evaporación.

geoingeniería. Conjunto de técnicas y tecnologías destinadas a manipular de forma deliberada el sistema climático, con el objetivo de frenar el calentamiento global. La mayoría de los métodos que se han desarrollado hasta la fecha se engloban dentro de dos categorías principales: 1) los que persiguen reducir la cantidad de energía solar entrante en el sistema; y 2) los que tienen como objetivo reducir la concentración de CO_2 en la atmósfera, aumentando los sumideros netos de carbono. La ingeniería climática es vista por muchos especialistas en ciencias atmosféricas como un experimento a gran escala de consecuencias imprevisibles, lo que alerta sobre los riesgos que podría tener su puesta en marcha a una escala planetaria.

geosmina. Sustancia química producida por la bacteria *Strep-tomyces coelicolor* y algunas cianobacterias y hongos presentes en el suelo, que se libera al aire cuando la tierra se humedece. Es la principal responsable del olor característico de la lluvia cuando cae sobre un suelo seco. El impacto de las gotas contra él provoca la incorporación a la atmósfera de las sustancias olorosas que percibimos. El término procede del griego antiguo y significa «aroma de la tierra». *Véase también* petricor.

geostrófico. Situación de equilibrio que se da a veces en la atmósfera, entre las componentes horizontales de la fuerza del gradiente de presión y de la de Coriolis. El viento resultante de dicho equilibrio lleva este mismo nombre.

ghibli. Nombre que recibe en el norte de África el viento del sureste, cálido y polvoriento, procedente del desierto del Sáhara. Tiene su origen en la palabra árabe *qibli*, que significa «procedente de la quibla». Este es el nombre que dan los musulmanes al punto del horizonte o del muro de sus mezquitas orientado hacia La Meca, en Arabia Saudí, hacia donde dirigen sus oraciones. Existen distintas variantes de la palabra, tales como gibli, gibla, chibli, kibli, gebli o la citada quibla.

giralda. Nombre que recibe la veleta ornamental, con formas humanas o de animales, también conocida popularmente como giraldilla. La más célebre y grande de todas ellas es la de la catedral de Sevilla. La torre que corona comenzó a llamarse la de la Giralda, lo que llevó a nombrar la propia veleta como El Giraldillo.

glaciación. Período de entre 40 000 y 100 000 años de duración en el que las masas de hielo y nieve de los casquetes polares se expanden hacia latitudes más bajas, cubriendo una parte significativamente grande de la superficie terrestre. Es equivalente a un período glacial o a una edad de hielo, si bien existe bastante confusión con la nomenclatura empleada para identificar los distintos períodos fríos tipificados (Era glacial). Durante el

Cuaternario —período geológico iniciado hace 2,59 millones de años— se viene produciendo una alternancia de glaciaciones y períodos interglaciales, el último de los cuales estamos viviendo en la actualidad. La entrada en escena de una glaciación obedece a la combinación de determinados factores astronómicos ligados a los cambios cíclicos en una serie de parámetros orbitales terrestres (excentricidad de la órbita, inclinación del eje, precesión de los equinoccios), aparte de la actividad solar, lo que hace que haya épocas en las que la Tierra recibe una cantidad menor de energía procedente del sol, con el consiguiente enfriamiento. El geofísico, matemático e ingeniero serbio Milutin Milankovi (1879-1958) dio a conocer una exitosa teoría que explica las glaciaciones cuaternarias en términos de esas variaciones orbitales, conocidas en su honor como ciclos de Milankovi.

glacial. Muy frío, helado. Con este calificativo se describen tanto algunos lugares (océano Glacial Ártico) como períodos de tiempo particularmente fríos (era glacial, período glacial). Es relativamente común confundir glacial con glaciar, usando esta última palabra con idéntico significado, lo que es incorrecto.

glaciar. Masa de hielo de considerable grosor que se forma sobre el terreno por acumulación de nieve y el posterior proceso de compactación y recristalización de la misma. El conjunto está dotado de un lento movimiento, fluyendo en sentido descendente. Los glaciares se originan en una cubeta de nieve (circo glaciar) formada en una zona alta de montaña. A medida que la masa helada (lengua) se desplaza ladera abajo, fractura y arrastra una gran cantidad de materiales rocosos (morrena), erosionando el valle por donde discurre y ensanchándolo. La evolución de un glaciar depende fundamentalmente del comportamiento que tengan la temperatura del aire y la precipitación. En la actualidad, la mayoría de los glaciares de la Tierra están perdiendo masa, con el consiguiente retroceso, lo que se interpreta como una señal clara del calentamiento global.

glajo. Término que deriva del vocablo latino *glacies* (hielo), con el que en algunas zonas de Cantabria y el País Vasco se refieren a la capa de hielo que se forma sobre una superficie de agua (charco, estanque, lago...). También está documentado como sinónimo de carámbano.

globo cautivo. Globo meteorológico amarrado al suelo mediante un cable, lo que permite tomar medidas a una altura deseada. Se emplea principalmente en campañas científicas, con algún fin específico; cuando interesa conocer cómo se comporta determinada variable meteorológica en un nivel atmosférico dado.

globo meteorológico. Globo aerostático usado para efectuar observaciones meteorológicas en altura.

globo sonda. Globo meteorológico que asciende libremente en la atmósfera, del que cuelga una radiosonda. Está fabricado de un látex especial, particularmente resistente, y se llena de helio. Según va ascendiendo, va aumentando de diámetro, al irse encontrando con presiones atmosféricas cada vez más bajas, hasta que finalmente estalla, cayendo a tierra. Es capaz de cubrir toda la troposfera y parte de la estratosfera. Aparte de las medidas que va tomando la radiosonda durante la ascensión, los globos sonda también permiten obtener datos del viento, para lo cual se utilizan sistemas de radiolocalización, de navegación —basados en satélite— o radar. Hay globos sonda especiales —de mayor tamaño—, capaces de alcanzar mayores altitudes, como los que miden el ozono estratosférico. *Véase también* radiosondeo.

gloria. Fenómeno óptico atmosférico que consiste en una o más series de anillos irisados que un observador puede ver alrededor de su sombra, cuando esta se proyecta sobre una nube compuesta exclusivamente de gotitas de agua. De forma ocasional, puede observarse también sobre la nieve y el rocío. Es el resultado de una dispersión hacia atrás de la luz incidente en las gotitas, donde se combinan la reflexión, refracción y difracción de la citada luz. El diámetro angular de la gloria —mucho más pequeño que el del arcoíris— es inversamente proporcional al de las gotitas. La mayor o menor uniformidad de los tamaños de estas, es determinante en el hecho de que veamos una única serie de anillos o varias. Los fenómenos de interferencia que tienen lugar al difractarse la luz en torno a los bordes del objeto que produce la sombra, son los responsables de que aparezcan franjas luminosas separadas. Una de las situaciones en las que podemos observar una gloria es viajando en avión, cuando este sobrevuela un mar de nubes. Si la aeronave proyecta su sombra sobre dicha capa nubosa, tendremos bastantes posibilidades de ver la gloria alrededor de ella. El fenómeno también se conoce como anillo, círculo, corona o halo de Ulloa, en honor al marino español Antonio de Ulloa (1716-1795), que fue el primero en llevar a cabo una descripción científica del mismo. Al estar centrado en el punto antisolar, se denomina igualmente como anthelio o anthelion.

gloria matutina. Banda nubosa de grandes dimensiones, similar a una nube rodillo, que aparece algunos días de primavera por la mañana en el golfo de Carpentaria, en el norte de Australia, bajo un entorno sinóptico de estabilidad atmosférica. Es el máximo exponente de la especie nubosa *volutus*. Se trata de un altocúmulo de estructura tubular —conocido internacionalmente como *Morning Glory*— que puede llegar a superar los 1000 km de longitud y tener entre 1 y 2 km de altura. Las corrientes rotatorias a su alrededor llegan a alcanzar los 60 km/h. Surge en presencia de ondas de gravedad, en combinación con el régimen particular de brisas costeras de la zona. Su aparición atrae a practicantes de vuelo libre de todo el mundo.

gobierna. Nombre dado a la veleta. Se conoce como «La Gobierna» a una antigua veleta de Zamora, que en tiempos coronaba una torre defensiva situada en una de las entradas a la ciudad.

golfada. Viento duro proveniente de un golfo. Se aplica, por ejemplo, al mistral y a la tramontana en la zona de influencia del golfo de León.

golpe de calor. Trastorno debido al sobrecalentamiento que sufre el cuerpo humano como consecuencia de una exposición prolongada a un intenso calor. Tiene lugar cuando la temperatura corporal alcanza los 40 ºC, lo que desencadena el fallo progresivo de distintos órganos, debido a la pérdida de capacidad de termorregulación. El organismo es incapaz de eliminar el exceso de calor, se deshidrata y colapsa. Bajo tales circunstancias, el riesgo de morir es muy alto.

gorgorito. Forma coloquial, de uso común, para referirse a la pequeña pompa de aire que genera una gota de lluvia al caer en un charco o sobre cualquier otra superficie de agua. Los gorgoritos suelen aparecer cuando llueve intensamente y precipitan gotas grandes. Según la creencia popular, mientras aparezcan estas burbujas no escampará, lo que tiene fundamento científico. La liberación del aire disuelto en el agua, como consecuencia del cambio que experimenta la solubilidad del primero en el segundo con la temperatura (el agua de las gotas de lluvia está mucho más fría que el agua donde caen), justifica la aparición de las pompitas.

gota de lluvia. Gota de agua que se forma y crece en el interior de una nube y precipita desde ella, cuyo diámetro oscila entre los 0,5 y los 6 mm (extensible a los 10 mm [=1 cm] en condiciones propicias muy particulares). El valor inferior marca el límite entre una gota de llovizna y una de lluvia. En cuanto al mayor, durante mucho tiempo se pensó que no podía haber gotas de lluvia con un diámetro superior, pues esos 6 mm se consideraban el límite teórico a su crecimiento, de manera que, para valores mayores, la gota irremediablemente tenía que dividirse en dos o más gotas más pequeñas, al romperse el equilibrio entre la tensión superficial del agua y la presión interna. En 2004, unos investigadores de la Universidad de Washington (EE UU) midieron con un instrumento basado en tecnología láser, instalado en un avión, un par de gotas de 8,8 mm de diámetro en dos lugares distintos del ámbito tropical. Aquel hallazgo sugiere la existencia de gotas de lluvia gigantes, de hasta un centímetro de diámetro, en el interior de nubes donde el contenido de agua líquida sea muy elevado. Son el resultado de las múltiples colisiones entre gotas de menor tamaño. *Véase también* lluvia.

gota fría. Configuración sinóptica equivalente a una dana. La expresión está muy arraigada en la fachada mediterránea española —particularmente en la Comunidad Valenciana y la Región de Murcia—, donde llaman así a la mayoría de los episodios de lluvias torrenciales, con independencia de que haya o no una dana. Tiene su origen en la palabra alemana *kaltlufttropfen* (gota de aire frío), que fue acuñada en 1937 por el meteorólogo Richard T. A. Scherhag (1907-1970). Empleó esa palabra para definir una depresión de latitudes medias y núcleo frío, aislada del flujo general del oeste, con presencia solo en niveles medios y altos de la troposfera, pero no en superficie. En el léxico meteorológico internacional se conoce como *cut-off low*. En España, el meteorólogo Manuel Ledesma (1916-2011) fue el primero en traducirlo como «gota fría», hacia 1950, siendo el también meteorólogo Mariano Medina (1922-1994) quien contribuyó a popularizar la expresión, que definió como «un torbellino [borrasca] de aire frío, aislado dentro del aire tropical». Su uso empezó a generalizarse en la década de 1980, a raíz de las inundaciones catastróficas provocadas por la rotura de la presa de Tous (Valencia), el 20 de octubre de 1982, como consecuencia de un extraordinario episodio de lluvias torrenciales. El uso inapropiado que empezó a hacerse de la expresión llevó a los predictores del entonces Instituto Nacional de Meteorología a proponer el uso del término DANA (acrónimo de depresión aislada en niveles altos). En la actualidad, este último término ha logrado cierto grado de penetración en la sociedad, gracias a su difusión en los medios de comunicación, pero no ha conseguido desterrar a la gota fría. Todavía hay muchas personas que emplean esta expresión en detrimento de dana, cuyo uso solo es mayoritario en la comunidad meteorológica.

goterón. Forma coloquial de llamar a una gota muy grande de agua de lluvia. Es habitual denominar (para evitar la reiteración) así a las gotas que caen de las hojas de los árboles, una vez que ha dejado de llover, y también a las que caen de los aleros de los tejados.

gotetas. Localismo aragonés empleado en la comarca oscense de La Litera, que se emplea para referirse a las pequeñas gotas de una llovizna. Caer gotetas toma el significado de lloviznar.

gotillón. Equivalente a goterón.

gotita de nube. Gota de agua subfundida o no, que forma parte de una nube, cuyo diámetro está comprendido entre 2 y 200 μm (una micra o micrómetro es igual a 0,001 mm). Una gotita de nube típica (20 μm de diámetro) es cien veces más pequeña que una gota de lluvia típica (2 mm de diámetro). El aspecto lechoso de la niebla o de una nube es consecuencia de la reflexión de la luz por parte de las miríadas de gotitas de nube que las constituyen.

gradiente. Concepto matemático del análisis vectorial utilizado en Meteorología teórica. Aplicado a un campo escalar —como el de la presión atmosférica o la temperatura—, es un vector cuya dirección coincide con la dirección en la que dicho campo varía más rápidamente, y cuyo módulo representa la tasa de variación en la dirección apuntada. En las ecuaciones algebraicas se expresa con el operador nabla (∇) seguido de la función correspondiente. Por ejemplo, el gradiente de temperatura se denota ∇T.

gradiente adiabático. Variación teórica de la temperatura que experimenta un volumen de aire al desplazarse verticalmente en la atmósfera, a una velocidad tal que el proceso pueda considerarse adiabático, de manera que no se produzca intercambio de calor alguno entre dicho volumen y el aire que lo rodea. Se expresa habitualmente en grados Celsius (ºC) por hectómetro (100 m).

gradiente adiabático saturado. Gradiente adiabático del aire saturado. Se utiliza solo para cuantificar el ritmo al que se enfría un determinado volumen o burbuja de aire saturado cuando asciende por la atmósfera. Toma el valor teórico de –0,5 ºC/100 m. Su magnitud es inferior a la del gradiente adiabático seco, debido a la liberación del calor latente de condensación.

gradiente adiabático seco. Gradiente adiabático del aire saturado. Expresa la tasa de enfriamiento de un volumen de aire seco al ascender por la atmósfera. Su valor teórico es –0,98 ºC/100 m, que podemos aproximar a 1 ºC de descenso por cada 100 metros. En aerología, este gradiente se aplica también a los ascensos de burbujas de aire húmedo no saturado. El aire seco se enfría/calienta al ascender/descender el doble de rápido que el saturado.

gradiente horizontal de presión. Variación de la presión atmosférica en el plano horizontal por unidad de distancia, medida perpendicularmente a las isobaras. Matemáticamente y en coordenadas cartesianas se expresa como $\nabla P = \partial P/\partial x \, \hat{\imath} + \partial P/\partial y \, \hat{\jmath}$. En los mapas de superficie puede calcularse mediante métodos gráficos, a partir de la separación de dos isobaras contiguas. *Véase también* fuerza del gradiente de presión.

gradiente térmico vertical. Ritmo al que disminuye la temperatura al ascender por la troposfera. En la atmósfera tipo (ISA) dicho gradiente toma el valor de –0,65 ºC/100 m. En la atmósfera real, dicho gradiente ronda también ese valor teórico, aunque pueden existir tramos en los que sea cero o incluso positivo, lo que se corresponde con la presencia de inversiones térmicas.

gragea. *Véase también* cinarra.

grandonizar. Localismo cántabro equivalente a granizar. Hace referencia al grandonizo; arcaísmo de granizo.

granicera. Nombre dado en Cantabria a la granizada («Las graniceras de abril son muy malas de encubrir»).

granífugo. Dicho de una práctica o dispositivo empleado en la lucha antigranizo. *Véase también* cañón granífugo.

granizada. Precipitación de granizo. En las granizadas, tanto la cantidad, como el tamaño y la forma de los granizos es muy variable. En las más intensas se puede llegar a formar sobre el suelo una capa de varios decímetros de espesor, siendo también habitual que caigan piedras de granizo de gran calibre. Esos pedriscos están formados por conglomerados de varios granizos, que previamente chocaron entre sí, de forma violenta, dentro de la nube de tormenta, fusionándose y dando lugar a bloques de hielo irregulares.

granizar. Precipitar granizo desde una nube hasta la superficie terrestre.

granizo. Hidrometeoro consistente en un gránulo de hielo de forma esférica —lo más común— irregular o cónica —poco habitual—, cuyo diámetro está comprendido entre los 5 y 50 mm, si bien excepcionalmente puede alcanzar un mayor calibre. Con una distribución interna en capas, de aspecto similar a las de una cebolla, el hielo que constituye cada una de ellas puede ser transparente, translúcido u opaco, en función de la cantidad de aire que contenga. Las capas de hielo transparente se corresponden con fases de crecimiento rápido del granizo dentro de la nube tormentosa, mientras que las opacas son el resultado de un proceso lento. En ambos casos, el granizo crece gracias a la acreción del hielo resultante de la congelación de gotitas de agua subfundida presentes en el interior del cumulonimbo donde se forma. Los granizos pueden caer de forma separada o formando aglomerados. Los de gran tamaño —de consecuencias devastadoras— reciben el nombre coloquial de pedrisco, pedra o piedra. Es bastante común identificarlos con objetos cotidianos, como los garbanzos, aceitunas, huevos de paloma o de gallina, bolas de golf, pelotas de tenis...

granizómetro. Instrumento meteorológico no convencional que permite estimar el tamaño del granizo que ha caído en una zona, y otros datos adicionales de interés relativos a ese meteoro. Desarrollado a finales de la década de 1950 por los investigadores del Departamento de Ciencias Atmosféricas de la Universidad de Colorado (EE UU) Richard A. Schleusener y Paul C. Jennings, consiste en una placa rectangular de algo menos de 1200 cm^2 de styrofoam (poliestireno extruido), colocada horizontalmente sobre un soporte metálico a 90 cm del suelo. Cuando se produce una granizada en la zona donde se localiza uno de estos aparatos, los impactos de los granizos quedan marcados en la placa. En su parte central hay una banda cubierta por una chapa metálica de 5 cm de ancho, bajo la cual quedan protegidas de la intemperie las incrustaciones dejadas por ocho bolas de metal de distintos tamaños, lo que permite calibrar las marcas dejadas por los granizos. Una vez recogida la placa, se barniza con una pintura negra para que queden bien resaltadas. Su análisis permite conocer tanto el tamaño de los granizos que han impactado en ella, como el número de impactos, la energía cinética del granizo al caer (en función de la profundidad de las marcas), su dureza, la masa total de granizo que ha caído o el área afectada por la granizada (a partir de los datos cruzados de diferentes granizómetros).

graupel. Pequeño gránulo de hielo blanco, de superficie rugosa y forma principalmente cónica, conocido también como granizo blando, cuyo diámetro está comprendido entre los 2 y los 5 mm. Es el resultado de la acreción de hielo con gotas de agua subfundida. Es un tipo de nieve granulada con un aspecto que recuerda a la sal gorda. Se suele identificar con la cellisca, aunque presentan algunos rasgos diferenciales, como el tipo de hielo.

gregal. Nombre que recibe el viento fuerte, frío y seco del nordeste en el Mediterráneo Central y Occidental. En la rosa náutica usada en ese ámbito geográfico, queda situado entre la tramontana (viento del norte) y el levante (viento del este). Los antiguos navegantes a vela que desde las costas mediterráneas españolas se dirigían hacia el este, comenzaron a utilizar este nombre para referirse al viento que parecía proceder de Grecia. Dependiendo de los lugares, se expresa de esta forma o de otras como gragal, gargal, guergal, grecale o gregau.

greñas. Nombre dado en algunas comarcas de Teruel a los nubarrones oscuros, de aspecto desgarrado, asociados a las tormentas. La similitud con una melena desarreglada, con los cabellos alborotados, es la razón de ser de este localismo. *Véase también* melenchas.

gris. Variante de bris, con idéntico significado. Frío, viento frío.

guara. Nombre dado en Zaragoza al viento muy frío del nordeste, por coincidir aproximadamente su dirección con la que se encuentra la citada sierra oscense.

guarrina. Variante de aguarrina.

guilfa. En el occidente de Asturias, nombre que recibe el vientecillo frío y penetrante que precede a las nevadas.

guilordo. Localismo asturiano que da nombre a la brisa fría y suave del amanecer. También se emplea para designar un viento fresco, en general.

gurriana. Una de las variantes del localismo asturiano borrina.

gurrufada. Nombre que recibe la ventisca en la comarca del Campo de Salamanca. Se emplea habitualmente el vulgarismo gurrufá.

gustnado. Vocablo que resulta de la unión de las palabras inglesas *gust* (racha) y *tornado*, que suele traducirse al español como vórtice de racha. Recibe este nombre el remolino de viento que se genera en un frente de racha. Estos pequeños vórtices no suelen ser excesivamente intensos, ni tener una vida demasiado larga. Con un diámetro típico que va desde unos pocos metros hasta algunas decenas, pueden alcanzar alturas cercanas a los 100 metros. El gustnado no está asociado a un mesociclón, ni se descuelga de una nube tormentosa, tal y como ocurre con los tornados.

H

haboob. Nombre que tiene su origen etimológico en la palabra árabe *habb* (viento) con el que se identifica una fuerte tempestad de polvo, en cuya parte delantera se forma un murallón de sedimentos levantados del terreno, como consecuencia de un brusco desplome de aire contra el suelo. Aunque el término es originario de Sudán y Sudán del Sur, su uso se ha extendido por todas las regiones secas del mundo donde tiene lugar este violento fenómeno. La pared de polvo puede llegar a alcanzar los 100 km de anchura y varios kilómetros de altura y desplazarse a velocidades comprendidas entre los 35 y los 100 km/h.

hálito. Palabra con origen en el vocablo latino *halitus* que, aparte de tomar el significado de aliento o exhalación, se usa con un sentido poético para referirse a un leve soplo de aire.

halo. Nombre que agrupa a un conjunto de fenómenos ópticos que tienen lugar en la atmósfera, como consecuencia de la refracción y reflexión de la luz en los cristales de hielo en suspensión presentes en ella, particularmente los que constituyen las nubes altas, de tipo cirriforme. Puede adoptar la forma de anillo, arco, columna o luminaria. Bajo la denominación genérica de halo se conoce al halo ordinario, por ser el más común de todos ellos. También recibe el nombre de cerco. Puede haber halos tanto lunares como solares. Los primeros son más frecuentes en invierno que en verano y en latitudes altas que en bajas.

halo circunscrito. Forma metamórfica de los arcos tangentes superior e inferior del halo ordinario, que adopta distintas configuraciones en función de la altura a la que sitúe el sol. Cuando este alcanza o supera ligeramente los 30° por encima del horizonte, forma una especie de riñón, circunscrito al citado halo de 22°. Para alturas del orden de los 60°, el halo circunscrito es elipsoidal, y cuando el disco solar se sitúa en las cercanías del cénit (a 75° o más) llega a confundirse con el ordinario. En todos los casos, su borde interno es de color rojizo.

halo de 46°. Halo circular que forma un anillo luminoso muy tenue alrededor del sol o la luna, con un radio aparente de 46°. Es mucho menos frecuente que el halo ordinario y significativamente más apagado. De forma ocasional, son visibles el arco tangente superior y el inferior; se trata de dos fragmentos semicirculares, de aspecto similar al arcoíris, tangentes al halo y situados a uno y otro lado de la fuente luminosa (el sol o la luna) —por encima o por debajo de ella—, hacia la que apuntan su convexidad. El halo de 46° también se conoce como halo grande o gran halo.

halo ordinario. [Imagen 12, pliego]. Halo circular que forma un anillo luminoso blanquecino alrededor del sol o la luna, con un radio aparente de 22°. Ocasionalmente, se adivinan en él los colores del arcoíris, mostrando una franja rojiza en su borde inferior y una violácea en el exterior. La zona de cielo situada en el interior del anillo aparece algo más oscurecida que el resto de bóveda celeste. La aparición de este halo —también conocido como halo pequeño o de 22°— suele preceder a un cambio de tiempo; algo que recogen muchos dichos populares («Cerco de luna, lluvia segura», «Cerco de sol, moja al pastor»). La razón por la que la visión del halo anticipa en muchos casos la llegada de la lluvia, reside en el hecho de que los minúsculos prismas de hielo en los que se refracta y refleja la luz que forma este halo, constituyen los cirroestratos, cuya presencia en el cielo casi siempre está ligada a un frente cálido. Las nubes que preceden a estos frentes siempre siguen la misma secuencia. La primera avanzadilla nubosa está formada por los cirros y los cirroestratos. Estos últimos son los responsables de ir velando el cielo y volverlo de color lechoso. Cuando estas nubes pasan sobre nuestras cabezas, la distancia a la que se sitúa la parte delantera del frente —donde se producen las lluvias— es del orden de unos 800 kilómetros. De manera que si vemos el halo en el cielo, podemos estar razonablemente seguros de que lloverá en las próximas 24 a 36 horas. No es una regla infalible, pero funciona muchas veces.

halocarbonos. Conjunto de compuestos orgánicos, en su mayor parte de origen antrópico, que contienen halógenos y que, en su conjunto, contribuyen positivamente al calentamiento global. Forman parte de este amplio grupo de sustancias los clorofluorocarbonos (CFC) —con un alto potencial de destrucción de ozono estratosférico—, los hidrofluorocarbonos (HFC), los hidroclorofluorocarbonos (HCFC), los halones, el cloruro de metilo (CH_3Cl) y el bromuro de metilo (CH_3Br). *Véase también* agujero de ozono.

harinear. Lloviznar, chispear. Esta forma coloquial se usa en Venezuela y República Dominicana, estando también documentada en algunos lugares de Andalucía. Significa literalmente caer harina. Se aplica a la acción de lloviznar cuando el tamaño de las gotas es particularmente pequeño, lo que lleva a relacionarlas con el polvillo fino de la harina. También se denomina así la nevada muy ligera, que apenas llega a blanquear los tejados y el terreno. En las áreas catalanohablantes emplean el término «enfarinar» con este último significado.

harmatán. Viento cálido, seco y polvoriento del nordeste, con origen en el desierto del Sáhara, que sopla en África Occidental, desde Mauritania hasta el arco de países ribereños del golfo de Guinea. Arrastra enormes cantidades de polvo, constituido por minúsculas partículas de diámetros comprendidos entre 0,5 y 10 milésimas de milímetro, que forman una densa calima que reduce mucho la visibilidad y crea una atmósfera opresora que dificulta la respiración. En zonas alejadas de la costa, la extrema sequedad que provoca es perjudicial para la vegetación, los cultivos y las personas, que deben protegerse de él. A orillas del golfo de Guinea, es un viento apreciado por los habitantes. En la costa nigeriana recibe el apodo de «El Doctor», ya que, al favorecer la evaporación, reduce el elevado contenido de humedad reinante y ejerce un efecto refrescante. Su nombre original es *harmattan*.

hectopascal (hPa). Unidad de presión que equivale a 100 pascales. El pascal (Pa) es la unidad de presión en el Sistema Internacional (SI). Un pascal es igual a la presión que ejerce la fuerza de un newton (1 N) sobre una superficie de un metro cuadrado ($1\ Pa = 1\ N/m^2$) En dicho sistema de unidades, la presión atmosférica se expresa en hectopascales. Un hectopascal (1 hPa) es equivalente a un milibar (1 mb). En Meteorología, tradicionalmente la presión se expresaba en milibares, pero la progresiva adopción del SI ha hecho que esa unidad caiga en desuso, imponiéndose el hectopascal.

helada. Descenso de la temperatura del aire hasta un valor igual o inferior a 0 ºC, correspondiente al punto de congelación del agua pura a nivel del mar bajo condiciones normales de presión (P = 1013 hPa). En función del mecanismo responsable de la bajada de temperatura, las heladas se dividen en dos grandes tipos: 1) radiación; y 2) advección. En agricultura, se distingue también entre una helada blanca (escarcha) y una negra, dependiendo de cuál sea el aspecto del hielo acumulado sobre el terreno y la vegetación, lo que tiene diferentes consecuencias en los cultivos.

helada blanca. *Véase* escarcha.

helada de advección. Helada provocada por la llegada de una masa de aire muy frío, de origen polar. En las zonas de terreno —habitualmente extensas— sobre las que va discurriendo ese aire gélido, la temperatura cae por debajo de 0 ºC, produciéndose la congelación del agua. Cuando se producen este tipo de heladas, el aire no está encalmado, sino que sopla algo de viento, asociado al transporte horizontal del mecanismo generador.

helada de radiación. Helada provocada por la pérdida de radiación infrarroja del suelo, responsable del enfriamiento nocturno. Las situaciones anticiclónicas invernales constituyen el marco favorable en el que tienen lugar estas heladas. La ausencia de nubes y el viento en calma permiten que escape del suelo una mayor cantidad de calor, lo que en muchos casos provoca el descenso por debajo de 0 ºC de la temperatura del aire situado en las cercanías de la superficie terrestre. Este tipo de situaciones dan lugar a la formación de una inversión térmica. También recibe el nombre de helada de irradiación (nomenclatura en desuso), en alusión al calor que el suelo irradia hacia arriba, con el consiguiente descenso de temperatura del aire. En ocasiones, el enfriamiento nocturno no es suficiente para provocar la helada, pero esta puede lograrse si sobre las plantas se han depositado gotas de rocío y estas se evaporan. Si la absorción de calor del aire asociada a la evaporación provoca un descenso de su temperatura por debajo de 0 ºC, se produce la helada. En tales casos, se habla de una helada de evaporación.

helada negra. Helada de efectos devastadores en la vegetación, provocada por la irrupción de masas de aire muy frío y seco. A diferencia de la helada blanca, no se manifiesta por la formación de cristales de hielo sobre la cubierta vegetal, lo que forma una coraza protectora del intenso frío ambiental. Se trata de una helada seca, que provoca la congelación interna de las plantas. Debe su nombre a la tonalidad negruzca que adquieren las hojas y los tallos, como consecuencia de las quemaduras producidas por la misma. En la península ibérica, estas heladas están asociadas a las entradas frías de aire polar continental, que llegan por el nordeste tras recorrer el interior del continente europeo.

helada tardía. Helada que tiene lugar fuera de fechas, en una época del año en que no suele helar. Normalmente, se califica así la helada que acontece en los meses de abril, mayo y, excepcionalmente, junio. Las heladas tardías son muy temidas por los agricultores, ya que acontecen en momentos clave del ciclo vegetativo de las plantas —como el brote de las yemas de las hojas—, lo que puede conllevar retrasos considerables en su crecimiento e incluso la muerte.

Helena. Nombre dado en la Antigua Grecia al fuego de San Telmo cuando se manifestaba con la aparición de una sola llamita. En griego antiguo, Helena (Ἑλένη) significa «antorcha».

helero. Acumulación de nieve y hielo que constituye los restos de un glaciar, en su estadio anterior a desaparecer por completo. Al ser de menor tamaño, con mucha menos masa, no es capaz de fluir y desplazarse, por lo que permanece estático. Es común identificar un helero con un nevero o con un ventisquero, ya que la apariencia de los tres es similar, aunque tienen un origen distinto. También se llama helero a la costra de hielo que se forma durante las noches muy frías sobre el manto nivoso. La nieve fundida durante el período diurno en que la temperatura del aire supera los 0 ºC se recristaliza, dando lugar a la mencionada costra helada.

heliógrafo. Instrumento meteorológico, también conocido como heliofanógrafo, que permite obtener un registro diario de los intervalos de tiempo en que incide directamente la radiación solar o, en su defecto, llega a la superficie terrestre con intensidad suficiente para producir sombras definidas. Esta última circunstancia acontece cuando en el cielo tenemos una capa delgada de nubes altas. El heliógrafo más usado en los observatorios meteorológicos es el llamado de Campbell-Stokes; llamado así en honor a John Francis Campbell (1822-1885), que lo inventó en 1853, y George Gabriel Stokes (1819-1903), que lo perfeccionó en 1879. Su principal elemento es una esfera maciza de vidrio, de 96 mm de diámetro, montada sobre un soporte metálico con forma de casquete esférico, sobre el que se coloca, encajada entre dos ranuras, una banda de cartulina graduada con las horas impresas. La esfera actúa como una lente convergente, cualquiera que sea la dirección de incidencia de la luz solar. Cuando el sol emerge por el horizonte, la luz incide sobre la esfera y esta concentra los rayos sobre un punto de la cartulina, quemándolo. A medida que el sol va ascendiendo, el punto de convergencia va cambiando, formándose una traza carbonizada en la banda, que solo se ve truncada durante el tiempo en que el sol queda tapado por las nubes. Existen tres posiciones distintas donde poder fijar la banda de cartulina, así como tres modelos distintos de banda (una recta, una curvada corta y una curvada larga), ya que dependiendo de la época del año, el sol alcanza más o menos altura sobre el horizonte, variando también la inclinación de su trayectoria respecto al suelo. Cada día se coloca una banda en el heliógrafo, quedando en ella registradas las horas de sol. *Véase también* insolación.

helón. Sinónimo de helador, aire muy frío.

heterosfera. Nombre que recibe la atmósfera superior. Su límite inferior se sitúa a 80 kilómetros de altitud y de ahí para arriba tenemos esta región atmosférica, cuya principal singularidad es que en ella los diferentes gases se encuentran disociados, con presencia de iones, debido a la acción de la radiación solar. Se subdivide en cuatro capas, cada una de las cuales presenta una composición diferente. De abajo arriba, tenemos una primera capa de nitrógeno molecular —entre los 80 y los 400 km de altitud—, seguida de una donde abunda el oxígeno atómico, una de helio y una de hidrógeno, que ocupa la zona más externa.

HFC/HCFC. Siglas con las que se conoce a los hidrofluorocarbonos y a los hidroclorofluorocarbonos, respectivamente. *Véase también* halocarbonos.

hibernizo. Perteneciente o relativo al invierno. Variante de invernizo. El origen etimológico de invierno es el vocablo latino *hibernus*, de ahí que en la familia de palabras relativas a esa estación del año encontremos términos equivalentes en los que solo cambian las tres primeras letras: «hib» por «inv» (hibernizo-invernizo, hibernada-invernada, hibernal-invernal).

hidrato de metano. Sustancia formada por una mezcla de metano y agua que permanece congelada bajo el lecho marino, en diferentes lugares de la Tierra, donde forma grandes reservorios. Tiene su origen en la descomposición de las distintas especies que viven en el medio marino, en combinación con el agua salada cerca de su punto de congelación, lo que ocurre en las profundidades abisales. Las condiciones de presión y temperatura allí reinantes mantienen congelados los hidratos de metano, aunque en los últimos años se han detectado fugas de gas metano en alguno de esos reservorios.

hidrometeoro. Meteoro consistente en un conjunto de partículas de agua en estado líquido o sólido, que caen a través de la atmósfera (lluvia, nieve, granizo...), o están en suspensión en ella (nube, niebla, neblina), o son depositadas sobre objetos situados en la superficie terrestre (rocío, escarcha, cencellada) o en la atmósfera libre, o son levantadas de ella por el viento (rociones). También se conoce como meteoro acuoso.

hidrometeorología. Campo de estudio que aborda las interrelaciones entre la Meteorología y la Hidrología. Esta rama de la ciencia estudia en detalle las transferencias de agua y energía entre la superficie terrestre y la atmósfera, así como sus implicaciones en el sistema climático. El ciclo hidrológico, la modelización numérica de los fenómenos hidrometeorológicos, el balance hídrico, o la confección de mapas de riesgo de zonas urbanas potencialmente inundables, son algunos de los temas abordados por esta disciplina científica.

hidrosfera. Componente del sistema climático que engloba toda el agua líquida que hay sobre la parte sólida de la superficie terrestre (océanos, mares, ríos, lagos...) y en el subsuelo (acuíferos, corrientes subterráneas). En la división que se usa en las ciencias de la Tierra, la hidrosfera también incluye el agua en estado sólido (hielo, nieve, permafrost); sin embargo, desde el punto de vista climático, la criosfera es un componente o subsistema más, independiente de la hidrosfera, que interacciona con ella.

hielo. Agua en estado sólido. Hay diez tipos de hielo en la naturaleza, con estructuras cristalinas distintas, en función de las condiciones de presión y temperatura. El hielo que conocemos y que abunda mayoritariamente en la Tierra es el Ih, que cristaliza en el sistema hexagonal y que se conoce como hielo común, aunque nos referimos a él como hielo, a secas. Puede formarse tanto por congelación de agua líquida como por sublimación de vapor de agua presente en la atmósfera. Presenta una infinidad de formas y texturas. El hielo puro —sin aire atrapado en su interior— es transparente. El color blanco que habitualmente presentan la mayor parte de formas de hielo es consecuencia del aire que contienen. La blancura de la nieve —constituida por agregados de cristales de hielo— es debida a su esponjosidad. El hielo también puede presentar un intenso color azul, lo que ocurre cuando es particularmente compacto, aunque con aire atrapado; dicha circunstancia provoca la dispersión de la luz que incide en él, de manera similar a como ocurre en el cielo (dispersión de Rayleigh). Se observa esta llamativa tonalidad azulada, por ejemplo, en las grietas profundas de glaciares y en algunos icebergs. El agua pura se congela a 0 °C a nivel del mar bajo condiciones normales de presión (P = 1013 hPa). La densidad del hielo resultante es de 0,9168 g/cm^3, un valor inferior al del agua líquida (1 g/cm^3). Esta singularidad es la responsable de que el hielo flote en el agua.

hielo granulado. Precipitación de gránulos de hielo transparente de pequeño tamaño que caen de una nube convectiva. Presentan formas esféricas o irregulares y su diámetro no supera los 5 mm.

higrógrafo. Higrómetro que lleva incorporado un tambor registrador, lo que permite obtener una gráfica con el registro continuo de la humedad relativa del aire.

higrómetro. Instrumento meteorológico que mide la humedad relativa del aire. Los hay de varios tipos, en función del sistema empleado para detectar las variaciones del contenido de vapor de agua en el aire. El más común de todos ellos es el higrómetro de cabello, inventado por el naturalista suizo Horace-Bénédict de Saussure (1740-1799) en 1783. Basa sus medidas en las variaciones de longitud a las que se ven sometidos unos cuantos cabellos desengrasados, dada su alta sensibilidad a los cambios de humedad ambiental. El popular fraile del tiempo forma parte de esta categoría. Otro tipo de higrómetro bastante empleado en los observatorios meteorológicos es el de doble termómetro, también conocido como psicrómetro. A estos se suman el de punto de rocío —como los de tipo Daniell o Regnault—, el de resistencia eléctrica y el de absorción, que incorpora una sustancia química higroscópica, que atrapa el vapor de agua contenido en un determinado volumen del aire; mediante pesada, se determina la humedad del aire original, antes de someterse al secado.

higroscópico. Dicho de un cuerpo o sustancia, que tiene capacidad de absorber el vapor de agua del aire situado a su alrededor. Los núcleos de condensación en torno a los cuales empiezan a crecer las gotitas de nube, también se conocen como núcleos higroscópicos, dada su capacidad de atrapar vapor de agua del ambiente donde flotan. La condensación del citado gas en su irregular superficie va formando una película de agua; dicha laminilla engorda con rapidez, si el diminuto corpúsculo evoluciona en un ambiente favorable, saturado de humedad. *Véase también* núcleo higroscópico.

hipsómetro. Instrumento que permite determinar la altitud sobre el nivel del mar a partir de la medida del punto de ebullición del agua, que disminuye al disminuir la presión atmosférica, según establece matemáticamente la ecuación de Clausius-Clapeyron.

hipoxia. Falta de oxígeno. El término se emplea en Medicina para describir el bajo nivel de oxígeno que alcanzan los tejidos humanos. Esta carencia se pone de manifiesto al ascender por la atmósfera, como consecuencia de la importante disminución que experimenta la densidad del aire. *Véase también* mal de altura.

holoceno. Actual período interglacial y segunda época del período Cuaternario (la primera es el Pleistoceno), que abarca desde hace 11 700 años hasta el presente (1950, por definición). Algunos científicos postulan que el Holoceno ha finalizado y ha dado paso a una nueva época geológica bautizada como Antropoceno, si bien de momento la Unión Internacional de Ciencias Geológicas no lo ha incorporado a la tabla cronoestratigráfica, que establece todas las divisiones oficiales del tiempo geológico de la Tierra.

homogenitus. Vocablo latino incorporado al *Atlas Internacional de Nubes* de la OMM en su edición de 2017, usado para calificar cualquier nube causada por las actividades humanas, considerada especial. Según esta nomenclatura, la estela de condensación que deja un avión a su paso y se mantiene en el cielo al menos diez minutos, recibe el nombre de *Cirrus homogenitus.*

homomutatus. Vocablo latino incorporado al *Atlas Internacional de Nubes* de la OMM en su edición de 2017, que designa a la nube resultante de la mutación de otra causada por las actividades humanas, considerada especial. Tomando como ejemplo la estela de condensación que se comenta en la entrada anterior, si dicha estela —un *Cirrus homomutatus*— es muy duradera, se ensancha y cambia de forma, evolucionando a una especie diferente de *Cirrus*, o a un *Cirrostratus* o *Cirrocumulus*, la nube especial resultante incorpora a su nombre el calificativo *homomutatus*. Los vientos intensos que soplan con frecuencia en los niveles de vuelo más altos provocan el ensanchamiento y la deformación de las estelas que dejan los aviones a su paso. Si, además, las condiciones de humedad y temperatura son adecuadas, persisten largos períodos de tiempo. En las zonas donde hay mucho tráfico aéreo, el resultado es un cielo enmarañado.

homosfera. Nombre que recibe la región de atmósfera que abarca desde la superficie terrestre hasta los 80 kilómetros de altitud, en la que la composición química del aire se mantiene casi constante. Únicamente, las pequeñas cantidades de gases traza, como el vapor de agua (H_2O), el ozono (O_3) o el dióxido de carbono (CO_2), entre otros, presentan unas proporciones muy variables, tanto en el espacio como en el tiempo.

hora azul. Expresión original francesa (*l'heure bleue*) con la que se identifica el momento del día crepuscular en que el sol se sitúa entre 4° y 6° por debajo del horizonte. La luminosidad ambiental intensamente azulada es muy apreciada por los fotógrafos.

hora dorada. Los fotógrafos se refieren a ella cuando el sol está situado entre 6° por encima del horizonte y 4° por debajo. Las tonalidades cálidas (amarillentas, naranjas, rojizas) sobre los objetos son particularmente intensas.

hostigo. Golpe de viento o de agua que incide sobre una pared expuesta con frecuencia a dicha circunstancia, lo que contribuye a su deterioro. El término también se utiliza para nombrar a la citada fachada, orientada a la zona de donde soplan los vientos dominantes, de ahí que reciba el castigo periódico de los temporales de viento y lluvia. En muchos pueblos protegen esas paredes, cubriéndolas con tejas o uralitas. Hostigo significa latigazo. El verbo hostigar (golpear), del que deriva la palabra, tiene su origen en el vocablo latino *fustigare* (dar latigazos).

humedad (del aire). Contenido de vapor de agua del aire. Se conoce también como humedad atmosférica o humedad, a secas. Es una de las principales variables meteorológicas y puede expresarse de forma absoluta, específica o relativa. Fuera de un contexto meteorológico, el concepto de humedad no siempre se aplica correctamente; es habitual considerar que húmedo es sinónimo de mojado. Nos referimos a menudo a las humedades de los techos o las paredes cuando, en realidad, dichas superficies lo que están es mojadas. Para medir la humedad del aire se utilizan los higrómetros, higrógrafos, termohigrógrafos y psicrómetros. La cantidad de vapor de agua que puede contener el aire depende de la temperatura, siendo bastante mayor en aire caliente que en frío.

humedad absoluta. Cantidad de vapor de agua que contiene el aire por unidad de volumen. Se expresa habitualmente en g/m^3.

humedad específica. Cantidad de vapor de agua que se requiere para saturar un volumen que contiene un kilogramo de aire seco. Se expresa en g/kg.

humedad relativa. Relación entre la cantidad de vapor de agua contenida en un volumen de aire (humedad absoluta) y la que debería de contener dicho volumen para alcanzarse la saturación. Se expresa en tanto por ciento (%). Esta variable tiene la ventaja de ofrecernos un valor numérico que, de forma inmediata, nos da una idea de cuál es el grado de humedad del aire. Un aire saturado tiene una humedad relativa del 100 %. Cuanto más cerca esté el valor de la humedad relativa del aire de ese valor, más lo estará el aire de alcanzar las condiciones de saturación y de formarse una nube. La humedad relativa también se conoce como grado higrométrico o fracción de saturación y es la forma más común de expresar la humedad del aire.

humilis (hum). Vocablo latino que significa pequeño o bajo y que en el *Atlas Internacional de Nubes* de la OMM designa a una de las especies asociadas al género *Cumulus*. Se corresponde con el menor estadio de crecimiento de esa nube. Se trata de un pequeño cúmulo, de color blanco y aspecto algodonoso, que surge allí donde hay una térmica que impulse el aire hacia arriba lo suficiente para alcanzar el nivel de condensación. Coloquialmente, nos referimos a él como un cúmulo de buen tiempo. Las dimensiones de esta nube son pequeñas, siendo generalmente aplastada su parte superior.

humo. Litometeoro consistente en un conjunto de diminutas partículas sólidas en suspensión en la atmósfera —con diámetros inferiores a una centésima de micra (0,01 μm)—, procedentes de una combustión incompleta. El humo es tóxico y puede tener un origen natural (incendios forestales no provocados por el hombre) o antrópico (tráfico, calefacciones, tabaco, fábricas...).

humo ártico. Reciben este nombre los jirones de niebla que se forman sobre una superficie de agua (mar, lago, río...) a una temperatura significativamente superior (foco caliente) que la del aire situado sobre ella (foco frío). Las aguas humeantes que caracterizan este fenómeno son consecuencia de la saturación que tiene lugar en parte del aire situado sobre la superficie acuosa. La formación de una inversión térmica contribuye a la saturación del aire en todo el estrato situado por debajo de ella, lo que conlleva la formación de una niebla de evaporación. En las regiones polares es habitual ver humear el mar, debido a la presencia casi permanente de aire muy frío sobre su superficie. Aunque la expresión que da nombre al fenómeno alude al Ártico, es aplicable a las aguas humeantes observadas en cualquier otro lugar del mundo, siempre y cuando dicho «humo» se forme como consecuencia del proceso descrito.

huracán. Nombre que recibe habitualmente el ciclón tropical. En la terminología meteorológica oficial, solo se llaman así los ciclones tropicales, de núcleo cálido, que se forman en el Atlántico Norte, el golfo de México y la parte oriental del Pacífico Norte. En la escala de Saffir-Simpson, recibe este nombre genérico cada una de las cinco categorías en que se clasifican los ciclones tropicales, atendiendo a su intensidad. En la inferior de todas ellas —Categoría 1—, los vientos sostenidos alcanzan una velocidad mínima de 119 km/h, lo que fija el umbral a partir del cual una tormenta tropical pasa a convertirse en huracán. Solo se puede hablar con propiedad de un viento huracanado si alcanza o supera dicho umbral. La temporada oficial de huracanes se inicia cada año el 1 de junio y finaliza el 30 de noviembre. *Véase también* ciclón tropical.

husín. *Véase* usín.

I

IFR. Acrónimo de *Instrumental Flight Rules* (reglas de vuelo instrumental). Bajo esta sigla se conoce en Aeronáutica al conjunto de normas y procedimientos que regulan el vuelo de aeronaves sin necesidad de tener un contacto visual con el terreno (VFR). La navegación aérea atendiendo únicamente a la lectura de instrumentos de vuelo solo es posible cuando las condiciones meteorológicas son adecuadas para ello. En el caso de la aviación comercial, los pilotos suelen volar de forma rutinaria en instrumental, siempre y cuando la visibilidad lo permita.

incus (inc). [Imagen 8, pliego]. Vocablo latino que significa yunque y que en el *Atlas Internacional de Nubes* de la OMM designa un rasgo suplementario asociado al *Cumulonimbus*. El citado rasgo es fácilmente identificable. Describe la típica forma de yunque que adopta la parte alta de un cumulonimbo, con sus contornos lisos, fibrosos o estriados, abriéndose en abanico —en este último caso— un sinfín de filamentos nubosos de aspecto deshilachado. Este elemento tan característico es consecuencia de la llegada del tope de la nube de tormenta a la tropopausa. La presencia de esa tapadera natural (inversión térmica) obliga a esa parte superior a extenderse en la horizontal, lo que perfila la estructura larga y aplastada que caracteriza al yunque. A menudo, es asimétrico, extendiéndose más hacia un lado que hacia otro, lo que permite deducir de dónde está soplando el viento dominante en altura, en el nivel atmosférico más alto alcanzado por la tormenta, lo que suele coincidir con su desplazamiento en tierra.

índice climático. Medida numérica construida a partir de los datos combinados de variables meteorológicas tomados en distintos observatorios, lo que permite caracterizar el tipo de circulación atmosférica de una región determinada u obtener información relevante sobre el estado del clima y del sistema climático.

índice zonal. Índice numérico, también conocido como «número de Rossby» (Ro), usado para caracterizar la componente zonal (en sentido oeste-este) de la circulación atmosférica de latitudes medias. Viene expresado por la diferencia de presión horizontal entre los paralelos 35° y 55°. En función de su valor, las corrientes del oeste son más o menos onduladas e intensas, con las consecuencias que ello conlleva en el comportamiento atmosférico.

índice (zonal) alto. Índice zonal de valor elevado, asociado a una fuerte componente oeste en la circulación atmosférica de latitudes medias. Se corresponde con un flujo poco ondulado y unos *westerlies* intensos, lo que da lugar al tiempo típicamente atlántico en la península ibérica, marcado por el paso sucesivo de frentes y borrascas.

índice (zonal) bajo. Índice zonal de valor bajo, asociado a una débil componente oeste en la circulación atmosférica de latitudes medias. Se corresponde con un flujo muy ondulado, proclive al descolgamiento de danas. Bajo tal circunstancia, el chorro polar presenta grandes meandros, lo que corresponde a una sucesión de dorsales y vaguadas. El tiempo en la península ibérica puede estar caracterizado por una gran estabilidad atmosférica (presencia de una dorsal de aire cálido y el consiguiente bloqueo al paso de borrascas) o lo contrario (vaguada o dana), en cuyo caso se vuelve tormentoso.

índice de aridez. Valor numérico que permite caracterizar la falta de agua en el suelo y de humedad en el aire en contacto con él. Existen varios de estos índices, propuestos por diferentes autores. Todos ellos tienen en cuenta el comportamiento de la precipitación y la temperatura a lo largo de un año en el lugar donde se quiere conocer su grado de aridez. Uno de los más usados es el que propuso el geógrafo y climatólogo francés Emmanuel Martonne (1873-1955) en 1937, que se define como el cociente entre la precipitación media anual en milímetros (P) y la suma de la temperatura media anual en grados Celsius (T) más diez. Algebraicamente, el Índice de aridez de Martonne (I_M) se expresa como $I_M = P/(T+10)$. Existe una fórmula complementaria que permite calcular dicho índice para cada mes del año.

índice de continentalidad. Índice numérico usado en Climatología que permite caracterizar el grado de continentalidad de un lugar, lo que viene determinado por la amplitud de la oscilación anual de la temperatura. Dicha oscilación térmica depende en gran medida de la distancia al mar. La influencia marina tiene su reflejo en el amortiguamiento del contraste de temperaturas día-noche, así como en una menor oscilación térmica anual. Un mayor grado de continentalidad implica uno menor de oceanidad y viceversa. El índice o factor de continentalidad puede ser sencillo o compensado. En el primer caso solo tiene en cuenta la diferencia entre las temperaturas extremas diarias (máxima y mínima), mientras que en el segundo incluye una corrección por la altitud y/o latitud del lugar.

índice de elevación. Índice teórico, conocido en aerología por la sigla LI (*Lift Index*), que permite estimar el grado de inestabilidad atmosférica, a partir de la información suministrada por un radiosondeo. Se define como la diferencia algebraica entre la temperatura observada en el nivel de 500 hPa (nivel intermedio de la troposfera) y la que tiene una burbuja de aire que asciende adiabáticamente desde las cercanías de la superficie terrestre hasta dicho nivel. Si el índice es positivo (LI > 0), el entorno es termodinámicamente estable y la posibilidad de que se dispare la convección y se formen tormentas es prácticamente nula. Los valores negativos del índice de elevación (LI < 0) indican que hay inestabilidad. Cuanto más negativo sea, más intensa será la convección. Para valores de LI comprendidos entre 0 y –3, el aire no es termodinámicamente muy inestable, por lo que las tormentas que puedan formarse no serán muy destacadas. Si el índice de elevación toma valores entre –3 y –6, las tormentas pueden ser fuertes. Para valores de entre –6 y –9, la inestabilidad atmosférica es notable, favoreciéndose el desarrollo de tormentas severas, con alta probabilidad de granizo. Por último, si LI < –9, el entorno será de inestabilidad extrema, favorable para el desarrollo de supercélulas y tornados.

índice de precipitación estandarizado. Índice normalizado usado en Climatología principalmente como indicador de sequía, que para un lugar dado expresa la probabilidad de ocurrencia de una determinada cantidad de lluvia, en base a la climatología de esa variable meteorológica. Se conoce internacionalmente por la sigla SPI.

índice UVI. *Véase* UVI.

inestabilidad. Referida a la atmósfera, representa un estado de no equilibrio hidrostático. Cuando hay inestabilidad atmosférica, cualquier burbuja de aire que se ve forzada a desplazarse levemente en la vertical, tiende a ascender libremente, sin freno, en la medida en que va encontrándose, en todo momento, con un aire más denso que el contenido en ella. La presencia de aire más frío de lo normal en los niveles medios y altos de la troposfera favorece los ascensos de aire y la formación de nubes de desarrollo vertical que culminan, a veces, en tormentas. Es necesario que haya un importante grado de inestabilidad atmosférica para que puedan llegar a formarse. Contribuyen también a ello diferentes mecanismos de origen mecánico y térmico, como la convergencia de vientos en superficie, los forzamientos orográficos o el calentamiento del suelo por insolación.

inestabilidad de Kelvin-Helmholtz. [Imagen 11, pliego]. Fenómeno ondulatorio de la dinámica de fluidos que se manifiesta como un tren de ondas en el seno de un líquido o gas, debido a la presencia de un flujo que delimita zonas con marcadas diferencias en la velocidad de desplazamiento. También puede surgir en la interfase de dos fluidos cuando se desplazan a velocidades sensiblemente diferentes. Esto último ocurre a veces en la atmósfera, en la zona de separación de dos capas de aire estable contiguas, donde existe una fuerte cizalladura vertical. Si en la capa de abajo —de aire más denso— hay una nube estratificada, sobre su contorno superior la inestabilidad de Kelvin-Helmholtz (IKH) genera unas llamativas y efímeras ondas, de tamaño muy variable, que evolucionan con rapidez. En ausencia de viento o con un régimen laminar (muy uniforme), el tope de la nube permanece plano e inalterable, pero cuando, de forma transitoria, en ese nivel de atmósfera la intensidad del viento aumenta de forma brusca, el flujo se vuelve turbulento en la zona fronteriza entre las dos capas. La IKH entra en acción, dando lugar a una sucesión de pequeños rizos, similar a un tren de olas. La ondulatoria es estable inicialmente, pero pasado un tiempo, si la cizalladura vertical sigue aumentando, las ondas entran en un modo inestable, aumentan de tamaño, adoptan la forma de «ojos de gato» (nombre usado para describirlas) y suelen dar lugar a crestas. En la última edición del *Atlas Internacional de Nubes* de la OMM (año 2017) se incorporó un rasgo suplementario (*fluctus*) que identifica estas estructuras.

insolación. Cantidad de radiación solar directa que incide por unidad de superficie en un nivel dado. Suele estar referida a la radiación que llega al tope de la atmósfera o a la que alcanza la superficie terrestre. Se expresa en W/m^2 y depende de la constante solar, de la época del año, de la latitud y del grado de transparencia del aire. El término también se puede referir a la intensidad o cantidad de radiación solar total (directa + difusa) incidente por unidad de superficie horizontal, así como a las horas de sol; lo que en Meteorología equivale al tiempo en que, a lo largo de un día, luce el sol sin ser tapado por las nubes.

intemperie. Expuesto a la temperie. El término es de uso común y se emplea para indicar que algo o alguien se encuentra al aire libre, a merced del tiempo atmosférico, sin protección de las inclemencias meteorológicas.

intensidad de la precipitación. Cantidad de precipitación que cae por unidad de superficie en un intervalo de tiempo dado. Se expresa habitualmente en mm/h y se mide con el pluviógrafo. Al variar muy rápidamente con el tiempo, para caracterizarla bien resulta adecuado conocer su registro minuto a minuto. Las estaciones meteorológicas automáticas miden habitualmente intensidades de lluvia cada diez minutos (datos diezminutales), lo que proporciona una información útil cuando las intensidades son elevadas. *Véase también* lluvia torrencial.

interglaciación. *Véase* período interglacial.

intortus (in). Término latino, con origen en el verbo *intorquere* (torcer, girar), que da nombre a una variedad de cirros que presentan filamentos retorcidos y entremezclados, curvados de forma irregular.

inundación. Ocupación por parte del agua de zonas que habitualmente están libres de ella. Puede estar originada por causas muy diversas, como el desbordamiento de ríos o cursos de agua de menor entidad (arroyos, torrentes...), acumulación debida a lluvias intensas, marejadas ciclónicas, maremotos, grandes deshielos y mareas vivas, entre otras.

invasión de aire. Rápida llegada de una masa de aire a una región, procedente de otra donde se originó (región fuente). También se utilizan los términos irrupción y advección con idéntico significado.

invernada. Permanencia en un lugar durante el invierno. Acción de invernar. También es sinónimo de invierno, aunque este uso está menos extendido. Se expresa de forma equivalente como hibernada.

invernia. Invierno, invernal, frío. Aparece también escrito con tilde en la segunda «i» (invernía).

invernizo. *Véase* hibernizo.

inversión de subsidencia. Inversión térmica asociada a los anticiclones, causada por el calentamiento adiabático del aire al descender en ellos. La compresión a la que se ve sometido según va descendiendo provoca su calentamiento y pérdida de humedad, quedando situado sobre el aire más fresco y húmedo de los niveles inferiores, con la consiguiente formación de la inversión.

inversión del alisio. Caso particular de inversión de subsidencia, que se forma a lo largo de los dos cinturones terrestres donde soplan los vientos alisios. Está provocada por la subsidencia del aire que tiene lugar en los anticiclones subtropicales. La citada inversión marca la zona de separación entre ese aire cálido y seco proveniente de los niveles altos de la troposfera y el aire fresco y húmedo que impulsan los alisios en la parte baja. La inversión del alisio fija el límite superior del mar de nubes que habitualmente se forma en las islas Canarias.

inversión térmica. Comportamiento contrario al esperado en la temperatura al ascender por la troposfera. Mientras que lo normal es que disminuya con la altura, en las zonas donde hay una inversión térmica, la temperatura aumenta o se mantiene constante al ir ganando altitud. Las inversiones térmicas pueden tener espesores muy variables y aparecer en cualquier nivel troposférico, desde la misma superficie terrestre hasta la parte más alta, donde siempre hay una de ellas —la tropopausa—, que marca el límite entre la troposfera y la estratosfera. La inversión térmica actúa como una tapadera, frenando en seco los ascensos de aire.

ionosfera. Región de la atmósfera que se extiende, aproximadamente, desde los 60-80 hasta los 500-1000 km de altitud, en la que el aire está ionizado, de manera que discurren en ella iones positivos y electrones libres, lo que hace que se comporte como un conductor eléctrico. La densidad iónica es lo suficientemente grande para que puedan reflejarse en ella las ondas de radio de determinado rango de frecuencias. También causa interferencias en las señales que envían a tierra los satélites artificiales. En latitudes medias, la ionización en esta región atmosférica se debe principalmente a la absorción de determinadas bandas del UV y de rayos X de la radiación solar, mientras que en latitudes altas está principalmente provocada por las partículas muy energéticas que transporta el viento solar y que el campo magnético terrestre desvía hacia los polos. La ionosfera presenta una división en tres capas, conocidas por las iniciales D, E y F. La capa D solo es diurna y es la más baja de todas, pudiendo empezar a manifestarse a partir de los 60 km de altitud. Por encima de ella se sitúa la capa E y más arriba la F, que se desdobla en dos subcapas (F_1 y F_2) de espesor variable, en función de que sea de día o de noche. Las principales características de cada una de las capas ionosféricas vienen descritas en detalle en las entradas correspondientes del presente diccionario.

Ip. Abreviatura con la que los observadores meteorológicos anotan en sus cuadernos un registro de precipitación acumulada inferior a 0,1 mm. *Véase también* lluvia inapreciable.

IPCC. Sigla con la que se conoce al Grupo Intergubernamental de Expertos sobre el Cambio Climático, también conocido como Panel Intergubernamental del Cambio Climático. Se trata de un organismo internacional dependiente de Naciones Unidas, fundado en 1988 por la Organización Meteorológica Mundial (OMM) y el Programa de las Naciones Unidas para el Medio Ambiente (PNUMA). Su principal cometido es la elaboración de evaluaciones periódicas del estado de los conocimientos científicos, técnicos y socioeconómicos sobre el cambio climático, informando a la sociedad de las causas, sus potenciales impactos y las estrategias a seguir para adaptarse a él y mitigar sus efectos. En la confección de los informes de evaluación del IPCC participan miles de científicos y especialistas mundiales en las más variadas disciplinas relacionadas con el citado cambio climático.

iridiscencia. Sinónimo de irisación.

irifi. Viento polvoriento del este, muy seco y racheado, que sopla en la costa atlántica de Marruecos y el Sáhara Occidental, alcanzando en ocasiones el archipiélago canario, donde llega normalmente como un viento del sureste, llamado allí siroco. Mauritania también se ve afectada cada cierto tiempo por este viento, que en ocasiones va acompañado de nubes de langostas.

irisación. Fenómeno óptico consistente en un conjunto de colores que aparecen en nubes altas y medias situadas a poca distancia angular del sol. Es debido, en la mayoría de los casos, a la difracción de la luz. Puede manifestarse con los colores entremezclados o formando bandas casi paralelas a los contornos nubosos, en las que dominan los colores pastel verde y rosa. La cercanía del disco solar (la fuente de luz) a las nubes con irisaciones dificulta su observación. El uso de unas gafas con cristales polarizados permite apreciarlas con nitidez.

ISA. Sigla inglesa de *International Standard Atmosphere* (Atmósfera Estándar Internacional), con la que se conoce a la atmósfera tipo.

isalobara. Línea que une puntos de igual variación de la presión atmosférica durante un período de tiempo dado (habitualmente, tres horas). *Véase también* tendencia barométrica.

isla de calor. [Figura 11]. Nombre dado a un efecto bien estudiado en climatología urbana, que describe el calentamiento al que se ve sometido el aire que cubre una gran ciudad. El asfalto y el cemento de las calles, el hormigón y los materiales refractarios de los que están hechos los edificios, irradian una importante cantidad de energía infrarroja al ambiente urbano, calentando el aire. El resultado es la formación de una especie de bóveda gaseosa, cuya temperatura es más alta que la del aire situado en la periferia. Los gases provenientes de la combustión de los vehículos y de las chimeneas contribuyen también a la isla de calor, cuya extensión y magnitud varían en función de

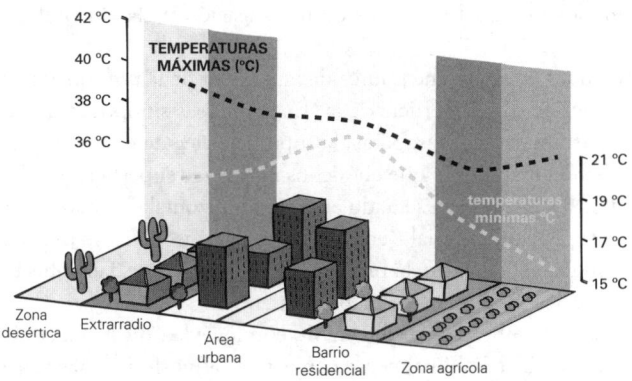

Fig. 11. Isla de calor. En la figura se observa cómo afecta el efecto isla de calor urbana tanto a la temperatura máxima (diurna) como a la mínima (nocturna). La mayor influencia del centro de la ciudad y las zonas urbanizadas de la periferia se manifiesta en las temperaturas mínimas, que son significativamente más elevadas en ese entorno urbano que fuera de él. Por el día, solo las zonas verdes consiguen disminuir algo la temperatura, que alcanza sus valores más altos fuera de las ciudades, en áreas desérticas.

distintos factores, como la situación meteorológica, la época del año (ambiente más o menos frío) y las características que tenga el trazado urbano. Mientras que por el día las diferencias de temperatura entre el centro de la ciudad y los alrededores rara vez superan los 3 ºC, de noche la isla de calor es mucho más acusada, pudiendo llegar a darse diferencias bastante mayores, de hasta 10 ºC en algunos casos. La presencia de contaminantes es otra de las características de la isla de calor, debido a la emisión de gases y partículas nocivas, procedentes principalmente del tráfico y de las calefacciones. Bajo situaciones invernales de marcada estabilidad atmosférica, con presencia de una inversión térmica por encima de la ciudad, la escasa ventilación contribuye al progresivo aumento de la concentración de esos contaminantes, lo que atenta contra la salud de los ciudadanos. El estudio de las islas de calor en las ciudades es uno de los principales campos de investigación de la climatología urbana.

isobara. Línea que une puntos de igual valor de la presión atmosférica en una superficie dada. En los mapas sinópticos donde aparecen trazadas isobaras, la superficie elegida es el nivel medio del mar, por lo que en dichos mapas (de superficie o isobáricos) aparece representado el campo horizontal de presión —su distribución espacial— en dicho nivel. Las isobaras se trazan a intervalos regulares, habitualmente de 4 en 4 o de 5 en 5 hectopascales. *Véase también* mapa del tiempo.

isocero. Nombre que recibe en Meteorología la isoterma de 0 ºC. Se identifica habitualmente con el nivel atmosférico más cercano a la superficie terrestre donde se alcanza dicha temperatura. Conocer la altitud donde se sitúa la isocero es particularmente importante en aviación, ya que marca el nivel de vuelo a partir del cual una aeronave que se desplaza en el interior de una nube puede verse afectada por el engelamiento. También se conoce como nivel de congelación.

isofena. Línea que une puntos en los que tiene lugar simultáneamente alguno de los hechos fenológicos ligados al ciclo vital de las plantas y al comportamiento de los animales. Se confeccionan mapas de isofenas con las fechas del primer canto del cuco, la llegada de la golondrina o la floración del almendro, por citar algunos de los más comunes. *Véase también* fenología.

isogona. Línea que une puntos en los que coincide la dirección del viento. Etimológicamente, el término comparte con cualquier otra isolínea la raíz «iso-», con origen en el término griego *isos* (igual), mientras que «-gona» deriva del vocablo también griego *gonios* (ángulo).

isohelia. Línea que une puntos que se corresponden con lugares con el mismo número de horas de sol durante un intervalo de tiempo dado.

isohipsa. Línea que une puntos de igual altura geopotencial sobre una superficie dada. En Meteorología, se confeccionan mapas de isohipsas (conocidos coloquialmente como mapas de altura) de determinados niveles tipo de presión. Los más habituales son —de abajo arriba— los de 850, 700, 500, 300 y 200 hPa. Las isohipsas son, por tanto, las curvas de nivel —expresadas en metros geopotenciales— de una superficie de presión en la atmósfera. *Véase también* mapa de altura.

isopícnica. Línea que une puntos en los que la densidad del aire es la misma. Se llama también isopicnea.

isotaca. Línea que une puntos de igual valor de la velocidad del viento. El trazado de isotacas en el nivel de presión de 300 hPa delimita bastante bien la posición que ocupan las corrientes en chorro.

isoterma. Línea que une puntos de igual valor de la temperatura del aire. Los mapas de isotermas, junto a los de isobaras e isohipsas de determinados niveles tipo son los más usados en Meteorología.

isoyeta. Línea o curva de nivel que une diversos puntos de la superficie terrestre en los que se ha registrado la misma cantidad de precipitación en un intervalo de tiempo dado. La realización de mapas de isoyetas son de gran utilidad para caracterizar de forma gráfica los episodios de lluvia. También se utilizan para la confección de los atlas climatológicos.

ITCZ. Sigla con la que se conoce internacionalmente la zona de convergencia intertropical.

J

jabarda. Helada muy fuerte. Este término está documentado en lugares como la comarca de Atienza (Guadalajara) y la de Toro (Zamora).

jacio. Término marinero que alude a la calma del mar tras el paso de una tempestad. En Canarias está documentada la variante jacío —con tilde en la i—, con la que los pescadores locales se refieren a la calma que acontece en las cercanías de la costa cuando afloja el oleaje. También se usa como sinónimo de escampada, para referirse al momento en el que deja de llover.

jalón nivométrico. Varilla graduada adosada a una placa horizontal que le sirve de soporte, ubicada en el suelo, que permite medir el espesor de nieve. La observación se lleva a cabo a las 08:00 UTC en los casos en que se haya producido una nevada en las últimas 24 horas y que haya cubierto más de la mitad del terreno donde se ubica el observatorio o estación meteorológica. El dato se expresa con un valor entero de centímetros, redondeando al valor más próximo (por ejemplo, 10,8 cm quedan registrados como 11 cm de nieve acumulada).

jalopo. Copo de nieve. Variante de falopo y falapo.

jaloque. Viento del sureste en el Mediterráneo. Es una de las variantes que hay del término siroco, todas ellas con origen en la palabra árabe andalusí *šaláwq* (viento del mar). *Véase también* siroco.

jardín meteorológico. [Imagen 13, pliego]. Recinto vallado donde se disponen la mayor parte de los instrumentos de un observatorio meteorológico. Sus características técnicas, así como las de todo el instrumental que alberga, están dictadas por la Organización Meteorológica Mundial (OMM), a través de una serie de normas y recomendaciones, con el fin de garantizar la calidad de las observaciones, con independencia del lugar del mundo donde se realicen. En los observatorios principales, el jardín es una pequeña parcela rectangular de 10 metros de largo por 6 o 7 de ancho, rodeada de una valla metálica con una puerta de acceso. La OMM recomienda que el terreno de ese recinto acotado sea de césped, aunque en lugares de baja pluviometría no es factible y los distintos instrumentos quedan instalados sobre el suelo desnudo. El elemento más llamativo del jardín es la garita meteorológica, pudiendo haber más de una. Aparte de los instrumentos dispuestos en su interior (termómetro de máxima y mínima, psicrómetro, termohigrógrafo...), el resto se hallan diseminados por el recinto del jardín, separados entre sí una distancia mínima de seguridad para evitar que la presencia de cada uno de ellos influya en las medidas tomadas por sus vecinos. Para la observación del viento se dispone de una torre metálica en la que están colocados —a 10 metros de altura— la veleta y el anemómetro. Completan el instrumental básico de un jardín meteorológico, el pluviómetro, el pluviógrafo, el heliógrafo de Campbell-Stokes y el tanque de evaporación. El barómetro se localiza fuera del recinto, en un pequeño pabellón o sala anexa a las dependencias donde se ubica el personal encargado del observatorio.

jarrear. Llover intensamente, de forma copiosa. En sentido figurado, caer la lluvia a jarras. Término de uso muy extendido y popular («Si ves a la hormiga volar, no tardará en jarrear»).

jarupia. Viento fuerte. Localismo de la comarca zamorana de Sayago. También se emplean las variantes jarupio y jarupión.

jet stream. *Véase* corriente en chorro.

jiladura. Localismo usado en la comarca leonesa de La Maragatería para referirse a la helada. Forma parte de una vasta familia de palabras relacionadas con el frío y el hielo. *Véase también* jilsa/o.

jilsa/o. Término usado en algunas zonas de León para referirse al viento frío y seco que sopla a veces por aquellas tierras. Este vocablo —tanto en masculino como en femenino— guarda relación con otros que hacen referencia al hielo (jielu, xelu) y a la helada (jilada, jiladura, jelada, xelada...); todos ellos con origen común en el vocablo latino *gelum* (hielo).

Joven Dryas. *Véase Younger Dryas.*

jullisca. Nombre dado en el interior de Cantabria a la cellisca. Sinónimo de ventisca. También se emplean con idéntico significado los localismos cellerisca, cellisquera, cillisca, jullisquera, jurriasca, jurriascada (jurriascá), zurriascada o zurrasquera, entre otros.

jurriascar. Llover bajo un intenso viento. El término es un localismo cántabro, que también admite las formas zurriascar, zarriascar, jarriascar y jorriascar. Todas estas formas son equivalentes a los términos de uso más general ventiscar y cellisquear.

juran. Viento frío y turbulento del noroeste, acompañado de nevadas, que sopla en Suiza, procedente del macizo del Jura, en el norte de los Alpes. También recibe el nombre de joran.

K

Kaikias. Denominado también Caecias o su variante Cecias, es el nombre que en la Antigua Grecia recibía el dios-viento del nordeste (NE). En la Torre de los Vientos de Atenas este viento frío está representado por un anciano alado que porta un escudo circular que contiene granizos.

khamsin. Viento muy cálido, seco y polvoriento de componente sur, procedente del desierto del Sáhara, que sopla en Egipto y el mar Rojo, afectando también a parte de la península arábiga. Es impulsado por las borrascas que discurren por el Mediterráneo Oriental. Tiene su origen etimológico en la palabra árabe *khamsun* o *hamsin*, que significa cincuenta, ya que ese es el número aproximado de días al año que sopla ese viento por aquellos lares. El khamsin aparece de forma intermitente desde finales del invierno hasta principios del verano, aunque es entre los meses de abril y junio cuando su frecuencia es mayor. Aparece escrito con diferentes grafías, como jamsin, chamsin, camsin, kamsin, khamsin, khamaseen o khemsin. También se le identifica con el siroco.

kibli. *Véase* ghibli.

L

La Niña. Fase positiva del fenómeno climático ENSO. Antes de recibir este nombre se empezó a llamar El Viejo y el anti-El Niño, por presentar justamente las condiciones opuestas a El Niño. En este caso, la presión disminuye en el lado occidental de la franja tropical de la cuenca del Pacífico y aumenta en el lado oriental. Como consecuencia de ello, se intensifican los vientos alisios, lo que provoca el afloramiento de aguas frías profundas y el progresivo enfriamiento de las aguas superficiales del Pacífico ecuatorial. Las anomalías de temperatura que se alcanzan son menores —y de signo contrario— que las que tienen lugar durante los episodios de El Niño. El fenómeno no tiene una duración fija, pudiendo variar desde los 9 meses en los episodios más cortos hasta casi 3 años. Su entrada en escena suele acontecer a mediados de año, alcanzando su máxima intensidad a finales, siendo en esos primeros seis meses de vida cuando se manifiesta con una mayor intensidad. Al igual que El Niño, sus impactos se traducen en diferentes alteraciones en los patrones meteorológicos y oceánicos no solo en la franja intertropical del océano Pacífico, sino en otras zonas más distantes del planeta.

lacunosus (la). Palabra en latín que significa «lleno de orificios» y que da nombre a una variedad de cirrocúmulos, altocúmulos y estratocúmulos que presenta huecos circulares, con sus bordes deshilachados, distribuidos de forma más o menos regular en la delgada capa que constituye cada uno de esos géneros nubosos. El conjunto de esos orificios forma una especie de malla que recuerda, en algunos casos, a un panal de miel.

lago de aire frío. Expresión utilizada en Meteorología para describir la masa de aire frío de poco espesor que se va formando durante la noche en los valles y zonas deprimidas de terreno, rodeadas de montañas, como consecuencia de la pérdida de calor por radiación en las laderas cercanas. Las brisas de montaña (vientos catabáticos) van acumulando aire frío en esas zonas más bajas, lo que en muchos casos culmina con la formación de una niebla.

lágrimas de San Lorenzo. Nombre popular que reciben las Perseidas. Se trata de una de las lluvias de estrellas fugaces más importantes del año, ocasionada por la entrada en la atmósfera terrestre de pequeños restos rocosos y de hielo desprendidos del cometa Swift-Tuttle en su recorrido orbital alrededor del sol. Cuando la Tierra atraviesa la órbita de ese cometa, el campo gravitatorio de nuestro planeta intercepta muchas de esas pequeñas partículas cometarias e inician un vertiginoso descenso por la atmósfera. En ese recorrido, el rozamiento con el aire calienta extraordinariamente los pequeños fragmentos, ionizándose el estrecho canal por el que discurre cada uno de ellos, lo que da como resultado la traza luminosa observada. El nombre de Perseidas hace referencia a la constelación de Perseo, por ser esa la región de la bóveda celeste de donde parecen surgir estas estrellas fugaces. La denominación de «lágrimas de San Lorenzo» data del siglo XIX, al coincidir por aquel entonces el máximo de las Perseidas con la noche del 10 al 11 de agosto (la festividad de San Lorenzo se celebra el 10 de agosto). En la actualidad, el máximo se ha desplazado al 12 de agosto, debido a los cambios sufridos en la órbita del cometa como consecuencia de perturbaciones gravitatorias. Las estrellas fugaces, debido a su condición de fotometeoros, tienen interés meteorológico. Ocurre lo mismo con los fragmentos rocosos no cometarios que también atraviesan la atmósfera. Estos meteoroides, en su caída, generan, a veces, cegadores destellos de luz, conocidos como bólidos o bolas de fuego.

laguna. En un contexto meteorológico, el término hace alusión a la falta de una cierta cantidad de datos en una serie climatológica. Si, por ejemplo, se dispone de la serie de 80 años de temperaturas medidas ininterrumpidamente en un observatorio, y en ella hay unos pocos meses de un año en que no figuran registros, ese hueco o vacío es la laguna de datos.

LAM. Sigla internacional con la que se conoce a los modelos de área limitada. Acrónimo de *Limited Area Model*. *Véase también* modelo de área limitada.

lampo. El resplandor del relámpago.

lanbroa. Uno de los nombres con los que se refieren a la llovizna en el País Vasco. En euskera se expresa también como *lanbro* (sin la «a» del final) y hace también referencia a la niebla o neblina, particularmente a la que suele formarse antes de producirse la citada llovizna.

latitudes de los caballos. *Véase* calmas subtropicales.

lebeche. Nombre que recibe el viento cálido, seco y polvoriento del suroeste en las costas suresteñas de la península ibérica. Allí se distingue entre este viento y el jaloque, que sopla del sureste, si bien ambos suelen identificarse con el siroco. El lebeche también se conoce como garbí o garbino y su origen etimológico nos lleva a Lips o Libis, el dios-viento del suroeste en la mitología griega, un viento que soplaba de Libia y que los romanos llamaron Africus, en alusión a su procedencia africana. El término griego que daba nombre al dios líbico, una vez latinizado y llamado por los árabes de al-Ándalus, derivó en la nomenclatura actual.

lengua de aire cálido. Forma gráfica de describir una extensa zona de aire cálido, asociada a una dorsal, que se extiende desde el ámbito subtropical hacia latitudes altas, alcanzando en ocasiones las regiones polares.

lengua de aire frío. Forma gráfica de describir una extensa zona de aire frío, asociada a una vaguada, que se extiende desde las regiones polares hacia el ecuador, alcanzando de lleno a las latitudes medias.

lenticularis (len). Vocablo latino, diminutivo de *lens/lentis* (lente), que traducimos como lenteja y que da nombre a una de las especies catalogadas en el *Atlas Internacional de Nubes* de la OMM. Dicha especie nubosa solo aparece en los géneros *Cirrocumulus*, *Altocumulus* y *Stratocumulus*, y es fácilmente reconocible. Las nubes lenticulares son alargadas, con forma de lenteja o almendra y con sus contornos bien definidos, moldeados por el viento intenso que sopla en su parte superior. Suelen ser nubes orográficas —sobre todo altocúmulos—, asociadas al fenómeno de onda de montaña. A veces se solapan varios de esos elementos nubosos aplastados (variedad *duplicatus*), dando como resultado una nube de gran tamaño y vistosidad.

levante. Nombre genérico dado al viento del este, de uso común en todo el litoral mediterráneo español. El término hace referencia al viento que sopla por donde se levanta (sale) el sol. Al tener un recorrido marítimo, es un viento fresco y muy húmedo que contribuye a la formación de nubes en las sierras adyacentes a la costa y a la generación de lluvias muy eficientes, siempre y cuando la situación meteorológica sea propicia para ello. En el estrecho de Gibraltar y zonas adyacentes, este viento se canaliza y acelera, adquiriendo identidad propia. Allí, tanto la frecuencia como la intensidad del levante lo convierten en un elemento meteorológico muy destacado. Aunque puede soplar en cualquier época del año, es más frecuente desde la primavera al otoño, favorecido por la posición que suele ocupar el anticiclón de las Azores, abrazando gran parte de la península ibérica. En zonas situadas más al este, también se manifiesta durante el otoño, asociado a intensos temporales mediterráneos. El levante en el Estrecho puede llegar a soplar hasta 50 días seguidos y alcanzar rachas máximas superiores a los 100 km/h en Punta Europa (Gibraltar) y en Tarifa, donde casi el 60 % de las veces que sopla levante es fuerte o muy fuerte. Sopla, en promedio, 165 días al año; un dato que coincide casi exactamente con los días de poniente, aunque este último viento (del oeste) no acostumbra a ser tan fuerte.

levantazo. Nombre coloquial que recibe el temporal de viento de levante por tierras gaditanas. Los temporales más duros se extienden desde el mar de Alborán hasta la bahía de Cádiz, afectando a gran parte del litoral andaluz, Ceuta y Melilla. Pueden durar varios días (más de una semana en algunos casos), complicando la navegación marítima en la zona. Uno de los principales indicadores del aumento en la intensidad del viento de levante es la aparición de una nube en forma de banderola en el Peñón de Gibraltar. Dicha formación nubosa desaparece cuando el citado viento alcanza fuerza 6 en la escala Beaufort (velocidad comprendida entre 39 y 49 km/h). Los temporales de levante mantienen el ambiente fresco en la costa malagueña, con temperaturas que rondan los 20 ºC, pero el efecto foehn que sufre el viento al atravesar la serranía de Ronda, hace que descienda recalentado a la bahía de Cádiz, donde la temperatura llega a superar los 30 ºC, volviéndose el ambiente agobiante. Los gaditanos se refieren a ese viento como matacabras.

levantera. Equivalente a levantazo.

levantichón. Conocido también como levante en calma, describe la situación de viento calmado que marca la transición entre el régimen de levante y el de poniente en la zona del Estrecho.

levantisco. Equivalente a levantino, procedente del este o levante. Término poco usado, que se aplica a veces al viento de levante.

levanto. Nombre que recibe el siroco en las islas Canarias. La irrupción del viento del sureste está asociada a episodios intensos de calima en el archipiélago canario, debido a la gran cantidad de polvo del desierto del Sáhara que transporta.

leveche. Forma incorrecta de lebeche.

ley de Buys-Ballot. Conocida también como la ley bárica del viento, es una de las reglas empíricas que, en 1857, formuló el marino y meteorólogo holandés Christoph H. D. Buys-Ballot (1817-1890), y que pusieron en práctica los navegantes de la época, gozando de muy buena aceptación. La citada ley (referida para el hemisferio norte) establece que si una persona se coloca de espaldas al viento con los brazos en cruz, la presión atmosférica que soporta su mano izquierda es menor que la que soporta su mano derecha, por lo que las bajas presiones (borrasca, asociada a un temporal marítimo) quedan a su izquierda y las altas (anticiclón, asociado a una mar en calma) a su derecha. Esta sencilla regla daba las pautas adecuadas para que un navío tomara el rumbo adecuado, esquivando las zonas peligrosas para la navegación.

LI. Acrónimo de la palabra *Lift Index*. *Véase también* índice de elevación.

lidar. Instrumento o técnica basada en tecnología láser que se usa en Meteorología. La palabra —expresada en español también como lídar— es el acrónimo de *Laser Imaging Detection And Ranging* (LIDAR). Mediante la emisión de pulsos de un haz láser, el dispositivo lidar es capaz de determinar la distancia a un determinado objeto o superficie, gracias a la medida del tiempo que transcurre desde que se emite uno de esos pulsos hasta que se detecta la señal reflejada. Entre las aplicaciones meteorológicas de estos instrumentos destacan, por ejemplo, la medida del techo de nubes en los aeropuertos (nefobasímetro), la caracterización de los aerosoles en columnas atmosféricas y las medidas del viento en altura.

límite superior de la atmósfera. Tope de la atmósfera. Límite teórico entre la atmósfera y el espacio exterior. A efectos aeronáuticos, se sitúa a apenas 100 kilómetros de altitud, mientras que para muchas consideraciones teóricas en Meteorología queda fijado a 300 kilómetros de la superficie terrestre. Si el criterio es la presencia de átomos de hidrógeno de origen atmosférico, dicha frontera se suele situar a 10 000 kilómetros de altitud. *Véase también* exosfera.

línea de convergencia. Línea de discontinuidad donde convergen corrientes de aire enfrentadas entre sí que se desplazan en el mismo plano horizontal.

línea de corriente. Concepto teórico de mecánica de fluidos, aplicable a la atmósfera, que puede definirse como la línea continua trazada en el seno de un fluido en la que cada punto sigue la dirección del vector velocidad. Las corrientes de aire pueden estudiarse en términos de líneas de corriente. En un determinado instante, cada una de ellas marca la dirección de desplazamiento del flujo aéreo.

línea de divergencia. Línea de discontinuidad donde divergen corrientes de aire que se desplazan, en sentidos contrapuestos, en el mismo plano horizontal.

línea de turbonada. Banda estrecha y alargada a lo largo de la cual se distribuye un conjunto de tormentas. El viento cambia bruscamente de dirección y aumenta de intensidad al paso de esta línea tormentosa no frontal, produciéndose la referida turbonada. Las más severas vienen precedidas por un murallón nuboso de aspecto amenazante, que adopta la forma de rodillo

293

(*arcus*). Aparte de las violentas ráfagas de viento que se generan, las tormentas dejan breves e intensos aguaceros, acompañados muchas veces de granizo. *Véase también* turbonada.

Lips. Nombre que en la mitología griega recibía el dios-viento del suroeste, también conocido como Libis. Era el viento procedente de Libia. En la Torre de los Vientos de Atenas aparece representado como un joven alado, sin barba, vestido con una túnica, que sostiene entre sus manos el timón de una embarcación. En la mitología romana tenía su equivalente en el dios-viento Africus (procedente de África); nombre que dio origen al viento ábrego.

lisímetro. Pequeño instrumento que sirve para medir la cantidad de agua que, procedente de la precipitación, absorbe el suelo o —de forma equivalente— el ritmo de evapotranspiración del mismo. Los datos suministrados por este aparato permiten conocer la capacidad que tiene un terreno para drenar o, por el contrario, para empaparse de agua y favorecer la escorrentía. Hay varios tipos de lisímetros. Uno de los más comunes es el de succión, que dispone de una pequeña sonda que extrae muestras de suelo y determina su balance hídrico. También se conoce como evapotranspirómetro o recipiente lisimétrico.

litometeoro. Meteoro consistente en un conjunto de partículas sólidas no acuosas, que están en suspensión en la atmósfera o son levantadas del suelo por el viento. La calima, el humo o las tempestades de polvo y arena son algunos de los principales litometeoros que hay catalogados.

litosfera. Capa superficial sólida de la Tierra, caracterizada por su rigidez. Está formada por la corteza terrestre y la zona más externa del manto. La palabra tiene su origen etimológico en las palabras griegas λίθος (*lithos*) y σφαίρα (*sphaíra*) y significa literalmente «esfera de piedra». Es una de las componentes del sistema climático e interacciona con las otras cuatro (atmósfera, hidrosfera, criosfera y biosfera), aunque los cambios en ella son mucho más lentos, pudiéndose considerar estática frente a las otras.

llampo. Vocablo con el que, en el sureste de la península ibérica, se refieren al relámpago.

llaz. Forma arcaica de llamar al hielo, que mantiene su vigencia en el área de la cordillera cantábrica y los montes de León. El uso más común se aplica al hielo invernal muy resbaladizo que se forma en los charcos y los suelos húmedos. La palabra tiene su origen en el vocablo del latín vulgar *glacium* (hielo), de donde derivaron las formas lazo-laza-llaz.

llevant. Levante en catalán. Así aparece expresado el viento del este en muchas rosas náuticas usadas en el Mediterráneo Occidental.

llevantada. En sentido estricto, temporal de *llevant* o levante (viento del este). En la práctica, es la forma coloquial de referirse al fuerte temporal del nordeste en la costa de Cataluña y de la Comunidad Valenciana, responsable en muchos casos de episodios de lluvias fuertes y mal estado del mar. Es común emplear el vulgarismo *llevantà*.

llovedera. Americanismo que toma el significado de lluvia persistente. Se emplea en países como México, Colombia, Cuba, El Salvador o Costa Rica, entre otros. Se aplica cuando, aparte de llover durante mucho tiempo seguido, lo hace con intensidad.

llovida. Sinónimo de lluvia.

llovizna. Precipitación de pequeñas gotas de agua, cuyo diámetro es inferior a 0,5 mm, que cae de una nube formando una cortina bastante uniforme, con una alta densidad de esos diminutos hidrometeoros. Existe un gran número de localismos para referirse a ella, entre los que destacan, por su uso extendido, orbayo —con sus distintas grafías—, calabobos y chirimiri. La mayoría de ellos están recogidos en el presente diccionario. Cuando las gotas son de agua subfundida, tenemos la llamada llovizna helada o engelante.

llovizna escocesa. Combinación de una neblina densa y una llovizna intensa, que se produce con frecuencia en Escocia y en algunas regiones de la vecina Inglaterra. En la península de Devon-Cornwall llaman *mizzle* a esa niebla o neblina lloviznosa.

lluvia. Precipitación de gotas de agua, cuyo diámetro está comprendido entre 0,5 y 6 mm. Excepcionalmente, pueden llegar a formarse gotas algo más grandes (gota de lluvia). En el seno de las cortinas de lluvia que caen de las nubes, suele haber también gotas más pequeñas, pero muy dispersas, fruto de las colisiones entre las de mayor tamaño. La lluvia no siempre llega al suelo, pudiendo evaporarse antes, en cuyo caso tenemos una virga. Contrariamente a lo que se tiende a pensar y a la manera en que suelen dibujarse, las gotas de lluvia en su caída no adoptan la forma de una lágrima, sino que tienden a ser esféricas. Cuanto más pequeñas son, más perfecta es su esfericidad, deformándose a medida que aumentan de tamaño. Hay distintos tipos de lluvia catalogados, atendiendo a criterios muy diversos. En las siguientes diez entradas se describen los principales.

lluvia ácida. Lluvia en la que las gotas contienen ácidos disueltos, como consecuencia de la combinación química del agua con gases contaminantes presentes en el aire. La lluvia ácida es, por tanto, una consecuencia de la contaminación atmosférica. Puede ser debida tanto a causas naturales (erupciones volcánicas) como antrópicas (emisiones a la atmósfera). Tanto los óxidos de nitrógeno (NO_x), como distintos gases que contienen azufre, provenientes de la combustión del carbón y de otros combustibles fósiles, al reaccionar con el vapor de agua presente en la atmósfera, dan lugar a distintos ácidos como el nítrico (HNO_3), el sulfúrico (H_2SO_4) o el sulfuroso (H_2SO_3), que terminan incorporados a las gotitas de las nubes y de ahí a los distintos hidrometeoros que se forman en ellas. Al caer la lluvia (o nieve) ácida sobre la superficie terrestre, estas sustancias químicas quedan depositadas en ella, lo que provoca efectos perniciosos en la vegetación y una acidificación del suelo y de las aguas.

lluvia amarillenta. Nombre genérico que recibe la lluvia que adopta el color amarillo. La más común de todas ellas es la de polen. Los microbiólogos llaman así al fenómeno de la dispersión a largas distancias de polen y esporas. A pequeña escala, durante la primavera, algunos árboles, como los pinos, liberan al aire grandes cantidades de polen, formándose unas nubes amarillentas que se identifican con este tipo de lluvia. También hay documentadas lluvias de ese color, pero debidas a la incorporación a las gotas de compuestos sulfurosos provenientes de fugas en plantas industriales o erupciones volcánicas. En este caso particular, se denomina lluvia de azufre.

lluvia artificial. Lluvia estimulada por alguno de los métodos empleados en la modificación artificial del tiempo. *Véase también* siembra de nubes.

lluvia de barro. Lluvia en la que las gotas contienen una elevada concentración de polvo mineral, procedente en su mayor parte de un área desértica. Parte de esas partículas sólidas actúan como núcleos de condensación sobre los que crecen las gotas de lluvia, y el resto —la mayoría— se incorpora a ellas desde el aire polvoriento donde se forman y caen. Todos esos materiales quedan depositados en el suelo y los objetos situados en él, una vez que, transcurrido un tiempo, el agua de la lluvia se evapora. Estas lluvias sucias también se conocen como lluvias de fango, de sangre o sanguinolentas. *Véase también* lluvia de sangre.

lluvia de sangre. Nombre con el que se conoce también a la lluvia de barro, debido al color rojizo que suele presentar, al contener partículas de polvo de ese color, ricas en óxidos de hierro. Este tipo de lluvias sanguinolentas son relativamente frecuentes en los países ribereños del Mediterráneo, debido a la cercanía del desierto del Sáhara; principal fuente de ese material particulado. Antiguamente, nuestros antepasados llegaron a pensar que llovía sangre de verdad del cielo, lo que era considerado una señal divina que presagiaba malos augurios. En distintos lugares del mundo, hay documentadas lluvias rojas que no deben su coloración a la arena del desierto, sino a determinadas microalgas que liberan un pigmento de ese color. Sus esporas se incorporan al aire y se desplazan grandes distancias, consiguiendo en algunos casos alcanzar la densidad necesaria para teñir de ese color el agua de las gotas de lluvia contenidas en algunas nubes. Este segundo tipo de lluvias de sangre encajan mejor en la categoría de lluvias raras.

lluvia engelante. Lluvia formada por gotas de agua subfundida, que se congelan de inmediato al impactar contra una superficie; bien sea el propio suelo, como cualquier objeto situado sobre él, o parte del fuselaje y las alas de un avión en vuelo. En todos los casos, la consecuencia es la misma: la formación de una capa de hielo claro, duro y resbaladizo. Una lluvia convencional se convierte en engelante cuando en su caída atraviesa una capa de aire en la que la temperatura es inferior a 0 °C, en cuyo caso las gotas mantienen su condición de líquido, pero cambia la disposición de las moléculas de agua, pasando a estar en estado de subfusión.

lluvia horizontal. Aporte de agua al terreno y a la vegetación por el choque constante de un estrato nuboso. *Véase también* criptoprecipitación.

lluvia inapreciable. Nombre con el que se cataloga la lluvia recogida en un pluviómetro cuando la cantidad es inferior a 0,1 mm. Este valor coincide con la división mínima de la escala de la probeta graduada donde se lleva a cabo la lectura. No es posible, por tanto, alcanzar una mayor precisión en la medida de la lluvia. Se expresa de forma abreviada como Ip.

lluvia orográfica. Lluvia asociada a una nube orográfica, que se produce en la ladera de barlovento de una montaña, como consecuencia del ascenso forzado de aire húmedo por ella. Una vez alcanzado el nivel de condensación, se forma la citada nube orográfica, en el seno de la cual se produce la lluvia.

lluvia torrencial. Lluvia cuya intensidad tiene un carácter extraordinario. En Meteorología, no existe un único criterio técnico para definir una lluvia torrencial. Uno de los más aceptados fija en 60 mm/h la intensidad mínima a partir de la cual el carácter de una lluvia es torrencial. En episodios destacados de lluvia, lo normal es que se alcance o supere dicho umbral en determinados momentos, pero no durante la mayor parte de tiempo. Las acumulaciones de agua que resultan de una lluvia torrencial duradera ocasionan inundaciones.

lluvias equinocciales. Lluvias de tipo convectivo (fuertes aguaceros) que se producen con regularidad en las regiones tropicales, tanto algo después del equinoccio de primavera como algo antes del de otoño. Ambos períodos de lluvia constituyen dos máximos pluviométricos anuales en ese ámbito geográfico, y vienen dictados por la basculación estacional norte-sur a la que se ve sometida la zona de convergencia intertropical. Según vamos alejándonos del ecuador, ese par de máximos van aproximándose hasta unirse, dando lugar a un nuevo régimen pluviométrico, caracterizado por una única estación de lluvias (monzón de verano) que alterna con otra seca (monzón de invierno), en la que escasean.

lluvias raras. Denominación genérica que reciben las lluvias no convencionales, en las que precipitan todo tipo de objetos y elementos de distinta naturaleza. Dentro de la rareza propia de este tipo de lluvias, las más comunes son las de peces y ranas, si bien el inventario de ellas es muy extenso. Hay documentadas lluvias de diversas aves, ratas, gusanos, arañas, lagartijas, serpientes y medusas, entre otros animales. También han llovido, a veces, manzanas y otros frutos, bloques de hielo aislados de gran tamaño, masas gelatinosas, pelotas de golf, monedas, trozos de madera, piedras y un largo etcétera. Muchas de estas lluvias raras se explican por la presencia de uno o varios tornados o mangas marinas que, en su recorrido, arrancan y succionan dichos elementos de la superficie terrestre, los mantienen en el aire durante un tiempo y terminan cayendo a tierra en una zona alejada del lugar donde estaban originalmente. Las lluvias raras también reciben el nombre de lluvias forteanas, en alusión a un singular personaje llamado Charles Fort (1874-1932), que durante algo más de treinta años, a caballo entre los siglos XIX y XX, recopiló de forma sistemática miles de informaciones publicadas en la prensa de la época sobre lluvias insólitas ocurridas en cualquier lugar del mundo.

lluvisnoso. Tiempo de llovizna o lugar donde llovizna con frecuencia. Equivalente a lloviznoso.

lombardo. Nombre que recibe en la región italiana de Lombardía el viento cálido de componente oeste, ligado al efecto foehn, procedente de la vecina región de Saboya, que desciende desde los Alpes.

lubricán. Crepúsculo matutino o vespertino. Un posible origen etimológico es el término latino *lubricus*, que podemos traducir como resbaladizo. En el caso que nos ocupa, da idea del carácter transitorio de ese momento del día, que rápidamente se nos escapa de las manos (en sentido figurado, se entiende). No se descarta tampoco que guarde relación con la palabra lúgubre, dado el ambiente oscuro y sombrío que caracteriza a la transición entre el día y la noche. Una tercera posibilidad es que tenga su origen en las palabras latinas *lupus* (lobo) y *canis* (perro), ya que durante esa tenue claridad los perros ladran y los lobos aúllan. Tampoco hay luz suficiente para que los pastores puedan distinguir bien unos de otros.

lucímetro. Instrumento que permite medir la intensidad media de la radiación solar global (directa + difusa) en las cercanías del suelo, durante un período de tiempo dado. *Véase también* piranómetro.

luna azul. Nombre que dan los anglosajones a la segunda luna llena que tiene lugar en un mismo mes, lo que ocurre cada dos años y medio, en promedio. También recibe esta denominación la luna de color azulado o verdoso que se observa cuando tiene lugar en la Tierra una gran erupción volcánica. La inyección de enormes cantidades de partículas muy finas a la alta atmósfera atenúa la fracción de la luz lunar de longitudes de onda mayores (rojo, anaranjado, amarillo), potenciándose los colores de las menores (verde, azul, violeta). Es un fenómeno óptico similar al observado en el humo de un cigarrillo, cuyo color azulado es consecuencia de la dispersión selectiva de la luz reflejada por las partículas que forman el citado humo.

luz celeste. Luminosidad que emana de los gases presentes en la parte superior de la atmósfera. Este fenómeno óptico, también conocido como resplandor celeste, solo es perceptible durante la noche, ya que de día queda enmascarado por el azul celeste que dispersa el medio atmosférico en su conjunto.

luz cenicienta. Débil iluminación de color gris apagado, similar a la ceniza, que presenta la parte sombreada del disco lunar enfrentada a la Tierra, como consecuencia del reflejo de la luz que a su vez refleja nuestro planeta sobre la Luna. La primera explicación del fenómeno fue debida al filósofo y teólogo alemán Nicolás de Cusa (1401-1464), completada algunos años después por el pintor y matemático Leonardo da Vinci (1452-1519). La intensidad de la luz cenicienta —también conocida como luz cinérea— varía a lo largo del año, alcanzando su máximo a principios de la primavera, lo que coincide con el momento del año en que la superficie de hielo y de nieve en el hemisferio norte alcanza una mayor extensión. Los cambios en la cobertura nubosa, tanto intraanuales como interanuales, en la medida en que también modifican el albedo terrestre, potencian o debilitan la visibilidad de luz cenicienta.

luz purpúrea. Nombre con el que también se conoce al resplandor alpino o *alpenglow.*

luz santa. Aureola que se observa alrededor de una sombra cuando esta se proyecta sobre un campo de hierba o cereal. Es particularmente brillante si dicha cubierta vegetal está mojada. Este fenómeno óptico, cuyo nombre original es *heiligenschein* («luz santa», en alemán), es debido a un efecto de ocultación de sombra. Cada brizna de hierba genera su propia sombra, pero las de la hierba situada en el punto antisolar y su entorno más cercano son menos visibles —por estar en la zona oscura— que las de los alrededores, producidas por la hierba situada en la zona periférica de la penumbra y donde empieza a incidir directamente la luz del sol. Al sobrevolar en un globo aerostático, a baja altura, un pastizal o campo de cultivo a primeras horas de la mañana —con el sol a baja altura—, es fácil de observar la luz santa rodeando la sombra alargada del globo. La presencia de rocío sobre la vegetación contribuye a intensificar su brillo, al actuar las gotitas de agua como minúsculas lentes convergentes. El fenómeno también se conoce como luz sagrada o corona de santo.

luz zodiacal. Cono de luz blanquecina o amarillenta, de baja intensidad y aspecto lechoso, que aparece en el cielo nocturno a lo largo del plano de la eclíptica. Se observa principalmente en las regiones tropicales, siempre y cuando haya bastante oscuridad y el aire sea diáfano. Bajo tales circunstancias, la luz zodiacal se empieza a ver tras la puesta de sol —una vez que finaliza el crepúsculo vespertino—, desapareciendo al final de la madrugada, cuando comienza a clarear. Está provocada por la dispersión que sufre la luz solar al atravesar la miríada de partículas de polvo cósmico presentes en el espacio interplanetario.

M

macazón. En el interior de Cantabria, niebla baja cerrada, no generalizada. Es un aumentativo del localismo también cántabro macao, que se identifica con un banco de niebla, pero sobre la superficie marina.

macroclima. Clima de una extensa región geográfica. Es la mayor de las unidades climáticas. Tanto el clima global como el regional se engloban dentro de esta categoría, aunque su uso no está extendido. Es más común referirse a un dominio climático y a un ámbito climático, abarcando este último al anterior.

magnetosfera. Región que se extiende desde la parte exterior (ionizada) de la atmósfera hacia el espacio, rodeando toda la Tierra y formando un escudo protector de las cargas eléctricas altamente energéticas que constituyen el viento solar. El campo magnético terrestre desvía ese flujo de partículas hacia los polos magnéticos, produciéndose la interacción de uno y otro a unos 100 000 kilómetros de la superficie terrestre enfrentada al sol, en la llamada magnetopausa. La magnetosfera no es exclusiva de la Tierra, ya que la tienen otros planetas del Sistema Solar también dotados de un campo magnético.

mal de altura. Malestar provocado por la falta de oxígeno que se siente en alta montaña, debido al progresivo enrarecimiento del aire según se va ganando altura. El principal síntoma de este trastorno es la sensación de ahogo y el aumento del ritmo cardíaco, lo que puede venir acompañado de náuseas, vómitos y un intenso dolor de cabeza. El mal de altura puede derivar en un problema grave de salud —como un edema pulmonar— si se alcanzan con rapidez cotas muy elevadas, sin un tiempo adecuado de adaptación. Comienza a manifestarse por encima de los 2500 m de elevación, si bien la mayoría de las personas se adaptan con facilidad a la hipoxia hasta la cota 3000 m. De ahí para arriba, el metabolismo comienza a acusar la escasez de oxígeno, lo que exige un tiempo adecuado de aclimatación para poder seguir ascendiendo. El mal de altura se conoce también como mal de montaña o del páramo, así como MAM (mal agudo de montaña) en el argot médico. En la zona de los Andes recibe distintas denominaciones como soroche, puna o apunamiento.

malla. Conjunto de puntos en los que un modelo matemático de predicción meteorológica o climática distribuye espacialmente y define las distintas variables que usa. La distancia entre dos puntos contiguos de la malla representa la resolución espacial del citado modelo. En la actualidad, los modelos de circulación general (MCG) alcanzan resoluciones de entre 10 y 20 km. El reto en los próximos años —en la medida en que siga aumentando la capacidad de cálculo de los superordenadores— es bajar la resolución de los MCG hasta los 5 kilómetros. *Véase también* modelo numérico de predicción.

mamma (mam). Vocablo latino que recibe uno de los rasgos suplementarios del *Atlas Internacional de Nubes* de la OMM, consistente en unas protuberancias con forma de teta o mama (de ahí su nombre) que cuelgan, a veces, de determinados géneros nubosos. Se pueden observar en cirros, cirrocúmulos, altocúmulos, altoestratos, estratocúmulos y cumulonimbos. Son particularmente llamativos los que se descuelgan del yunque de un *Cumulonimbus*, cuya formación es debida a un proceso conocido en Meteorología como convección inversa.

mammatus. Nombre con el que también se conoce el rasgo suplementario *mamma*.

mancar. Disminuir la fuerza del viento o de las olas. Fuera de un contexto meteorológico, en Asturias significa lastimar, hacer daño, herir o golpear.

manga. Palabra con varias acepciones meteorológicas. Expresada así, de forma genérica, puede referirse tanto a un cataviento (manga de viento) como al torbellino que se forma sobre el agua (manga marina). En algunos países de América Latina, como México, llaman así a la capa de hule que sirve para protegerse de la lluvia cuando se va montado a caballo. En Argentina y Bolivia, una manga es una nube de langostas.

manga de viento. Cono truncado de tela, abierto por los dos extremos, en cuya base mayor hay un anillo metálico que está sujeto con unas cuerdas o cables a la parte alta de un mástil. La manga puede girar libremente en el plano horizontal, a merced del viento. Lleva varias franjas de color rojo y blanco, colocadas alternativamente. En función de la intensidad del viento, la porción de tela que alcanza la horizontalidad es mayor o menor, sirviendo las divisiones entre franjas como referencia visual para estimar cuál es la velocidad del viento. Cuando la franja situada más cerca del mástil está horizontal y el resto de ellas inclinadas hacia abajo, sopla un viento de 3 nudos (5,5 km/h). A medida que el viento se intensifica, la manga va enderezándose, hasta ponerse totalmente horizontal, lo que ocurre cuando el viento alcanza los 15 nudos (28 km/h). Este elemento es común en aeródromos y aeropuertos, al lado de las pistas, y también se coloca en tramos de autovías y autopistas, como los viaductos y pasos angostos entre montañas, donde el viento se canaliza y suele soplar con intensidad. También recibe el nombre de catavientos o manga catavientos. La expresión «manga de viento» también se usa como sinónimo de remolino de polvo o tolvanera.

manga marina. [Imagen 14, pliego]. Tornado que tiene lugar sobre una gran superficie de agua, evolucionando todo el rato sobre ella o en parte sobre tierra firme, si bien tiende a disiparse al alcanzar la orilla. Algunos autores distinguen entre mangas tornádicas y no tornádicas, en función de que la columna rotatoria de agua, asociada al torbellino de aire, se descuelgue o no de una nube tormentosa. Lo más habitual es que las mangas marinas sean más débiles que los tornados terrestres y se descuelguen de nubes cumuliformes, no siempre cumulonimbos (nubes de tormenta). También es relativamente frecuente que se formen varias de ellas alineadas. La parte superior de la manga, conectada a la base de la nube desde la que se descuelga, adopta la forma de un cono invertido (nube embudo) y conecta con la superficie marina a través de una estrecha columna nubosa, con frecuencia retorcida. La parte inferior de esa columna está rodeada por un conjunto de gotas y gotitas de agua en suspensión, dotadas de bruscos movimientos (cilindro de espray), que escapan de la superficie marina por efecto de la intensa succión de la propia manga, alcanzando varias decenas de metros de altura (más de 100 m en algunos casos). Este fenómeno meteorológico también se conoce como tromba marina o manguera. *Véase también* tuba.

manguera. *Véase* manga marina.

mansurrón. En las islas Canarias, tiempo manso o blando. Con estos adjetivos se describe un tiempo atmosférico templado y apacible, en el que el cielo está nublado y amenaza lluvia. Este término es complementario al localismo, también canario, panzaburra (panza de burra), con el que se identifica el cielo gris característico de ese tipo de tiempo. *Véase también* blandura.

manta de agua. Coloquialmente, aguacero, chaparrón. Equivalente a tromba de agua. El término «manta» se expresa indistintamente en singular o en plural (mantas). Expresiones como «llover a manta/s» o «caer a manta/s» son de uso común.

manto de la Virgen. Expresión popular cántabra, de origen religioso, que recibe el arcoíris en los valles pasiegos. También se conoce en la zona como el puentuco de los ángeles.

manto de nieve. Capa de nieve que cubre el terreno como consecuencia de una o varias nevadas. La medida de su espesor se expresa en centímetros.

mañanear. Amanecer o madrugar.

mapa de altura. En el argot meteorológico, nombre que recibe cualquier mapa con información meteorológica a un nivel atmosférico dado, por encima del nivel del mar. También es habitual referirse a él como un mapa de isohipsas, por aparecer trazadas en él esas isolíneas. Todas ellas conforman la topografía de una determinada superficie de presión. Cada isohipsa es una curva de nivel de la citada superficie isobárica. Se confeccionan de forma rutinaria mapas de altura para los niveles tipo de 850, 700, 500, 300, 200 y 100 hPa. En rigor, habría que referirse a ellos como mapas de altitud, ya que nos informan de las altitudes (expresadas en metros geopotenciales) a las que se sitúan dichos niveles de presión. Tanto en estos mapas como en los de superficie, queda bien reflejada la situación sinóptica, con todos los actores de la escena meteorológica implicados: anticiclones, borrascas, danas, vaguadas, dorsales... Los mapas de altura propiamente dichos son los que se conocen como «topografías relativas». En ellos, tomando como nivel base de referencia la superficie isobárica más próxima al nivel del mar (habitualmente 1000 hPa), se trazan isohipsas con los espesores que alcanzan determinados niveles tipo de presión. Por ejemplo, en una topografía relativa de 500 hPa, la variación de esos espesores representa la variación de altura que experimenta el citado nivel tipo con respecto a la superficie de 1000 hPa.

mapa del tiempo. [Figura 12]. Mapa que representa una determinada situación meteorológica para un ámbito geográfico y un momento dado; bien del pasado, presente (mapa de análisis o diagnosis) o futuro (mapa previsto). La mayor parte de estas cartografías incluye un conjunto de isolíneas correspondientes a uno o varios campos meteorológicos, así como información gráfica y/o numérica complementaria. Existe una gran variedad de mapas del tiempo, tanto de superficie como de altura. También se confeccionan mapas de símbolos meteorológicos, empleados habitualmente en los espacios del tiempo de televisión. El mapa del tiempo clásico por excelencia es el de isobaras, donde se representa el campo de la presión atmosférica al

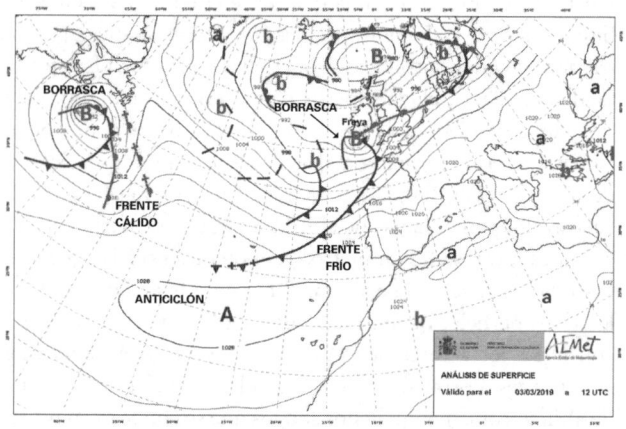

Fig. 12. Mapa isobárico con distintos tipos de frentes. Mapa de análisis correspondiente al 3 de marzo de 2019 a las 12 UTC, confeccionado por la Agencia Estatal de Meteorología (AEMET). La posición, algo baja de latitud, que ocupa el anticiclón que domina en el Atlántico, permite la llegada al noroeste de la península ibérica de un frente frío.

nivel medio del mar (mapa de superficie). Los mapas del tiempo también se denominan sinópticos, en alusión a la visión general que ofrecen de la situación meteorológica representada. El término sinóptico, con origen en el vocablo griego συνοπτικός, significa justamente «visión de conjunto».

mapa de superficie. En el argot meteorológico, nombre que recibe el mapa en el que se representa el campo de la presión atmosférica al nivel medio del mar. Suele incorporar información adicional, como los centros de alta y baja presión, con sus correspondientes valores, y los sistemas frontales. Las líneas de igual presión que aparecen representadas en él son las isobaras, de ahí que también se conozca como mapa isobárico. El físico alemán Heinrich Wilhem Brandes (1777-1834) fue la primera persona que llevó a cabo un mapa de esta naturaleza. En 1820, publicó el primer mapa de superficie de la historia, confeccionado a partir de una serie de observaciones meteorológicas tomadas en distintos observatorios de la época, el 6 de marzo de 1783. Aunque los mapas de superficie reflejan bien cuál es la situación sinóptica en un momento dado, para tener una visión más completa y detallada del tipo de tiempo que puede acontecer en un determinado ámbito geográfico reducido —por ejemplo, una ciudad— es necesario combinar su información con la que proporcionan los mapas de altura.

mapa previsto. Mapa del tiempo, tanto de superficie como de altura, con un campo meteorológico previsto a una hora determinada, expresada normalmente en tiempo universal coordinado (UTC). Los modelos numéricos de predicción generan mapas previstos (salidas gráficas) a intervalos regulares de tiempo (cada 3, 6 o 12 horas), que se extienden a lo largo de un horizonte de predicción que abarca varios días, cubriendo, en la mayoría de los casos, tanto el corto como el medio plazo.

mar de fondo. Oleaje que se propaga fuera de la zona donde se origina. Las olas del mar de fondo no son, por tanto, generadas por el viento local, sino por sistemas de baja presión bastante alejados. Estos trenes de olas pueden llegar a propagarse a distancias de hasta varios miles de kilómetros. La mar de fondo se diferencia de la mar de viento por tener un oleaje más regular, con olas mucho más espaciadas, de aspecto redondeado. También se conoce como mar de leva, mar tendida y mar sorda. *Véase también fetch.*

mar de nubes. [Imagen 15, pliego]. Superficie superior de una capa de nubes en la que se manifiestan ondulaciones de muy diferentes amplitudes. Su gran parecido con la superficie marina es lo que justifica que reciba este nombre. Los topes de una capa de estratos o estratocúmulos, delimitados por la presencia de una inversión térmica, forman habitualmente mares de nubes. Su observación es posible desde cualquier cota superior a la citada inversión.

mar de viento. Oleaje levantado por el viento en la misma zona marítima donde está soplando. La altura de las olas depende tanto de la intensidad del viento en la zona generadora, como de su persistencia soplando en una misma dirección y alcance. La mar de viento suele estar caracterizada por un oleaje irregular, con poca separación entre las olas.

mar humeante. Niebla de evaporación que se forma sobre la superficie marina, cuyo aspecto recuerda al humo, escapando del agua formando jirones. *Véase también* humo ártico.

marasmo. *Véase* pantano barométrico.

marcear. Comportarse el tiempo como suele hacerlo en el mes de marzo. En el refranero meteorológico abundan los dichos que incorporan esta palabra o alguna derivada de ella («Cuando marzo mayea, mayo marcea», «Marzo marceador, de noche frío y de día calor», «Si marzo marcea, abril abrilea»).

marciada. En algunas comarcas de León, viento fuerte que suele acontecer en el mes de marzo, acompañado de chubascos intermitentes, propios de esa época del año. Se expresa tanto en singular como en plural (marciadas). En otras zonas de España se emplea la forma equivalente marzada y el vulgarismo marzá.

marea. Este término, aparte del conocido efecto de la influencia del sol y la luna sobre el nivel del mar, presenta diferentes acepciones meteorológicas como llovizna, rocío, relente, brisa suave y fresca del mar, o un cambio de tiempo. Al margen de los anteriores significados, describe también un par de fenómenos atmosféricos ligados a cambios en la presión atmosférica. *Véanse también* marea barométrica, marea ciclónica.

marea barométrica. Pequeña oscilación periódica a la que se ve sometida continuamente la presión atmosférica. Es debida a las pequeñas expansiones y contracciones a las que se ve sometida la atmósfera terrestre, como respuesta a los distintos forzamientos dictados, en primer término, por el sol y la luna. Bajo situaciones de pantano barométrico, en las que apenas se producen variaciones de presión, esta marea se manifiesta con claridad en los barogramas, dando lugar a dos máximos y dos mínimos diarios, que coinciden aproximadamente con las horas de la pleamar y la bajamar. La amplitud total de la oscilación es del orden de 1 hPa en latitudes medias, siendo mínima en los polos (0,3 hPa) y máxima en el ecuador (3 hPa).

marea ciclónica. Destacada elevación del nivel marino al paso de un sistema de baja presión particularmente profundo. Es un fenómeno ondulatorio que siempre llevan asociados los ciclones tropicales. A medida que un huracán va aproximándose a tierra, el progresivo descenso de la presión atmosférica conlleva un ascenso del nivel de las aguas, lo que termina provocando una inundación costera. Cuando la marea o marejada ciclónica coincide con la pleamar, se solapan ambos efectos y el ascenso resultante es muy destacado, aumentando el riesgo de que la inundación sea catastrófica, con consecuencias devastadoras. Esto último ocurre cuando el ciclón tropical impacta en una zona de tierras bajas, lo que permite la penetración de la masa de agua varios kilómetros tierra adentro. La marea o marejada ciclónica también se denomina marea de tormenta o tempestad y surgencia. Este último término —equivalente a afloramiento— se refiere principalmente al ascenso de aguas marinas profundas, frías y ricas en nutrientes, hasta la superficie, inducido por la acción de un viento que sopla paralelo a la línea de costa. *Véanse también* ciclón tropical, huracán.

marea meteorológica. Variación del nivel del mar como consecuencia de los cambios atmosféricos. Puede ser debida tanto a cambios de presión como a la acción del viento sobre la superficie marina. En ambos casos, se requieren condiciones meteorológicas extremas para que la diferencia entre el nivel alcanzado y el esperado (régimen normal de mareas) en un lugar y momento dado sea significativa. La marea ciclónica es un caso particular de ella. *Véanse también* seiche, *rissaga*.

mareógrafo. Instrumento que permite medir y registrar las variaciones del nivel del mar, tanto en las cercanías de la costa como en alta mar. Habitualmente, las boyas donde se instalan los mareógrafos incluyen sensores que miden variables como la presión atmosférica, la temperatura del aire o el viento, lo que las convierte en boyas meteorológicas o del tiempo. Existen distintas redes de ellas, alguna de las cuales (como la red Argo) tienen una cobertura global, lo que permite monitorizar los océanos en su conjunto.

marero. En lenguaje náutico o marinero, el viento que viene del mar, equivalente al virazón y contrario al terral (viento de tierra a mar).

maresía. Término con el que se identifica el característico olor a mar, así como la humedad ambiental y el rocío cargado de salitre que se produce en las zonas costeras, responsable de acelerar el fenómeno de la corrosión metálica. También recibe este nombre la brisa marina. Este viento es el encargado de desplazar a tierra el aire muy húmedo y salado de origen marítimo que —una vez alcanzada su saturación— forma el citado rocío. En Brasil y Portugal, y en otras regiones de habla portuguesa, es sinónimo de marejada.

mareta. Oleaje que genera el viento cuando empieza a soplar, antes de alcanzar una gran intensidad. En algunas zonas del interior de Valencia y Castellón, próximas a Teruel, llaman así al viento del sureste. Se llama también marullo.

marinada. Vocablo usado por los catalanoparlantes de Cataluña, Baleares y la Comunidad Valenciana para referirse a la brisa de mar. La expresión hace alusión a la procedencia marítima del citado viento, que sopla en sentido mar-tierra durante las horas diurnas.

marismo. Variante de maresía con la que se refieren en Málaga al olor a mar.

marullo. Olas que levanta el viento. También se emplea para referirse a una ola grande.

marzá. Forma vulgar de marzada.

marzada. En algunas zonas de España llaman así a la granizada o al chubasco intenso. Alude explícitamente a los fuertes vientos y aguaceros propios del mes de marzo. También se emplea la variante marciada.

masa de aire. Volumen extenso de aire cuyas propiedades físicas son aproximadamente homogéneas, sin grandes diferencias de temperatura y humedad en cualquier plano horizontal que se considere. Las masas de aire cubren áreas de varios millones de kilómetros cuadrados de extensión, teniendo unas dimensiones horizontales del orden del millar de kilómetros y unos espesores de entre 3 y 5 kilómetros. Su homogeneidad es consecuencia del tiempo prolongado que permanecen estáticas sobre una región terrestre (zona o región fuente) sobre la que persiste un anticiclón, de manera que el aire va adquiriendo unas características propias. Cualquier masa de aire, en la medida en que va desplazándose por la superficie terrestre y se aleja de la región fuente donde se originó, va viendo modificadas sus propiedades, estando sometidas a una progresiva desnaturalización. El concepto de masa de aire fue incorporado al argot meteorológico en la década de 1920, gracias a los trabajos de los meteorólogos de la Escuela de Bergen; en particular, la teoría del frente polar. Las masas de aire se clasifican en función de su temperatura (ártica/antártica, polar, tropical, ecuatorial) y su contenido de humedad (continental o marítima), expresándose cada una de ellas mediante un código identificativo de dos letras.

masa óptica. Concepto teórico empleado en óptica atmosférica, que se define como la distancia del trayecto de atmósfera que recorre la luz procedente de un astro. Pensando en el sol o en la luna, la masa óptica es mínima cuando se sitúa en el cénit y máxima tanto en el orto como en el ocaso. Es habitual expresarla en términos relativos, en relación con la distancia mínima que describe el trayecto según la vertical. No hay que confundir este concepto con el espesor óptico, que, para una capa de determinado grosor, es la medida (valor numérico) de la atenuación a la que se ve sometida la radiación infrarroja en determinado rango de longitudes de onda al atravesar las nubes o aerosoles presentes en la citada capa.

mástil para anemómetro. *Véase* torre anemométrica.

matacabras. Nombre popular, de uso muy extendido, que recibe el viento frío e intenso de componente norte. En algunos lugares, se aplica a un viento molesto, con independencia de cuál sea su procedencia. Su carácter violento y el tiempo desapacible que provoca, dan origen tanto a esta curiosa palabra como a otras similares, igual de expresivas. *Véase también* descuernacabras.

matapolvo/s. Lluvia poco importante y de corta duración que apenas moja el suelo. La expresión «caer cuatro gotas» hace también alusión a una lluvia de esta naturaleza.

material particulado. *Véase* particulado.

mayear. Comportarse el tiempo como suele hacerlo a lo largo del mes de mayo («Cuando marzo mayea, mayo marcea», sentencia el conocido refrán). Existen términos análogos para los meses de marzo (marcear) y abril (abrilear), lo que tiene su razón de ser en el carácter cambiante de la estación primaveral, con sus habituales bandazos.

mayenco. Nombre dado al deshielo primaveral en el Alto Aragón. El término se emplea tanto para describir la propia fusión del hielo y la nieve, como la crecida que experimentan los ríos y torrentes pirenaicos como consecuencia de ese deshielo.

MCG. Sigla de modelo de circulación general.

meamea. Llovizna. Es una de las formas más curiosas y expresivas de llamar a ese tipo de precipitación. En ocasiones se escribe también mea mea y mea-mea.

medicán. Forma adaptada al español del término *medicane*, que resulta de la fusión de las palabras en inglés *mediterranean* y *hurricane*, lo que traducimos como «huracán mediterráneo». Se trata de un ciclón o baja mesoescalar, con apariencia de ciclón tropical, que surge a veces en la cuenca mediterránea. Se forman, en promedio, entre 2 y 3 cada año, siendo más frecuentes en el Mediterráneo Occidental y en los meses de otoño. Los huracanes mediterráneos son el resultado de una ciclogénesis sobre aguas cálidas, en la que el sistema de bajas presiones resultante adquiere algunas características más propias de un pequeño ciclón tropical o subtropical que de una borrasca de latitudes medias. Las imágenes de satélite desvelan una apariencia similar a un huracán, pero en miniatura, con un pequeño ojo en su parte central. Los miniciclones mediterráneos pueden llegar a generar vientos sostenidos del orden de los 100 km/h y lluvias torrenciales, aunque su impacto en tierra no es comparable al de un ciclón tropical.

medina. Viento de tierra que sopla en Cádiz. Hace alusión a la localidad gaditana Medina-Sidonia, situada algunos kilómetros al este de la bahía de Cádiz, en el interior de la provincia.

mediocris (med). Vocablo latino que designa a una de las especies del género nuboso *Cumulus*. Se corresponde con un cúmulo cuyo desarrollo vertical es intermedio. La base de estas nubes es de color grisáceo y presentan pequeñas protuberancias en su parte superior. Constituye la segunda etapa de crecimiento de una nube cumuliforme, tras su fase inicial como *Cumulus humilis*. *Véase también* humilis.

megacriometeoro. Término acuñado en 2002 por el geólogo español Jesús Martínez Frías y el climatólogo estadounidense David Travis, que define a un bloque de hielo de grandes dimensiones, que se forma en la atmósfera bajo condiciones de buen tiempo, impactando violentamente contra el suelo. Su génesis no tiene nada que ver con la del granizo, existiendo varias teorías sobre su formación. Hay documentadas caídas de megacriometeoros en distintos lugares del mundo. En varios de los casos estudiados, todo apunta a que los bloques se formaron en la baja estratosfera, a unas temperaturas anómalamente bajas y con un contenido de vapor de agua bastante más alto del normal en esas cotas, donde su presencia acostumbra a ser ínfima.

melenchas. Nubes alargadas y oscuras que van ocultando el sol y que presagian tormenta. Dependiendo de las zonas, estos estratos nubosos reciben unos u otros nombres. La palabra melenchas, lo mismo que greñas, hace alusión a unos cabellos largos y desarreglados. Ese es el aspecto que tradicionalmente se asocia a estas nubes.

melenchones. Variante de melenchas.

mesoalta. Alta mesoescalar. También se conoce en Meteorología como alta subsinóptica, por unas dimensiones inferiores a las de un anticiclón convencional, de escala sinóptica. *Véase también* dipolo orográfico.

mesobaja. Baja mesoescalar. También se conoce en Meteorología como baja subsinóptica, por tener unas dimensiones más pequeñas que un ciclón tropical o extratropical, ambos de escala sinóptica. *Véase también* dipolo orográfico.

mesociclón. Vórtice atmosférico de entre 3 y 10 kilómetros de diámetro, que se localiza en el seno de un sistema tormentoso, dotándolo de rotación. La mayor parte de los mesociclones giran en el sentido contrario a las agujas del reloj en el hemisferio norte y al revés en el sur, igual que lo hacen los ciclones de mayor escala. En el caso del mesociclón asociado a una supercélula, suele ubicarse en la parte trasera de la derecha, con respecto al sentido de marcha del sistema, y cubre una zona sensiblemente mayor que la afectada por el tornado o tornados que pudiera generar la citada supercélula.

mesoclima. Clima de una zona geográfica que abarca una extensión no muy extensa de la superficie terrestre, inferior a los 50 kilómetros de longitud y de no más de 100 km². Esta unidad climática es aplicable, por ejemplo, a un valle, un bosque, una sierra, o una gran ciudad.

mesoescala. [Figura 10, pág. 202]. Escala meteorológica intermedia. Engloba desde los fenómenos atmosféricos cuyas dimensiones horizontales son de unos pocos kilómetros, como las tormentas, hasta los que alcanzan varios centenares, como una línea de turbonada, un ciclón tropical de los pequeños o un SCM (sistema convectivo de mesoescala). En 1975, el meteorólogo Isidoro Orlanski propuso una división de las escalas en la que la mesoescala está dividida a su vez en tres subescalas: 1) meso-γ (entre 2 y 20 km); 2) meso-β (entre 20 y 200 km); y 3) meso-α (entre 200 y 2000 km). Esta última subescala se solapa con la escala sinóptica, cubriendo fenómenos cuyos tamaños están en el límite entre ambas.

mesopausa. Zona de transición entre la mesosfera y la termosfera, situada alrededor de los 80 kilómetros de altitud. Es el lugar de la atmósfera terrestre donde se alcanza la temperatura más baja.

mesosfera. Capa de la atmósfera situada entre la estratosfera y la termosfera, que abarca, aproximadamente desde los 50 hasta los 80 kilómetros de altitud. En ella, la temperatura va disminuyendo al ascender, alcanzando un valor del orden de –80 °C en su parte superior (mesopausa). En la mesosfera el aire está muy enrarecido. Contiene únicamente el 0,1 % de la masa total de la atmósfera. Además, en su parte superior las moléculas gaseosas empiezan a estar disociadas en iones, lo que da origen a la región atmosférica conocida como ionosfera.

mestral. Nombre que recibe el viento del noroeste en la rosa náutica empleada en algunas zonas del Mediterráneo Occidental. El viento frío y seco que desaloja el valle del Ebro por su desembocadura, es llamado mestral en lugar de cierzo por los lugareños de la zona del Delta. También se emplea este término en Baleares, si bien en Mallorca se refieren a él como la escoba del cielo. *Véase también* mistral.

metano (CH$_4$). Hidrocarburo gaseoso presente en la atmósfera. Es el segundo gas traza que más contribuye al efecto invernadero en la Tierra, por detrás del vapor de agua. Su origen es tanto natural como antrópico. Lo produce la descomposición de materia orgánica de origen vegetal, generándose en grandes cantidades en las ciénagas y terrenos pantanosos. Los animales rumiantes representan también una importante fuente de emisión. Este gas incoloro e inflamable es el principal componente del gas natural, formando parte también del resto de combustibles fósiles.

METAR. Acrónimo de *METeorological Aerodrome Report*. Recibe este nombre la clave o mensaje cifrado correspondiente a un informe meteorológico rutinario de aeródromo. Estos informes se generan automáticamente y son revisados antes de ser emitidos; cada media hora o una hora, dependiendo del tipo de aeródromo. Permiten conocer cuáles son las condiciones meteorológicas reinantes en los distintos aeropuertos y bases aéreas. El METAR puede contener una cantidad de información variable, pero siempre ajustada al mismo formato, según las directrices establecidas por la OACI (Organización de Aviación Civil Internacional). El acceso a estos informes es público —a través de Internet—, no estando restringido a los pilotos.

meteo. Abreviatura de Meteorología empleada ocasionalmente en aviación. También es la forma coloquial de llamar al espacio de información meteorológica en televisión (la meteo) y a los profesionales que ofrecen esa información (los meteos).

meteograma. Representación gráfica de la evolución temporal de una o varias variables meteorológicas en unas coordenadas geográficas concretas (un punto en el mapa). Los modelos numéricos de predicción, gracias a las técnicas de posproceso, permiten la obtención de meteogramas previstos, en los que aparece representada la evolución futura (a varios días vista) de distintas variables, tanto a nivel de la superficie terrestre como en diferentes niveles tipo considerados por el modelo. Los meteogramas pueden obtenerse para cualquier punto de la malla de integración del citado modelo, si bien, mediante técnicas de interpolación y ajustes de tipo estadístico, se obtienen para lugares de interés, como las ciudades. Gracias al desarrollo de las predicciones probabilísticas (EPS y predicción por conjuntos), hay también disponibles meteogramas que permiten visualizar, simultáneamente, tanto la evolución determinista como la no determinista de las distintas variables meteorológicas. Este producto de predicción se conoce técnicamente como epsgrama.

meteoro. Fenómeno físico observado en la atmósfera o en la superficie terrestre, que consiste en una suspensión, precipitación o depósito de partículas líquidas o sólidas, acuosas o no, así como una manifestación óptica o eléctrica. Teniendo en cuenta lo anterior, los meteoros se clasifican en cuatro grandes grupos: 1) hidrometeoros (meteoros acuosos); 2) litometeoros (meteoros de polvo); 3) fotometeoros (fenómenos ópticos atmosféricos); y 4) electrometeoros (meteoros eléctricos). Las nubes, durante un tiempo, no fueron consideradas meteoros por la Organización Meteorológica Mundial, pero actualmente han adquirido esa condición. Al estar formadas por gotitas de agua en suspensión se catalogan como hidrometeoros. El término meteoro se identifica a menudo con el meteorito o meteoroide, de origen extraterrestre, que atraviesa la atmósfera, dejando una traza luminosa a su paso. Las estrellas fugaces son el mejor ejemplo de ello. En tales casos, el meteoro es únicamente ese destello de luz, de naturaleza atmosférica, no el objeto rocoso o resto cometario en cuestión. La palabra deriva del vocablo latino medieval *meteorum*, con origen en el término griego μετέωρα *(meteora)*, plural de μετεωρος *(meteoron)*, que hace alusión a las cosas o fenómenos que ocurren arriba, en el cielo.

meteorógrafo. Instrumento meteorológico registrador que permite obtener gráficas (llamadas meteorogramas) con la evolución que van teniendo simultáneamente distintas variables meteorológicas. Este tipo de aparatos vivieron su época dorada durante la segunda mitad del siglo XIX y las primeras décadas del siglo XX, coincidiendo con el período en el que se emplearon cometas meteorológicas para llevar a cabo observaciones en altura. Los meteorógrafos usados para tal fin estaban hechos con materiales ligeros y constaban de un tambor giratorio sobre el que se colocaba la hoja en la que varias plumillas, conectadas por medio de palancas amplificadoras a los medidores de presión, temperatura y humedad, iban trazando las curvas correspondientes. *Véase también* cometa meteorológica.

meteorograma. Registro gráfico del meteorógrafo.

Meteorología. Ciencia que se encarga de estudiar los meteoros, orientada principalmente a la predicción del tiempo. Abarca desde el estudio físico, químico y dinámico de los diferentes fenómenos atmosféricos, hasta la observación minuciosa de todo lo que acontece en la atmósfera, el estudio de las interacciones del medio atmosférico con los demás componentes del sistema climático y el desarrollo de modelos conceptuales y matemáticos, destinados estos últimos a anticipar su evolución futura. La línea de separación entre la Meteorología y la Climatología es difusa, solapándose parcialmente los cometidos abordados por ambas disciplinas científicas. El origen etimológico del término se remonta a la Antigua Grecia, donde empezó a emplearse el vocablo (*meteoros*), que forma la raíz de la palabra, aunque con un sentido más amplio que el actual, ya que describía cualquier fenómeno celeste, fuera o no de naturaleza atmosférica. Aunque la palabra «Meteorología» se atribuye a Aristóteles (384-322 a. C.), derivada del título de su conocido tratado *Meteorologica (Los meteorológicos),* fue empleada con anterioridad por Diógenes de Apolonia (450-399 a. C.). Los cuatro libros que forman el tratado aristotélico —escritos hacia el año 340 a. C.— contribuyeron a integrar el estudio de los meteoros dentro de la filosofía natural, convirtiéndose en el libro de referencia sobre el tema durante dos milenios, hasta bien entrado el siglo XVII. Es muy común expresar «Metereología» en lugar de Meteorología. El error se extiende a otras palabras de la misma familia, como meteorólogo («metereólogo») y meteorológico («metereológico»).

meteorología espacial. Disciplina científica emergente que se encarga del estudio del tiempo espacial; entendiendo como tal: el estado físico y los distintos fenómenos que tienen lugar en el espacio interplanetario próximo a la Tierra, que abarca desde el límite superior de la atmósfera hasta el Sol. Una de sus principales misiones es el análisis y la predicción del comportamiento de la estrella, así como la interacción del viento solar con el campo magnético terrestre. Para ello, se utilizan los datos que suministra una flotilla de satélites encargados de monitorizar el astro rey. *Véase también* tormenta solar.

meteorólogo. Según el *Reglamento Técnico* de la Organización Meteorológica Mundial (OMM-n.º 49), es la persona con un nivel de estudios de graduado universitario que ha cumplido satisfactoriamente los requisitos del Paquete de Instrucción Básica para Meteorólogos (PIB-M). Un meteorólogo está acreditado como tal solo si ha superado con éxito el curso de formación en el que se imparten las materias especificadas en el citado PIB-M. Al margen de lo anterior, también se califica de meteorólogo a cualquier persona que se dedica profesionalmente a la Meteorología, pertenezca o no a un SMN. Los hombres y mujeres del tiempo que trabajan en los medios de comunicación son habitualmente llamados meteorólogos, con independencia de cuál sea su formación académica (muy variopinta). Esta calificación profesional solo está justificada en los casos en que el comunicador pueda acreditar unos conocimientos sólidos en la materia y reciba una formación continua en ella. También se considera meteorólogo al estudioso de la Meteorología, tanto en el ámbito universitario como en cualquier centro de investigación.

meteorotropismo. Sensibilidad de un ser vivo al tiempo atmosférico. Equivalente a meteorosensibilidad. Este fenómeno se manifiesta tanto a nivel sociológico (pautas de comportamiento colectivas) como biológico (termorregulación, patologías fisiológicas) y psicológico (estado de ánimo). Al margen de la sugestión a la que se ven sometidos algunos individuos, existen causas físicas y químicas que explican muchos de los síntomas y comportamientos observados.

Meteosat. [Imagen 24, pliego]. Programa europeo de satélites meteorológicos geoestacionarios desarrollado por EUMETSAT (la organización europea encargada de la explotación de los satélites meteorológicos) y operados por esta organización, en colaboración con la Agencia Espacial Europea (ESA), que se encarga de sus lanzamientos. El primer satélite de la serie fue el Meteosat-1, que fue lanzado el 23 de noviembre de 1977. Tomó sus primeras imágenes el 9 de diciembre de aquel año y, desde entonces, tanto él como el resto de satélites Meteosat que han ido poniéndose en órbita no han dejado de suministrar datos meteorológicos de Europa y África —a través de las imágenes que capturan— desde la posición privilegiada que ocupan, a unos 36 000 kilómetros de altitud, en la vertical del golfo de Guinea, donde la línea del ecuador corta al meridiano cero. A una primera serie de siete satélites (del Meteosat-1 al 7), que ya cumplieron su vida útil, ha seguido una segunda generación de ellos (MSG), de cuatro satélites, con mayores prestaciones, diseñados para atender las necesidades del *nowcasting* (predicción inmediata) y la predicción numérica del tiempo. El primero de esos satélites (Meteosat-8 o MSG-1) empezó a operar el 29 de enero de 2004, y le siguieron los otros tres que completan la serie (el MSG-4 fue puesto en órbita en julio de 2015). La continuidad de los servicios que suministran los MSG está asegurada durante las próximas décadas gracias a la tercera generación de satélites Meteosat (MTG), cuya primera unidad se lanzó al espacio en 2022. *Véase también* satélite geoestacionario.

meteotsunami. Tren de olas progresivas y ascenso del nivel del mar provocados por cambios bruscos en la presión atmosférica y ondas de gravedad sobre la superficie marina, al paso de una borrasca u otro sistema ciclónico. Tienen lugar en zonas costeras de aguas poco profundas en diferentes lugares del mundo, como el Mediterráneo, el Adriático, los Grandes Lagos de Norteamérica o el golfo de México. En EE UU, sobre todo en su costa este, son particularmente frecuentes; se llegan a producir unos 25 al año, la mayoría de ellos pequeños, con olas que no superan el medio metro de altura. Las *rissagas* que afectan a Baleares son un caso particular de meteotsunami.

microbarógrafo. Barógrafo muy sensible que permite registrar, en una escala ampliada, las variaciones de la presión atmosférica con una precisión de 0,1 hPa.

microclima. Estado físico que, en un momento y lugar dados, presenta una pequeña capa atmosférica, pegada al suelo, que se extiende desde su superficie hasta la altura en que deja de detectarse su influencia. El concepto de microclima tiene un carácter marcadamente local, a muy pequeña escala, si bien es habitual identificarlo erróneamente con el clima de la zona en cuestión. *Véase también* topoclima.

microescala. [Figura 10, pág. 202]. La menor de las escalas meteorológicas. Los fenómenos más pequeños cubiertos por ella —por la micro-γ, según la división de Orlanski (mesoescala)— tienen unos tamaños comprendidos entre unos cuantos centímetros (pequeños remolinos turbulentos) y varios metros (turbulencia de mayor envergadura, penachos de humo). Con tamaños entre las decenas y el centenar de metros (como el que tienen las tolvaneras) tenemos la micro-β, mientras que el rango superior de la microescala (micro-α) engloba fenómenos meteorológicos con dimensiones horizontales de hasta un par de kilómetros, como las pequeñas ondas de gravedad, la convección profunda o los tornados. La duración de los distintos fenómenos es proporcional a sus dimensiones, algo que es aplicable tanto a microescala, como a mesoescala y a las escalas sinóptica y planetaria.

microfísica de las nubes. Parte de la Física del Aire que se encarga del estudio de las propiedades físicas de las nubes, los procesos implicados en su formación, los mecanismos de precipitación, los fenómenos de distinta naturaleza asociados a ellas y el papel que desempeñan en el balance radiativo terrestre.

micropluviómetro. Instrumento meteorológico que permite registrar precipitaciones muy débiles, incapaces de ser medidas por un pluviómetro convencional, como el de tipo Hellmann. Se llama también ombrómetro.

microrráfaga. Pequeño y brusco reventón con un alcance horizontal inferior a los 4 kilómetros y una duración de alrededor de 5 minutos. Si contamos el tiempo desde que el fenómeno comienza a detectarse hasta que se desvanece en su totalidad, su duración total alcanza los 15 minutos. Este violento fenómeno genera rachas de viento muy intensas, que en algunos casos llegan a superar los 200 km/h. Las microrráfagas pueden ser húmedas o secas, en función de que la base de la nube tormentosa de la que se descuelgan esté más o menos cerca de la superficie terrestre y, en consecuencia, llegue o no a ella el intenso chubasco asociado al desplome de aire.

microrreventón. Pequeño reventón. Equivalente a microrráfaga.

milibar. Unidad de presión que equivale a 1000 barias. La baria (bar) es la unidad de presión en el sistema cegesimal (CGS). Por definición, una baria es igual a la presión que ejerce la fuerza de una dina (1 dyn) sobre una superficie de un centímetro cuadrado (1 bar = 1 dyn/cm²). Una baria es la millonésima parte de un bar, equivalente a su vez a la décima parte de un pascal (Pa), que es la unidad de la presión en el Sistema Internacional (SI). De lo anterior se deduce que un milibar (1 mb) es igual a un hectopascal (1 hPa) [cien pascales]. Esta equivalencia (1 mb = 1 hPa) implica que sea indistinto expresar los valores de las isobaras de un mapa de superficie en milibares o en hectopascales. La progresiva implantación del SI frente al CGS hace que cada vez se utilice más el hectopascal que el milibar, cayendo este último en progresivo desuso. *Véase también* presión atmosférica.

minigalerna. Fenómeno súbito que tiene lugar en la costa central de Málaga, propiciado por la sustitución de una masa de aire cálido y muy seco (terral malagueño) por otra de aire fresco y húmedo, al producirse el role de Poniente a Levante en la zona. Más cerca del Estrecho no se produce de forma tan marcada. Suele alcanzar su mayor intensidad (con rachas de viento de hasta 70 km/h en algunas ocasiones) en verano, debido al mayor contraste térmico de las masas de aire que se renuevan. Dura varios minutos y los pescadores locales llaman al fenómeno viento sucio por el estado del mar, ya que se mezclan las olas generadas por ambos vientos.

mistral. Viento frío, seco y racheado de componente norte, que se canaliza en el valle del Ródano y adquiere una gran intensidad en el curso bajo del río, la región francesa de Provenza y zonas costeras de Languedoc-Rousillon. Su zona de influencia abarca todo el golfo de León y el mar de Liguria, desde el delta del Ebro hasta Niza y Génova. Dependiendo de los lugares, recibe distintas denominaciones como cierzo, dramundan, sécaire o el curioso nombre provenzal de *mango fango* («come barro»), debido a su efecto secante. Tanto el nombre de mistral (Francia) en cualquiera de sus variantes (*mestrau, maistrau, maistre, mestre...*), como maestrale (Italia), majjistral (Malta) y mestral (España) tienen su origen en el vocablo latino medieval *magistralis* (magistral). Es el viento maestro. El origen de esta denominación la encontramos en los antiguos atlas que situaban el centro del Mediterráneo en un punto imaginario equidistante entre Sicilia y Creta. Justo ahí el viento del noroeste parece proceder de donde se sitúa Roma, la gran metrópoli de la Antigüedad y centro de poder del vasto imperio romano, conocida en latín como *Magistral Gentium*.

mitigación. Término que, ligado al cambio climático, se refiere al conjunto de actuaciones llevadas a cabo por los seres humanos para minimizar los efectos potenciales del calentamiento global. Todas las acciones deben ir dirigidas a reducir la concentración de gases de efecto invernadero en la atmósfera, o bien disminuyendo sus fuentes o aumentando sus sumideros.

moazagotl. *Véase* nube Moazagotl.

modelo baroclino. Modelo numérico de predicción que considera una atmósfera baroclina, en la que las superficies isobáricas cortan a las isopícnicas (de densidad constante) en los niveles considerados.

modelo barotrópico. Modelo numérico de predicción que considera una atmósfera barotrópica. Este tipo de modelos suponen que el movimiento del aire es únicamente en el plano horizontal, simplificando al máximo la dinámica atmosférica. A finales de la década de 1930, el meteorólogo estadounidense de origen sueco Carl-Gustav Rossby (1898-1957) planteó una ecuación del movimiento de la atmósfera que no estaba basada en diferencias de presión, sino de viento, para lo cual utilizó como variable la componente vertical de la vorticidad (ondas de Rossby). Esta simplificación de la realidad permitió acometer el diseño y la ejecución de los primeros modelos numéricos de predicción meteorológica, todos ellos barotrópicos.

modelo climático. Modelo numérico de predicción que permite obtener una representación del sistema climático. Las ecuaciones matemáticas que integra describen las propiedades físicas, químicas y biológicas de cada uno de sus componentes (principalmente la atmósfera y el océano), así como las interacciones entre ellos y los procesos de retroalimentación que hay en juego. La complejidad es tan grande que no existe un único modelo que integre todo, sino un conjunto de modelos, cada uno de los cuales acomete con mayor detalle algún determinado aspecto. En la actualidad, los modelos de circulación general atmósfera-océano acoplados han alcanzado un gran nivel de desarrollo, si bien el aumento de la capacidad de cálculo de los superordenadores irá permitiendo integrar en ellos un número creciente de procesos que involucran también a los demás componentes del sistema climático. Los modelos climáticos pueden ser globales o regionales y no proporcionan predicciones meteorológicas, sino estimaciones (o simulaciones) del clima, a través de algunas de las variables que lo caracterizan. Son la herramienta que permite a los científicos disponer de proyecciones del clima futuro, considerando distintos escenarios de cambio climático. Cada uno de ellos implica unos determinados niveles de emisión de gases de efecto invernadero, que debe contemplar el modelo para llevar a cabo su estimación. Los modelos climáticos también se utilizan para simular el clima del pasado, con el fin de comprobar cuál es su bondad y robustez. Al margen de este tipo de simulaciones, se utilizan con fines operativos para confeccionar predicciones climáticas mensuales, estacionales e interanuales.

modelo de área limitada. Conocido en el argot meteorológico por la sigla LAM, es un modelo numérico de predicción cuya malla solo cubre una porción de la superficie terrestre, que está anidado en un modelo de circulación general (MCG). Para resolver las ecuaciones matemáticas en los puntos situados en los límites del área de integración, estos modelos necesitan disponer de la información que proporciona el modelo global. Las variables previstas por el MCG al que está acoplado el LAM determinan sus condiciones de contorno. Aunque tiene una mayor resolución horizontal que un MCG, depende de su grado de acierto, lo que supone una importante limitación. Estos modelos se utilizan habitualmente para efectuar predicciones a corto plazo, a menos de 48 horas.

modelo de balance energético. Modelo matemático muy simplificado del sistema climático que permite extraer aspectos cualitativos sobre su evolución. El más simple de todos ellos (cero-dimensional) permite hacer una estimación de los cambios en la temperatura media global a partir del balance entre la radiación solar que es absorbida por la superficie terrestre y la fracción de la misma que es devuelta al espacio. Los modelos unidimensionales consideran también la dependencia de la temperatura con la latitud y el tiempo, y los bidimensionales incorporan la longitud geográfica.

modelo de circulación general. Modelo numérico de predicción que ofrece representaciones del estado futuro de la atmósfera en su conjunto. Estos modelos globales se utilizan tanto para elaborar predicciones meteorológicas como climáticas. Las ecuaciones matemáticas que integran describen tanto la dinámica atmosférica como la fotoquímica y los distintos procesos termodinámicos que tienen lugar en la atmósfera. El meteorólogo noruego Vilhem Bjerknes (1862-1951) fue el primero que propuso aplicar las leyes de la dinámica de fluidos y la termodinámica para estudiar la atmósfera, lo que abrió el camino a la predicción numérica del tiempo y al desarrollo de estos modelos matemáticos, conocidos de forma abreviada como MCG. Para conocer cuál es su modus operandi, véase modelo numérico de predicción.

modelo numérico de predicción. Programa informático de gran complejidad construido a partir de un conjunto de ecuaciones matemáticas, cuya resolución —mediante una serie de simplificaciones y métodos de aproximación— requiere de una gran cantidad de cálculos que ejecuta un superordenador. En los modelos empleados en Meteorología, esas ecuaciones describen matemáticamente los procesos físicos que tienen lugar en la atmósfera, como el movimiento de las masas de aire y las transferencias de energía implicadas. Dichas ecuaciones se ejecutan sobre millones de puntos repartidos en una malla imaginaria que cubre toda la atmósfera. Para diseñar esa malla, se divide toda la superficie terrestre en cuadrículas, como si fuera un gigantesco tablero de ajedrez, y se secciona la atmósfera en decenas de niveles verticales, de manera que resulta una malla tridimensional, sobre la que el modelo calcula la evolución futura de las variables atmosféricas consideradas. Los modelos numéricos de predicción meteorológica tienen como principal objetivo proporcionar estados futuros de atmósfera lo más parecidos posible a los que finalmente acontezcan. Modelizar la atmósfera terrestre no es una tarea sencilla, dado su gran tamaño y la gran cantidad de procesos físicos implicados que actúan simultáneamente en el aire. ·

modificación artificial del tiempo. Epígrafe que hace referencia al conjunto de acciones destinadas a alterar la evolución natural de la atmósfera. Dichas acciones están dirigidas principalmente a estimular la lluvia, reducir el tamaño del granizo —minimizando los daños potenciales que puede causar—, disipar una niebla local y evitar una helada fuerte. La mayor parte de estas prácticas se llevan a cabo en el sector agrícola, como una medida más de protección de los cultivos. En general, han demostrado muy poca eficacia en sus resultados, teniendo un coste económico elevado. *Véase también* siembra de nubes.

mojarrina. Nombre que recibe la llovizna en Cantabria y en algunos valles colindantes del norte de Burgos.

mojarrinear. Lloviznar. Caer mojarrina.

mojina. Llovizna. Variante de mojarrina, con idéntico significado.

mollaparvos. Uno de los muchos nombres (decenas de ellos) dado a la llovizna en Galicia. En gallego, *mollar* es mojar y *parvo* es una forma común de decir tonto, que muchos gallegos emplean incluso cuando hablan en castellano. El término significa literalmente «mojatontos», por lo que sigue la misma línea que el popular calabobos. *Véase también* poalla.

mollina/o. Llovizna. También se usan las variantes mollizna y morrina. Todas ellas y otras similares de la misma familia, tienen su origen en el vocablo latino *mollis* (blando). La forma blanda (en el sentido de suave, apacible...) en que cae la llovizna, es la razón de ser de esta nomenclatura. *Véase también* blandura.

mollisol. Estrato superior del suelo situado sobre el permafrost, que está sometido a un proceso de congelación y deshielo estacional. Su espesor es muy variable.

mollizna. Equivalente a mollina.

mollliznar. Lloviznar. Caer mollizna o mollina. También se usa la forma amollinar.

moncayo. Nombre con el que también se conoce al cierzo en Zaragoza (viento del Moncayo). Esta denominación es muy antigua y parte de la falsa creencia de que el citado viento procede de esa emblemática montaña, cuando en realidad sigue el curso del río Ebro (viento del noroeste) en una dirección que no coincide exactamente con la que marca la línea que une la montaña con la capital aragonesa (dirección del oeste-noroeste). En la Ribera Baja de Navarra llaman moncaíno —en alusión al Moncayo— al viento del sureste, que sopla en el valle del Ebro de abajo arriba.

monóxido de carbono (CO). Gas traza presente en la atmósfera, producido por la combustión incompleta de derivados del petróleo, madera, tabaco y aceites. Se trata de un gas incoloro e inodoro con una elevada toxicidad. Provoca la muerte de una persona al ser respirado en altas concentraciones. Es uno de los principales gases contaminantes de las grandes ciudades, estando constantemente monitorizado por las redes de vigilancia de la calidad del aire. Su concentración se mide en partes por millón (ppm). La exposición prolongada a unos niveles de CO de entre 1 y 70 ppm no supone ningún problema para la salud, pero por encima de las 70 ppm comienzan a experimentarse síntomas como la fatiga, el dolor de cabeza y las náuseas. A partir de las 150 a 200 ppm, el riesgo de morir al inhalar un aire viciado de este gas es muy elevado.

montañosa. En la escala Douglas del estado del mar se corresponde con una altura de olas de entre 9 y 14 metros de altura. Hace referencia explícita, aunque en sentido figurado, al gran tamaño que empiezan a adquirir las citadas olas.

monzón. Expresado de forma indistinta en singular y plural (monzones), es el régimen de vientos bimodal que sopla en algunas regiones del ámbito tropical y subtropical, ligado a la basculación estacional de la ITCZ (zona de convergencia intertropical) y a la aparición en el sur de Asia del chorro ecuatorial (corriente del este) en la alta troposfera (entre los 15 y los 17 km de altitud en el ecuador). Estos vientos persistentes son consecuencia del diferente calentamiento al que se ven sometidas las áreas continentales y las oceánicas vecinas, e invierten su sentido —soplando alternativamente del suroeste y nordeste— en función de que sea verano o invierno. La palabra monzón deriva del término árabe *mausim*, que significa estación, justamente por el referido cambio estacional de rumbo. Es muy común identificar el monzón con la estación de lluvias en la India, lo que únicamente se corresponde con el monzón de verano en el citado país. Los vientos del suroeste, muy cargados de humedad como consecuencia de su recorrido marítimo sobre el golfo de Bengala, al llegar a tierra dejan lluvias torrenciales y persistentes en el nordeste de la India y Bangladesh, que provocan inundaciones. El régimen monzónico se extiende también a otras zonas del sureste asiático, así como de América, África y Oceanía. En todos esos sitios, se produce la alternancia entre el monzón de verano (vientos del suroeste) y el de invierno (vientos del nordeste). Las lluvias monzónicas caen principalmente sobre tierra firme durante la época estival.

morfuga. En Aragón, atmósfera. La palabra es una variante del término catalán *marfuga* (epidemia), con origen en el vocablo latino *morbus* (enfermedad). La transmisión, a través del aire, de ciertas enfermedades contagiosas es lo que da sentido al término.

morisco. Nombre popular que recibe en Aragón el viento cálido procedente del sur. La gente lo identifica principalmente con el viento recalentado del sureste que sopla por el valle del Ebro hacia arriba. Según un refrán meteorológico aragonés: «Cierzo y morisco, amenaza de pedrisco».

morning glory. *Véase* gloria matutina.

morrina. Llovizna. Variante de mollina.

MSL. Sigla internacional con la que se expresa el nivel medio del mar (*Mean Sea Level*, en inglés).

muelda. Nombre que recibe la avalancha de nieve en la zona de los Montes de León.

mugalla. Llovizna. Localismo cántabro.

mugallear. Lloviznar. Caer mugalla. El sufijo «-ear», con el que termina este verbo, indica que el fenómeno al que hace alusión se produce de forma repetitiva, observándose siempre el mismo patrón. Aparece también en otros sinónimos de lloviznar, como aguarrinear, chivisquear, chivisnear, mojarrinear o murrinear.

multicélula. *Véase* tormenta multicelular.

muro de foehn. Banda nubosa, de aspecto similar a una pared, que cubre la cresta de una cordillera cuando incide perpendicularmente sobre ella un viento intenso, produciéndose el efecto foehn, al que hace referencia la expresión. Este murallón nuboso se observa desde el lado de sotavento del obstáculo montañoso. También recibe el nombre de cortina de foehn. En algunos lugares de la vertiente española de los Pirineos llaman gabacha a esta formación nubosa, en alusión a su procedencia francesa. En este caso, está originada por la incidencia del viento del norte sobre la citada cordillera.

muro nuboso. Formación nubosa que presentan determinados sistemas tormentosos. También se conoce en el argot meteorológico como nube pared o nube muro. *Véase también murus.*

murrina. Llovizna.

murrinear. Lloviznar. Caer murrina.

murus. Rasgo suplementario que fue incorporado al *Atlas Internacional de Nubes* de la OMM en su edición de 2017. Recibe este nombre la estructura que, en el argot meteorológico, también se conoce como nube pared o muro nuboso. Se trata de una nube de aspecto amenazante que surge con rapidez en una zona de la base de un cumulonimbo donde no se está produciendo precipitación, como consecuencia de un brusco descenso de aire. Ocasionalmente, cuando la formación nubosa está dotada de rotación, se puede descolgar de ella una tuba o un tornado. El *murus* está asociado principalmente a tormentas multicelulares y supercélulas, y puede tener un diámetro de entre 1 y 8 kilómetros.

mutatus. Según la nomenclatura oficial de las nubes (en latín), este sufijo se incorpora al nombre de una nube cuando esta ha sufrido una transformación interna completa, pasando de un género a otro. Por ejemplo, un *Stratus Stratocumulusmutatus* es el estrato que resulta de la mutación de un estratocúmulo. No hay que confundir este cambio interno que sufren algunas nubes con la evolución natural de las mismas; en cuyo caso, en vez del sufijo «*-mutatus*», aparece «*-genitus*», como indicativo de la nube madre de la que surgen. *Véase también homomutatus.*

N

NAO. Acrónimo de *North Atlantic Oscillation*. *Véase también* Oscilación del Atlántico Norte.

nariz. Forma coloquial de llamar a la parte inferior de la superficie frontal fría. En su conjunto, adopta la forma de una cuña, con una pendiente aproximada del 2 % (significativamente mayor que la de la superficie frontal cálida, que es aproximadamente del 0,6 %). En las proximidades del suelo, sobre tierra firme, la superficie frontal fría presenta una forma redondeada, de aspecto muy similar al de una nariz. Así se representa gráficamente esa zona de separación de las dos masas de aire. La deformación de la cuña en su parte inferior es consecuencia de la fricción del aire frío con el suelo, lo que frena su avance. *Véanse también* superficie frontal, frente frío.

NCA. Sigla con la que se conoce el nivel de condensación ascendente.

NCC. Sigla con la que se conoce el nivel de condensación convectivo.

NCL. Sigla con la que se conoce el nivel de convección libre. Aunque se usa la mencionada forma, es más frecuente expresarla como NLC. *Véase también* nivel de libre convección.

nebasco. Nombre dado a la nevada en la comarca turolense de las Cuencas Mineras. Desde un punto de vista gramatical, la forma correcta es nevasco (con «v»), algo extensible a toda la familia de palabras relacionadas con la nieve, con origen etimológico común en el vocablo latino *nivis*.

nebazo. Variante de nevazo. Gran nevada.

neblina. Hidrometeoro que consiste en la suspensión en la atmósfera de gotas de agua de tamaño microscópico —con diámetros de varias decenas de micras (entre 50 y 200 μm)— o partículas húmedas higroscópicas (embriones de gotitas de nube). Puede ser considerado un caso particular de niebla, en el que la visibilidad horizontal es igual o superior a un kilómetro, hasta alcanzar los diez. En los informes meteorológicos aeronáuticos se codifica neblina (BR) cuando la citada visibilidad horizontal está comprendida entre 1 y 5 km. La neblina enturbia el aire, adquiriendo este una tonalidad grisácea o azulada, no tan blanquecina como la niebla, donde el diámetro de las gotitas es mayor, así como su concentración. Mientras que la humedad relativa del aire en una niebla se sitúa entre el 90 y el 100 %, en una neblina suele estar comprendida entre el 80 y el 90 %. Se suele hablar de forma indistinta de neblina o bruma, aunque a veces se diferencian ambos fenómenos, no por sus consecuencias (reducción de visibilidad) sino por su naturaleza. La bruma también es considerada un litometeoro (formado por partículas sólidas en suspensión), si bien lo más común es identificarla con una neblina marítima. *Véase también* niebla.

neblinoso. Referido al día o al estado del cielo, que hay niebla. Equivalente a nebuloso.

neblumo. Forma caída en desuso para referirse a una niebla contaminante. Al igual que el acrónimo inglés *smog* (esmog, en su adaptación fonética al español), surge de la fusión de las palabras niebla y humo. *Véase también smog.*

nebra. Nube en gallego. El término también toma el significado de niebla tanto en Galicia, como en otras zonas vecinas de Asturias y León. En Los Ancares, llaman también niebra (variante de nebra) al citado hidrometeoro, mientras que para la neblina emplean los términos nebría y nebrina. En la Maragatería (León), la niebla es la niubrina, empleándose el término nublina con idéntico significado en otras comarcas leonesas. En Galicia, se usan también los localismos néboa y neboeiro/a.

nebuloso. Ambiente oscurecido por las nubes o la niebla. *Véase también* neblinoso.

nebulosus (neb). Vocablo latino que da nombre a una de las especies nubosas catalogadas en el *Atlas Internacional de Nubes* de la OMM. Esta especie se manifiesta tanto en cirrostratos como en estratos. Como es fácil de deducir por su nombre, su aspecto es nebuloso, formando una capa o velo que no presenta detalles nítidos sino difuminados.

Néfele. Nombre dado a la diosa de las nubes en la mitología griega. No hay que confundir a esta deidad con las ninfas de las nubes y las lluvias, conocidas como néfeles en la Antigua Grecia. Estos seres mitológicos formaban parte de las oceánides; las hijas del titán Océano y de Tetis. Aristófanes (*ca.* 450-385 a. C.) situaba a estas ninfas en el Éter; la región superior, por encima de la atmósfera y por debajo del firmamento.

nefelibata. Cultismo, usado por primera vez por el poeta nicaragüense Rubén Darío (1867-1916), que describe a la persona soñadora, ajena a la realidad, de la que habitualmente se dice que está en las nubes. Se aplica también a todo aquel individuo que observa las nubes por el simple placer de hacerlo, por puro disfrute, fotografiándolas en muchos casos. Atendiendo al origen etimológico del término (*Néfele* [Νεφέλη], de *néfos* [nube], y bata, de *bates* [βάητς]), significa literalmente «el que camina por las nubes».

nefobasímetro. Instrumento meteorológico —utilizado preferentemente en los aeropuertos— que permite determinar la altura a la que se sitúa el techo de nubes. El más común es el láser, cuyo funcionamiento está basado en la transmisión de pulsos de esa luz hacia arriba y la recepción de la luz reflejada, en sentido descendente, por la base de la capa nubosa más próxima al suelo. El tiempo transcurrido entre la emisión y la recepción de cada pulso permite saber a qué altura está el citado techo de nubes. Este instrumento también se conoce como ceilómetro y pinchanubes (en su forma más coloquial).

nefología. Rama de la Meteorología que se encarga del estudio del movimiento y evolución de las nubes y de su clasificación.

nefómetro. Instrumento meteorológico no convencional que permite determinar la cobertura nubosa en un momento dado. El modelo más clásico consta de un espejo semiesférico convexo dividido en seis partes, lo que ayuda al observador en la estimación de cuál es la fracción de nubes que cubre la bóveda celeste. Los observadores experimentados son capaces de llevar a cabo este tipo de observaciones a simple vista, sin hacer uso de este aparato y sin incurrir en grandes errores.

nefoscopio. Instrumento meteorológico caído en desuso que permite determinar en qué dirección y a qué velocidad se desplazan las nubes. El aparato también cumple la función de nefómetro. Fue inventado por el jesuita y meteorólogo español José María Algué (1856-1930), antiguo director del Observatorio de Manila. El llamado nefoscopio de retículo, permite saber la velocidad de desplazamiento de las nubes y su velocidad aparente, a partir del cálculo del tiempo que tardan en cruzar un grupo de nubes varios retículos dispuestos en el anteojo que lleva incorporado el instrumento. Aparte de los nefoscopios de visión directa —como el de Algué—, también están los de reflexión, como el de espejo inventado por el ingeniero y matemático español Leonardo Torres Quevedo (1852-1936). En este caso, se mide el tiempo que tardan las nubes elegidas para la medida en salir de un círculo marcado en el citado espejo.

nevada. Acción de nevar. El término también se emplea para expresar la cantidad de nieve que se ha acumulado en el suelo de una vez como consecuencia de la citada acción. La intensidad de las nevadas es muy variable. Los observadores meteorológicos establecen la siguiente división en cuatro categorías: 1) nevada muy ligera, en la que caen copos de forma muy dispersa, que no llegan a cubrir el terreno en su totalidad; 2) nevada ligera, que es aquella en la que se puede ver a más de un kilómetro de distancia; 3) nevada moderada, en la que la visibilidad horizontal queda comprendida entre los 500 y los 1000 m; y 4) nevada fuerte, caracterizada por la caída de una gran cantidad de copos de nieve de gran tamaño, lo que reduce la visibilidad horizontal por debajo de los 500 m. El ritmo de acumulación de la nieve en el suelo —mayor o menor en función de la intensidad de la nevada— permite establecer una clasificación similar para la nieve caída.

nevada de la cigüeña. Expresión coloquial que hace referencia a una pequeña nevada en la que la nieve no llega a cuajar sobre el suelo, lo que se conoce popularmente como una nevusquina, entre otras denominaciones

nevadona. Forma popular de llamar a una gran nevada en Asturias. Las nevadas históricas ocurridas en el Principado suelen adoptar esta denominación (por ejemplo, «la nevadona de los tres ochos» hace alusión a las grandes nevadas que tuvieron lugar durante los meses de febrero y marzo de 1888). Los sufijos aumentativos «-ón» y «-ona» son comunes en el habla de los asturianos.

nevarada. Nevada. Término usado en Galicia y Asturias. En algunos concejos asturianos se aplica solo a una gran nevada, también llamada nevadona.

nevasca. Variante de nevasco.

nevasco. Término con el que se expresa tanto una nevada como la ventisca. Equivalente a nevasca y nevazo, entre otras palabras. *Véase también* nebasco.

nevatón. En la comarca leonesa de Los Argüellos llaman así al momento en el que cae con mayor intensidad la nieve durante una nevada.

nevazo. Nevada intensa. En algunos lugares también se escribe con «b» (nebazo), aunque esta es la forma gramaticalmente correcta.

nevera. *Véase* pozo de nieve.

nevero. Capa de nieve compacta de poca extensión, situada en una zona de terreno poco expuesta a la insolación, que aguanta sin fundirse por completo durante todo el año o gran parte del mismo. Los neveros son comunes en zonas altas de montaña (por encima de los 2500 a 3000 m de elevación, en latitudes medias), donde logran subsistir por debajo del límite de las nieves perpetuas, tanto durante la segunda mitad de la primavera como en el verano, coincidiendo con el período del año en que se alcanzan las temperaturas más altas. El nevero también recibe el nombre de ventisquero y helero —palabras que admiten, además, otras acepciones meteorológicas—, amén de varios localismos.

nevisca. Nevada breve en la que caen copos muy pequeños, a menudo de forma intermitente. En algunas zonas de León llaman tanto falisca como falispa al copo de nieve diminuto, con el que con frecuencia da inicio la nevada. El pequeño tamaño de estos copitos hace que se desplacen con una gran libertad de movimientos durante su caída, dando bandazos en el aire, a merced de las ráfagas de viento, aunque no sean excesivamente importantes.

neviscar. Acción de caer nevisca. Caer copos pequeños de forma ligera (con poca intensidad) durante un corto período de tiempo. Equivalente a nevisquear y sus variantes. *Véase también* nevisquear.

nevisquear. Neviscar. Este arcaísmo presenta las variantes nevas-quear, nevasquiar, nevusquear y nevusquiar, incorrectas desde el punto de vista gramatical, pero que son usadas en algunos lugares.

neviza. Nieve vieja, de mayor densidad que la recién caída, que resulta de la acción de sucesivos procesos de fusión, congela-ción y sublimación. Es una nieve granular y compacta que, a medida que va acumulándose en el suelo, se va transformando en hielo, adquiriendo su estructura cristalina característica, aunque con burbujas de aire atrapado en su interior. *Véase también* testigo de hielo.

nevoso. *Véase* nivoso.

nevuscarda. En Aragón, pequeña nevada que apenas cubre la tie-rra, blanqueando ligeramente y por poco tiempo el terreno. En este tipo de nevadas testimoniales, la nieve caída suele ser seca.

nidio. Llaman así en Asturias al suelo cubierto totalmente de nie-ve, tras haberse producido una gran nevada. Entre las acepcio-nes del término están liso, raso resbaladizo o limpio.

nido de tormentas. Zona, habitualmente montañosa, donde las tormentas son más frecuentes que en las regiones vecinas. En general, las zonas de montaña presentan una actividad tormen-tosa significativamente mayor que las de relieve menos acci-dentado, pero no todos los sistemas montañosos presentan el mismo número de tormentas al año. Aparte de eso, en cada cordillera hay sectores más o menos tormentosos, en función de las contribuciones de los factores locales que hay en juego.

niebla. Hidrometeoro consistente en la suspensión de gotas de agua de pequeño diámetro, habitualmente microscópicas, que reducen la visibilidad horizontal al nivel de la superficie terres-tre por debajo de un kilómetro. Esa distancia máxima de visión marca el límite entre la niebla y la neblina. Fuera del contexto meteorológico, el término también se emplea para referirse, por ejemplo, a la señal que recibe una televisión cuando no hay sintonizado un canal, a la visión borrosa que provoca la entrada de polvo en uno de nuestros ojos, o como sinónimo de misterio o incertidumbre. Volviendo al fenómeno meteorológico en sí, la niebla es, en la mayoría de los casos, una nube del género *Stratus*, cuya base coincide con la superficie terrestre, pudiendo surgir tanto sobre el mar como sobre tierra firme. Las nieblas se pueden clasificar atendiendo a diferentes criterios. Si lo que se tiene en cuenta es el mecanismo de formación de las mismas, pueden considerarse tres tipos principales: 1) advección; 2) evaporación; y 3) radiación (o irradiación). Dentro de cada una de estas categorías se incluyen, a su vez, tipos específicos de nieblas, tal y como se detalla en las siguientes entradas.

niebla alta. Capa baja de estratos cuya base se sitúa a poca altura sobre la superficie terrestre (decenas o algunos centenares de metros a lo sumo).

niebla de advección. Niebla que se forma al desplazarse una masa de aire cálido y húmedo sobre una superficie fría. Las nieblas de advección son habitualmente nieblas marítimas que, impulsadas por los vientos locales (régimen de brisas), llegan a extenderse por determinadas franjas costeras, penetrando tierra adentro. A diferencia de las nieblas de radiación, las de advección son dinámicas (se desplazan) y no siguen el ciclo día-noche, por lo que pueden surgir en cualquier momento de una jornada, cuando se den las condiciones propicias para ello. Su duración es muy variable, pudiendo llegar a persistir varios días seguidos. El proceso físico que origina este tipo de nieblas es la condensación. El aire cargado de humedad alcanza su saturación al entrar en contacto con una zona marina donde las aguas superficiales están frías, o al desplazarse sobre un suelo también frío. La niebla de advección puede formarse directamente sobre el mar y desde allí desplazarse a tierra, o puede hacerlo solo sobre tierra firme, cuando se desliza sobre ella una masa de aire húmedo inicialmente sin saturar, que alcanza su saturación al enfriarse, según va entrando en contacto con el suelo. La condensación del vapor de agua también puede producirse cuando se desplaza una masa de aire frío sobre una superficie cálida, formándose en estos casos una niebla advectiva.

niebla de evaporación. Niebla producida en un entorno de estabilidad atmosférica, en el seno de una masa de aire frío y seco situada sobre una gran superficie de agua relativamente cálida, donde la tasa de evaporación es elevada. Este tipo de niebla se conoce también como de mezcla o de vapor, ya que el vapor de agua que escapa desde la superficie del líquido se va mezclando con el aire situado sobre ella, modificando sus características originales, hasta alcanzarse la saturación; momento en el que surge la niebla. Las nieblas que se forman con frecuencia sobre ríos y lagos son ejemplos típicos de nieblas de evaporación. También lo son algunas de las nieblas marítimas (humo ártico).

niebla de ladera. *Véase* nube orográfica.

niebla de radiación. Niebla que se forma en un entorno de estabilidad atmosférica como consecuencia del enfriamiento nocturno que tiene lugar sobre tierra firme. La pérdida neta de radiación terrestre que tiene lugar durante las horas nocturnas es el mecanismo encargado de ir enfriando el aire situado a ras de suelo. Cuando la temperatura baja lo suficiente para alcanzarse las condiciones de saturación del vapor de agua contenido en el aire, se forma la citada niebla. Las nieblas de radiación también se conocen como de irradiación (aunque esta denominación ha ido cayendo en desuso), ya que es el calor irradiado por el suelo el que, al escapar hacia arriba, hace que vaya descendiendo la temperatura del aire, aumentando paralelamente su humedad relativa, lo que culmina con la formación de la niebla, en los casos en que llega a producirse la condensación (humedad relativa del 100 %). Las nieblas de radiación están asociadas a situaciones marcadamente anticiclónicas, ya que requieren de la presencia de noches despejadas y ausencia de viento. Al estar el aire calmado y no haber nubes en el cielo, el enfriamiento junto al suelo es notable. La orografía del terreno resulta determinante en la extensión que llegan a alcanzar estas nieblas; los valles y las mesetas rodeadas de montañas son los lugares más propicios, ya que forman cubetas naturales del terreno en las que el aire frío tiende a acumularse y a quedar estancado, sin vías de escape. La niebla de radiación típica se empieza a formar a primeras horas de la noche y persiste hasta media mañana del día siguiente. Su disipación siempre comienza por sus bordes y va avanzando desde fuera hacia dentro, a la vez que tiende a despegarse del suelo (niebla alta), mejorando la visibilidad progresivamente. En Meteorología, se distingue entre una niebla baja y una alta, en función de que la base del estrato nuboso coincida con la superficie terrestre o se sitúe algo por encima de la misma. El invierno es la época del año en que las nieblas de radiación son más frecuentes, coincidiendo con los días de intenso frío y dominio de las altas presiones. Cuando la temperatura desciende por debajo de 0 ºC, la niebla se convierte en niebla engelante, da lugar al fenómeno de la cencellada y puede no llegar a levantar del todo, manteniéndose en algunas zonas varios días seguidos (semanas, a veces).

niebla engelante. Niebla formada mayoritariamente por gotitas de agua subfundida. Una niebla convencional (constituida por minúsculas gotas de agua líquida) adquiere esta condición cuando la temperatura del aire desciende por debajo de 0 ºC, momento a partir del cual el agua de muchas de las gotas mantiene su condición de líquido, pero pasa a estar en estado de subfusión, lo que también se conoce como agua superenfriada. Las gotitas resultantes cambian de estado al instante, cuando se ven sometidas a un cambio brusco de presión, convirtiéndose en hielo. Dicha circunstancia ocurre cuando las citadas gotitas (engelantes) impactan sobre cualquier objeto o superficie expuesta a ellas, lo que termina formando unos depósitos de hielo que constituyen el fenómeno de la cencellada.

niebla helada. Niebla formada en su mayor parte por minúsculas partículas de hielo de tamaños variables, desde cristales individuales de apenas 10 a 20 micras de diámetro, hasta aglomerados de varios de ellos, con un tamaño algo mayor. No hay que confundir una niebla helada con una engelante, si bien pueden coexistir en ella gotitas subfundidas con cristales de hielo, aunque la proporción de estos últimos es mucho mayor.

niebla meona. Forma coloquial y expresiva para referirse a una niebla que moja. En algunos lugares la llaman niebla chorrera. Cuando las nieblas son particularmente densas, las colisiones entre las gotitas son más frecuentes, uniéndose muchas de ellas entre sí y dando lugar a la formación de gotas de mayor tamaño, aunque inferior a las de llovizna. Cuando esas gotículas entran en contacto con el suelo y con cualquier otro elemento expuesto a ellas, lo empapan como si hubiera llovido, formándose una película con esas minúsculas gotas. Al caminar en el seno de una de estas nieblas, se nota el leve impacto de las gotículas sobre el rostro.

niebla posfrontal. Niebla asociada al frente frío, formada en su parte trasera —en el seno de la masa de aire frío—, al paso del citado frente sobre una superficie de agua o un terreno mojado.

niebla prefrontal. Niebla asociada al frente cálido, formada en el seno de la masa de aire frío delantero, cuya formación se ve favorecida por la evaporación de parte de la precipitación que se produce delante del frente, lo que carga de humedad el ambiente y enfría más el aire, produciéndose la condensación del vapor de agua.

niebra. Variante de *nebra* (nube en gallego) con el que llaman a la niebla en la comarca leonesa de Los Ancares. También está documentado su uso en algunas zonas de las provincias de Granada, Córdoba y Málaga, empleándose igualmente las variantes ñiebra y ñebra.

nieve. Precipitación de cristales de hielo aislados o formando copos (aglomerados de varios de ellos) que cae de una nube. Para que se produzca este hidrometeoro, la temperatura del aire en el tramo de atmósfera donde precipita debe ser inferior a 0 ºC. Justo al nivel de la superficie terrestre puede nevar a temperaturas algo mayores (de varios grados Celsius por encima de cero), pero la nieve no llega a cuajar en el suelo si a ras suyo se superan los 2 ºC. Cuanto más frío sea el ambiente en el que se produce la nevada, más pequeños serán los copos de nieve, cayendo en muchos casos cristales de hielo individuales. Debido a las múltiples ramificaciones que suelen presentar estas minúsculas estructuras cristalinas, cuando se juntan varias de ellas y se forman los citados copos, en su interior queda atrapada una gran cantidad de aire; la luz del sol al atravesar esas pequeñas cavidades sufre múltiples reflexiones internas, en todas las direcciones, dando como resultado el deslumbrante color blanco que caracteriza a este meteoro. La combinación de temperatura y humedad da lugar a distintos tipos de nieve, siendo más o menos esponjosa dependiendo de los casos. La densidad de la nieve depositada sobre el suelo es muy variable, lo mismo que la intensidad de la nevada.

nieve granulada. Precipitación formada por gránulos redondeados o cónicos de hielo blanco y opaco, cuyo diámetro no supera los 5 mm.

nieve húmeda. Recibe este nombre la nieve depositada en el suelo que está encharcada como consecuencia de la fusión parcial de la misma. Por tal motivo, pierde su blancura original, volviéndose translúcida. Es una nieve fácil de compactar y resbaladiza. También recibe el nombre de nieve podrida.

nieve mojada. Nieve depositada en el suelo y empapada de agua líquida debido a que ha llovido sobre ella. El agua de la lluvia rellena todos los intersticios presentes en el manto nivoso, actuando este de manera parecida a una esponja. No debemos confundir este tipo de nieve con la nieve húmeda ni con el aguanieve.

nieve podrida. Nieve típica de primavera, formada por capas blandas de nieve humedecida con bastantes huecos de aire, lo que da poca estabilidad a la parte superior del manto nivoso.

nieve polvo. Nombre dado a la nieve seca en los partes de nieve de las estaciones de esquí. Es muy apreciada por los esquiadores y los practicantes de otros deportes invernales sobre nieve.

nieve primavera. Denominación que recibe la nieve pastosa, mezclada con agua líquida, en los partes de nieve de las estaciones de esquí. Es el resultado de la transformación que experimenta el manto nivoso con la llegada de la primavera, debido a la mayor fusión provocada por haber unas temperaturas más altas que en invierno y un mayor número de horas de sol. También recibe el nombre de nieve sopa.

nieve sandía. [Imagen 16, pliego]. Nieve presente en algunas zonas de alta montaña y en las regiones polares, que tiene un color similar al de la pulpa de una sandía, debido a la presencia en ella de un alga microscópica llamada *Chlamydomonas nivalis*. Esta alga es originalmente verde, pero —aparte de la clorofila— contiene un pigmento rojizo que la protege de la radiación ultravioleta y que es el responsable de teñir la nieve de un color que recuerda al de la sangre. Las colonias de estas algas se expanden con rapidez en primavera, adquiriendo el manto nivoso la citada coloración. El nombre de «nieve sandía» *(watermelon snow)* empezó a emplearse en EE UU, usándose también otras denominaciones como nieve rosada, rosa o sangrienta. No hay que confundir esta nieve con otra también de color rojizo, pero que cae así del cielo. Estas nevadas se producen cuando la masa de aire en la que tienen lugar contiene una elevada concentración de polvo desértico de esa coloración, que se incorpora a los copos de nieve.

nieve seca. Nieve depositada en el suelo que está formada por pequeños copos sueltos de nieve recién caída. Es una nieve que se ha generado en un aire particularmente frío y seco. El manto nivoso resultante tiene poca cohesión. También se conoce como nieve polvo.

nieves penitentes. *Véase* penitentes.

nieves perpetuas. Recibe este nombre el manto de nieve que permanece siempre en un lugar, sin llegar a desaparecer en ningún momento a lo largo del año. Estas nieves, también llamadas persistentes o eternas, se localizan tanto en las regiones polares como en cotas altas de las principales montañas y cordilleras del mundo. Desde el punto de vista climatológico, su límite inferior se sitúa en los lugares de la Tierra donde la temperatura media del mes más cálido es de -3 °C.

nimboestrato. [Imagen 17, pliego]. Nombre que recibe en español el término latino *Nimbostratus,* con el que oficialmente se conoce a ese género nuboso. Se expresa indistintamente como nimboestrato o nimbostrato.

Nimbostratus (Ns). Uno de los diez géneros nubosos reconocidos por la Organización Meteorológica Mundial. Fue el último incluido en el *Atlas Internacional de Nubes* del citado organismo, incorporado en la edición de 1939. Se corresponde con una capa nubosa de color gris, con frecuencia oscuro, de aspecto sombrío y amenazante. Los nimbostratos dan lugar a un cielo plomizo, tanto más oscuro cuanto mayor espesor tengan, ocultando por completo al sol en todos los casos. Este género nuboso pertenece a la familia de las nubes medias, pero invade a veces el piso ocupado por las bajas, ya que su base se sitúa ocasionalmente por debajo de los 2000 m de altitud. Esa parte inferior queda velada total o parcialmente por las cortinas de lluvia o nieve que siempre deja esta nube, así como por la presencia de nubes bajas de aspecto desgarrado, que pueden o no estar soldadas a ella.

nimbus. Palabra latina que significa nube de lluvia. El término fue empleado por el farmacéutico inglés Luke Howard (1772-1864) en su clasificación de las nubes y posteriormente pasó a formar parte de los nombres en latín de los dos géneros nubosos que dejan siempre precipitaciones *(Nimbostratus* y *Cumulonimbus)*. Equivalente a nimbo.

nitrógeno. Componente principal de la mezcla gaseosa que forma el aire, estando presente en ella en su forma molecular (N_2). Es, con diferencia, el elemento más abundante en la atmósfera terrestre, ocupando un 78,084 % de su volumen. Es un gas incoloro, inodoro, insípido e inerte, fundamental para la vida en la Tierra, dado el importante papel que desempeña en los procesos biológicos. El llamado ciclo del nitrógeno es el encargado de regular los intercambios de este gas atmosférico con los seres vivos. Al no ser un gas químicamente reactivo, el ciclo solo es posible gracias al papel que desempeñan determinadas bacterias, capaces de sintetizar compuestos nitrogenados a partir del nitrógeno que toman del aire, dando lugar al proceso conocido como fijación del nitrógeno. El químico, médico y botánico escocés Daniel Rutherford (1749-1819) fue el primero en desvelar la existencia de este gas, en 1772. Lo llamó «aire flogisticado», en alusión al flogisto; una sustancia que en aquella época se suponía que era responsable de la inflamabilidad de las cosas. Posteriormente, el químico francés Antoine-Laurent de Lavoisier (1743-1794) se refirió a él como *azote*, un término que deriva del vocablo griego ζωή (vida), precedido del prefijo (la letra «a» —alfa en el alfabeto griego— privativa), y que significa «sin vida» o inerte, al ser esa la principal característica del nitrógeno. El término se tradujo al español como ázoe, aunque esta denominación ya ha caído en desuso.

nival. Relativo a la nieve o relacionado con ella. En Meteorología, encontramos referencias tanto al manto nival como al nivoso. Ambas expresiones son equivalentes y se refieren a la capa de nieve que se acumula sobre el suelo tras una o varias nevadas. Por otro lado, el régimen nival de montaña es aquel en el que las precipitaciones son habitualmente en forma de nieve. El término también se emplea para referirse al régimen de un curso fluvial cuyas aguas provienen de la fusión de la nieve (río de régimen nival). En Biología es común añadir este adjetivo al nombre de algunas especies de animales cuyo hábitat se localiza en zonas habitualmente con nieve (búho nival, paloma nival, gorrión nival, topillo nival, perdiz nival). Asimismo, en las montañas recibe el nombre de piso nival al piso de vegetación situado en la zona de nieves perpetuas, donde solo consiguen sobrevivir unas pocas especies.

nivel de condensación. Altitud a la que se alcanzan las condiciones de saturación en el aire, a partir de la cual tiene lugar la condensación del vapor de agua contenido en él. Las bases de las nubes se sitúan en dicho nivel atmosférico, variable tanto en el espacio como en el tiempo. Pueden existir simultáneamente varios niveles de condensación en la vertical de un lugar. *Véase también* vapor de agua.

nivel de condensación ascendente. Altitud a la que empieza a formarse una nube como consecuencia del ascenso forzado de aire. Dicho forzamiento puede ser orográfico, frontal o dinámico (por ejemplo, como consecuencia de una convergencia de brisas). En aerología, se conoce por la sigla NCA.

nivel de condensación convectivo. Altitud a la que empieza a formarse una nube de desarrollo vertical debido al ascenso de aire caliente, por convección. La insolación es el factor desencadenante de este proceso, al calentarse el aire junto al suelo y comenzar a ascender. La presencia de aire más frío de lo normal en el tramo de atmósfera donde tiene lugar la ascensión, es lo que dictamina la formación o no de la nube convectiva y su posterior crecimiento, pudiendo o no culminar en tormenta. La base de la citada nube marca el nivel de condensación convectivo, conocido en aerología por la sigla NCC.

nivel de congelación. *Véase* isocero.

nivel de libre convección. Altitud a partir de la cual un pequeño volumen de aire que asciende adiabáticamente por la atmósfera, lo continúa haciendo de forma libre —sin nada que lo frene—, al encontrarse en todo momento con aire más frío (más denso) a su alrededor. En aerología, se conoce por la sigla NLC, si bien es común verlo expresado también como NCL (nivel de convección libre). *Véase también* proceso adiabático.

nivel de vuelo. Altitud a la que vuela una aeronave tomando como referencia los 1013,25 hPa correspondientes al valor de la presión al nivel medio del mar en la atmósfera estándar. Esta referencia altimétrica se conoce en aeronáutica como el QNE y la utilizan todos los pilotos cuando vuelan por encima de la llamada altitud de transición, que en entornos de aeropuertos sin grandes obstáculos montañosos suele situarse a 6000 pies (unos 1800 m). El citado reglaje del altímetro garantiza que no se produzcan colisiones en ruta, ya que cualquiera que sea el nivel de vuelo elegido, la referencia de presión será la misma, lo que siempre permite que haya una separación mínima de seguridad entre dos niveles de vuelo contiguos. Estos podrán acercarse o separarse (en función de cuáles sean las condiciones meteorológicas reinantes), pero en ningún caso se solaparán. Los niveles de vuelo preestablecidos están separados entre sí 500 pies (teóricos) hasta los 20 000 pies de altitud, y de ahí para arriba 1000 pies. Al volar en instrumental (IFR), los niveles de vuelo elegidos siempre han de ser múltiplos de 1000, mientras que en visual (VFR) lo son de 500. El nivel de vuelo se expresa en hectopies, precedido de la sigla identificativa FL (acrónimo de *Flight Level*). Por ejemplo, FL180 es el nivel de vuelo situado a la altitud teórica de 18 000 pies, y FL035 el situado a 3500 pies.

nivel medio del mar. Referencia usada para determinar la elevación de las localidades y los accidentes geográficos, variando de unos países a otros. Al no mantenerse constante el nivel marino en ningún lugar del mundo, debido a la acción conjunta de las mareas y el oleaje, los distintos criterios usados para fijar el valor medio pasan por promediar las oscilaciones a las que se ve sometida la superficie del mar cuando las aguas están tranquilas (sin una gran agitación) durante un período de tiempo lo suficientemente largo (habitualmente varios años) para que los efectos de las mareas y el oleaje queden compensados. El registro continuo de esas oscilaciones se lleva a cabo mediante mareógrafos. En España, las elevaciones oficiales de los sitios toman como referencia el nivel medio del mar en la ciudad de Alicante, calculado a partir de las observaciones llevadas a cabo por el mareógrafo ubicado allí, en el puerto, entre los años 1870 y 1882. Se eligió aquella ciudad por presentar una oscilación muy pequeña entre la pleamar y la bajamar. El levantamiento altimétrico se inició con una primera señal situada en el primer peldaño de la escalinata del Ayuntamiento de la citada ciudad, donde se ubica una placa con esa cota cero. Internacionalmente, el nivel medio del mar se expresa con la sigla MSL (acrónimo de *Mean Sea Level*). El término «medio» se omite en ocasiones, expresándose «nivel del mar» con idéntico significado. Las siglas empleadas para expresar la elevación de un lugar con respecto a dicha referencia son indistintamente s.n.m. o s.n.m.m.

nivel Mintra. Altitud por debajo de la cual los aviones no dejan estelas a su paso. Dicho nivel de vuelo se sitúa más próximo a la superficie terrestre en invierno que en verano, al estar el aire más frío en toda la columna atmosférica y alcanzarse a menor altitud la temperatura crítica necesaria para que el vapor de agua expelido por los motores se condense y sublime. *Véase también* estela de condensación.

1. *Arcus (arc)* en el borde delantero de una tormenta cerca de Arconada, Palencia (España).

2. Aurora polar fotografiada en los Alpes de Lyngen, en el norte de Noruega.

3. Profunda borrasca situada sobre el golfo de Alaska, captada por el sensor MODIS del satélite *Aqua* de la NASA el 27 de agosto de 2004 a las 22:45 UTC. La formación de estos sistemas de bajas presiones en latitudes altas y medias tiene lugar como consecuencia de la interacción del aire polar (al norte) y subtropical (al sur).

4. Calima en la que se aprecia el sol a través de las partículas en suspensión.

5. Candilazo o arrebol desde Cerceda, Madrid (España).

6. Agujero en las nubes, catalogado como *cavum*, sobre el cielo de Hong Kong (China).

7. *Cumulus congestus* creciendo junto al Teide, en la isla de Tenerife, islas Canarias (España).

8. *Cumulonimbus incus*, con su característica forma de yunque en su parte superior.

9. Espectro de Brocken.

10. Estela de condensación (*Cirrus homogenitus*).

11. *Fluctus* (oleaje atmosférico) al amanecer en Sojuela, La Rioja (España).

12. Halo ordinario.

13. Jardín meteorológico. En este recinto vallado se disponen la mayor parte de los instrumentos que se utilizan en los observatorios meteorológicos. En el de la imagen, en primer término a la izquierda, tenemos el pedestal donde se sitúan los piranómetros con los que se mide la radiación solar, mientras que detrás, en la columna del fondo, está el heliógrafo. En la parte central se localizan los pluviómetros y pluviógrafos, seguidos, más a la derecha, de las garitas meteorológicas y la torre anemométrica.

14. Manga marina fotografiada en la Playa de la Misericordia, Málaga (España).

15. Mar de nubes fotografiado en el norte de Tenerife, islas Canarias (España).

16. Nieve sandía (de color rosa) en Monte Ritter, en Sierra Nevada, California (EE UU).

17. Arcoíris y nimboestrato sobre el río Delaware, Nueva Jersey (EE UU).

18. Nube sombrero o en capuchón cubriendo la cima del Teide, en la isla de Tenerife, islas Canarias (España).

19. Nubes asociadas a una onda de montaña generada por los Montes de Málaga (España).

20. Parhelios (soles falsos) situados a uno y otro lado del sol.

21. Cirros o rabos de gallo sobre los cielos de Radiquero, Huesca (España).

22. Impacto de un rayo, a la luz del día, sobre un viñedo en Casalarreina, La Rioja (España).

23. Espectacular reventón impactando sobre Phoenix, Arizona (EE UU).

24. Recreación artística del MSG (Meteosat de Segunda Generación). Desde que el primer satélite de la serie –el Meteosat 1– envió su primera imagen, el 9 de diciembre de 1977, se dispone de un registro continuo de imágenes en distintos canales, que se extiende desde entonces hasta nuestros días.

25. Supercélula en las cercanías de Urrea de Jalón, Zaragoza (España).

26. Testigo de hielo extraído de la Antártida Occidental. La banda oscura se corresponde con una capa de polvo volcánico depositado sobre la capa de hielo hace aproximadamente 21 000 años.

27. Estratocúmulo de la variedad *undulatus* en los cielos de Madrid (España).

28. La nube rodillo, denominada técnicamente como *volutus*, aparece en zonas donde se cruzan vientos que soplan en sentido contrario.

29. Imagen de satélite de la zona de convergencia intertropical discurriendo sobre la parte oriental del océano Pacífico.

30. Vórtices de Von Kármán a sotavento de las islas Canarias (España). Imagen tomada el 24 de mayo de 2002 por el sensor MODIS del satélite *Terra* de la NASA.

nivel tipo (de presión). Cada uno de los niveles de presión en que se divide la parte baja de la atmósfera, según acuerdo internacional. Para cada nivel tipo preestablecido se confeccionan mapas de análisis y predicción de los distintos campos meteorológicos. Los niveles tipo de uso más común son los de 925, 850, 700, 500, 300, 200, 150 y 100 hPa.

níveo. Cultismo, empleado principalmente en lenguaje poético y literario, que alude a la nieve o a alguna de sus características, tales como la blancura, textura o frialdad. Tiene su origen en el término latino *niveus*, que a su vez deriva de *nivis*, algo que comparte una amplia familia de palabras relacionadas con el blanco elemento.

nivómetro. Instrumento que mide la cantidad de agua que ha precipitado en forma de nieve o de granizo. Los pluviómetros tradicionales (tipo Hellmann) desempeñan la función de nivómetro, para lo cual lo único que hay que hacer es fundir la nieve o el granizo depositados en su embocadura. Para ello, se vierte por encima una cantidad conocida de agua tibia, que derrite el hielo con rapidez. La cantidad de agua equivalente a la nieve o el granizo que ha precipitado se obtiene restando al total de agua recogida en la vasija colectora del pluviómetro la cantidad que se vertió. Dicha operación se lleva a cabo con la probeta graduada del instrumento, lo que proporciona la medida buscada. Existen aparatos más sofisticados —de tipo láser o acústico (ultrasonidos)— que son nivómetros específicamente y que permiten, además, medir el espesor de la capa de nieve o de granizos depositada en el suelo. *Véase también* telenivómetro.

nivosidad. Proporción entre las precipitaciones sólidas (principalmente en forma de nieve y granizo) y las precipitaciones totales anuales registradas en un determinado lugar o región. Se expresa en tantos por ciento (%), a partir del llamado coeficiente de nivosidad o nivométrico.

nivoso. Adjetivo que aplicado al tiempo (tanto al cronológico como al meteorológico) indica que son frecuentes las nevadas. Referido a un lugar, que habitualmente está cubierto de nieve. En Meteorología, es común llamar manto nivoso a la capa de nieve que se acumula sobre el terreno.

NLC. Sigla con la que se conoce el nivel de libre convección.

NOAA. Acrónimo de *National Oceanic and Atmospheric Administration*, que da nombre a uno de los principales organismos mundiales dedicados a las ciencias atmosféricas. La Administración Nacional (de EE UU) Oceánica y Atmosférica se fundó el 3 de octubre de 1970 bajo el mandato del presidente Richard Nixon (1913-1994) y es una agencia científica dependiente del Departamento de Comercio de los Estados Unidos. Entre sus funciones está el suministro de datos y productos (de análisis y predicción) con información relativa a la atmósfera y los océanos, así como la investigación básica y aplicada de cuestiones muy diversas relacionadas con la hidrología, el tiempo y el clima, los ecosistemas, el transporte y el comercio; tanto a escala regional (para EE UU) como global. La NOAA participa en un sinfín de estudios y proyectos sobre los huracanes, el cambio climático, los hielos polares o las corrientes marinas, entre otros asuntos de interés meteorológico.

noche tropical. En Meteorología, recibe este calificativo la noche en que la temperatura no desciende de 20 ºC, registrándose una temperatura mínima igual o superior a ese valor. Algunos autores se refieren también a una noche tórrida o ecuatorial, cuando la temperatura mínima es igual o superior a 25 ºC. En Climatología se computan las noches cálidas como aquellas cuya temperatura mínima es mayor del percentil 90 de la distribución de temperaturas mínimas registradas a lo largo de un determinado período de referencia.

nochielo. El color oscuro de la noche. Un negro desteñido. Con este término también se identifica la luz cenicienta.

nordés. Vulgarismo con el que se refieren al viento del nordeste en algunos sectores del área cantábrica. Es un término muy usado en el litoral norte de Galicia, las costas de Asturias y de Cantabria. El nordés es el resultado del desalojo de aire desde el anticiclón de las Azores, se extiende hasta las islas británicas y su flanco sur abraza las referidas zonas. Su irrupción da lugar a extensos bancos de nieblas y estratos en el Cantábrico, que llegan a penetrar en algunas zonas de tierra, estancándose la nubosidad en enclaves abiertos a ese viento. En dichos lugares se forman densos bancos de niebla, que empapan el terreno, y también se producen lloviznas. Según sentencia un refrán marinero: «Viento del nordés, botas de agua en los pies».

nordestada. En lenguaje náutico y marinero, una situación muy marcada del nordeste, en la que dicho viento sopla de forma persistente.

nordestazo. Coloquialmente, viento fuerte del nordeste. Término marinero.

noroestada. En lenguaje náutico y marinero, una collada de noroestes. Situación meteorológica en la que dicho viento (NE) sopla insistentemente.

noroestazo. Coloquialmente, viento fuerte del noroeste. Término marinero.

nortada. Término coloquial usado para referirse a una situación meteorológica en la que soplan vientos del norte de forma persistente. Habitualmente, hace alusión al viento fuerte y frío del norte. En algunos lugares se emplea la variante nortiada.

norte(s). Viento frío del norte que sopla en el oeste de México, afectando principalmente a las zonas costeras. Es más común en invierno y viene acompañado de un acusado descenso de las temperaturas. Los eventos (de) Norte duran en promedio dos días y es común que el viento alcance rachas de entre 80 y 100 km/h. El estado de Veracruz es uno de los más afectados por estos eventos. Es habitual que se produzca una aceleración del viento –por efecto Venturi– en el istmo de Tehuantepec, donde confluyen los estados de Veracruz, Oaxaca y Chiapas, llegando a alcanzarse allí rachas de viento huracanado, que pueden alcanzar o incluso superar los 150 km/h.

norteño. En relación con el viento, equivalente a nortada. Es un término de uso común en México, donde se aplica tanto a la persona natural del norte del país, como a cualquier otra cosa ubicada allí o relativa al norte.

NOSIG. Abreviatura empleada en los informes meteorológicos aeronáuticos codificados, como los METAR y TAF, que significa «sin cambios significativos», en alusión a las condiciones meteorológicas previstas a corto plazo en el aeropuerto, aeródromo o base aérea en cuestión.

Notos. Nombre que recibía el dios-viento del sur en la mitología griega, equivalente al dios Austro (*Auster*) de los antiguos romanos. Dependiendo de las fuentes consultadas, se expresa con ese (S) al final o sin ella (Noto). En la Torre de los Vientos de Atenas aparece representado con un hombre joven con túnica que porta una tinaja con su boca apuntando hacia abajo, lo que permite deducir que está vertiendo agua. En base a lo que dejó escrito Homero (siglo VIII a. C.) en *La Ilíada,* se tenía la creencia de que este viento traía las tormentas que tienen lugar al final del verano y durante el otoño, causantes de la destrucción de las cosechas. Esa visión negativa contrasta con la del poeta Hesíodo (siglo VII a. C.), que lo consideraba un viento beneficioso. En las distintas rosas de los vientos de la Antigüedad se asignan distintos sectores angulares a los vientos del sur, que fueron acotándose con el paso del tiempo. Si en las primeras rosas griegas los vientos del sur eran aquellos cuyos rumbos estaban comprendidos entre los 90° (E) y los 270° (O), en la de Aristóteles, de 12 rumbos (siglo IV a. C.), quedan confinados entre los 135° (SE) y los 225° (SO), y en la de Timosteno (siglo III a. C.) se consideraban como tales todos los vientos comprendidos entre el SSE y el SSO.

nowcasting. *Véase* predicción inmediata.

NOx. Forma abreviada con la que se conocen los óxidos de nitró-geno. Este grupo de gases incluye tanto al óxido nítrico (NO) como al dióxido de nitrógeno (NO_2) y a los que resultan de la combinación de ambos y también con oxígeno. El NO_2 es un contaminante secundario que se genera en la combustión a alta temperatura, debido a la oxidación del NO. Es un gas muy tó-xico, cuya principal fuente de emisión antrópica es la agricultu-ra, aparte del que escapa al aire en las ciudades, procedente de los vehículos a motor, y del originado en las plantas industria-les. El dióxido de nitrógeno —también conocido como óxido nitroso— es el principal contaminante atmosférico de todos los NOx y tiene efectos perniciosos en la salud humana y en el me-dio ambiente. Entre las fuentes naturales de emisión de los NOx están los incendios forestales y la actividad volcánica. *Véase también* contaminación atmosférica.

nubarrado. Cubierto de nubes. Equivalente a nublado.

nubarrón. Forma coloquial de referirse a una nube grande, densa y oscura, de aspecto amenazante. Las nubes tormentosas son un buen ejemplo de nubarrones. También se califican como ta-les aquellas nubes que surcan el cielo de forma aislada y que son lo suficientemente gruesas para ocultar el sol en su totali-dad. Vistas a contraluz, cuando se sitúan entre el observador y la posición que ocupa el disco solar en la bóveda celeste, tienen una apariencia tenebrosa, siendo muy oscuras. Muchos nuba-rrones resultan engañosos, ya que su aspecto invita a pensar en que la lluvia es inminente, cosa que solo ocurre en contadas ocasiones.

nube. Hidrometeoro que consiste en un conjunto visible de goti-tas de agua líquida, cristales de hielo, o ambas cosas a la vez, en suspensión en la atmósfera, situado normalmente a cierta altu-ra sobre la superficie terrestre, aunque puede estar en contacto con ella. La nube puede contener también partículas más gran-

des de agua o hielo —que constituyen en sí mismas otros hidrometeoros, como la lluvia, la nieve o el granizo—, así como partículas líquidas o sólidas no acuosas, cuyo origen puede ser el
humo, polvo o los gases industriales. La aparición de una nube
en el cielo es el resultado de la formación de agua líquida o hielo, como consecuencia de la condensación o la sublimación del
vapor de agua presente en el aire. Las nubes tienen formas y
tamaños muy variados, pudiendo presentar una amplia gama
de colores (no solo el blanco con el que comúnmente se identifican), en función de su composición, el momento del día y la
posición del observador. Su nomenclatura oficial (en latín) y su
clasificación obedecen a los criterios que establece el *Atlas Internacional de Nubes* de la OMM. La mayoría de las nubes se localizan en la troposfera, que por convención se divide en tres
pisos (alto, medio y bajo), en cada uno de los cuales solo aparecen determinados géneros nubosos, si bien alguno de ellos
puede ocupar varios pisos a la vez. Los límites de esos pisos no
son fijos, ya que varían con la latitud y también con la época del
año.

nube anexa. Recibe esta denominación la nube que acompaña
a otra de mayor tamaño y que está separada de ella o soldada a
alguna de sus partes. Se expresa indistintamente como nube
anexa o aneja, y también como nube accesoria. El *Atlas Internacional de Nubes* de la OMM distingue entre cuatro nubes anexas distintas: *flumen*, *pannus*, *pileus* y *velum*.

nube bandera. Nube orográfica estacionaria adosada a la cima
de una montaña aislada, que se extiende por encima de la vertiente de sotavento de la misma y adopta el aspecto de una
bandera ondeando al viento, de ahí su denominación. Para
que una de estas nubes se forme en lo alto de una montaña,
el viento allí arriba debe ser intenso y el aire lo suficientemente húmedo para que puedan alcanzarse las condiciones de saturación. La formación de un vórtice turbulento a sotavento

del obstáculo montañoso, junto a la disminución local de la presión que tiene lugar también a sotavento, pero del pico, favorecen la formación de la estructura nubosa, también conocida como nube en banderola. Es conocida la que se forma cada cierto tiempo en el Peñón de Gibraltar, cuando en la zona sopla levante fuerte, siendo menos común con situaciones de poniente. También son famosas las nubes bandera que ondean a veces en algunos picos emblemáticos de grandes cordilleras, como el del Cervino, en los Alpes. En las cumbres nevadas, los vientos intensos arrastran la nieve formando también una especie de banderola, que no hay que confundir con la nube bandera.

nube cálida. Condición que cumple cualquier nube que se encuentra en su totalidad a una temperatura superior a 0 °C. Está formada íntegramente por gotitas y gotas de agua líquida, sin presencia de hielo.

nube cirriforme. Nombre genérico dado a una nube alta, del género *Cirrus*, *Cirrocumulus* o *Cirrostratus*. Este tipo de nubes –en particular los cirros, dado su aspecto deshilachado– reciben distintos nombres coloquiales. *Véase también* colas de gato.

nube convectiva. Nube de tipo cumuliforme que crece principalmente en la vertical, impulsada hacia arriba gracias al fenómeno de la convección. Estas nubes se forman en entornos de inestabilidad atmosférica, en los que tienen lugar corrientes ascendentes de aire caliente y húmedo. La presencia de un suelo a elevada temperatura y de aire más frío de lo normal en la troposfera media y superior dispara el crecimiento de este tipo de nubes, también llamadas de desarrollo vertical.

nube cuerda. Formación nubosa estrecha alargada, de hasta varios centenares de kilómetros de longitud, constituida por un rosario de cúmulos que surge algo por delante de un frente frío, marcando la divisoria entre el aire frío del frente de racha generado por la línea de tormentas que forman dicho frente y el aire cálido delantero. También se conoce como nube arco, aunque no debemos confundirlo con el *arcus*.

nube cumuliforme. Nombre genérico dado a una nube de aspecto globular, con protuberancias similares a las que presentan los cúmulos. Las especies nubosas *castellanus* (elementos globulares en línea, con una base común) y *floccus* (elementos separados, con forma de copos) tienen esas características.

nube de cenizas. Nube formada por piroclastos, cenizas y gases a elevada temperatura expulsados a la atmósfera por una erupción volcánica. Cuando estas nubes logran penetrar en la estratosfera —lo que solo ocurre en las grandes erupciones—, los vientos intensos que soplan en ella dispersan ese fino material volcánico, formando un velo de partículas que llega a rodear toda la Tierra, extendiéndose por una amplia franja latitudinal. Dicha circunstancia provoca un enfriamiento global cuya magnitud y duración dependen del espesor que alcance el citado velo, lo que a su vez depende de la cantidad de materiales que inyecte el volcán a la atmósfera. En las erupciones más pequeñas, la nube de cenizas queda confinada en la troposfera, evolucionando a merced de los vientos dominantes. La presencia de estos penachos volcánicos incide negativamente en la aviación, lo que conlleva la restricción del tráfico aéreo en determinadas áreas, para lo cual se efectúan predicciones de las mismas y de su evolución. Los pilotos tienen en cuenta dicha información a la hora de confeccionar sus planes de vuelo. *Véase también* polvo volcánico.

nube de desarrollo vertical. *Véase* nube convectiva.

nube de flanqueo. Nube que se forma a veces sobre las alas de los aviones, como consecuencia del descenso local de la presión que tiene lugar allí. Dicha disminución conlleva un descenso de la temperatura, lo que favorece la formación de la nube, siempre y cuando la temperatura disminuya por debajo del punto de rocío, alcanzándose las condiciones de saturación.

Las nubes de flanqueo se suelen formar cuando los aviones atraviesan zonas donde el aire es particularmente húmedo.

nube(s) de polen. Gran volumen de polen agrupado que es liberado al aire por la cubierta vegetal de una extensa zona de terreno. Puede llegar a alcanzar varios centenares de metros de altura y recorrer centenares de kilómetros de distancia, empujado por los vientos dominantes. Las nubes de polen se mezclan a veces con las convencionales, incorporándose a las gotitas de agua que las forman y llegando a precipitar en algunos casos.

nube embudo. *Véase* tuba.

nube en banderola. *Véase* nube bandera.

nube en capuchón. [Imagen 18, pliego]. Nube estacionaria situada sobre el pico de una montaña aislada, cuya base suele estar situada algo por debajo, de manera que la nube cubre en su totalidad la cumbre, de igual forma que una gorra, sombrero, capucha o capuchón —de ahí su nombre— cubre una cabeza. En el ámbito meteorológico, también se conoce como nube en toca, existiendo otros nombres coloquiales identificativos (bardera). La aparición de esta nube suele anunciar un cambio de tiempo, lo que termina por confirmarse si la formación nubosa va ganando espesor y/o ocupa cada vez una mayor extensión. Es precursora de la llegada de un sistema frontal, ya que indica que está llegando un aire más húmedo al nivel de la cumbre, lo que se corresponde con la masa de aire que se desplaza por delante del aire cálido, deslizándose sobre el aire más frío instalado en la zona hasta ese momento. La génesis de esta nube es la misma que la de un *pileus,* siendo el tipo de obstáculo que interacciona con el flujo aéreo lo único que cambia en cada caso: una nube de gran desarrollo vertical en el citado *pileus,* frente a una montaña en la nube en capuchón.

nube en toca. *Véase* nube en capuchón.

nube estratiforme. Nombre genérico dado a una nube que ocupa una gran extensión horizontal, formando una sábana (espesor pequeño), capa o estrato. Bajo esta denominación tenemos las nubes de los géneros *Cirrostratus, Altostratus, Nimbostratus, Stratocumulus* y *Stratus*, así como los cirrocúmulos y altocúmulos de la especie *stratiformis*.

nube estratosférica polar. *Véase* nube nacarada.

nube fantasma. Nube de aspecto espectral y difícil clasificación que se forma ocasionalmente en zonas montañosas. Adopta la forma de un delicado velo semitransparente, de contornos sinuosos y textura sedosa, en el seno del cual aparecen algunas protuberancias, con huecos en su interior, a modo de burbujas. La nube presenta también algunas zonas deshilachadas y cambia de forma con rapidez, lo que la dota de su característico aspecto fantasmagórico. Combina elementos de una nube cirriforme y de una orográfica, siendo una especie de híbrido entre ambas, sin que, de momento, esté catalogada en el *Atlas Internacional de Nubes* de la OMM. Todo apunta a que este tipo de nubes son consecuencia de la mezcla de dos capas de aire: una inferior turbulenta, en contacto con la montaña, y una superior en la que el régimen es laminar y soplan vientos fuertes. El ascenso forzado de aire, desde la capa inferior a la superior, desencadena el proceso de formación de la nube fantasma.

nube fría. Condición que cumple cualquier nube que se encuentra en su totalidad a una temperatura inferior a 0 ºC. Está constituida solo por cristales de hielo.

nube herradura. Curiosa y rara formación nubosa, también llamada «vórtice de herradura» (*horseshoe vortex*, en inglés), que surge en el cielo en muy contadas ocasiones y durante un breve lapso de tiempo, cuando tenemos simultáneamente una fuerte cizalladura vertical de viento y convección plenamente desarrollada. En una fase inicial se forma un pequeño vórtice con su eje paralelo al suelo que, al interaccionar con una corriente de aire ascendente lo suficientemente intensa, se va curvando progresivamente, estirándose su parte central hacia arriba, hasta adoptar la forma de arco o herradura. Estas nubes tan efímeras son más fáciles de ver en zonas de montaña, debido a que allí los ascensos de aire son más vigorosos. *Véase también* convección.

nube iridiscente. Nube que presenta iridiscencias. En las nubes del género *Cirrostratus*, *Cirrocumulus* y *Altocumulus* se puede observar ese despliegue de colores, siempre y cuando ocupen una posición en el cielo cercana a la del sol. *Véase también* irisación.

nube madre. Nube a partir de la cual se forma o desarrolla otra. En función de cómo sea esa evolución nubosa, en el nombre oficial (en latín) de la nube madre se incorpora el sufijo «*-genitus*» o «*-mutatus*». *Véanse ambas entradas.*

nube mesosférica polar. *Véase* nube noctilucente.

nube mixta. Condición que cumple cualquier nube en cuyo seno se sitúa la isocero, de manera que parte de ella está a una temperatura superior a 0 ºC y parte a una por debajo. En estas nubes coexisten cristales de hielo y gotitas de agua, pudiendo dar lugar a todo tipo de hidrometeoros (lluvia, nieve, granizo...).

nube Moazagotl. Nombre que recibe el banco de nubes cirriformes que corona, a veces, los altocúmulos lenticulares. Es un localismo alemán originario de la zona de las montañas Sudetes, en las cercanías de Dresde, con el que se llama a las citadas nubes, asociadas al efecto foehn y al fenómeno de onda de montaña. El término guarda relación con un singular personaje que antaño vivió en el valle de Hirschberger, en la región de Silesia (perteneciente en su mayor parte a Polonia, en la actualidad). Este señor, llamado Gottlieb Matz, era pastor y se hizo célebre en la zona gracias a los pronósticos meteorológicos que hacía, basados en la observación de las nubes. Se tiene constancia de que describió este tipo de nube, cuyo nombre surge de la unión de su nombre y apellido, colocados en orden inverso. Moazagotl se usa tanto para designar a esas nubes altas estacio-

narias, situadas sobre las lenticulares, como al viento fuerte
que sopla en las montañas donde se originan las citadas nubes.

nube nacarada. Nube que se forma en la estratosfera —entre los
20 y los 25 km de altitud, en promedio—, semejante a un cirro
o a un altocúmulo lenticular, que presenta irisaciones muy intensas, similares a las del nácar. Los colores alcanzan su máximo resplandor cuando el sol está situado varios grados por debajo del horizonte. Se conoce también como nube madreperla
y con el nombre genérico de nube estratosférica polar, debido
a que se forma preferentemente en las regiones polares, si bien
ocasionalmente puede aparecer en latitudes algo más bajas.

nube noctilucente. Nube que debe su nombre a que se ve durante la noche. Es la nube situada más arriba en la atmósfera, a
unas altitudes comprendidas entre los 75 y los 90 kilómetros,
en los dominios de la mesosfera. Su aspecto recuerda al de un
cirro o cirroestrato, si bien presenta un color azulado o platea-
do brillante, adquiriendo ocasionalmente tonalidades rojizas y
anaranjadas. Se trata de una nube constituida en su totalidad
por diminutas partículas de hielo, cuyo origen no es del todo
conocido. Todo apunta a que desempeñan un papel relevante
—actuando como núcleos de congelación— las partículas de origen extraterrestre cuyo origen es la desintegración de los meteoroides que atraviesan la atmósfera. Estas formaciones nubosas, también conocidas como nubes mesosféricas polares, son
visibles en los meses de verano y en latitudes altas de ambos
hemisferios (por encima del paralelo 50º), justo antes del crepúsculo matutino o después del crepúsculo vespertino, hacia la
medianoche.

nube orográfica. Nube que se forma como consecuencia del ascenso forzado por la orografía del terreno de una masa de aire.
Este tipo de nubes, también conocidas como de estancamiento, son habituales en zonas de montaña. Se forman en las laderas de barlovento, debido al enfriamiento al que se ve sometido

el aire húmedo según las va remontando. A partir de una determinada cota, se alcanzan las condiciones de saturación y se forma la nube. Con frecuencia, las nubes orográficas dejan lluvia en la parte superior de las montañas; en la vertiente expuesta a los vientos dominantes. Por otro lado, al estar en contacto con el terreno, dan lugar a nieblas locales, conocidas como nieblas de ladera u orográficas.

nube rodillo. *Véase* volutus.

nube rotor. Nube asociada a una célula o rodillo turbulento, conocido en el argot aeronáutico como rotor, que se forma por debajo de las crestas de una onda de montaña, a sotavento del obstáculo montañoso. Dependiendo de cuál sea la temperatura y el contenido de humedad del aire en ese nivel bajo, próximo a la superficie terrestre, se puede manifestar o no la nube rotor. En los casos en que se forma, esta puede ser desde un pequeño cúmulo *fractus*, en apariencia inofensivo, hasta una nube rodillo de grandes dimensiones y aspecto amenazante. El rotor más peligroso, donde la turbulencia es más intensa, es el que surge bajo la primera cresta de la onda, a unos 10-15 kilómetros de la línea de cumbres, en el lado de sotavento. Es una zona muy peligrosa para el vuelo, que los pilotos deben evitar.

nube sombrero. [Imagen 18, pliego]. Nombre coloquial con el que se conoce a la nube en capuchón.

nubero. Ser mitológico que controla el tiempo a voluntad, según el imaginario popular de Galicia y gran parte de la cornisa cantábrica. Dependiendo de las zonas, recibe distintas denominaciones, como nubeiro o ñubeiro (Galicia), renuberu (norte de León), nuberu (Asturias) o ñubero (Cantabria), y se representa de diferentes maneras. Se le considera responsable de las inclemencias meteorológicas, en particular de las tormentas y las tempestades. Mientras que en Galicia y Asturias se le identifica con un personaje de gran tamaño, vestido con pieles, de aspecto desaliñado y siniestro, que habita en los bosques, en Cantabria el nubero es un ser de pequeña estatura muy travieso y despiadado, que vive en lo alto de las nubes y que desde allí arriba lanza rayos y es responsable de las temidas granizadas.

nublado. Equivalente a nuboso (cielo nuboso). Usado con frecuencia para indicar que el cielo está cubierto de nubes o para referirse a una nube de cierta extensión, normalmente de aspecto amenazante (nube tormentosa).

nublazón. Americanismo que significa nublado, nubosidad. En Guatemala, Honduras, Nicaragua y Cuba se refieren con él a los nubarrones que amenazan lluvia. Se expresa y a veces aparece también escrito como nublasón.

nublenco. Arcaísmo de nublado. También se expresa como nulenco. Se mantiene vigente en el interior de la provincia de Valencia (comarcas de Los Serranos y Requena-Utiel) y el Rincón de Ademuz.

nublina. Localismo asturiano para referirse a la niebla, usado también en Galicia y el norte de León. Se expresa igualmente como ñublina.

nublo. Arcaísmo con el que en algunas zonas rurales se refieren a la nube que amenaza tormenta. Se expresa indistintamente en masculino o femenino (nubla), admitiendo también las variantes nubro/a y nublado. Antaño, la expresión «tocar a nublo» hacía referencia al toque de campana que se llevaba a cabo en las iglesias para ahuyentar a las tormentas. Era uno de los muchos ritos y conjuros empleados para tal fin.

nubosidad. Nubes presentes en la atmósfera en un momento dado. Fracción de cielo cubierto de nubes. *Véase también* cobertura nubosa.

nuboso. Referido al cielo, que abundan en él las nubes. Es frecuente aludir a un cielo nuboso para indicar que está cubierto, aunque en el lenguaje meteorológico la aplicación del término es más restrictiva. *Véase también* cielo nuboso.

nubradón. Variante de nubarrón.

nubro/a. Nublado, nublo.

nucleación. Proceso natural que posibilita la formación de microgotas de agua líquida y embriones de hielo en el seno de la atmósfera, en torno a las/los cuales crecen las gotitas y los cristalitos de hielo que forman las nubes. La nucleación es posible gracias a la presencia en el aire de diminutas partículas, llamadas núcleos higroscópicos, sobre cuya superficie se favorece el cambio de fase de gas a líquido o sólido (condensación y sublimación) y de líquido a sólido (congelación) del vapor de agua y las microgotas de agua presentes en el aire, respectivamente. La nucleación es uno de los procesos clave no solo en la formación de nubes, sino en la precipitación, pudiendo ser de dos tipos: 1) nucleación heterogénea; y 2) nucleación homogénea. Las impurezas contenidas en el aire (partículas de polvo, sales marinas, pólenes, esporas, bacterias...) actúan como núcleos higroscópicos, posibilitando el proceso. *Véase también* núcleo higroscópico.

nucleación heterogénea. Tipo de nucleación que ocurre mayoritariamente en la atmósfera, cuando el aire se encuentra próximo a las condiciones de saturación. Bajo tales condiciones, el vapor de agua se condensa y/o congela sobre los núcleos higroscópicos (de condensación y/o de congelación, respectivamente) presentes en el medio aéreo. En ausencia de esas partículas microscópicas, la nucleación —de producirse— se conoce como nucleación homogénea.

nucleación homogénea. Tipo de nucleación que tiene lugar ocasionalmente en la atmósfera, cuando el aire está sobresaturado. En ella, las gotitas de nube no se forman por condensación de vapor de agua sobre núcleos higroscópicos, sino que son el resultado de colisiones aleatorias entre microgotas de agua, lo que provoca el crecimiento de las gotitas por acreción de las anteriores. Se trata de un proceso espontáneo que tiene lugar bajo condiciones de sobresaturación.

núcleo de Aitken. Nombre que, en microfísica de nubes, recibe el núcleo de condensación de menor tamaño de todos los que hay en la atmósfera. Se trata de una partícula microscópica, cuyo diámetro es inferior a 0,2 μm (micras), originada en su mayor parte por la combustión. Los núcleos de Aitken presentan altas concentraciones en zonas industriales y urbanas. Coexisten en el aire con núcleos de condensación de mayor tamaño (grandes y gigantes), con diámetros entre las 2 y las 20 micras, entre los que están las sales marinas o el polvo que escapa al aire proveniente de las grandes áreas desérticas. Su nombre recuerda la figura del meteorólogo escocés John Aitken (1839-1919), pionero en el estudio de la Física de Nubes e inventor del koniscopio; un instrumento capaz de medir el diámetro de las minúsculas partículas de polvo contenidas en el aire. *Véase también* núcleo higroscópico.

núcleo de condensación. Núcleo higroscópico sobre el que tiene lugar la condensación del vapor de agua atmosférico. Forma el embrión sobre el que crece una gotita de nube.

núcleo de congelación. Núcleo higroscópico sobre el que tiene lugar la sublimación del vapor de agua atmosférico (cambio directo de fase gaseosa a sólida). Forma el embrión sobre el que comienza a crecer un cristal de hielo en la atmósfera.

núcleo de hielo. *Véase* testigo de hielo.

núcleo higroscópico. Cualquier partícula microscópica en suspensión en la atmósfera con capacidad para que tenga lugar el cambio de fase del vapor de agua del aire a líquido (gotitas) o sólido (cristales de hielo), o el de la fase líquida a la sólida, formándose sobre ella una delgada película de agua o hielo. En función de su tamaño, los núcleos higroscópicos se clasifican en: 1) núcleos de Aitken (diámetro inferior a 0,2 μm); 2); núcleos grandes (diámetro comprendido entre 0,2 y 2 μm); y 3) núcleos gigantes (diámetro superior a 2 μm). Su naturaleza es muy variada (polvo, carbonilla, pólenes, sales marinas, cenizas volcánicas...) y están dispersos por toda la atmósfera, en concentraciones muy variables. Los generan las tempestades de polvo, los rociones provocados por las olas del mar al romper, las erupciones volcánicas, la quema de combustibles fósiles, etc. Si bien los núcleos de Aitken son los más numerosos, los grandes y los gigantes son los que actúan mayoritariamente como núcleos de condensación y congelación en la atmósfera.

nudo. Unidad de medida de la velocidad que equivale a una milla náutica por hora. Numéricamente, se expresa como 1 kn = 1,852 km/h ≈ 0,5 m/s. El símbolo kn es la abreviatura de *knot* (nudo, en inglés), si bien es común expresarla como kt. Esta última forma no es del todo conveniente por coincidir con el símbolo del kilotón (o kilotonelada), que es la unidad del Sistema Internacional usada para medir la potencia explosiva de las bombas nucleares (un kilotón equivale a la energía liberada por la explosión de 1000 toneladas de TNT). El nudo se emplea tanto en la navegación aérea como en la marítima y también en Meteorología, para expresar la intensidad del viento.

O

obelisco luminoso. *Véase* pilar de luz.

observación fenológica. Tipo particular de observación meteorológica en la que se registran una serie de fenómenos —generalmente biológicos— que ocurren en la naturaleza, ligados a los cambios estacionales. Entre ellos destacan las fechas de floración de determinadas especies de plantas o árboles (almendro, olivo, jara...), así como las fechas de llegada y de partida de algunas aves (golondrina, vencejo...), o la fecha en la que se escucha el canto de determinado pájaro, como el cuco. La información obtenida permite comprobar los adelantos o atrasos que sufren esos ciclos naturales en función de las zonas geográficas consideradas, así como comparar las diferencias de unos años a otros, lo que viene en gran parte dictado por el comportamiento atmosférico. *Véase también* fenología.

observación meteorológica. Medida o evaluación de uno o varios elementos meteorológicos. Existe una gran variedad de observaciones meteorológicas, llevadas a cabo tanto en superficie (estaciones terrestres, barcos, boyas) como en altura (globos sonda, aeronaves), así como las que efectúan los satélites meteorológicos, que brindan una cobertura global.

observación sinóptica. Observación meteorológica que se lleva a cabo simultáneamente en un gran número de estaciones terrestres, con el fin de obtener una representación general del estado de la atmósfera en el instante considerado. Las horas a las que habitualmente se efectúan estas observaciones en las estaciones meteorológicas principales son las 00, 06, 12 y 18 UTC, si bien en algunos observatorios se toman datos cada tres horas en vez de cada seis. Las variables que se miden en una observación sinóptica son la presión atmosférica del lugar y la reducida al nivel del mar, temperatura, humedad, dirección y velocidad del viento en los diez minutos previos a la hora de observación, visibilidad, cobertura nubosa, altura y tipo de nubes. A estas medidas se añaden otras más espaciadas en el tiempo, como la precipitación acumulada, horas de sol o las temperaturas extremas (máxima y mínima). Toda la información se codifica mediante la clave SYNOP y el informe resultante se transmite a través del Sistema Mundial de Observación de la OMM.

observador meteorológico. Miembro de un Servicio Meteorológico Nacional (SMN) o persona que colabora voluntariamente con él —previa aprobación por parte del citado SMN— encargado de efectuar las observaciones meteorológicas, codificarlas adecuadamente y transmitirlas, según las pautas y recomendaciones que establece la OMM. Los observadores tienen que velar también por que todos los instrumentos con los que efectúan las medidas estén en buen estado. *Véase también* colaborador meteorológico.

observatorio meteorológico. Instalación científica en la que se llevan a cabo observaciones meteorológicas, dotada de instrumentos y de personal especializado para tal fin. La labor en los observatorios no se limita solo a registrar las distintas variables meteorológicas que se miden en las estaciones meteorológicas convencionales, sino que se dispone en ellos de instrumentos más sofisticados y particulares, lo que permite llevar a cabo estudios sobre distintas cuestiones y fenómenos de naturaleza atmosférica. Con frecuencia, se habla indistintamente de un observatorio o de una estación meteorológica, si bien esta última ocupa un rango inferior. Algunas estaciones son automáticas, no estando atendidas por personas, salvo los técnicos que, de forma esporádica, llevan a cabo labores de mantenimiento y calibración.

oclusión. Proceso que resulta de la disminución progresiva, a nivel de la superficie terrestre, del sector cálido de un sistema frontal, hasta su completa desaparición, como consecuencia del rápido avance de la masa de aire frío trasera (la situada por detrás del frente frío). A la oclusión también se la denomina frente ocluido, al identificarla con el frente resultante de la unión del frente frío y el cálido de un sistema frontal, debido a la mayor velocidad de desplazamiento del primero. En función de que la masa de aire trasera sea más o menos fría que la delantera (la situada por delante del frente cálido), la oclusión puede ser fría o cálida. En la oclusión fría, la menor temperatura del aire trasero hace que este —de mayor densidad—, al alcanzar al delantero, penetre por debajo, forzando su ascenso, mientras que en la oclusión cálida ocurre justamente lo contrario; el aire más frío es el delantero, de manera que el trasero al alcanzarle lo remonta, elevándose. En los mapas del tiempo, las oclusiones se suelen representar con líneas gruesas de color violeta que llevan adosadas parejas de semicírculos y triángulos del mismo color, apuntando todas ellas en el sentido de desplazamiento del frente ocluido.

octa. Fracción equivalente a una octava parte de la bóveda celeste, usada en Meteorología para expresar, en lenguaje cifrado, la cobertura nubosa. El cielo se divide arbitrariamente en ocho partes iguales, de manera similar a las porciones triangulares en las que se divide una pizza o una tarta. Para cuantificar la fracción de la bóveda celeste que está cubierta de nubes en un momento dado, los observadores meteorológicos estiman el número de octas equivalentes. Se trata de un ejercicio mental que requiere de la pericia del observador, algo que le da la experiencia. Su misión consiste en agrupar mentalmente todas las nubes observadas en el cielo y expresar el resultado como un número determinado de octas. Si, por ejemplo, el observador estima que las nubes cubren justo la mitad de la bóveda celeste, registrará 4 octas de nubosidad. *Véase también* cobertura nubosa.

Oficina de Vigilancia Meteorológica. Nombre que recibe la oficina con personal de Meteorología cuya principal función es la vigilancia de las condiciones meteorológicas en determinadas zonas de vuelo (FIR), suministrando información —tanto de las condiciones observadas como de las previstas— de utilidad para los vuelos que tengan lugar en las citadas FIR (Regiones de Información de Vuelo). Tiene un especial interés aeronáutico la emisión de avisos sobre fenómenos meteorológicos que puedan incidir en el normal desarrollo de las operaciones de vuelo. En España, la Agencia Estatal de Meteorología (AEMET) gestiona dos de estas oficinas; una de ellas situada en Valencia, para la FIR que abarca España peninsular y Baleares, y otra en Las Palmas de Gran Canaria, para la FIR de Canarias.

Oficina Meteorológica de Aeropuerto. Oficina dotada de personal de Meteorología y ubicada en un aeropuerto o base aérea, destinada a suministrar toda la información meteorológica necesaria para atender las necesidades de las operaciones aéreas. En estas oficinas se cuenta habitualmente con un equipo mixto de observadores meteorológicos y predictores. Los primeros supervisan la toma de datos de los distintos instrumentos meteorológicos instalados en el aeropuerto, y se encargan de la transmisión —junto a la de los pronósticos— de los distintos mensajes cifrados (METAR, SPECI, TAF...), a las distintas horas de emisión. Los detalles del pronóstico que demanda el piloto antes de iniciar el vuelo, se los facilita el predictor de palabra, a través de un *briefing*.

ojo del huracán. Área generalmente circular, total o parcialmente libre de nubes, que se localiza en el centro de un ciclón tropical, siendo una de sus principales señas de identidad. Aunque la expresión alude explícitamente al huracán, en realidad el citado ojo es un rasgo característico de cualquier ciclón tropical, llámese huracán, tifón o ciclón. Se trata de una zona donde el tiempo está en calma y los vientos son poco importantes (velocidades inferiores a los 15-20 km/h), en fuerte contraste con los que soplan en las paredes que rodean el citado ojo. Ese boquete en las densas nubes del ciclón tropical es consecuencia de los descensos de aire que tienen lugar justo en su parte central, lo que favorece la disipación de la nubosidad. El diámetro típico del ojo es de unos 40 km, aunque varía en cada caso, existiendo un amplio rango de tamaños que oscila desde apenas unos 8 km (los llamados «ojos de alfiler») hasta los 80-100 km, si bien, excepcionalmente, pueden llegar a ser bastante más grandes. Aunque la forma del ojo es aproximadamente circular, las imágenes de alta resolución de los satélites de última generación están desvelando la compleja dinámica a la que se ven sometidos, variando continuamente de forma y de tamaño. Hay momentos en los que adoptan la forma elíptica, llegando incluso a degenerar en una estructura amorfa o a desaparecer de forma transitoria. Es de uso muy extendido la expresión «estar en el ojo del huracán», que expresa la idea de protagonizar el centro de una polémica o situación conflictiva. La aparición del ojo del huracán es clave en el mantenimiento y la profundización de los ciclones tropicales sobre las aguas cálidas de los océanos y mares del ámbito intertropical. El aire cálido subsidente retroalimenta la convección que da lugar a los torreones nubosos que constituyen la propia estructura ciclónica. *Véase también* huracán.

ojo del viento. Expresión náutica que indica de dónde viene el viento.

ola de calor. Destacado episodio de calor, como consecuencia de la advección de una masa de aire muy cálido (tropical o subtropical) sobre una vasta extensión de territorio, que se prolonga en el tiempo un mínimo de tres días, llegando en algunos casos hasta varias semanas de duración. Durante las olas de calor más duraderas se producen una serie de altibajos en la intensidad del calor. No existe una definición única y universal sobre los criterios que deben cumplirse para calificar un episodio de calor como ola. Cada SMN establece la suya propia, basándose para ello en la superación de determinados umbrales. Suelen tomarse como referencia las temperaturas máximas alcanzadas durante los meses más cálidos del año. En el contexto climático actual —marcado por el calentamiento global—, las olas de calor no quedan restringidas a los meses de verano (junio, julio y agosto), aconteciendo también algunas de ellas fuera del período estival.

ola de calor marina. Período de más de 5 días de duración en el que la temperatura del agua superficial del mar (SST) es anómalamente alta en una vasta extensión del medio marino. Existe una clasificación internacional de las olas de calor marinas que establece una división en cuatro categorías, en función de su intensidad (la magnitud de las anomalías cálidas), tipología y características.

ola de frío. Destacado episodio de frío debido a la invasión de una masa de aire de origen polar o ártico, a muy baja temperatura (holgadamente por debajo de los 0 ºC), que abarca una extensa zona de territorio y que tiene al menos tres días de duración. Algunas olas de frío llegan a prolongarse varias semanas, durante las cuales la intensidad del frío fluctúa, alcanzándose varios picos en los que se alcanzan las temperaturas más bajas. Al igual que ocurre con las olas de calor, no existe una definición unificada de ola de frío, siendo cada SMN el que establece sus propios criterios y umbrales. Normalmente, se toman como referencia las temperaturas mínimas alcanzadas durante los meses más fríos del año, en base al comportamiento normal (climatológico) de la temperatura en el territorio en cuestión.

OMA. Sigla de Oficina Meteorológica de Aeropuerto.

ombrómetro. Nombre que recibe el micropluviómetro.

OMM. Sigla de Organización Meteorológica Mundial, con la que se conoce en español al citado organismo internacional.

onda ciclónica. También conocida como onda frontal, recibe este nombre la ondulación que tiene lugar en el frente polar durante los primeros estadios de formación de una depresión extratropical o borrasca.

onda frontal. *Véase* onda ciclónica.

onda de gravedad. Onda estacionaria que se forma en el seno de un fluido sometido a la fuerza de la gravedad, como respuesta a una perturbación que desplaza una parte del mismo fuera de su estado de equilibrio inicial. Las ondas de gravedad son el mecanismo encargado de restaurar el equilibro hidrostático. Su aparición puede surgir en la superficie libre de una única capa de fluido, como ocurre en los océanos (olas del mar), en la interfase de dos capas fluidas contiguas, o en el seno de un fluido que se encuentra estratificado en capas. La formación de una onda de gravedad en la atmósfera puede ser debida a la presencia de una fuerte cizalladura vertical o a un forzamiento orográfico (onda de montaña), entre otros mecanismos perturbadores. No hay que confundir las ondas de gravedad con las ondas gravitacionales, ya que se trata de fenómenos físicos de naturaleza muy distinta. Estas últimas se propagan en el espacio-tiempo a la velocidad de la luz y fueron predichas por Albert Einstein (1879-1955) en su teoría de la Relatividad General.

onda de montaña. [Imagen 19, pliego]. Onda de gravedad generada a sotavento de una montaña cuando un flujo intenso de aire incide transversalmente sobre ella, en un entorno de estabilidad atmosférica. La presencia del obstáculo montañoso perturba ese flujo incidente, formándose la citada ondulación al otro lado del obstáculo montañoso. Con frecuencia, en las crestas de la onda aparecen altocúmulos lenticulares, alineándose varios de ellos en bandas paralelas a la línea de cumbres. Esas llamativas formaciones nubosas pueden estar acompañadas de penachos de cirros en su parte superior (nube Moazagotl), así como de nubes rotor, situadas por debajo, en una zona de fuerte turbulencia. Mientras esté presente la ondulatoria y el aire en el nivel atmosférico donde se forma sea lo suficientemente húmedo, observaremos las nubes lenticulares ocupando la misma posición, aunque sometidas a una continua transformación. La amplitud de la onda de montaña se va amortiguando según nos alejamos de la montaña. Las ondas de montaña u orográficas también se conocen en Meteorología como ondas de Lee *(Lee waves)*.

onda de Rossby. Onda atmosférica de gran amplitud que discurre de oeste a este en cada uno de los dos hemisferios terrestres, en latitudes templadas. Estas ondas fueron postuladas a finales de la década de 1930 por el meteorólogo estadounidense de origen sueco Carl-Gustav Rossby (1898-1957), teniendo su origen en el principio de conservación de la vorticidad absoluta, que cumplen los fluidos geofísicos (atmósfera y océano). La onda de Rossby que recorre el medio atmosférico es debida a las perturbaciones que causan en el flujo zonal del oeste *(westerlies)* las grandes barreras montañosas, así como al gradiente meridiano de temperatura, establecido por el fuerte contraste térmico entre las masas de aire polar y tropical, cuya zona de encuentro está en latitudes medias. Todo ello, en combinación con la rotación terrestre, da como resultado la aparición de esta ondulatoria, en la que alterna un número variable de vaguadas y dorsales —entre 3 y 4 de cada es lo normal—, lo que dicta el comportamiento atmosférico en una amplia franja terrestre. Las ondas de Rossby también se denominan ondas largas o planetarias.

onda del este. Onda atmosférica de pequeña amplitud que se forma sobre los océanos, en el seno de cada una de las dos franjas terrestres donde soplan los vientos alisios, y que se desplaza de este a oeste. Las ondas del este también se conocen como ondas tropicales, ya que discurren paralelas a los trópicos, propiciando la formación de grandes áreas tormentosas, cubiertas de nubes. Si los racimos de tormentas adquieren determinado grado de organización, terminan evolucionando hacia un sistema ciclónico tropical (depresión, tormenta o ciclón). La vigilancia de estas ondas permite anticipar con varios días de adelanto la posible formación de ciclones tropicales.

opacus (op). Vocablo latino que significa espeso, sombrío, opaco... y que da nombre a una de las variedades nubosas catalogadas en el *Atlas Internacional de Nubes* de la OMM. Se aplica solo a nubes de los géneros *Altocumulus, Altostratus, Stratocumulus* y *Stratus,* cuando presentan un banco, sábana o capa de gran extensión de espesor tal, que oculta en su totalidad al sol o la luna, impidiendo su visión a través de ellas.

opalescencia. Tonalidad blanquecina que presenta el cielo como consecuencia de la difusión de la luz provocada por las partículas en suspensión que hay en el aire. Cuanto menos de esos corpúsculos intercepte la luz al atravesar la atmósfera, más intenso será el color azul celeste, lo que ocurre los días despejados en los que el aire es seco y contiene pocas impurezas. La opalescencia se manifiesta principalmente al amanecer y al atardecer, siendo la encargada de modificar el color aparente de los objetos no iluminados directamente por el sol. Las montañas que observamos a lo lejos presentan, por tal motivo, unos tonos ligeramente azulados y aspecto lechoso.

Óptimo Climático Medieval. *Véase* Período Cálido Medieval.

orache. Palabra con diferentes acepciones meteorológicas que, al igual que otras de la misma familia y variantes (oraje, orajet, oratge, orage, oral), tiene su origen en el término francés *orage* (tormenta). En Aragón, llaman así a la brisa fresca y duradera. Para conocer el resto de significados que también adopta la palabra, véase oraje.

oraje. Temperie, estado del tiempo o de la atmósfera. Originalmente, se usaba solo para referirse a un temporal o a una borrasca, pero con el paso del tiempo se empezó a identificar con el tiempo atmosférico en general. Sigue habiendo lugares donde se mantiene solo como sinónimo de tiempo desapacible o tempestuoso. Otro de sus significados es el de temperatura ambiente. La palabra oraje se expresa también con G (orage), igual que el término francés de procedencia. El prefijo «ora-» tiene su origen en el término latino *aura*, una de cuyas acepciones es brisa.

orajet. Nombre que recibe la brisa de tierra (terral) en el litoral valenciano. También se expresa como oratge, si bien este término no se usa principalmente para referirse al tiempo atmosférico.

oral. Brisa leve procedente de un río o del mar.

orballo. Nombre que recibe en gallego la llovizna. En Galicia también se emplean otras variantes como orballada y orballeira. *Véase también* orvallo.

orbayu. Forma común de expresar el orvallo en Asturias. Vulgarismo de orbayo. Esta palabra, aparte de nombrar a la llovizna, también se identifica con el rocío.

orear. Ventilar, airear. Secar o refrescar una cosa al aire, como, por ejemplo, la ropa tendida, las hojas de los árboles o un campo de hierba mojada por el rocío mañanero.

Organización Meteorológica Mundial. Organismo intergubernamental adscrito a Naciones Unidas que representa la máxima autoridad en materia meteorológica a nivel mundial. Prácticamente todos los países del mundo pertenecen a ella, a través de sus respectivos SMN (Servicios Meteorológicos Nacionales). La principal misión de la OMM (sigla con la que se la conoce en español) es la de fomentar la cooperación internacional en temas relacionados con el tiempo, el clima y el ciclo del agua, contribuyendo al conocimiento meteorológico y climático. A través de una decena de programas científicos y técnicos principales, se encarga de coordinar, estandarizar, mejorar y desarrollar multitud de actividades meteorológicas en todo el mundo. Sus orígenes se remontan a septiembre de 1873, cuando inició su andadura la Organización Meteorológica Internacional (OMI), siendo su primer presidente el meteorólogo neerlandés Christoph H. D. Buys-Ballot (1817-1890), que por aquel entonces dirigía el Real Instituto Meteorológico de los Países Bajos. Al término de la Segunda Guerra Mundial, se acordó que la OMI tuviera como sucesora a la OMM, cuyo acuerdo fundacional se firmó el 23 de marzo de 1950, estableciéndose su sede permanente en Ginebra (Suiza) e iniciando sus actividades al año siguiente.

orilla. Vientecillo fresco. Tiene su origen etimológico en el término latino *aura* (brisa), siendo un diminutivo del mismo. En Andalucía, también se usa como sinónimo de tiempo atmosférico («hace una buena orilla»).

orinal. Nombre expresivo y popular que recibe el lugar donde llueve con mucha frecuencia y de forma abundante. En España, uno de esos enclaves es el orinal de Gredos, situado al sur de la provincia de Ávila, en la zona de Guisando-El Arenal-El Hornillo. Otro famoso orinal se localiza en el área de La Safor-Marina Alta, entre el sur de Valencia y el norte de Alicante, vinculado a la original disposición de los relieves béticos en ese espacio geográfico.

orpín. Nombre que recibe en Asturias la llovizna más menuda y fina que el orbayu. En la mayoría de los casos, se corresponde con una niebla meona.

orvallo. Forma común de llamar a la llovizna en Galicia, Asturias y zonas vecinas de la provincia de León. De forma más ocasional, también se emplea en Cantabria y el País Vasco. El término adopta diferentes grafías, dependiendo de las regiones; mientras que en Galicia se expresa como orballo, en Asturias emplean la forma orbayo/orbayu. La variante orvayo es la menos común de todas. Con frecuencia, esta lluvia menuda está asociada al fenómeno de la niebla y al rocío. En la comarca leonesa de El Bierzo se refieren a este último meteoro como orbajo.

orvallar. Lloviznar. Acción de caer orvallo. También toma el significado de rociar, en el sentido de formarse gotitas de rocío. Se expresa de forma equivalente como orballar y orbayar.

oscilación ártica. Patrón atmosférico que domina en los cambios de la presión atmosférica en superficie por encima del paralelo 20 en el hemisferio norte, no sujetos a la oscilación estacional, que viene caracterizado por la diferencia de presión que hay entre las masas de aire que circulan por las inmediaciones del círculo polar ártico y las que lo hacen en torno a los 45ºN. Cuando la oscilación ártica está en fase positiva, la circulación atmosférica es muy zonal y el aire ártico queda confinado en latitudes muy altas. Cuando la fase es negativa, la corriente en chorro polar presenta grandes ondulaciones, produciéndose desalojos de ese aire frío a latitudes más bajas. De forma abreviada se expresa con la sigla AO (*Artic Oscillation*, en inglés).

oscilación decadal del Pacífico. Conocida internacionalmente con la sigla PDO (*Pacific Decadal Oscillation*), adaptada al español como ODP, se trata de una fluctuación a largo plazo en la temperatura superficial del mar en el Pacífico Norte, por encima del paralelo 20, que influye en el comportamiento meteorológico en América del Norte. Consta de una fase positiva (cálida) y otra negativa (fría), que van alternándose cada 20 o 30 años. Cuando la ODP y el ENSO están acoplados, con anomalías del mismo signo, el alcance y la magnitud de las alteraciones provocadas por ambas oscilaciones se potencian.

oscilación de Madden-Julian. Patrón de la circulación general atmosférica consistente en el desplazamiento hacia el este, sobre las aguas cálidas de los océanos Índico y Pacífico, de grandes áreas en las que se producen lluvias muy intensas (asociadas a la convección profunda) seguidas de otras que presentan anomalías negativas de precipitación. Esta oscilación intraestacional en la precipitación tropical presenta un ciclo de 30 a 90 días, propagándose a una velocidad de entre 4 y 8 m/s. Fue descubierta en 1971 por los meteorólogos estadounidenses Roland Madden y Paul Julian. El patrón comienza a manifestarse en la parte occidental del océano Índico y tras atravesar este océano (en su franja tropical) se adentra en aguas del Pacífico, disipándose al alcanzar la parte central y oriental de este vasto océano.

Oscilación del Atlántico Norte. Conocida internacionalmente por la sigla NAO (acrónimo de *North Atlantic Oscillation*) e identificada por primera vez, en 1924, por el meteorólogo británico Sir Gilbert Thomas Walker (1868-1958), consiste en una fluctuación a gran escala en la masa de aire situada entre la zona de Islandia y la de Azores, ambas en el Atlántico Norte. Esta oscilación natural determina, en buena medida, la variabilidad que presenta la circulación atmosférica en Europa, principalmente en invierno. Su zona de influencia no se limita al continente europeo, extendiéndose desde Norteamérica hasta el norte de Asia, por lo que juega un importante papel en el comportamiento del clima en todo el hemisferio norte. El diferente signo y magnitud que puede adquirir la NAO, se calcula gracias a un índice numérico estandarizado (índice NAO), que se define como la diferencia de presión atmosférica en superficie entre dos estaciones meteorológicas situadas, respectivamente, en la región del Atlántico Norte donde dominan las altas presiones subtropicales y la zona depresionaria de Islandia. Inicialmente, se eligieron las estaciones de Ponta Delgada, en las islas Azores (Portugal), y Stykkisholmur (Islandia) para su cálculo. Con el paso del tiempo, los climatólogos empezaron también a usar otras estaciones de referencia, como la de Reykjavik, Lisboa o Gibraltar. El cálculo del índice NAO para cada año, permite saber si la oscilación es positiva (NAO+) o negativa (NAO-), en función de que su valor sea mayor de +1 o menor de –1, respectivamente. Si el valor queda comprendido entre –1 y +1 tenemos condiciones neutrales. En la fase positiva, el anticiclón de las Azores presenta valores de presión más altos de los habituales, viéndose favorecidas las situaciones de bloqueo. En la fase negativa, el citado anticiclón está más debilitado, permitiendo el paso de trenes de borrascas —con temporales de viento asociados— por latitudes más bajas. Estos años con NAO- son particularmente lluviosos en gran parte de la península ibérica.

oscilación térmica. *Véase* amplitud térmica.

oscurana. Nombre que recibe en Honduras el penacho de gases y cenizas emitido por una erupción volcánica que, sometido al régimen de vientos dominante, va extendiéndose por el cielo cubriendo una extensa zona perimetral en torno al cráter.

oscurina. Oscuridad asociada a la tormenta. *Véase también* cerraina.

ostro. Variante de Austro. Viento del sur.

ovillado. Referido al cielo, equivalente a empedrado. Es un término de uso poco extendido.

óxidos de nitrógeno. *Véase* NOx.

oxígeno. Segundo componente más abundante de la mezcla gaseosa que forma la atmósfera. Ocupa un 20,95 % de su volumen, estando presente en el aire mayoritariamente en su forma diatómica (O_2). Las moléculas de oxígeno se disocian preferentemente en la alta atmósfera, dando lugar a átomos libres del citado elemento. Al igual que el nitrógeno, es un gas incoloro, inodoro e insípido, fundamental para la vida, que los seres vivos consumen a través de la respiración. La actividad fotosintética de las plantas y otros organismos como las cianobacterias y el fitoplancton marino es el mecanismo encargado de reponerlo, incorporándolo al aire.

ozono. Gas traza presente en la atmósfera, cuyas mayores concentraciones se alcanzan entre los 20 y los 25 kilómetros de altitud (ozono estratosférico) y también en zonas urbanas e industriales (ozono troposférico). A nivel coloquial, se suele hablar de ozono bueno y malo, respectivamente, debido al papel —beneficioso o perjudicial— que desempeña. La molécula de ozono es la forma triatómica del oxígeno. Es el resultado de la unión de una molécula de oxígeno con un átomo libre del citado elemento. Su fórmula química es O_3 y entre sus características destacan su color azul y un intenso olor metálico, que se percibe muy bien cuando hay una tormenta con fuerte aparato eléctrico. Los rayos en su recorrido por el aire disocian moléculas de oxígeno, quedando átomos libres de ese elemento que, al unirse con otras moléculas sin disociar, forman el ozono. Esa propiedad es la razón de ser de su nombre, ya que tiene su origen en el término griego ὄζειν (*ozein*), que significa oler. En la troposfera, aparte de formarse espontáneamente, es un contaminante secundario generado por reacciones fotoquímicas donde se combinan los NOx y los COV (compuestos orgánicos volátiles) con oxígeno. En elevadas concentraciones, es perjudicial para la salud, siendo un poderoso oxidante y actuando también como gas de efecto invernadero. El ozono estratosférico, situado principalmente en la ozonosfera, juega un importante papel en el equilibro radiativo de la estratosfera, debido a su gran capacidad de absorción de la radiación ultravioleta procedente del sol. Forma una especie de coraza que impide la llegada a la superficie terrestre de la fracción más energética y letal de la citada radiación (tipos B y C), lo que hace posible la vida en la Tierra.

ozonosfera. Región atmosférica —también conocida como capa de ozono— que ocupa la mayor parte de la estratosfera, extendiéndose desde los 12 hasta los 40 kilómetros de altitud. En ella, el porcentaje de ozono es relativamente elevado, alcanzándose su concentración máxima entre los 20 y los 25 km aproximadamente. La capa de ozono se popularizó en la década de 1980, cuando se detectó sobre la Antártida una importante merma de ese gas (el llamado «agujero de ozono») durante la primavera austral y se relacionó inequívocamente con las emisiones a la atmósfera de compuestos clorofluorocarbonados (CFC) de origen antropogénico. *Véase también* clorofluorocarbonos.

P

paleoclima. Clima de cualquier tiempo anterior al momento de la historia en que empieza a haber disponibles observaciones meteorológicas con instrumentos. La época preinstrumental abarca desde los orígenes de la Tierra hasta 1850. Para todo ese vasto período de tiempo, el conocimiento del clima tan solo puede adquirirse a través de registros indirectos (datos proxy). Los paleoclimas así definidos incluyen a los climas históricos, de épocas en las que, aunque no haya registros meteorológicos, existen documentos escritos de donde se puede extraer información climatológica. Algunos autores distinguen entre clima histórico y paleoclima. Según su criterio, este último se corresponde al de cualquier época anterior a la existencia de documentación escrita.

paleoclimatología. Rama de la Climatología de carácter multidisciplinar que se encarga del estudio de los paleoclimas. Es una rama de la Geología, aunque ligada también a otras ciencias de la Tierra. Al estudiar con minuciosidad las rocas sedimentarias y los fósiles, se consigue extraer información climática que permite reconstruir el clima del pasado, de cualquier era, período, época o edad geológica que interese. Las reconstrucciones paleoclimáticas de períodos históricos —más cercanos en el tiempo—, se basan principalmente en el análisis de datos obtenidos de documentos escritos, lo que permite conocer los avatares climáticos con un nivel de detalle mucho mayor que si nos remontamos a un pasado más remoto; en cuyo caso, la información disponible (registros paleogeográficos de lo más diversos, como los citados sedimentos, depósitos glaciares, rocas, restos fósiles de fauna y de flora...) impide reconstruir el clima con tanta precisión. Para un mismo período de tiempo, a veces se dan notables diferencias entre unas reconstrucciones y otras, en función de las fuentes y las técnicas empleadas. Los datos indirectos o proxy son la única fuente de información disponible para reconstruir el clima a escala geológica. *Véase también* testigo de hielo.

palo de agua. Así llaman en Canarias al chubasco fuerte. Expresión equivalente a tromba de agua.

palomilla. Copo de espuma de mar. Es común emplear el plural (palomillas) para describir las bandadas que escapan en ocasiones del oleaje. La presencia de espuma marina es mayor cuando en el agua es alta la concentración de materia orgánica disuelta, aportada principalmente por las algas.

pampero. Viento frío e intenso del sur y suroeste, racheado y bastante molesto, que sopla en las pampas de Argentina y Uruguay. Está asociado a las borrascas que atraviesan la región patagónica, en su recorrido habitual de oeste a este. El pampero irrumpe al paso del frente frío de una de esas borrascas y va acompañado de chubascos tormentosos, turbonadas y un brusco y notable descenso de la temperatura.

Panel Intergubernamental del Cambio Climático. *Véase* IPCC.

pannus (pan). Término en latín del que deriva la palabra paño, que podemos traducir como trozo de tela, retal, harapo o andrajo, y que da nombre a una de las nubes anexas catalogadas en el *Atlas Internacional de Nubes* de la OMM. Presenta unos característicos jirones deshilachados que se agrupan, a veces, formando una capa continua, surgiendo debajo de otra nube de mayor tamaño —habitualmente un altoestrato, nimboestrato, cúmulo o cumulonimbo— o adosada a ella.

pantalla atrapanieblas. *Véase* atrapanieblas.

pantano barométrico. Situación meteorológica caracterizada por la presencia de un campo de presión prácticamente uniforme sobre una franja extensa de territorio. Es fácil de identificar en un mapa de superficie, ya que se corresponde con una zona libre de isobaras, donde los valores de presión atmosférica son relativamente bajos, sin apenas diferencias entre unos lugares y otros, salvo las debidas a las distintas elevaciones del terreno. Bajo una situación de pantano barométrico, los cielos están despejados y se dan las condiciones ideales para usar un altímetro y calibrarlo, debido a las pequeñas oscilaciones que experimenta la presión y a su casi nulo gradiente horizontal. *Véase también* presión atmosférica.

panza de burro. Expresión popular que alude al cielo cuando está encapotado y tiene un color grisáceo, que recuerda al de la panza del citado animal. Dependiendo de los sitios, el género empleado para referirse al équido es el masculino o femenino (panza de burra), siendo también muy común usar las formas contraídas: panzaburro y panzaburra. En Canarias, su uso está muy extendido, debido a la frecuencia con la que se da ese tipo de cielo en el norte de las islas de mayor relieve. La presencia de una capa nubosa muchos días al año cubriendo la ciudad de Las Palmas de Gran Canaria o el Valle de la Orotava, en la isla de Tenerife, ha hecho que la expresión se integre en el habla de las personas que viven allí. En otros lugares de España, como en la comarca manchega de La Manchuela, se emplea la forma panzaburra para describir el color del cielo precursor de una nevada. También se llama panzaburro al día gris que amanece con nubarrones.

paparrona. Localismo leonés empleado para referirse a la niebla. También se usa con idéntico significado el término papona.

papona. En referencia a la nieve depositada en el suelo, es sinónimo de pastosa, empapada de agua líquida. Es un término usado en la provincia de León que, al igual que paparrona, se emplea también para nombrar a la niebla.

parametrización. Técnica empleada en predicción numérica del tiempo y del clima, gracias a la cual se modelizan distintos procesos físicos de menor escala que la resolución espacial y temporal del modelo utilizado (fijadas por el tamaño de cada una de las cuadrículas que forman la malla de integración), tales como la nubosidad, el albedo o la convección, entre otros.

paranthelio. Fotometeoro perteneciente a la familia de los halos, que consiste en una mancha luminosa blanquecina, de forma redondeada, similar a un sol difuso, aunque de diámetro algo mayor. Es debido a las reflexiones que sufre la luz al atravesar cristales de hielo con forma de placa hexagonal orientados de determinada forma. Aparece en un punto del cielo situado a la misma altura que el sol —sobre el círculo parhélico—, a una distancia angular de 120° del disco solar y a 60° del punto opuesto (*anthelio*) en el citado círculo parhélico. De forma extraordinaria, puede surgir en torno a los 90°. No hay que confundirlo con el parhelio, si bien ambos pertenecen a la misma familia de fenómenos ópticos (halos). Los paranthelios son más raros de ver que los parhelios, y al igual que estos, pueden aparecer también ligados a la luz de luna, en cuyo caso reciben el nombre de paraselenios.

pararrayos. Dispositivo que protege a un edificio del impacto de los rayos, salvaguardando la integridad física de las personas que lo ocupan. Los pararrayos también se colocan en barcos e instalaciones de lo más diversas (antenas, torres eléctricas, aerogeneradores...). El más común de todos ellos está basado en el efecto punta y se conoce también como pararrayos Franklin, en honor a su inventor: el polifacético Benjamin Franklin (1706-1790). Gracias a su famoso experimento de la cometa, llevado a cabo en Filadelfia (EE UU) el 15 de junio de 1752, demostró que los rayos son descargas eléctricas. Al año siguiente (1753) inventó el aparato. El pararrayos convencional se coloca en la parte más alta de los edificios y consta de una o más barras metálicas, de acero galvanizado, terminadas en una punta de wolframio, resistente a las altas temperaturas que se generan cuando impacta en ella un rayo. La ionización del aire en ese extremo abre el camino a los rayos procedentes de las nubes de tormenta. El otro extremo está conectado a tierra mediante conductores metálicos de baja resistencia eléctrica. De esta forma, cuando un rayo impacta en el pararrayos se transmite con rapidez a tierra, evitando que la descarga provoque daños en la estructura del edificio. Algunos pararrayos —también basados en el efecto punta— están coronados por una especie de anillo que contiene una pequeña cantidad de un isótopo radiactivo, cuya misión es ionizar más el aire alrededor del dispositivo. Existen también los pararrayos de tipo reticular —basados en el principio físico de la jaula de Faraday—, que consisten en una malla metálica conectada a tierra que cubre los edificios en su totalidad. Un edificio moderno con estructura metálica cumple esa misma misión, por lo que se reduce prácticamente a cero la probabilidad de que penetre en él un rayo y cause daños en su interior. *Véase también* rayo.

paraselene. Fenómeno óptico atmosférico análogo al parhelio, pero que tiene lugar de noche, con la luna en lugar del sol como fuente luminosa. *Véase también* parhelio.

parcela de aire. Volumen imaginario de aire lo suficientemente pequeño para poder asignarle unas determinadas propiedades dinámicas y termodinámicas de forma uniforme a todo él (al conjunto de moléculas que contiene), de manera que se mantengan invariantes aunque la parcela evolucione en la atmósfera. En el argot meteorológico, se habla también, de forma equivalente, de una partícula, burbuja, paquete, porción o volumen de aire. No es lo mismo que una masa de aire, cuyo tamaño es mucho mayor y es algo real, no teórico. A pesar de que la acepción más común del vocablo «parcela» lo identifica con una pequeña porción de terreno, y por tanto con una superficie (2 dimensiones), aplicado al aire se refiere a un volumen (3 dimensiones).

parhelio. [Imagen 20, pliego]. Fotometeoro de la familia de los halos, también conocido como sol falso. Recibe este nombre cada una de las dos manchas luminosas con irisaciones que aparecen a uno y otro lado del disco solar, en el punto de intersección del círculo parhélico y el halo ordinario (de 22º) o el de 46º; aparezcan o no este par de fenómenos ópticos. El parhelio es debido a la reflexión que sufren los rayos solares al incidir y atravesar las pequeñas placas de hielo hexagonales que forman los cirroestratos. Dependiendo de cómo se distribuyan esos cristalitos de hielo en el aire, se pueden ver a la vez los dos parhelios o solo uno de ellos. Los soles falsos se conocen internacionalmente como *sundogs*. Este término inglés significa «perros del sol», ya que antiguamente se empezó a identificar a cada una de esas iluminarias con la figura del perro, al estar siempre acompañando al sol en la bóveda celeste. Los parhelios son muy comunes en las regiones polares y algo menos en latitudes medias, siendo sobre todo en invierno cuando pueden observarse más a menudo. Con frecuencia, su aparición anuncia un cambio de tiempo, al estar asociados a las nubes altas que preceden la llegada de un frente cálido.

particulado. Forma abreviada de referirse al material particulado (PM). Recibe esta denominación la mezcla de diminutas partículas en fase líquida o sólida, tanto de origen orgánico como inorgánico, que se encuentran en suspensión en el aire, contribuyendo a su contaminación. Entre esas partículas hay elementos muy variados, como polvo mineral, carbonilla, sulfatos, nitratos, silicatos, cenizas, pólenes y un largo etcétera. Las fuentes de emisión pueden ser naturales (erupciones volcánicas, incendios forestales) o tener su origen en las actividades humanas (tráfico, industria, agricultura...). En los estudios de calidad del aire, el material particulado se cataloga como PM10 o PM2,5, en función de su tamaño. La primera categoría (PM10) se corresponde con las partículas de mayor tamaño, con diámetros comprendidos entre 10 y 2,5 μm, mientras que la segunda (PM2,5) engloba a las partículas finas, con diámetros inferiores a 2,5 μm. Estas últimas son las más peligrosas para la salud, ya que, al ser inhaladas, no quedan retenidas en las vías respiratorias (cosa que sí que ocurre con las PM10), sino que logran alcanzar los alveolos pulmonares —en la parte externa de los bronquiolos—, consiguiendo pasar al torrente sanguíneo. En los últimos años, empiezan a aparecer estudios focalizados en las llamadas partículas ultrafinas (PM1), con diámetros inferiores a una micra (1 μm). *Véase también* polvo volcánico.

pascal (Pa). Unidad de la presión en el Sistema Internacional. Es igual a la presión ejercida por una fuerza de un newton (1 N) aplicada uniforme y perpendicularmente sobre una superficie de un metro cuadrado. Matemáticamente, se expresa así: $1\ Pa = 1\ N/m^2$. En Meteorología, la presión atmosférica se expresa en hectopascales (hPa). La unidad se llama así en homenaje al científico francés Blaise Pascal (1623-1662), que, entre sus numerosas aportaciones en el campo de las matemáticas y la historia natural, destacó por sus estudios sobre la presión que ejercen los fluidos. Fue el primero en demostrar que la presión atmosférica disminuye con la altura. *Véase también* hectopascal.

patrón climático. Cualquier característica que se repite cada cierto tiempo en el clima. El período de recurrencia varía mucho de unos patrones a otros, pudiendo repetirse con mayor o menor regularidad o, en algunos casos, de forma aperiódica. Los hay, como las estaciones, que suceden con una periodicidad intraanual; otros, como los monzones, se repiten cada año; el fenómeno de El Niño o La Niña entran en escena cada varios años, mientras que las glaciaciones cuaternarias ocurren, en promedio, cada 10 000 años.

pedra. En lenguaje popular, granizo. Se usa principalmente para referirse al de gran tamaño. Es equivalente a piedra (de hielo, en este caso). *Véase también* pedrisco.

pedrazo. Localismo leonés, usado en la comarca de Los Ancares, con el que se denomina al granizo y la granizada. También se emplean las variantes pedraz, pedriz y pedrizo.

pedrea. Forma coloquial de llamar a la granizada. La palabra hace referencia a la pedra (piedra), en alusión a las piedras de hielo (granizos) que dejan algunas tormentas. El uso más común del término está ligado a la Lotería Nacional de España, y hace referencia al conjunto de premios menores de los sorteos.

pedregada. Granizada. El granizo se llama también piedra o pedra.

pedrisca. Variante de pedrisco. Granizo de gran tamaño.

pedrisco. Nombre que habitualmente recibe el granizo de gran tamaño; aquel que supera los 2 cm de diámetro y precipita en grandes cantidades, impactando con violencia contra la superficie terrestre. El pedrisco puede mantener o no la forma esférica del granizo. En las tormentas particularmente intensas, es habitual que las piedras de hielo adopten formas irregulares, debido al extraordinario grado de agitación al que están sometidos los granizos en el interior de la nube tormentosa. Dicha circunstancia provoca fuertes choques entre ellos, aplastándose unos contra otros y uniéndose, lo que da como resultado grandes bloques de hielo amorfos que precipitan como tales. Es relativamente común referirse indistintamente al granizo y al pedrisco.

pedrisquear. Caer pedrisco. Granizada en la que caen granizos de gran tamaño.

pedrisquero. Sinónimo de pedrisco.

pedrizo. Granizo. *Véase también* pedrazo.

pelacañas. Nombre popular que recibe el viento impetuoso y frío del norte. Su uso se extiende a cualquier viento molesto y desapacible, independientemente de cuál sea su dirección de procedencia. Recibe también otras denominaciones, construidas de forma parecida (la acción del viento sobre algo), como matacabras, descuernacabras o descuernavacas.

pelete. Término con el que se refieren en las islas Canarias al frío intenso. La expresión «estar en pelete» significa estar desnudo, protegido del frío únicamente por el vello corporal, de ahí la conexión entre el pelo y el frío que establece esta palabra.

pelo de aire. Brizna de aire. Viento casi imperceptible («No corre un pelo de aire»).

pelona. Referido a una helada, que es fuerte («¡Menuda pelona va a caer!»). El término deriva de pelo, que —en este contexto— identificamos con los filamentos de hielo que forma la escarcha cuando la humedad ambiental es alta. Las heladas fuertes dan como resultado un suelo tapizado de blanco, escarchado, en el que llegan a apreciarse esos pelillos. En numerosas zonas de Extremadura y Andalucía se emplea también la variante pelúa.

pelusada. Localismo leonés que da nombre a la capa muy delgada de nieve. Su uso mantiene su vigencia en el noreste de la provincia de León, en las cercanías de los Picos de Europa (comarca tradicional de Tierra de la Reina), donde se emplean también las variantes pelusilla, pelusina, ceazada, tiecina, tiececina y tiñuscada.

pelusilla. Capa muy fina de nieve. La que se forma en los primeros momentos de la nevada y va blanqueando el suelo. *Véase
también* pelusada.

penacho. Columna de gases y partículas sólidas y/o líquidas, habitualmente contaminantes, emitidas a la atmósfera desde una
chimenea o desde cualquier otra fuente puntual. Los focos de
emisión pueden ser naturales (volcán, incendio forestal...) o an-
trópicos (incendio de un edificio, quema de rastrojos, torre de
refrigeración de una central térmica...). La forma que adopta el
penacho depende de cuáles sean las condiciones meteorológicas locales, en particular del grado de estabilidad o inestabilidad atmosférica. *Véase también* polvo volcánico.

pendiente de un frente. Tangente del ángulo que forma una superficie frontal con la superficie terrestre. La del frente frío es
mayor que la del cálido. *Véase también* nariz.

penitentes. Forma abreviada de referirse a las nieves penitentes.
Reciben este nombre los llamativos pináculos de nieve compacta, de altura muy variable (desde unos cuantos centímetros
[«micropenitentes»] hasta entre 4 y 5 metros), en los que termina convertido un manto de nieve sometido a unas condiciones
meteorológicas muy particulares y extremas. Tan curiosa denominación es debida al parecido que tienen con una procesión
de nazarenos en Semana Santa, cada uno de ellos ataviado con
su capirote. Se han documentado en zonas de alta montaña de
diferentes cordilleras terrestres, siendo en la región desértica y
montañosa de los Andes Centrales de Argentina y Chile donde
se forman con mayor frecuencia, habitualmente por encima de
los 4000 m sobre el nivel del mar. En España, se forman ocasionalmente tanto en los Pirineos como en el Teide. Estas agujas
de hielo son el resultado de la pérdida de nieve por fusión y sublimación. En la referida zona andina, el ambiente, aparte de
gélido, es tan extremadamente seco que la nieve superficial comienza a evaporarse, formándose concavidades en el manto ni-

voso. A medida que esos huecos se van agrandando, cobra relevancia el factor solar (diferente insolación entre zonas de solana y umbría), lo que acelera el proceso de pérdida de nieve, perforándose progresivamente la capa hasta culminar en la formación de esa especie de estalagmitas de hielo. La primera referencia científica de los penitentes es debida al naturalista inglés Charles Darwin (1809-1882), que se topó con ellos en una expedición por la región andina, el 22 de marzo de 1835. El glaciólogo francés, afincado en Chile, Louis Lliboutry (1922-2007) fue el primero en explicar de forma satisfactoria cómo se forman.

Pequeña Edad de Hielo. Nombre dado en Climatología al período comprendido entre los siglos XV y XIX, de clima marcadamente más frío que el actual, caracterizado por una sucesión de importantes expansiones y regresiones de los glaciares de montaña en ambos hemisferios. Las diferencias de los avances y retrocesos del hielo entre unas regiones y otras impiden establecer unos límites únicos y precisos para este vasto período frío de la historia. Las reconstrucciones paleoclimáticas de la temperatura media en el hemisferio norte apuntan al período comprendido entre 1450 y 1850 como el más frío a escala hemisférica. Son muy numerosos los documentos escritos, así como los dibujos, grabados, cuadros, etc., donde ha quedado constancia de la incidencia que tuvo la Pequeña Edad de Hielo en las actividades humanas.

percolación. Corrientes de agua que descienden a través del suelo o de una capa de nieve. En este último caso, pueden ser originadas tanto por la fusión de la propia nieve como por la lluvia que en un momento dado caiga sobre el manto nivoso.

perfil del viento. Gráfica donde aparece la variación de la velocidad del viento con la altura.

Período Cálido Medieval. Nombre dado por los especialistas en Climatología Histórica al período comprendido entre los siglos X y XIV, caracterizado por un clima excepcionalmente cálido en Europa y la región del Atlántico Norte. Dicho período coincide en parte con una época en que la actividad solar fue alta, si bien no hay consenso científico sobre si las anomalías positivas de temperatura se manifestaron por toda la Tierra. Los registros y las reconstrucciones paleoclimáticas apuntan a que durante este período las temperaturas medias fueron las más altas alcanzadas en los últimos dos milenios, pero su señal no se manifiesta en todas las regiones geográficas ni en todas las estaciones del año, tal y como ocurre en la actualidad con el calentamiento global. A este período se le conoce también como Óptimo Climático Medieval.

período de retorno. Intervalo de tiempo medio —estimado por métodos estadísticos— que transcurre entre dos sucesos extraordinarios de un mismo fenómeno hidrometeorológico (por ejemplo, una ola de calor, la crecida de un río por encima de un determinado nivel, una lluvia torrencial...), poco frecuente y de consecuencias normalmente catastróficas. Se expresa en años y da una idea del grado de excepcionalidad que tiene el fenómeno en cuestión. En la legislación de aguas de muchos países, entre ellos España, es el criterio de validez jurídica para definir y delimitar las áreas inundables. También se conoce como período o intervalo de recurrencia.

período glacial. *Véase* glaciación.

período interglacial. Período de tiempo que discurre entre dos glaciaciones, en el que el clima es relativamente suave a escala global. Su duración varía entre unas pocas decenas y el centenar de miles de años. A lo largo del Cuaternario (período geológico iniciado hace aproximadamente 2,6 millones de años), han ido alternando de manera regular glaciaciones y períodos interglaciales. El último de ellos es el actual Holoceno, que comenzó hace algo menos de 12 000 años. Los tres anteriores, por orden cronológico inverso, fueron el Riss-Würm o Eemiense (de unos 30 000 años de duración), el Mindel-Riss (de unos 150 000 años) y el Günz-Mindel o Cromeriense (de unos 20 000 años de duración). La datación de estos períodos se lleva a cabo mediante el análisis de los isótopos de oxígeno atrapado en los mantos de hielo glaciar. En los interglaciales, el nivel del mar no difiere mucho del que tenemos actualmente en la Tierra. A una mayor escala temporal, también se conocen como períodos interglaciales aquellos que separan las eras glaciales. *Véanse también* era glacial, glaciación.

período normal (o de referencia). Período de tiempo lo suficientemente largo para que los valores medios de las distintas variables meteorológicas registradas a lo largo del mismo sean estadísticamente representativas del clima del lugar. La Organización Meteorológica Mundial (OMM) establece una duración mínima de 30 años para los períodos de referencia. Los primeros estandarizados fueron los treintenios 1901-1930, 1931-1960 y 1961-1990. Inicialmente, se pensó en actualizar el período normal cada treinta años, de manera que el siguiente en entrar en vigor debería ser el 1991-2020, pero la rapidez con la que se ha ido manifestando el cambio climático, hizo necesario revisar ese procedimiento. Finalmente, la OMM acordó actualizar el cálculo de los valores normales cada diez años. Se empezó a utilizar el período normal 1971-2000 y posteriormente el 1981-2010.

perlucidus (pe). Vocablo latino que, aplicado a un objeto, significa que permite el paso de la luz a través de él. En el *Atlas Internacional de Nubes* de la OMM da nombre a una de las variedades nubosas catalogadas. Se aplica a los altocúmulos y estratocúmulos cuando al extenderse en forma de banco, sábana o capa presentan, entre los pequeños elementos que los constituyen, unos intersticios bien marcados, de gran claridad, por donde a veces llega a verse el cielo azul e incluso otras nubes situadas en un nivel superior. Por esos huecos se llega a apreciar el sol o la luna cuando son tapados por la formación nubosa.

permafrost. Nombre con el que se conoce internacionalmente al terreno permanentemente congelado. Surge de la fusión de las palabras inglesas *permanent* (permanente) y *frost* (escarcha, hielo). Es la capa de suelo —de tierra, roca o una mezcla de ambas, así como de materia orgánica—, de espesor variable, en la que el agua contenida en ella se encuentra total o parcialmente congelada a lo largo de todo el año. El permafrost existe en aquellos lugares fríos de la Tierra donde el calentamiento estival no llega a descongelar por completo el hielo contenido en el suelo. Normalmente, por debajo de la capa superficial afectada por el ciclo anual de congelación-fusión hay una capa inferior de terreno permanentemente congelado. El ascenso de las temperaturas experimentado en las últimas décadas en latitudes altas del hemisferio norte (donde el calentamiento global se está manifestando con una mayor magnitud), está haciendo que la fusión de hielo estacional en el suelo alcance cada vez una mayor profundidad. Dicha circunstancia conlleva la liberación a la atmósfera de grandes cantidades de metano y CO_2.

perturbación (atmosférica). Término con el que se identifica en Meteorología a una incipiente depresión (en sus primeros estadios de vida) o a la región situada en el seno de los cinturones de corrientes atmosféricas zonales (del oeste o del este), donde comienza a haber indicios de la formación de un sistema ciclónico. Es común emplear la expresión para referirse a cualquier fenómeno meteorológico que altera el estado normal de la atmósfera, como una borrasca, un huracán, una tormenta...

petricor. Palabra que significa literalmente «esencia de roca» y que describe al olor de la lluvia cuando cae sobre un suelo seco, lo que popularmente se conoce como olor a tierra mojada. El término fue propuesto en 1964 por un par de geólogos australianos, que relacionaron dicho olor con la exudación de una sustancia oleosa por parte de determinadas plantas, al estar sometidas al estrés hídrico que impone una sequía. Ese aceite queda absorbido en las superficies de las rocas y en los terrenos arcillosos y cuando llueve se libera al aire, junto a otras sustancias olorosas como la geosmina, lo que da como resultado el característico olor de la lluvia.

picar. Referido al sol, que calienta mucho. Su uso está muy extendido. *Véase también* chisnar.

pico de racha. Racha máxima de viento registrada en una estación meteorológica durante un determinado período de tiempo, normalmente 24 horas.

piedra. Forma coloquial de llamar al granizo, particularmente al de gran tamaño.

piedra de rayo. *Véase* punta de rayo.

pilar de luz. Columna luminosa que se proyecta verticalmente en el cielo, extendiéndose por encima y por debajo del sol, la luna o un foco de luz artificial, con la luminaria situada en las cercanías del horizonte. Este fenómeno óptico —también conocido como obelisco o columna de luz— se debe a la reflexión que sufre la luz sobre una miríada de cristales de hielo con forma de columna o placa hexagonal, orientados de tal manera que alguna de sus superficies mayores —una de las caras laterales, en el caso de las columnas, y una de las bases, en el de las placas— estén enfrentadas a la superficie terrestre. Estos minúsculos prismas de hielo tienden a orientarse así en el aire, de manera parecida a como lo hacen las hojas de los árboles al caer. La longitud, anchura y ubicación de un pilar de luz depende de la orientación exacta que adoptan los cristalitos de hielo, su posición en la atmósfera (la de las nubes altas —del género *Cirrus*— y las virgas constituidas por ellos), la distancia del observador y la altura de la fuente luminosa. Mientras que las placas de hielo dan lugar a pilares visibles sobre el terreno cuando la luminaria no está a más de 6° de arco de altura, las columnitas, también de hielo, son capaces de generar pilares aunque el foco de luz está algo más alto (rara vez a más de 20º). Los pilares de sol suelen alcanzar entre 5 y 10 grados de arco en la bóveda celeste, partiendo desde el borde superior del disco solar, los de luna —de aspecto similar— tienen una longitud algo mayor, mientras que los generados por farolas y otras fuentes de luz artificial alcanzan mayores alturas, proyectándose en algunos casos hasta el cénit (90º). Las tonalidades que adoptan los pilares de luz varían en función del color de la fuente luminosa y de la dispersión atmosférica.

pileus (pil). Recibe este nombre una de las nubes anexas catalogadas en el *Atlas Internacional de Nubes* de la OMM. Este vocablo latino significa «copa» e identifica a una nubecita con forma de gorro o capuchón que corona, a veces, la parte alta de una nube cumuliforme, siendo, ocasionalmente, atravesada por este. Su formación es debida a que los cúmulos y cumulonimbos, en su vigoroso ascenso, van encontrándose con pequeñas inversiones térmicas que terminan atravesando. El vapor de agua impulsado hacia arriba por las fuertes corrientes ascendentes de aire, al encontrarse con una de esas tapaderas naturales tiende a acumularse por debajo de ellas, alcanzándose las condiciones de saturación y formándose el *pileus*. Es una nube efímera, ya que apenas discurren unos pocos minutos desde que aparece hasta que es engullida por el tope del torreón nuboso. Es relativamente común observar varias de ellas apiladas.

pinchanubes. Nombre coloquial con el que se conoce al nefobasímetro.

pinganil. Carámbano. *Véase también* pinganillo.

pinganillo. Una de las muchas palabras usadas para referirse al carámbano. Este término es una variante de pinganello (usado con idéntico significado), lo mismo que pinganil o pinganito. Todas ellas derivan de pinga/pingar, con origen etimológico en la palabra latina *pendere*, que, referida a una cosa, indica que está colgando. El término expresado en femenino (pinganilla) hace referencia a la gota que tiende a escapar de alguno de los orificios nasales cuando estamos acatarrados.

pintear. Lloviznar o empezar a llover. Literalmente, caer pintas, que es una de las palabras con las que se identifica a las gotas pequeñas de agua u otro líquido. El uso del término está documentado principalmente en las comunidades cantábricas, donde también se emplean otros equivalentes como pruar, o el más conocido orvallar.

piranómetro. Instrumento meteorológico que se emplea para medir la radiación solar incidente sobre la superficie terrestre. Dispone de un termopar situado bajo una pequeña cúpula semiesférica de vidrio, que registra la densidad del flujo radiante que incide sobre el citado sensor, procedente de un ángulo sólido que se abre desde el plano horizontal hasta el cénit, cubriendo un campo de 180°. El piranómetro —también conocido como solarímetro y actinómetro— permite obtener medidas de la radiación solar global, difusa y neta. La bóveda celeste emite radiación difusa en todas las direcciones, pero solo una fracción de la misma alcanza el suelo y es la que mide el aparato. Para obtener dicha medida, el piranómetro debe instalarse bajo una banda opaca que actúa como parasol, alineada con el plano de la eclíptica, impidiéndose de esta forma que sobre el termopar incida radiación solar directa. Estos dispositivos reciben también el nombre de difusómetros. Si el piranómetro se instala sin el parasol, mide la radiación solar global (directa + difusa). También se puede medir la radiación solar neta a partir de un dispositivo que integra dos piranómetros sobre una misma superficie, pero uno mirando hacia arriba y otro hacia abajo; la diferencia entre lo que mide cada uno de ellos es igual a la variable buscada. La radiación solar medida con los piranómetros se expresa habitualmente en vatios por metro cuadrado (W/m^2).

pirheliógrafo. Pirheliómetro que lleva incorporado un dispositivo registrador, lo que proporciona una gráfica con el registro continuo de la radiación solar directa. *Véase también* pirheliómetro.

pirheliómetro. Instrumento meteorológico que mide la radiación solar directa que incide sobre la superficie terrestre. Consta de un tubo con una apertura de pequeño diámetro que, gracias a un sistema de seguimiento solar, apunta en todo momento hacia el astro. El flujo radiante procedente del disco solar y de una estrecha franja anular en torno suyo, incide perpendicularmente sobre la superficie receptora situada en el fondo del tubo, donde se localiza el sensor encargado de las medidas.

pirocúmulo. Nube cumuliforme originada a partir de los productos de combustión de un incendio de grandes dimensiones, o de los gases, cenizas y fragmentos de roca ígnea lanzados al aire por una erupción volcánica. El término surge de la unión del prefijo «piro-» (de origen griego y que significa fuego) con la palabra cúmulo. No todas las columnas de humo generadas por incendios, ni todos los penachos volcánicos, son pirocúmulos; solo adquieren esa condición aquellas/os en los que la convección generada por el intenso calor es capaz de formar una nube de desarrollo vertical, adoptando las protuberancias típicas de las nubes convectivas, particularmente evidentes en su parte superior (de aspecto similar a una coliflor). Ocasionalmente, puede presentar actividad eléctrica, generándose rayos en su seno. Esta nube especial está catalogada como *flammagenitus* en el *Atlas Internacional de Nubes* de la OMM.

piscator. Nombre con el que se popularizó en España y en otros países europeos un tipo de almanaque que, entre sus informaciones, incluía pronósticos meteorológicos a largo plazo basados en métodos astrológicos. El piscator debe su nombre a un astrólogo italiano del siglo XVII que empezó a publicar sus pronósticos del tiempo y efemérides astronómicas bajo el pseudónimo de «Gran Piscatore Sarrabal de Milán». Su almanaque empezó a traducirse en distintos países, viendo la luz en España por primera vez en 1698. El éxito de la publicación fue notable y a lo largo del siglo XVIII empezaron a aparecer réplicas en diferentes ciudades, algunas de las cuales alcanzaron una gran popularidad, como, por ejemplo, *El Gran Piscator de Salamanca*, llevado a cabo por el escritor, médico y matemático salmantino Diego Torres Villarroel (1694-1770). A este tipo de almanaques les siguieron otros del mismo corte, ya metidos en el siglo XIX, con el famoso Calendario Zaragozano a la cabeza.

piso de nubes. Región de la atmósfera comprendida entre dos niveles, en la que habitualmente aparecen nubes de unos géneros determinados. El *Atlas Internacional de Nubes* de la OMM establece una división en tres pisos —superior, medio e inferior— que se solapan ligeramente entre sí y cuyos límites varían en función de la latitud terrestre. La citada publicación establece cuáles son esos límites en las regiones polares, templadas y tropicales. En todos los casos, el piso bajo está comprendido entre la superficie terrestre y los 2000 m de altitud, pero los pisos medio y alto varían de tamaño dependiendo de la región terrestre; a medida que nos desplazamos desde el ecuador hacia los polos, disminuyen de espesor y alcanzan altitudes menores.

plafón de nubes. *Véase* techo de nubes.

pluma de hielo. Delicada estructura de hielo blanco en forma de pluma o helecho, que se forma como consecuencia de la sublimación del vapor de agua (paso directo de gas a sólido). Para su formación se requiere algo de viento, ya que el aire al desplazarse acumula el citado vapor de agua junto a las superficies enfrentadas a él, favoreciéndose en ellas el depósito de hielo. En las lunas de los vehículos aparcados al raso las noches que hiela, es común que se forme una capita de escarcha, pero ocasionalmente (cuando entra en juego un ligero viento) se forman plumas de hielo, cuyo patrón de crecimiento es de naturaleza fractal.

pluviógrafo. Instrumento meteorológico que se encarga de medir la intensidad de la precipitación. Consiste, básicamente, en un pluviómetro con un sistema registrador incorporado, que va confeccionando una gráfica a partir del registro continuo de la cantidad de agua que va cayendo, lo que permite conocer la hora de inicio y finalización de la precipitación, y cómo ha ido variando su intensidad, pudiéndose saber lo que ha precipitado en un período de tiempo dado. La intensidad de la lluvia se expresa habitualmente en milímetros (de altura de la lámina de agua caída) por hora (mm/h). El registro de la precipitación puede llevarse a cabo a partir del peso, el volumen o la altura de la lámina de agua, existiendo para cada caso un tipo de pluviógrafo distinto. En función del mecanismo en que esté basado el pluviógrafo, hay los siguientes tipos: 1) de sifón o flotador; 2) de balanza, balancín o pesada; 3) de cubeta basculante; y 4) de intensidades (inventado en 1921 por el meteorólogo y antiguo director del Observatorio Fabra [Barcelona] Ramón Jardí Borrás [1881-1972]). En la actualidad, los más usados en los observatorios son tanto el de clásico de sifón (de Hellmann-Fuess), cuyo aspecto exterior es similar al pluviómetro, como los de balancín automatizados.

pluviograma. Gráfica con el registro de la cantidad de precipitación acumulada durante un período de tiempo determinado (habitualmente una semana). Los pluviogramas permiten analizar no solo las diferentes alturas de la lámina de agua caída (en milímetros), sino la distribución de la precipitación a lo largo del período de muestreo y las intensidades alcanzadas.

pluviometría. Estudio de la precipitación de un lugar a partir del análisis estadístico de los registros pluviométricos. La pluviometría permite conocer el régimen pluviométrico del lugar en cuestión, ofreciendo información no solo de las cantidades que caen, sino de la intensidad y el reparto de la precipitación a lo largo del año. Es bastante común identificar el término únicamente con el dato de la precipitación media anual. *Véase también* régimen pluviométrico.

pluviómetro. Instrumento meteorológico con el que se mide la cantidad de precipitación caída en un lugar durante un período de tiempo dado. El que se emplea en los observatorios meteorológicos está homologado por la Organización Meteorológica Mundial (OMM) y es de tipo Hellmann, llamado así en honor al meteorólogo alemán Gustav J. G. Hellmann (1854-1939), a quien debemos su invención (año 1886). Los primeros recipientes construidos *ad hoc* para captar el agua de la lluvia y llevar una contabilidad de la misma, se usaron en la Antigua Grecia y datan de hace unos 2500 años. También está documentada una vasija con marcas, usada para el mismo fin, en India hacia el siglo IV a. C. La planificación de las tareas agrícolas fue lo que impulsó la invención de estos primitivos pluviómetros, lo mismo que el que apareció en Corea, en 1441, en tiempos del rey Sejong el Grande (1418-1450). Conocido como *cheugugi*, consistía en un recipiente de hierro, de medidas estandarizadas, del que se hicieron réplicas exactas que se repartieron a cada gobernador provincial, lo que permitió disponer de registros pluviométricos por todo aquel país. En 1639, el físico italiano Benedetto Castelli (1578-1643) —discípulo de Galileo— confeccionó un sencillo recipiente de vidrio graduado, usado para captar el agua de la lluvia, que cumplía también las funciones de pluviógrafo. Aunque se suele atribuir al arquitecto inglés Christopher Wren (1632-1723) la invención del primer pluviómetro de la historia (como un instrumento propiamente científico), ese honor le corresponde a Castelli, ya que Wren lo que inventó —en 1662— fue el primer pluviógrafo. Se trataba de un pluviómetro con cubetas basculantes que llevaba incorporado un sistema mecánico, lo que permitía a una plumilla con tinta trazar sobre un papel graduado el registro continuo de la lluvia caída. Hasta finales del siglo XIX, no se resolvió el problema de medir de manera fiable la precipitación, ya que los distintos pluviómetros diseñados hasta ese momento no conseguían salvar todas las dificultades que planteaba la medida de esa variable; principalmente la pérdida por evaporación de parte del agua precipitada. El pluviómetro inventado por Hellmann pasó con éxito las pruebas de control de calidad. A su funcionalidad se une su resistencia a las inclemencias meteorológicas. Externamente, el instrumento es un cilindro de chapa galvanizada formado por dos piezas que se acoplan entre sí, una encima de la otra. La superior está abierta y constituye la boca del pluviómetro. En los homologados por la OMM, su superficie es de 200 cm². Desde dicha embocadura parte hacia abajo un embudo, por el que se cuela el agua de la lluvia, nieve o granizo, que termina en un recipiente alojado en el interior de la pieza inferior. Para llevar a cabo la observación, se separan los dos vasos cilíndricos, se extrae del de abajo dicho recipiente y —en el caso en que hubiera habido precipitación durante el tiempo transcurrido desde la anterior observación— se vierte el agua recogida en una probeta graduada adecuadamente. Su lectura proporciona directamente los milímetros de altura de la lámina de agua que dejó la precipitación, suponiendo que se distribuye sobre una superficie impermeable y que no hay evaporación. Esos milímetros son equivalentes a litros por metro cuadrado.

pluviómetro totalizador. *Véase* totalizador.

pluviosidad. Lo que precipita en un lugar durante un período de tiempo dado. También se denomina monto pluviométrico o pluviometría a secas, si bien este último término se aplica solo al valor de la precipitación media anual (pluviometría).

pluvioso. Lluvioso. Con origen en la voz latina *pluviosus*, cuya raíz es *pluvia* (lluvia).

PM. Acrónimo de *Particulate Matter*, con el que se conoce internacionalmente al material particulado. *Véase también* particulado.

poalla. Uno de los muchos nombres que recibe la llovizna en Galicia. Se emplean también las variantes poallada, poallo y poalleira. La acción de caer llovizna, ligada a este localismo, es poallar, que, aparte de ser sinónimo de orvallar, comparte con esa conocida expresión la misma terminación («-allar»). Otros localismos gallegos con idéntico significado que poalla son babuña, barbaña, barbuza, barrallo, barrufa, barruñeira, barruzo, borralla, breca, chuvisca(da), froallo, lapiñeira, marmaña, marmuza, mollaparvos, parruma, patiñeira y zarzallo.

polo de frío. Lugar de la superficie terrestre donde los datos meteorológicos certifican que se ha alcanzado la menor temperatura del aire, desde que se empezaron a tomar registros hasta la actualidad. A nivel planetario, se consideran dos polos —uno en cada hemisferio—, que se localizan en las regiones donde se registran las temperaturas medias anuales más bajas de toda la Tierra. Algunos autores identifican dichos polos con los lugares donde se han medido las temperaturas mínimas absolutas. También se establecen polos de frío de territorios concretos, como un país o región. La determinación de los dos polos de frío de la Tierra es controvertida, ya que varían los sitios en función de la metodología empleada. No hay discusión sobre el hecho de que el polo de frío del hemisferio sur (y de toda la Tierra) se localiza en la Antártida. La literatura meteorológica lo sitúa en la base rusa Vostok, en la meseta antártica, por ser ese el lugar de la Tierra donde se ha medido, hasta la fecha, la temperatura más baja (−89,2 °C; el 21 de julio de 1983), pero si se dan por buenas las mediciones hechas desde satélite, hay lugares también de aquella vasta planicie de hielo donde se han alcanzado temperaturas algo más bajas. Respecto al polo del frío del hemisferio norte, la mayoría de los autores lo sitúan en Siberia, concretamente en la república rusa de Sajá-Yakutia. Algunos lo asignan a la ciudad de Verjoyansk y otros a Oymyakon. En ambos lugares se han medido unas temperaturas mínimas absolutas prácticamente idénticas (–67,8 °C y –67,7 °C, respectivamente) y los dos tienen una temperatura media anual muy parecida, ligeramente más baja en el caso de Oymyakon. Algunos enclaves de Groenlandia y del Ártico canadiense también son candidatos a ser el polo del frío del hemisferio norte, aunque el consenso científico es menor, dada la escasez de observaciones meteorológicas disponibles en esos territorios polares.

polsaguera. Nombre dado en Murcia a la tolvanera o a una gran polvareda levantada por el viento. El origen del término es el vocablo catalán *polseguera*, que hace alusión al polvo (*pols*, en catalán).

polución. *Véase* contaminación atmosférica.

polvareda. Nube de polvo o arena levantados del suelo a poca altura por el viento u otra causa (por ejemplo, el paso de un camión por un camino de tierra).

polvo de diamante. Precipitación de diminutos cristales de hielo que tiene lugar con el cielo despejado cuando el ambiente es gélido. El fenómeno —también conocido como precipitación de cielo claro— es habitual en las regiones polares, donde las bajas temperaturas reinantes provocan la sublimación espontánea de parte del vapor de agua atmosférico, formándose pequeños prismas de hielo. Los más pequeños se mantienen en suspensión en el aire y los de mayor tamaño precipitan, formando una especie de neblina. Al incidir sobre ellos la luz del sol, actúan como minúsculos espejos, reflejándola y produciendo destellos similares a los de los diamantes tallados, de ahí el nombre que recibe este hidrometeoro. Su presencia suele coincidir con la de diferentes fenómenos ópticos de la familia de los halos.

polvo volcánico. Pequeñas partículas de material rocoso, cuyo diámetro es inferior a 2 mm, que son inyectadas a la atmósfera por una erupción volcánica. Esas cenizas forman enormes columnas eruptivas que pueden llegar a alcanzar varias decenas de kilómetros de altura. A medida que asciende por la atmósfera, el polvo volcánico se va dispersando, siendo transportado por el viento a grandes distancias y manteniéndose en suspensión durante largos períodos de tiempo. Su presencia bloquea el paso a una parte de la radiación solar que atraviesa la atmósfera, influyendo en el balance energético terrestre. En el caso de las grandes erupciones volcánicas, los velos de polvo resultantes cubren gran parte del globo terráqueo, lo que provoca un enfriamiento a escala planetaria, que se manifiesta en la temperatura media global hasta 2 y 3 años después de la megaerupción. Para calibrar la magnitud de una erupción volcánica existe el llamado «índice de explosividad volcánica» —conocido internacionalmente por la sigla VEI (acrónimo de *Volcanic Explosivity Index*)—, que, entre otros factores, contempla el volumen total de materiales expulsados (lava, piroclastos, cenizas volcánicas) por un volcán en fase explosiva. El VEI toma valores en una escala numérica de 0 al 8, y fue desarrollado en 1982 por dos vulcanólogos estadounidenses.

poniente. Nombre genérico que recibe el viento del oeste. Dicha denominación alude al hecho de que sopla de donde se pone el sol. En la península ibérica es un viento de procedencia atlántica, fresco y húmedo en origen, pero a medida que va atravesando —de oeste a este— el territorio peninsular y los diferentes obstáculos montañosos que jalonan su recorrido, el aire que desplaza va perdiendo humedad y aumentando de temperatura, convirtiéndose en un viento seco y recalentado al llegar al litoral mediterráneo. En la rosa náutica usada en la zona, el viento de poniente aparece enfrentado al de levante, soplando ambos en sentidos contrarios. Ambas denominaciones son de uso común en ese ámbito geográfico, expresándose tanto en castellano como en catalán (*ponent* y *llevant*). El poniente que sopla en el estrecho de Gibraltar y alrededores presenta características opuestas a uno y otro lado. Mientras que en el litoral atlántico gaditano llega con sus características originales (suavidad térmica y elevada humedad), en las costas de Málaga incide ya como un viento desnaturalizado, provocando en la zona un importante aumento de la temperatura y una gran sequedad ambiental. *Véase también* levante.

ponientada. Situación en la que sopla de forma insistente el viento de poniente.

pozo de nieve. Pozo de varios metros de profundidad excavado en la tierra, con muros de contención de piedra o ladrillo y cerrado por arriba con una bóveda de mampostería, destinado al almacenaje y conservación de la nieve, con el fin de disponer de hielo (nieve compactada) durante los meses del año en los que se funde la nieve acumulada en el suelo. Las primeras referencias históricas de este tipo de construcción se remontan a Mesopotamia y al Antiguo Egipto, hace unos 3000 años. Los griegos y los romanos también hicieron uso del hielo almacenado en pozos, usándolo con fines terapéuticos y para enfriar las bebidas en verano. Durante la Pequeña Edad de Hielo (PEH), la actividad comercial ligada a la nieve alcanzó su momento de máximo esplendor, construyéndose muchos pozos a partir del siglo XIV. A finales del siglo XIX comenzó el declive, al coincidir el final de la PEH con la invención de las máquinas frigoríficas y la fabricación de hielo artificial. El pozo de nieve recibe también otras denominaciones como cava, nevera o nevero artificial. Aunque su diseño varía de unos a otros, todos ellos tienen una pequeña puerta de acceso, que da paso a una estrecha escalera lateral interna por la que se puede bajar hasta el fondo o hasta el nivel alcanzado por la nieve almacenada en él. Cuando se producía una gran nevada en la zona donde estaba enclavado el pozo, se ponía en marcha un dispositivo que involucraba a varios centenares de personas que, de forma coordinada, se encargaban de transportar grandes cantidades de nieve —cargada a la espalda— hasta la entrada del pozo y, una vez allí, la arrojaban en su interior. Allí dentro, varios operarios la iban apilando y compactando de forma apropiada. Pasado el invierno, se procedía a la operación inversa: la recogida del hielo, que, una vez cortado en bloques, era transportado en mulas hasta los núcleos de población cercanos, donde se procedía a su venta y distribución. Quedan todavía en pie muchos de estos pozos, algunos de los cuales han sido restaurados.

praecipitatio (pra). Vocablo latino que da nombre a uno de los rasgos suplementarios incluidos en el *Atlas Internacional de Nubes* de la OMM, con el que se identifican las nubes que dejan precipitación. Dicha particularidad se presenta habitualmente en seis de los diez géneros nubosos: *Altostratus, Nimbostratus, Stratocumulus, Stratus, Cumulus* y *Cumulonimbus.*

precipitación. Hidrometeoro que consiste en un conjunto de partículas acuosas —en fase líquida o sólida— que caen en la atmósfera, habitualmente desde una nube, y alcanzan la superficie terrestre. Atendiendo al tipo de elemento que precipita, hay catalogadas diferentes formas de precipitación, como la lluvia, llovizna, nieve, aguanieve, granizo, cinarra o el polvo de diamante; todas ellas con sus entradas correspondientes en el presente diccionario. Aunque hoy en día asociamos la precipitación a la caída de alguno de esos meteoros, originalmente —en el siglo XVIII— se empezó a emplear ese término, pero por una razón distinta. Algunos químicos de la época pensaban que el agua estaba disuelta en el aire de manera similar a como lo están las sales en el agua; se concibió así, erróneamente, la formación de las gotas de lluvia como la precipitación que resultaba de una reacción química que tenía lugar en la atmósfera.

precipitación convectiva. Precipitación generada por nubes de tipo convectivo (cumuliformes). Los chubascos tormentosos son el ejemplo que mejor ilustra este tipo de precipitación, asociada en este caso a las tormentas.

precipitación engelante. Cualquier tipo de precipitación líquida que al impactar contra la superficie terrestre o cualquier objeto que intercepte en su caída, se congela y forma un depósito de hielo transparente de gran dureza. Las gotas de lluvia o de llovizna se convierten en engelantes cuando en su caída a través de la atmósfera atraviesan un tramo donde la temperatura es inferior a 0 °C. Bajo dicha circunstancia, el agua que forma esas gotas pasa a estar en estado de subfusión, de manera que al verse sometidas a un cambio brusco de presión (lo que ocurre al impactar) se congelan de inmediato, formando la citada costra de hielo, muy resbaladiza. *Véase también* lluvia engelante.

precipitación inapreciable (Ip.). Nombre que recibe la precipitación recogida en un pluviómetro cuando no supera la décima de milímetro. *Véase también* lluvia inapreciable.

precipitación oculta. *Véase* criptoprecipitación.

precipitación orográfica. Precipitación que se produce como consecuencia del ascenso de una masa de aire húmedo al encontrarse en su camino con un obstáculo montañoso. Según va ascendiendo, el aire se enfría progresivamente. Una vez alcanzado el nivel de condensación, el aire se satura de vapor de agua y se forma una nube orográfica que, empujada hacia arriba por el propio aire, va ocupando todo el tramo superior de la ladera de barlovento de la montaña, dejando ahí la precipitación.

precipitación tormentosa. Caso particular de precipitación convectiva en el que la nube desde donde cae es un cumulonimbo (nube tormentosa).

predecibilidad. *Véase* predictibilidad.

predicción (meteorológica). En Meteorología, una predicción es una declaración precisa del estado futuro de la atmósfera en un lugar y momento dados, basada en las leyes físicas que explican el comportamiento atmosférico. Hoy en día, las predicciones meteorológicas están basadas en las salidas de los modelos numéricos de circulación general de la atmósfera. La predicción meteorológica basada en el método científico nació en la segunda mitad del siglo XIX, dando un salto cualitativo a mediados del XX, a partir de la aparición de los ordenadores y la predicción numérica del tiempo. En función de cuál sea el horizonte de predicción y la manera de proceder para ejecutar el pronóstico, se establece una división en distintos tipos de predicciones. *Véanse las siguientes entradas.*

predicción a corto plazo. Predicción meteorológica cuyo período de validez abarca desde 12 hasta 72 horas a partir del punto de partida en que se inicializa el modelo.

predicción a largo plazo. Predicción meteorológica cuyo período de validez es superior al correspondiente a una predicción a medio plazo. Tanto una predicción mensual como una estacional son predicciones a largo plazo. La climática también lo es, aunque no es propiamente una predicción meteorológica.

predicción a medio plazo. Predicción meteorológica cuyo período de validez abarca desde 3 hasta entre 10 y 15 días a partir del momento en que se inicializa el modelo. El horizonte de predicción no está perfectamente definido, de ahí el rango de variación apuntado. Por ejemplo, el ECMWF extiende la predicción de medio plazo hasta 15 días.

predicción a muy corto plazo. Predicción meteorológica cuyo período de validez abarca desde 2 o 3 hasta 12 horas a partir del punto de partida en que se inicializa el modelo.

predicción climática. Estimación de la evolución del clima futuro, en términos probabilísticos, para horizontes de predicción superiores a los de las predicciones meteorológicas a largo plazo; habitualmente de varias décadas. Este tipo de predicción está basada en el conocimiento del clima del pasado y el actual y plantea proyecciones para una serie de escenarios climáticos futuros, más o menos probables. Las predicciones climáticas están focalizadas principalmente en la variable temperatura y la precipitación, y lo que habitualmente ofrecen son evoluciones probables del comportamiento de ambas, en términos de anomalías con respecto a un determinado valor de referencia, para distintos escenarios de emisiones de gases de efecto invernadero a la atmósfera.

predicción determinista. Nombre genérico dado a una predicción que no es probabilística y, por tanto, que integra una sola vez el modelo matemático correspondiente, a partir de un único estado inicial. *Véase también* predicción probabilística.

predicción estacional. Predicción meteorológica de tipo probabilístico cuyo alcance es mayor que el de las predicciones a largo plazo. Este tipo de predicción suele ofrecer la tendencia esperada en el comportamiento de la temperatura y la precipitación (anomalías de dichas variables o la probabilidad de que se muevan dentro de determinado rango de valores) en una zona geográfica determinada, a tres meses vista. Tiene un indudable interés en sectores como el agrícola, si bien la predictibilidad atmosférica a esa escala temporal no es igual en toda la Tierra; hay regiones, como Europa, donde es baja, siendo alta la incertidumbre. También se elaboran predicciones mensuales o extendidas, basadas en métodos parecidos, pero de menor alcance, que abarcan el lapso temporal comprendido entre las de medio plazo y las estacionales.

predicción estadística. Predicción meteorológica basada en técnicas estadísticas que se aplican sobre series climáticas de las variables cuyo comportamiento futuro se quiere pronosticar. Este tipo de predicción se fundamenta en el hecho de que no se puede desligar lo que ya ocurrió en el pasado y conocemos (a través de las observaciones meteorológicas) de lo que acontecerá. En base a lo anterior, cualquier variable tiene cierto grado de predictibilidad, lo que puede inferirse a partir del análisis estadístico.

predicción inmediata. Conocida en el argot meteorológico como *nowcasting* (así se refieren a ella los predictores), es una predicción meteorológica con un horizonte temporal nunca mayor de 2 o 3 horas. Se apoya en la vigilancia meteorológica, para lo cual se utilizan productos de teledetección (datos de satélite y de radar), estando también basada en el conocimiento que aportan los modelos conceptuales. Es el tipo de predicción que se lleva a cabo cuando el entorno sinóptico es proclive a que se produzcan fenómenos meteorológicos adversos. En tales casos, la activación de avisos meteorológicos a la población está basada en estas predicciones.

predicción numérica del tiempo. Predicción del estado futuro de la atmósfera a partir de la resolución, por métodos numéricos, de un conjunto de ecuaciones matemáticas que describen los procesos físicos que acontecen en la atmósfera, aplicada a un modelo que representa de forma simplificada la atmósfera real. Para poder llevar a cabo una predicción de esta naturaleza y ejecutar el modelo correspondiente (de circulación general), hay que efectuar una ingente cantidad de operaciones matemáticas, que requiere de ordenadores muy potentes (superordenadores), con una gran capacidad de cálculo. *Véase también* modelo numérico de predicción.

predicción objetiva. Predicción meteorológica basada en métodos numéricos, estadísticos o una combinación de ambos, que no está sujeta al juicio personal del predictor. El valor de la temperatura máxima prevista en una localidad, obtenida directamente de una salida de un modelo numérico, es un ejemplo de predicción objetiva.

predicción por conjuntos (EPS). Predicción probabilística, basada en una técnica consistente en integrar el modelo numérico varias veces, obteniendo distintas evoluciones futuras de las diferentes variables meteorológicas. En este caso, no se parte de unas únicas condiciones iniciales, sino de una serie de ellas equiprobables, muy parecidas entre sí. Las soluciones del modelo resultantes —tantas como estados iniciales considerados—

se agrupan en varios conjuntos, a cada uno de los cuales se le asigna una probabilidad de ocurrencia. En el argot meteorológico, este tipo de predicción se conoce con la sigla EPS, que es el acrónimo de la expresión inglesa: *Ensemble Prediction System*. Los predictores se refieren a ellas coloquialmente como «los ensembles». *Véase también* EPS.

predicción probabilística. Predicción meteorológica que en lugar de ofrecer un único valor de la variable pronosticada (en cuyo caso se habla de una predicción determinista), proporciona un conjunto de ellos, asignando a cada uno una determinada probabilidad de ocurrencia. *Véase también* predicción por conjuntos

predicción subjetiva. Predicción en cuya elaboración interviene el criterio y el ojo clínico del predictor. Una predicción numérica, generada de forma automática, es inicialmente objetiva, pero si el predictor la cambia, basándose en el conocimiento que tiene de la bondad del propio modelo y en su experiencia, entonces pasa a ser subjetiva.

predictibilidad. Aplicado a la atmósfera, es la capacidad de predecir un estado futuro de ella, a partir del conocimiento de su estado actual y de la evolución que tuvo en el pasado. No todas las situaciones meteorológicas tienen la misma predictibilidad, ni es posible predecirlas con exactitud, dado el comportamiento caótico de la atmósfera (efecto mariposa). El concepto se aplica también al sistema climático, una de cuyas componentes es la atmosférica. Se expresa indistintamente como predecibilidad.

predictor. Profesional de la Meteorología vinculado a un SMN que se encarga de elaborar predicciones meteorológicas y que ha recibido una formación específica para ello.

presión. Magnitud física escalar que se define como la fuerza ejercida por unidad de superficie. Mide el efecto deformador (compresiones y expansiones en el caso de un fluido como el aire) o la capacidad de penetración de una fuerza. La unidad con la que se expresa en el Sistema Internacional es el pascal (Pa), que equivale a la presión que ejerce un newton (N) de fuerza sobre un metro cuadrado (m^2) [1 Pa = 1 N/m^2]. La presión atmosférica es una de las variables meteorológicas más importantes.

presión atmosférica. Presión que ejerce la atmósfera sobre cualquier superficie en función de su peso. Para un punto cualquiera de la superficie terrestre, dicha presión equivale al peso de la columna de aire, de sección transversal unitaria, que se extiende hasta el tope de la atmósfera y que a efectos prácticos puede situarse a 300 kilómetros de altitud (exosfera). La masa de todo el aire contenido en la citada columna atmosférica —suponiendo que tiene un metro cuadrado de base— ronda los 10 000 kilogramos. La razón por la que no morimos aplastados al estar a la intemperie reside en el hecho de que el aire que tenemos sobre nuestras cabezas no solo ejerce una presión hacia abajo, sino en todas las direcciones —en cualquiera de los niveles de atmósfera que consideremos—. En el Sistema Internacional de Unidades, la presión atmosférica se expresa en hectopascales (hPa). Esta unidad es equivalente al milibar, cada vez menos usado. También es común expresarla en milímetros o en pulgadas de mercurio (una pulgada [in] es igual a 25,4 milímetros [= 0,0254 m]), unidades ligadas a la medida de esta variable en los barómetros del citado líquido. En homenaje al inventor del instrumento —Evangelista Torricelli (1608-1647)—, la presión correspondiente a un milímetro de mercurio (mmHg) es, por definición, igual a 1 torr.

presión de vapor. Presión parcial del vapor de agua contenido en un determinado volumen de aire. La suma de dicha presión y las presiones parciales del resto de componentes de la mezcla gaseosa, es igual a la presión total que ejerce el citado volumen, siempre que consideremos al aire como un gas perfecto. Se expresa también como tensión de vapor, aunque esta forma ha caído en desuso.

presión del viento. Conocida también como presión eólica o carga del viento, es la fuerza neta que ejerce el viento sobre una estructura expuesta a él. Si dicha estructura es una superficie plana, es igual a la presión dinámica ejercida sobre el lado expuesto al viento, más la fuerza debida a la disminución local de presión que tiene lugar en el lado protegido, debido a la succión de aire que se produce allí. La presión del viento es un factor que se tiene en cuenta en el cálculo de estructuras, por ejemplo a la hora de construir un edificio o un estadio deportivo o de diseñar las palas de un aerogenerador.

presión dinámica. Presión que ejerce el aire como consecuencia de su desplazamiento en un plano horizontal. Depende tanto de la velocidad del viento como de la densidad del aire. Si el aire está frío (más denso) y el viento es fuerte, la presión dinámica se incrementa notablemente.

presión hidrostática. Presión que ejerce un fluido que se encuentra en equilibrio hidrostático. Si pensamos en la atmósfera, cuando el aire se encuentra en reposo, la única presión que hay es esta, debida al peso de la columna de aire situada por encima del punto donde se tome la medida. Cuando el aire se encuentra en movimiento, entra también en escena la presión dinámica.

presión normal. Presión correspondiente a una atmósfera (1 atm). Se define como la presión que ejerce una columna de 760 milímetros de mercurio situada al nivel del mar a la latitud de 45ºN y a una temperatura de 0 ºC. Es equivalente a 29,92 pulgadas de mercurio y a 1013,25 hPa.

presión parcial. Concepto que se aplica a un gas perfecto que forma parte de una mezcla gaseosa, definido como la presión que ejerce dicho gas si desaparecieran de repente el resto de gases de la mezcla, sin producirse cambios en la temperatura. En termodinámica de la atmósfera es común operar tanto con la presión de vapor (forma abreviada de referirse a la presión parcial del vapor de agua) como con la saturante.

presión reducida al nivel del mar. Presión atmosférica al nivel medio del mar calculada teóricamente a partir del valor de la presión medida en un observatorio dado. Para llevar a cabo el cálculo, se considera que la presión varía linealmente con la altitud, a un ritmo teórico constante, de manera que la elevación del lugar de observación se hace corresponder con un determinado número de hectopascales; estos hectopascales son el resultado de la diferencia (teórica) entre la presión en el nivel medio del mar y en el observatorio, suponiendo que hubiera una columna de aire interpuesta entre ambos niveles. Al sumar esos hectopascales al valor de la presión observado, resulta la presión reducida al nivel del mar. Procediendo de esta manera con los datos de presión proporcionados por todas las estaciones meteorológicas sinópticas, se pueden confeccionar los mapas de superficie, en los que las isobaras representan el campo de presión al nivel medio del mar.

presión saturante. Presión parcial del vapor de agua a partir de la cual se alcanzan las condiciones de saturación en el aire. Depende únicamente de la temperatura, aumentando con ella de forma exponencial. El aire aumenta notablemente su capacidad de contener vapor de agua a medida que va subiendo la temperatura. Un aire algo más caliente no es un aire algo más húmedo, sino con un contenido de vapor de agua bastante mayor. Por otro lado, para una misma presión y temperatura, la presión saturante sobre una superficie de agua líquida (interfaz agua-aire) es mayor que sobre hielo (interfaz hielo-aire).

previsión. En un contexto meteorológico, acción y efecto de prever el tiempo. Sinónimo de pronóstico y también de predicción, aunque en este último caso referida solo a la que ha elaborado un predictor.

procela. Término poético que es sinónimo de temporal, tormenta, borrasca, tempestad, ventisca... y, en general, de cualquier fenómeno meteorológico adverso.

proceloso/a. Tormentoso, borrascoso, tempestuoso. El literato español José Cadalso (1741-1782), en su «Poema a la primavera» hizo uso del término (*No basta que en su cueva se encadene / el uno y otro proceloso viento / ni que Neptuno mande a su elemento / con el tridente azul que se serene*).

proceso adiabático. Proceso termodinámico en el que no tiene lugar intercambio de calor alguno entre el sistema considerado y el entorno. Un ascenso/descenso de aire podemos considerarlo adiabático si la disminución o el aumento de la temperatura que experimente la parcela de aire que consideremos, se debe exclusivamente a la expansión/compresión a la que se vea sometida al ascender/descender por la atmósfera.

pronóstico (meteorológico). Juicio emitido por un predictor sobre la evolución futura de la atmósfera, normalmente apoyado en distintos modelos numéricos de predicción y observaciones meteorológicas de diversos tipos (datos de estaciones, radiosondeos, satélite, radar...). Aunque es común considerar sinónimos al pronóstico y a la predicción, en Meteorología no son estrictamente lo mismo, ya que esta última no requiere de la intervención humana para su elaboración (dejando al margen el desarrollo de la modelización y las tareas que conlleva la ejecución de los modelos), cosa que sí ocurre con el pronóstico.

protección contra las heladas. Conjunto de técnicas empleadas en agricultura para prevenir los daños en los cultivos debidos a las heladas. Los métodos de protección pueden ser pasivos o activos. Entre los primeros destacan: 1) elección de lugares adecuados para cultivar, donde el aire frío no tienda a acumularse con facilidad; 2) selección de especies y variedades cuyo período del ciclo vegetativo más sensible al frío no coincida en fechas con la época del año en que más hiela; y 3) implantación de determinadas técnicas de cultivo. Respecto a los métodos activos, son bastante costosos y se recurre a ellos principalmente cuando se producen heladas tardías y las pérdidas en las cosechas pueden llegar a ser muy importantes. Los más comunes son: 1) uso de quemadores para producir un humo espeso, lo que evita que baje tanto la temperatura del aire junto al suelo, en el entorno de las plantas; 2) aislamiento térmico de los cultivos, cubriéndolos con lonas de plástico u otros materiales; 3) riego por aspersión e inundación, con el fin de cargar el ambiente de humedad y que al bajar la temperatura y condensarse el agua se libere calor latente, evitándose la helada o que esta no sea fuerte; y 4) uso de ventiladores para agitar el aire, minimizándose la pérdida de calor junto al suelo por radiación.

proxy. *Véase* datos proxy.

proyección climática. Evolución futura del sistema climático como respuesta a un posible escenario de emisiones o de concentraciones de gases de efecto invernadero y aerosoles. Se basa en una simulación llevada a cabo mediante un modelo climático. No hay que confundir una proyección con una predicción climática. Las proyecciones dependen de los escenarios considerados, basados en supuestos que pueden o no cumplirse, como por ejemplo el ritmo de crecimiento de la población mundial o el tipo de fuentes de energía que usaremos en el futuro.

pruar. Lloviznar. Término usado preferentemente en Asturias, del que existe también la variante pruyar.

pruina. Helada, escarcha.

psicrómetro. Instrumento meteorológico que mide la humedad relativa del aire. Los dos más comunes son el de August (también conocido como Augustus) y el de Assmann. El primero de ellos fue inventado en 1825 por el meteorólogo alemán Ernst Ferdinand August (1795-1870) y consta de dos termómetros de mercurio, uno de los cuales tiene su depósito cubierto por una telilla empapada de agua. A partir de las medidas obtenidas con los dos termómetros (el seco y el húmedo) y con ayuda de una tabla de datos psicrométricos, se determina con precisión el valor de la citada humedad relativa del aire. El segundo tipo —también con dos termómetros— es un instrumento portátil robusto, revestido de una carcasa metálica, que incorpora un ventilador accionado por un pequeño motor o mecanismo de cuerda, que genera una corriente de aire constante sobre los termómetros. Se conoce también como psicrómetro de aspiración forzada o aspiropsicrómetro. Fue inventado en 1892 por el físico y meteorólogo alemán Richard Assmann (1845-1918), en colaboración con el inventor y piloto de dirigibles, también alemán, Rudolf Hans Bartsch von Sigsfeld (1861-1902). *Véase también* higrómetro.

pubisar. En el interior de Cantabria, nevar débilmente. En sentido literal significa caer pubisas de nieve. La palabra pubisa, lo mismo que pavesa, deriva del término en latín vulgar *pulvisia*, con origen en *pulvis/pulveris*, que significa polvo. También se emplea la variante pubisiar.

puentuco de los ángeles. Una de las formas populares con que se refieren en Cantabria al arcoíris, también llamado el manto de la Virgen.

puna. Nombre de origen quechua que recibe el Altiplano andino, con el que también se conoce en la zona al mal de altura.

punta de rayo. Piedra puntiaguda pulimentada, usada como hacha por el hombre del Neolítico, a la que algunas antiguas culturas asignaron un carácter mágico y divino, relacionándola con las tormentas. Se pensaba que la fuerza destructora de los rayos era debida a la existencia de esas piedras en sus extremos. En algunos lugares, las identificaron también con las puntas de flecha hechas con sílex por nuestros ancestros. En torno a las puntas o piedras de rayo fueron surgiendo multitud de supersticiones, convirtiéndose en una especie de amuletos. Se pensaba que daban suerte a quienes las encontraban. Antaño, los pastores las utilizaban como método de protección frente a los rayos. También se ponían entre las piedras de los muros de los establos y gallineros para proteger a los animales de las tormentas. Las puntas de rayo también se conocen como ceraunias, un término latino con origen en el vocablo griego κεραυνός (*keraunos*), que significa rayo.

punto antisolar. Punto de la esfera celeste situado, con relación al observador, en el lado opuesto al sol. Es el punto donde se sitúa el centro del arcoíris, alineado con el sol y el observador.

punto de congelación. Temperatura a la que un líquido se solidifica. El agua pura a presión normal se congela a 0 ºC, aunque la congelación no es del todo completa hasta alcanzarse una temperatura cercana a los –13 ºC. Las gotas y gotitas de agua presentes en la atmósfera pueden mantener su condición de líquido por debajo de los 0 ºC (agua subfundida o superenfriada; subfusión). El agua del mar, debido a las sales que tiene disueltas, tiene un punto de congelación inferior al del agua pura, próximo a –2 ºC.

punto de fusión. Temperatura a la que una sustancia en estado sólido pasa a estado líquido. Su valor coincide con el del punto de congelación. Si pensamos en hielo puro, a 0 ºC y una presión de una atmósfera se convierte en agua líquida. A diferencia de lo que ocurre con esta última, que es capaz de mantenerse como tal a temperaturas por debajo del punto de congelación, en el caso del hielo, no es posible mantenerlo en estado sólido si la temperatura es superior a los 0 ºC, ya que todo el calor extra aportado se emplea en el cambio de fase.

punto de rocío. Temperatura a la que debe enfriarse un volumen de aire, a presión constante y sin cambios en su contenido de vapor de agua, para alcanzar la saturación. Cuando en una región de la atmósfera se alcanza el punto de rocío, se empiezan a formar espontáneamente gotitas de agua, como consecuencia de la condensación del vapor de agua presente en el aire. A nivel de la superficie terrestre, dicha circunstancia se manifiesta con la aparición de rocío, neblina, niebla o —si la temperatura es lo suficientemente baja— escarcha. El punto de rocío puede calcularse a partir de los valores de la temperatura y la humedad relativa del aire. En las ecuaciones matemáticas de termodinámica de la atmósfera suele expresarse como T_d (el subíndice hace alusión a *dew*; rocío en inglés).

puré de guisantes. Nombre coloquial con el que se conoce en Inglaterra al *smog*, en particular a la niebla espesa y contaminante que, históricamente, ha afectado a la ciudad de Londres, debida a la quema masiva de carbón, en combinación con la presencia del río Támesis. La primera referencia a tan curiosa expresión data de 1820 y aparece en un texto del artista John Sartain (1808-1897). A lo largo del siglo XIX se extendió su uso gracias a aparecer en la prensa de forma reiterada y a referirse a ella algunos escritores de éxito, como Charles Dickens (1812-1870). El color, entre amarillento y verdoso, de esa niebla sucia, debido al azufre que contenía parte del carbón quemado, así como su espesura, tuvo en el puré de guisantes el mejor de los símiles.

purnias. Nombre dado en Navarra a los copos de nieve muy pequeños. Se aplica a los copitos sueltos que dan inicio a la nevada. La palabra proviene del término vasco *apurña*, que toma el significado de migajas o en pequeñas dosis.

Q

QFE. Código Q que proporciona el dato de la presión atmosférica en el aeródromo o aeropuerto. Cuando un avión en vuelo se está aproximando a un aeropuerto y el piloto utiliza esta referencia de presión, al altímetro le va indicando la altura a la que va encontrándose con respecto a la pista, de manera que al aterrizar marcará cero pies. Si este calaje se efectúa a bastante distancia del aeropuerto, no se pueden comparar las lecturas del altímetro con las elevaciones de los obstáculos del terreno sobre los que se vuela, ya que toman como referencia el nivel medio del mar. Como las elevaciones de las pistas de los aeropuertos están expresadas con respecto al citado nivel marino, al aterrizar el calaje empleado por los pilotos es el QNH. *Véase también* códigos Q.

QFF. Código Q equivalente al valor de la presión atmosférica reducida al nivel del mar, estimada de forma parecida a como se hace con el QNH, pero teniendo en cuenta los gradientes reales de presión y temperatura, en lugar de los correspondientes a la atmósfera tipo. En la actualidad este calaje de altímetro ha caído progresivamente en desuso. *Véase también* códigos Q.

QNE. Código Q que proporciona el valor de la presión atmosférica al nivel medio del mar en la atmósfera tipo, lo que equivale a 1013,25 hPa (29,92 inHg [pulgadas de mercurio], expresado con la unidad empleada en Aeronáutica). Esta referencia altimétrica —conocida generalmente como reglaje estándar— la usan los aviones durante la mayor parte de cada uno de los vuelos que realizan. Una vez que despegan y alcanzan la llamada altitud de transición, se calan los altímetros al QNE hasta que se vuelve a volar por debajo de ella, antes de realizar el aterrizaje, pasando a tomar como calaje el QNH. Actuando así, se elimina el riesgo de colisión en ruta. *Véase también* nivel de vuelo.

QNH. Código Q que se corresponde con la presión del aeródromo reducida al nivel del mar, bajo condiciones ISA (atmósfera tipo). Es el calaje más usado por los pilotos. Su utilidad reside en el hecho de que en las cartas de navegación las diferentes altitudes y elevaciones están referidas al nivel del mar, por lo que el piloto puede comparar las lecturas que marca el altímetro con las referencias altimétricas que aparecen en las citadas cartas. El dato del QNH se obtiene directamente del METAR del aeropuerto, proporcionándolo también la torre de control. Si un avión estacionado en tierra tiene calado así su altímetro, la lectura indicará la elevación oficial del aeródromo o un valor muy próximo a ella. Una vez que ha despegado, este calaje se mantiene hasta que la aeronave supera la altitud de transición, momento a partir del cual el altímetro se cala al QNE. *Véase también* códigos Q.

quemazón. Calor abrasador. Término equivalente a otros como caloracho, calorina, calorza o farria. Todos ellos son de uso coloquial y sinónimos de bochorno.

quitameriendas. Nombre coloquial con el que se conoce al *Colchicum autumnale*, una planta de la familia de las liliáceas que aparece a principios de otoño o a veces antes, con las lluvias de finales de verano, y cuya principal singularidad es que lo primero que sale de ella, a ras de suelo, son las flores, de color entre violeta y malva. Tan singular nombre es debido a que su floración coincide a veces con el momento en que tiene lugar el final de la recolección y la trilla, una actividad que antaño reunía a muchas personas. Era común celebrar una merienda en la era, para reponer fuerzas, que había que suspender si llovía, cuando la flor salía. La construcción del nombre es análoga a la del viento amargacea (contracción de amargacenas). La planta también se conoce como merendera, mantequilla o espantapastores, entre otras denominaciones.

R

rabal. Método de observación del viento en altura, a partir del seguimiento visual de un globo sonda mediante un teodolito.

rabazo. Nombre que recibe la galerna en la costa cántabra, también llamada rabo en tierra.

rabia. Así llaman a la lluvia fina y fría en algunos lugares de Extremadura y Andalucía. Su origen está asociado a uno de los significados que tiene la palabra. Aparte de la conocida enfermedad vírica y de la ira o el enojo con los que identificamos este término, la rabia también es la roya (enfermedad producida por ciertos hongos en determinadas plantas) que contraen algunas especies leguminosas como el garbanzo, cuando tras haber llovido, o después de una rociada, hay una fuerte insolación.

rabiazorras. Nombre coloquial y expresivo con el que se conoce también al solano (viento del este). Esta palabra compuesta se construye de forma parecida a otros términos descriptores de vientos de la meteorología popular, como matacabras, descuernavacas o pelacañas. En todos ellos, se describe una acción violenta (rabiar, matar, descornar...) sobre algo. En este caso, es el calor sofocante, con sensación de agobio, que lleva asociado este viento en algunas zonas de España, el que da pie al término, de uso común entre los pastores.

rabo de nube. Expresión popular con la que se conoce a la tromba marina en Cuba. Describe en sentido figurado una tuba, que como tal no alcanza la superficie terrestre. En la práctica, los rabos de nube se identifican, indistintamente, con los tornados, trombas o mangas marinas y las citadas tubas. El cuarto álbum discográfico del cantautor cubano Silvio Rodríguez lleva este nombre *(Rabo de nube* [EGREM, 1980]), lo mismo que una de las canciones incluidas en él. La expresión se la escuchó de niño a los agricultores de la zona de la isla donde nació.

rabo en tierra. Galerna. *Véase también* rabazo.

rabos de gallo. [Imagen 21, pliego]. Expresión popular de origen marinero con la que se identifican los cirros. Tiene su razón de ser en la similitud que hay entre la cola de plumas del citado animal y el aspecto que presentan esas nubes altas en el cielo, con filamentos sueltos de color blanco, paralelos entre sí, que recuerdan a la lana cardada, o a una melena o cabellera (significado que toma el término latino *Cirrus*). *Véase también* colas de gato.

racha. Desviación transitoria de la intensidad del viento con respecto a su valor medio, que puede ir o no acompañada de un cambio de dirección. Esa desviación puede ser positiva o negativa y ocurre durante un breve lapso de tiempo. En Meteorología solo se contabiliza como racha aquella que conlleva el aumento súbito de la velocidad. Las rachas de viento pueden deberse a factores mecánicos o térmicos, siendo particularmente evidentes en las proximidades del suelo. Cerca de la superficie terrestre, la interacción de las corrientes de aire con los obstáculos que se interponen en su camino, así como la rugosidad del terreno, generan turbulencias, lo que se manifiesta en forma de rachas. En el registro continuo del viento medido con un anemómetro, las rachas instantáneas se obtienen promediando en intervalos de tiempo de unos pocos segundos. Se emplea de forma equivalente el término ráfaga (de viento o de aire). Es menos común el uso de ramalazo con idéntico significado.

racha húmeda. Número de días consecutivos en que se registra precipitación. Los estudios tanto de rachas húmedas como de rachas secas en las series climatológicas han proliferado en los últimos años, ya que ayudan a caracterizar mejor el fenómeno de la sequía, en el marco del cambio climático actual.

racha seca. Número de días consecutivos en que no se registra precipitación. No existe un único criterio para establecer su definición, ya que varía según la metodología empleada en cada estudio. Algunos autores contabilizan tanto los días sin precipitación como aquellos en que es inapreciable ($P \leq 0,1mm$) o (menos restrictivo aún) inferior a 1 mm.

rachisol. Término salmantino con el que se identifica el lugar donde calienta mucho el sol. Es equivalente a otros como solana, solanera, asadero o retestero. Se usa también la variante rechisol, que comparte la misma raíz («rech-») con otros localismos también de Salamanca y sinónimos, como rechivero, rechinchadero o rechinadero. Todos estos términos, lo mismo que el verbo rechizar/rachizar (calentar el sol con fuerza) tienen su origen en el vocablo latino *radiare* (brillar).

radar Doppler. Radar usado con fines meteorológicos que utiliza el efecto Doppler (cambio en la frecuencia observada de una onda electromagnética debido al movimiento relativo de la fuente o del observador) en los ecos devueltos por las gotas de agua y/o los granizos, para medir su velocidad radial en la dirección del haz. El cambio de frecuencia entre la señal emitida y la devuelta permite estimar dicha velocidad, y saber si los citados blancos se están acercando o alejando del lugar donde está instalado el radar. Esta tecnología incorporada a los radares meteorológicos resulta muy útil para vigilar las tormentas, en particular las que pueden dar lugar a tiempo adverso, como las multicelulares y supercelulares. La información suministrada por el radar en modo Doppler permite detectar la formación de tornados, saber a qué velocidad están cayendo los hidrometeoros y en qué zonas del sistema tormentoso se están produciendo precipitaciones.

radar meteorológico. Radar que se utiliza con fines meteorológicos. El término RADAR es un acrónimo de la expresión inglesa *RAdio Detecting And Ranging* (detección y localización por radio). Si bien empezó a expresarse con su sigla en mayúsculas, fue integrándose en el lenguaje como una palabra más (radar), de manera similar a como está pasando con DANA (dana). Este instrumento empezó a utilizarse con fines bélicos durante la Segunda Guerra Mundial, tras haber sido desarrollado los años previos, gracias a las aportaciones de científicos e ingenieros de distintas nacionalidades. Los aviones militares empezaron a llevar instalados radares que, aparte de localizar las posiciones de las aeronaves enemigas, detectaban también señales procedentes de meteoros presentes en el aire. Finalizada la contienda militar, algunos científicos que trabajaban para las Fuerzas Armadas de EE UU comenzaron a desarrollar las posibles aplicaciones civiles de aquellas señales de radar. Fue a partir de la década de 1970 cuando comenzaron a establecerse las primeras redes de radares, mantenidas por los distintos Servicios Meteorológicos. Con el paso de los años, los radares meteorológicos se fueron modernizando, permitiendo la obtención de una visión tridimensional de los elementos precipitantes presentes en la atmósfera. Algunos dispositivos también permiten deducir la velocidad de desplazamiento de las gotas y los granizos con respecto a la posición fija del radar (radar Doppler). El radar es un instrumento que, a través de una antena giratoria, emite pulsos de microondas en todas las direcciones, para lo cual efectúa una serie de barridos a distintas alturas, cubriendo los 360° alrededor suyo. Trabaja en un rango de longitudes de onda de entre 1 y 30 cm. La señal emitida (un estrecho haz de las citadas microondas) se transmite con una potencia de varios megavatios, mediante una sucesión de pulsos separados entre sí unos pocos microsegundos. A medida que esos haces interceptan gotas y granizos en su recorrido atmosférico, se dispersan en todas las direcciones, volviendo hacia el radar una fracción de los mismos, que es captada mediante un receptor. El tiempo trascurrido entre la emisión y recepción de cada pulso, permite saber la distancia a la que se encuentran los blancos. La información obtenida, procedente de todas las señales de retorno interceptadas por el instrumento, se procesa y convierte en imágenes que permiten visualizar la distribución espacial —alrededor de la posición del radar— de las zonas generadoras de ecos. El radar no mide directamente la intensidad de la precipitación, aunque dichas imágenes invitan a pensar en ello. A menudo se generan falsos ecos que los predictores deben saber discernir. Las fuentes de error pueden ser de lo más variadas: desde fallos en la calibración del aparato, hasta la presencia de obstáculos (a pesar de que los radares suelen situarse en lugares elevados del terreno, con el horizonte limpio), o también sobreestimaciones de la precipitación en determinados ecos. En las imágenes de radar se emplea una escala de colores. Habitualmente, el azul y el verde se asignan a los ecos más débiles (correspondientes a gotas pequeñas) y el color rojo y el magenta a las señales de retorno más fuertes (granizos y las gotas grandes). Cada color representa un nivel de reflectividad, medidos todos ellos en decibelios (dBZ).

radiación. Emisión, propagación y transferencia de energía en cualquier medio, a través de ondas electromagnéticas (radiación electromagnética) o de partículas subatómicas (radiación corpuscular). La mayor parte de la radiación que llega a la Tierra procede del sol, seguida de la radiación cósmica, que aunque es muy energética, proviene de objetos celestes muy lejanos. Ambos flujos de energía radiante atraviesan la atmósfera de arriba abajo, mientras que la radiación que emite la superficie terrestre lo hace en sentido inverso, de abajo arriba.

radiación cósmica. Radiación de alta energía procedente del espacio interestelar que alcanza la atmósfera terrestre. *Véase también* rayos cósmicos.

radiación difusa. Radiación que emana durante el día de toda la bóveda celeste, con la excepción de la porción de la misma ocupada por el sol. Es consecuencia de la reflexión y dispersión (o difusión) que sufre la radiación solar al atravesar la atmósfera terrestre e ir interceptando las moléculas gaseosas y las partículas presentes en el aire. También se conoce como radiación celeste.

radiación directa. Radiación solar que procede directamente de la pequeña porción de la bóveda celeste ocupada por el disco solar. Este flujo radiante es el responsable de que proyectemos sombra, siempre y cuando no se interponga ninguna nube entre nosotros y el astro. Se mide con el pirheliómetro.

radiación global. Radiación solar que incide sobre una superficie horizontal desde todas las direcciones y ángulos. Incluye tanto a la radiación directa como a la radiación difusa y puede medirse con un piranómetro. Los días soleados, aproximadamente un 15 % de ella es difusa y el resto directa. Los días nublados, en los que la radiación directa es muy baja, aumenta de forma significativa el porcentaje de radiación difusa.

radiación neta. Flujo neto de radiación (solar y terrestre) en un nivel atmosférico dado. De forma equivalente, se puede definir como la diferencia entre lo que entra (radiación solar, en sentido descendente) y lo que sale (radiación terrestre, en sentido ascendente).

radiación de onda corta. Nombre que recibe la radiación solar que incide en la Tierra, llamada así para distinguirla de la que emite nuestro planeta, conocida como radiación de onda larga, que es mucho menos energética y, por tanto, de mayor longitud de onda. La radiación de onda corta que incide en el tope de la atmósfera —también conocida como radiación solar extraterrestre— ocupa el rango del espectro electromagnético comprendido entre las 0,29 y 3 micras. Su máximo —la parte más energética (cerca del 40 % de lo que nos llega del sol)— se localiza en la banda del visible (entre 0,4 y 0,7 micras). *Véase también* balance energético terrestre.

radiación de onda larga. Nombre dado a la radiación terrestre, de longitudes de onda de más de 4 micras, sensiblemente mayores que las de la radiación solar, que —en contraposición— se denomina radiación de onda corta. La radiación de onda larga, también conocida como infrarroja térmica, es emitida tanto por la superficie terrestre como por la atmósfera (nubes incluidas) y es mucho menos energética que la solar. *Véase también* balance energético terrestre.

radiatus (ra). Vocablo latino que, aplicado a una nube, expresa la idea de que se despliega en sentido radial, como un abanico. Deriva del verbo en latín *radiare* (irradiar). Da nombre a una de las variedades nubosas catalogadas en el *Atlas Internacional de Nubes* de la OMM. Se aplica principalmente a cirros, altocúmulos, altoestratos, estratocúmulos y cúmulos, cuando las citadas nubes se disponen en el cielo formando bandas paralelas entre sí, adoptando la forma de una parrilla. Debido a un efecto de perspectiva, al observarlas desde la superficie terrestre, esas bandas parecen converger en un punto del horizonte (cuando atraviesan el cielo en su totalidad, lo hacen en dos puntos opuestos). Es algo parecido a la aparente convergencia de las vías del tren o el estrechamiento de una carretera en una larga recta.

radiosonda. Dispositivo que se encarga de medir y transmitir por radio las observaciones meteorológicas tomadas durante la ascensión por la atmósfera de un globo sonda. Dicha información permite la confección de los radiosondeos. El dispositivo es muy ligero (pesa del orden de 250 g) y pende de un cordel unido al globo meteorológico. Incluye sensores que van midiendo, a intervalos regulares de tiempo, la presión atmosférica, la temperatura y la humedad relativa del aire. El emisor de radio transmite los datos en tiempo real en la frecuencia de 403 MHz, reservada expresamente para dicho cometido. La señal es captada en tierra por una estación receptora situada en el mismo emplazamiento desde donde se hizo la suelta del globo.

radiosondeo. Conjunto de observaciones meteorológicas medidas por una radiosonda. Suele conocerse como tal a la representación gráfica de esos datos en un diagrama termodinámico. Los radiosondeos constituyen una herramienta muy útil para conocer cuál es el grado de estabilidad/inestabilidad atmosférica en un momento y lugar dado, gracias al comportamiento que presentan tanto la temperatura como la humedad del aire en la vertical.

radón. Gas noble, de naturaleza radiactiva, presente en la atmósfera en pequeñas concentraciones, cuya mayor abundancia se da en las cercanías del suelo, en zonas donde hay materiales rocosos, como el granito, que lo liberan al aire como consecuencia de la desintegración del radio, un elemento de elevada radioactividad. El radón es un gas incoloro e inodoro, cuya masa atómica es 222 y cuyo símbolo químico es Rn. Es responsable de parte de la ionización del aire que tiene lugar junto al suelo, como consecuencia de la emisión de partículas alfa (muy energéticas) procedentes de su desintegración.

ráfaga. Equivalente a racha (de viento).

rafagosidad. Caracterización del viento en función de lo que fluctúan sus rachas. Para un período de tiempo dado, se expresa, matemáticamente, como el cociente entre la oscilación extrema en la velocidad del viento (diferencia entre el valor máximo y mínimo alcanzado) y la velocidad media correspondiente al período considerado. El factor de rafagosidad que resulta del anterior cociente se expresa en tantos por ciento (%). El viento siempre tiene un cierto grado de rafagosidad. Al observar el movimiento libre de una veleta, se comprueba cómo, aunque domine un viento de un determinado sector o dirección, el giro tiene una componente aleatoria, fruto de las constantes variaciones a las que se ve sometido el aire en su recorrido. Cuanto más accidentado sea el terreno —con presencia de más obstáculos—, mayor será la rafagosidad.

ramalazo. Forma coloquial de llamar a una tromba de agua o chubasco, así como a la ráfaga de viento (ramalazo de aire).

rambla. Curso natural de agua que la mayor parte del tiempo permanece seco, pero que, ocasionalmente, debido a un episodio de lluvias intensas, acumula grandes cantidades de agua y lodo, lo que da lugar a una súbita y violenta crecida que arrasa todo a su paso, provocando inundaciones repentinas (*flash floods)* de consecuencias catastróficas. La elevada pendiente y corto recorrido de muchas ramblas del arco mediterráneo español, junto al hecho de que se hayan construido muchos edificios e infraestructuras en ellas, las convierte en una zona de riesgo potencial para la población.

rasca. Forma coloquial de llamar al frío intenso, cuyo uso está muy extendido.

rasgo suplementario. Característica especial que presentan, ocasionalmente, algunos tipos de nubes, y que está catalogada como tal en el *Atlas Internacional de Nubes* de la OMM. La citada publicación, en su última edición (2017), recoge un total de once rasgos suplementarios (*arcus, asperitas, cauda, cavum, fluctus, incus, mamma, murus, praecipitatio, tuba* y *virga),* que se pueden presentar en cualquier nivel de la nube. Su aparición no excluye la de otras pequeñas nubes que, a veces, también acompañan a la nube principal, solapadas parcialmente a ella o separadas de la misma (nube anexa).

raso. Referido al cielo, sin nubes. Equivalente a tendido o despejado.

raspina. Diminutivo de raspa, usado coloquialmente para referirse al copo de nieve de pequeño tamaño.

rayo. [Imagen 22, pliego]. Principal manifestación de la naturaleza eléctrica de la atmósfera. Electrometeoro que consiste en una intensa descarga eléctrica, cuyo origen y destino pueden ser una nube de tormenta y la superficie terrestre (rayo nube-tierra), dos nubes de tormenta (rayo nube-nube), la nube tormentosa y una zona de cielo claro (rayo nube-aire) o dos zonas del interior del cumulonimbo (rayo intranube). La mayor parte de los rayos que impactan en tierra transportan cargas negativas, procedentes en su mayoría de la zona inferior del cumulonimbo, donde tienden a acumularse. El rayo, también conocido como centella o centellón, sigue habitualmente una trayectoria sinuosa por el aire, presentando numerosas ramificaciones que, en su mayoría, parten del canal por donde discurre la descarga principal. El rayo discurre por donde el aire está más ionizado y hay una menor resistencia eléctrica. Lleva asociados dos meteoros eléctricos: el relámpago (destello luminoso) y el trueno (sonido). Es habitual identificar el rayo con el relámpago y considerarlos sinónimos.

rayo dormido. Bajo esta denominación, así como las equivalentes rayo latente o durmiente, se conoce el efecto que produce, a veces, el impacto de un rayo en un árbol; cuando en lugar de provocar la combustión instantánea del mismo, dicho proceso se ralentiza y produce inicialmente solo en el interior del tronco y las raíces, sin que la parte exterior del árbol muestre signos visibles de ello. Los rayos dormidos se producen cuando, previamente al impacto, ha llovido con intensidad sobre la masa forestal, los árboles están empapados y la humedad ambiental es muy alta. Bajo tales circunstancias, a pesar del brusco calentamiento que tiene lugar en el canal de descarga, no llega a prender la zona leñosa exterior del tronco, al estar mojada, siendo solo las partes internas del árbol y las raíces las que empiezan a combustionar, pero de forma muy lenta, debido a la falta de oxígeno. Transcurridas entre 24 y 48 horas después del impacto, según va disminuyendo el contenido de humedad del aire y secándose el tronco, se empiezan a abrir en él pequeñas fisuras, a través de las cuales empieza a penetrar oxígeno a la zona incandescente del interior, lo que aviva la combustión y culmina con la quema espontánea del árbol en su totalidad. Los rayos dormidos causan una parte de los incendios forestales de origen natural. Para prevenirlos, los agentes forestales emplean cámaras térmicas, cuyas imágenes infrarrojas permiten detectar los árboles que están sufriendo una combustión interna. Una vez localizados, se acota la zona y se actúa sobre ellos, talándolos y apagando las llamas que surgen al llevar a cabo esa operación. A veces, el foco del incendio puede producirse a varios metros de distancia del tronco sobre el que impactó el rayo. Esto ocurre cuando las raíces, en su recorrido subterráneo, alcanzan una zona más superficial del terreno, entran en contacto con el oxígeno del exterior y arden súbitamente. La presencia en esas zonas de otros árboles o arbustos puede dar lugar al foco de un incendio forestal.

rayo en bola. [Figura 13]. Forma poco común de rayo, consistente en una esfera luminosa, generalmente blanca, que aparece a veces después de un relámpago y que se desplaza lentamente a través del aire o a ras de suelo, pudiendo cambiar de forma al atravesar una zona estrecha. Este raro fenómeno electroluminiscente acostumbra a desaparecer bruscamente tras una explosión violenta. Su duración oscila entre unos

Fig. 13. «Globo de fuego descendiendo en una habitación», grabado incluido en *The Aerial World* (Londres, 1875), de Georg Hartwig (1813-1880).

cuantos segundos y algunos minutos y su tamaño más común está comprendido entre 10 y 20 cm de diámetro, aunque se ha llegado a documentar alguno de hasta un metro. Sobre el origen y la naturaleza de los rayos en bola no existe una única teoría científica. Una de las más aceptadas sostiene que son el resultado de la interacción de filamentos de plasma (gas atmosférico fuertemente ionizado) con una especie de nudos esféricos que surgen en el campo electromagnético alrededor de los rayos ordinarios. En la literatura meteorológica, el rayo en bola se conoce también como rayo globular y relámpago esférico.

rayo globular. *Véase* rayo en bola.

rayo verde. Fenómeno óptico atmosférico muy fugaz —de apenas uno o dos segundos de duración— y difícil de observar, consistente en un destello de color predominantemente verde, aunque a veces es azulado, que emerge del borde superior del disco solar, lunar o de un planeta, justo en el momento que desaparece bajo el horizonte terrestre o cuando surge por encima de él. Las condiciones óptimas para lograr observarlo se consiguen si el aire está muy encalmado, sin apenas turbulencia atmosférica, y nos situamos en un lugar elevado, preferentemente frente a un horizonte marino.

rayos anticrepusculares. Convergencia de los rayos crepusculares en el punto antisolar, cuando dichos rayos recorren la bóveda celeste en su totalidad, haciéndose visibles en las cercanías del horizonte opuesto al que se encuentra el sol. *Véase también* rayos crepusculares.

rayos cósmicos. Conjunto de partículas subatómicas de muy alta energía que inciden en la atmósfera terrestre, procedentes del espacio exterior. Ese flujo de partículas —principalmente protones de núcleos de hidrógeno—, constituye la denominada radiación cósmica primaria. Al impactar contra las moléculas y átomos presentes en la alta atmósfera, se genera una cascada de rayos cósmicos de menor energía (secundarios), que en su recorrido atmosférico apenas sufren atenuación hasta descender por debajo de los 20 kilómetros de altitud.

rayos crepusculares. Bajo esta denominación se conoce a las bandas de color azul oscuro que cruzan el cielo durante el crepúsculo, procedentes del disco solar, desde donde se despliegan en abanico hacia arriba. Son las sombras de las nubes u obstáculos montañosos que hay en el horizonte o ligeramente por debajo, proyectadas hacia arriba, sobre la bóveda celeste. Dichas bandas oscuras contrastan con los haces de luz que las acompañan, visibles gracias a la difusión que provoca el polvo atmosférico y las partículas acuosas presentes en la atmósfera. Dichos haces luminosos también se identifican con los rayos crepusculares.

raza de sol. Rayo de sol que se cuela por un hueco, visible gracias a la dispersión de la luz provocada por las partículas presentes en el aire. Es una de las formas de llamar al rayo que emerge de las nubes, colándose por algún agujero entre ellas. La expresión tiene su razón de ser en uno de los significados de raza, que es grieta o hendidura. Otros términos equivalentes son calandrón y escaldachón.

razón de Bowen (B). Concepto teórico usado en Meteorología e Hidrología para describir el tipo de transferencia de calor que tiene lugar entre una superficie húmeda y el aire. Matemáticamente, se define como el cociente entre el flujo de calor sensible y el de calor latente sobre dicha superficie. Fue ideado por el astrónomo estadounidense Ira Sprague Bowen (1898-1973), del que toma su nombre, quien llevó a cabo estudios teóricos sobre la evaporación en los cuerpos de agua. Cuando B>1, hay una mayor proporción de energía que pasa de la superficie a la atmósfera como calor sensible, mientras que si B<1, la pérdida neta es de calor latente. En el caso particular de la superficie oceánica, se acepta un valor medio de B = 0,1, lo que quiere decir que el 90 % de la energía que reciben los océanos se emplea para evaporar agua (flujo de calor latente de evaporación), que se incorpora a la atmósfera.

razón de mezcla. Para un determinado volumen de aire húmedo, es la relación entre la masa del vapor de agua y la del aire seco que contiene dicho volumen o parcela. Es un concepto muy usado en termodinámica de la atmósfera, donde se suele denotar con la letra r. También se emplea la razón de mezcla saturante (para aire saturado), tanto con respecto a una superficie de agua líquida (r_w) como a una de hielo (r_i). La presión saturante varía en cada uno de esos casos, lo que implica diferentes razones de mezcla.

reanálisis. Técnica de modelización numérica basada en la asimilación de datos meteorológicos u oceanográficos del pasado, gracias a la cual se pueden obtener mapas con reconstrucciones de campos como la presión atmosférica en superficie, la altura geopotencial en 500 hPa, la temperatura del aire, la de la superficie de mar (SST), el viento o las corrientes marinas, en fechas concretas de períodos de tiempo que, para algunas variables concretas, se llegan a remontar hasta mediados del siglo XIX. *Véase también* modelo numérico de predicción.

rebalda. Aguanieve. Es posible que el término sea una variante de rebalsa, que significa balsa de agua. El encharcamiento que presenta un suelo nevado cuando ha dejado de nevar y empieza a caer aguanieve o lluvia, podría explicar la adopción de esta palabra para identificar esa nieve pastosa y, por defecto, el aguanieve.

rebate. Calor sofocante. Palabra usada en la comarca toledana de La Jara. Equivalente a bochornera, calorazo, calorina, calorza, calura, soflama o sofoquina, entre otros términos.

recalmón. Término náutico que alude a la repentina disminución del viento y el oleaje asociado a él. Mientras que el prefijo «re-», en este caso, da énfasis a la calma que tiene lugar, el sufijo aumentativo «-ón» refuerza el hecho, resultando una palabra muy expresiva. También recibe este nombre el intenso calor con el aire en calma.

rechizar. Calentar el sol en exceso.

recorrido del viento. Distancia recorrida por el viento en un intervalo de tiempo dado. Se expresa en kilómetros. Esta variable se mide con un anemómetro de recorrido, que lleva unas cazoletas, cuya rotación —proporcional a la velocidad del viento— se transmite a través de un engranaje hasta un contador, donde se visualizan directamente los kilómetros recorridos por el viento. Si se resta lo que marca el contador al principio y al final del intervalo de tiempo que separa dos observaciones (24 horas en el caso de una observación diaria), se obtiene el recorrido del viento durante ese período, lo que permite calcular la velocidad media del viento. Las zonas muy ventosas, donde aparte de soplar vientos fuertes lo hacen con persistencia, son lugares donde se registran recorridos del viento muy elevados.

recurva. Cambio de rumbo que suelen experimentar la mayoría de los huracanes que discurren por el océano Atlántico y los tifones del Pacífico, que tras dirigirse hacia el oeste u oeste-noroeste en sus primeras etapas, enfilan hacia el noroeste, norte y finalmente nordeste, describiendo en su conjunto una trayectoria con forma parabólica. El meteorólogo y sacerdote Benito Viñes Martorell (1837-1893), antiguo director del Colegio de Belén, en La Habana (Cuba), se refirió por primera vez a este término en su segunda ley de la traslación ciclónica, donde relacionó la latitud en la que el huracán experimenta la recurva (o recurvatura) con la época del año.

red meteorológica. Conjunto de estaciones meteorológicas distribuidas sobre una determinada área geográfica. En función del tipo de observaciones que se realizan en ellas y del instrumental que disponen para tal fin, hay establecidas distintas redes, que reciben nombres específicos. Ciñéndonos a las estaciones y observatorios terrestres (instalados en tierra firme), tenemos la red sinóptica principal y la secundaria (formada principalmente por estaciones pluviométricas y termopluviométricas). También hay redes de estaciones meteorológicas automáticas (EMA) gestionadas por distintos organismos y colectivos, como los propios SMN, los agricultores (redes agrometeorológicas) o los aficionados a la Meteorología. A las anteriores redes se unen otras como las de observaciones aerológicas (redes de radiosondeos), la de boyas (redes mareográficas) y las redes hidrológicas o hidrográficas, con puntos de medida en estaciones de aforo, que en algunos casos suministran también datos meteorológicos. Es común referirse a una red meteorológica como climatológica. Esta última denominación solo es adecuada para las redes pluviométricas y termopluviométricas, ya que los datos que proporcionan se usan principalmente para la confección de climatologías.

reflectividad. Magnitud que aparece representada en la escala de colores de las imágenes del radar meteorológico (expresada en decibelios [dBZ]) y que es proporcional a la potencia de la señal que, procedente de las gotas de agua contenidas en el volumen de muestreo, es captada por la antena del radar. El valor alcanzado por la reflectividad depende en gran media del tamaño de las gotas y de su distribución espacial en el citado volumen. Se suele representar con la letra Z y a partir de ella, mediante distintas fórmulas empíricas, puede estimarse la intensidad de precipitación.

reforestación. Plantación de árboles para crear un bosque en una zona donde antes lo había, pero que fue destinada para otros usos del suelo. Debido al papel que desempeñan los árboles como sumideros de carbono (absorción de CO_2 de la atmósfera, especialmente importante en el caso de los bosques tropicales), la reforestación es una medida de mitigación del cambio climático.

refracción atmosférica. Cambio de dirección y velocidad que experimenta la luz procedente de un astro (el sol, la luna, las estrellas, los planetas...) al atravesar la atmósfera. A medida que los rayos luminosos van encontrándose con capas de aire cada vez más denso, se van curvando, ya que los cambios de densidad implican cambios en el índice de refracción. En función de la altura de la fuente luminosa, la refracción atmosférica es mayor o menor. Si el astro está en el cénit, su luz no se llega a desviar, ya que ahí la refracción es nula. A medida que va disminuyendo de altura, aumenta la refracción, hasta alcanzar su máximo en el horizonte (33' 48" de arco). Cuando en una puesta de sol vemos ocultarse el astro en su totalidad, en realidad ya lleva un rato oculto. El diámetro angular del disco solar (de aproximadamente 32') es inferior a lo que se desvía la luz por la refracción en el horizonte, por lo que la puesta que vemos es fruto de un espejismo, ya que la posición real del sol está bajo el horizonte. En el orto ocurre algo similar, pudiéndose afirmar que la refracción atmosférica atrasa las puestas y adelanta las salidas de los astros con respecto a las horas en que ocurrirían si no hubiera atmósfera. El fenómeno también se conoce como refracción astronómica.

refregón. En náutica, ráfaga de viento. Alude a la fricción o roce intenso del aire cuando se mueve con brusquedad.

refrior. Frío intenso. Se suele emplear para referirse al frío que se experimenta cuando ha helado y todo está cubierto de escarcha. También se emplea la forma resfrior.

refugiado climático. Persona que se ve obligada a abandonar su hogar —en algunos casos su país— debido a los impactos negativos del cambio climático, lo que amenaza su propia supervivencia. Aunque se ha extendido el uso de esta expresión, es más adecuado referirse a un desplazado o migrante climático, ya que, de momento, la condición de refugiado (una figura jurídica) no se concede legalmente a las personas forzadas a desplazarse por esa causa. Las migraciones climáticas no solo desafían la capacidad de respuesta inmediata de los países receptores de los desplazados, sino que también obligan a adoptar medidas de prevención y adaptación.

refugio climático. Su definición es muy amplia, ya que engloba tanto una zona natural como urbana, cuyas características permiten que se den unas condiciones de confort térmico adecuado ante distintas contingencias, como el intenso calor o la falta de agua. En las ciudades cumplen esa función los parques y zonas arboladas y con vegetación, donde hay abundante sombra y fuentes de agua potable. En el marco climático actual, la planificación urbana debe de apostar por este tipo de espacios, conservando los que ya existan y aumentando la superficie de espacios verdes sombreados.

regada. En lenguaje coloquial, una lluvia abundante.

regañón. Forma coloquial para referirse al viento del noroeste en el Cantábrico y algunas zonas de Castilla y León, donde viene acompañado de un tiempo lluvioso, frío y desapacible. También se emplea este nombre en Teruel, aunque allí no está asociado a la lluvia («Viento regañón, ni agua, ni sol, ni abrigo en ningún rincón»). En algunas zonas del norte de la península ibérica, como Asturias, se refieren tanto a él como al viento ábrego, del suroeste, como el viento (o aire) de las castañas, ya que tira las castañas al suelo.

régimen pluviométrico. Comportamiento de las precipitaciones en un lugar dado a lo largo del año. Para su confección, se promedian los datos obtenidos durante un período de tiempo lo suficientemente largo y representativo climáticamente, de al menos 30 años. En base a cuál sea la distribución mensual y/o estacional de la precipitación, hay establecidos distintos tipos de regímenes pluviométricos en la Tierra, como el monzónico, tropical, continental, oceánico, mediterráneo o desértico.

región fuente. Zona de generación de una masa de aire. Se corresponde con una extensa área de la superficie terrestre que no presenta grandes diferencias físicas entre unas zonas y otras, y que está situada en una región de la Tierra donde el aire tiende a estancarse. Esta última circunstancia se da en las regiones dominadas por los grandes anticiclones estacionarios, como los subtropicales o los polares. Al permanecer mucho tiempo seguido un aire cuasiestático en contacto con esa vasta extensión de la superficie terrestre, adquiere uniformemente una determinada temperatura y contenido de humedad, dotando a la masa de aire resultante de unas características propias.

regirada. Cambio brusco de tiempo, volviéndose desapacible. Dependiendo de los lugares, se escribe con «g» o con «j» (rejirada).

regla de Buys-Ballot. *Véase* ley de Buys-Ballot.

rehielo. Es el proceso de congelación que sigue a una fusión previa en la parte superior del manto nivoso. Se conoce también como recristalización de la nieve. Por otro lado, se llama así al proceso mediante el cual un trozo de hielo fundido a consecuencia de una presión vuelve a congelarse cuando disminuye o desaparece dicha presión. Este fenómeno físico se conoce como regelación. A gran escala y con grandes presiones, esto es lo que ocurre en la base sobre la que se asientan los glaciares, lo que lubrica esa zona subterránea de contacto del hielo con tierra firme y favorece el desplazamiento de esas grandes masas heladas.

rejilla. *Véase* malla.

relámpago. Manifestación luminosa que acompaña al rayo. Se suele identificar preferentemente con el resplandor que ilumina una nube de tormenta, cuando en su interior se produce una brusca descarga eléctrica (rayo intranube). También es común referirse indistintamente al rayo o al relámpago. Ambos fenómenos tienen la consideración de electrometeoros. *Véase también* meteoro.

relámpago del Catatumbo. Singular fenómeno meteorológico de naturaleza eléctrica, que se desarrolla sobre una extensa zona pantanosa que comprende el extremo suroeste del lago Maracaibo y la cuenca baja del río Catatumbo, de donde toma el nombre, en Venezuela. Se trata de un relampagueo casi continuo, debido a la frenética actividad tormentosa que habitualmente tiene lugar en la zona.

relampaguear. Producirse relámpagos.

relampaguera. Sucesión continua de relámpagos intensos. Dicha circunstancia ocurre cuando las tormentas generan una gran cantidad de rayos, produciéndose cada poco tiempo uno, con el consiguiente resplandor.

relampo. Equivalente a relámpago.

relente. Frescor provocado por la humedad ambiental de las noches serenas, causado por la pérdida de calor del suelo por radiación. La sensación de frío es creciente según avanza la madrugada. El enfriamiento nocturno llega a provocar, a veces, la formación de minúsculas gotículas en el ambiente —fruto de la condensación del vapor de agua presente en el aire—, que precipitan, y que también se identifican con el relente. En algunos lugares dan al término un uso ligeramente distinto, aludiendo con él al frío intenso de los días soleados de invierno, o a un viento ligero que contribuye a aumentar la sensación de fresco. El término deriva del término latino *relentescere* (humedecer, ablandar). En Andalucía, también se emplean los localismos relentada y relentón.

remanentes. Restos de inestabilidad atmosférica. Fase de disipación de un fenómeno meteorológico (frente, borrasca, huracán...), en la que todavía la atmósfera presenta un cierto grado de inestabilidad. Su uso está extendido en algunos países de América Latina, donde es común referirse, por ejemplo, a los remanentes nubosos asociados a un frente frío o a los remanentes de un ciclón tropical.

remolino. En un fluido turbulento, cada una de las unidades o elementos que evolucionan en su seno y que, a pesar de describir un movimiento errático, mantienen cierta identidad propia durante algún tiempo. Cada remolino coexiste e interacciona con los que va encontrándose en su camino, de tamaños muy diversos. En la atmósfera, tenemos desde remolinos de apenas unos pocos centímetros (principales responsables de la mezcla vertical de aire en la atmósfera) hasta centenares de kilómetros, que juegan un importante papel en la dinámica atmosférica a escala regional y planetaria. Los remolinos turbulentos también se conocen como *eddies*. *Véase también* turbulencia atmosférica.

remolino de arena/polvo. *Véase* tolvanera.

remusgo. En un contexto meteorológico, alude a un viento suave y frío que sopla de forma constante. También se expresa como

remusguillo. Bajo la apariencia de una brisa apacible se escon-
de un viento penetrante. Se identifica también con el biruji y
sus variantes.

rencello. Uno de los nombres que recibe el carámbano en Cantabria. Es una variante del arcaísmo regello, que, referido al agua,
indica que está congelada.

reservorio. Condición que presenta una componente del sistema
climático, a excepción de la atmósfera, por su capacidad para
almacenar o liberar carbono o distintos gases de efecto invernadero, entre otras sustancias de interés en los estudios de cambio climático. No hay que confundir un reservorio con un sumidero. *Véase también* ciclo del carbono.

resiliencia. Forma bien planificada y organizada de llevar a cabo
una serie de acciones y tareas destinadas a la protección de las
personas de los impactos del cambio climático y, en general, de
las contingencias provocadas por los fenómenos meteorológicos extremos y otros fenómenos naturales de alto impacto,
como los terremotos o tsunamis. Existen numerosos casos de
éxito en algunas comunidades que han puesto como prioridad
la seguridad de sus ciudadanos, incluso en países en vías en desarrollo o del tercer mundo, donde los recursos económicos
son escasos. Un buen ejemplo de ello son los protocolos que se
ponen en marcha en Cuba —desde nivel nacional hasta el local
y vecinal— cuando se anuncia el impacto en la isla de un huracán. La devastación a su paso nunca se podrá evitar, pero gracias a la resiliencia se consigue minimizar el número de víctimas, que sin ella podría dispararse considerablemente.

resol. Luz envolvente, a menudo molesta, acompañada de sensación de calor, que tiene lugar algunos días nublados, como consecuencia de la difusión de la radiación solar a través de una
capa de nubes no muy espesa. Esta reverberación del sol también se produce cuando tenemos neblina o calima. En el norte
de la península ibérica es común llamarlo resolillo.

resolana. Lo mismo que resol. Aparte de esa luz envolvente y molesta que hay algunos días nublados, también se refiere explícitamente al reflejo de la luz del sol en determinadas superficies como la nieve, la arena, el agua (bajo determinados ángulos) o los materiales refractarios del pavimento urbano. Recibe igualmente este nombre (indistintamente en femenino o masculino [resolano]) el lugar donde se puede tomar el sol (*solarium*) a resguardo del viento.

resolillo. Resol. También llaman así en Castilla y León al sol que luce los días fríos de invierno. El calorcito que acompaña a esos ratos de sol provoca una sensación placentera, que agradece la gente de los pueblos.

resolución de un modelo. Nivel de detalle que es capaz de ofrecer un modelo numérico de predicción a través de sus salidas gráficas. Depende del tamaño de las celdillas que forman su malla. A mayor número de esas cuadrículas, mayor será la resolución horizontal. El número de niveles o capas en que el modelo divide la altura de atmósfera considerada determina su resolución vertical. En el caso particular de los modelos climáticos, también consideran varias capas de océano.

resplandor alpino. *Véase alpenglow.*

resplandor blanco. Conocido internacionalmente como *whiteout*, es el blanco uniforme que adopta el paisaje (cielo incluido) cuando el suelo está nevado y hay una niebla o ventisca. Bajo estas condiciones, se pierden todas las referencias espaciales. Todo es blanco a nuestro alrededor.

resumen climatológico. Documento técnico donde se exponen de forma ordenada un conjunto de datos meteorológicos, sus estadísticas (valores medios, extremos...) e información climatológica, que incluye habitualmente textos, tablas, mapas y gráficas, pudiendo combinarse o no esos diferentes formatos. Puede elaborarse para un único observatorio o estación meteorológica, o para varios (red que cubre un determinado territorio), así como para un período mensual, estacional o anual.

retestero. Forma usada para referirse al lugar donde pega más el sol; equivalente a solanera o rachisol. También se emplean retestera y testera.

retroalimentación climática. Interacción en la que un cambio en una magnitud o elemento ligada/o al clima causa un cambio en otra/o, y el cambio en esta/e provoca un cambio adicional en la primera/el primero. La retroalimentación es positiva si el resultado final es una amplificación en la magnitud o elemento inicial y negativa si se experimenta un debilitamiento por los cambios que provoca en ella/él. El aumento de la temperatura en el Ártico es un ejemplo de retroalimentación positiva, ya que está provocando en esa región de la Tierra una pérdida de hielo, con la consiguiente disminución del albedo, lo que conlleva un aumento en la cantidad de radiación solar absorbida que hace que suba más la temperatura y aumente la fusión de hielo.

retrotrayectoria. Simulación llevada a cabo por un modelo numérico que reconstruye la trayectoria que ha seguido una masa de aire que ha alcanzado un determinado lugar, lo que permite conocer cuál es su lugar de procedencia. Los modelos numéricos también se usan para predecir trayectorias futuras de contaminantes atmosféricos, lo que resulta muy útil cuando se produce una fuga de gases tóxicos o radiactivos, una erupción volcánica, o cuando tiene lugar un incendio y se liberan al aire sustancias nocivas para la salud. *Véase también* polvo volcánico.

reventón. [Imagen 23, pliego]. Intensa corriente descendente de aire originada en seno de un cumulonimbo (nube de tormenta), que al impactar con violencia contra el suelo y expandirse hacia los lados —en todas las direcciones— genera vientos muy intensos, de consecuencias devastadoras. Hay catalogados tres tipos de reventones: 1) reventón cálido, que es aquel que provoca un notable calentamiento del aire y un acusado descenso de la humedad ambiental junto a la superficie terrestre; 2) reventón húmedo, llamado así porque viene acompañado de precipitación (chubascos tormentosos). El arrastre de aire frío por parte de las gotas de agua y/o granizos en su caída, es la principal causa generadora de la corriente descendente; y 3) reventón seco, sin precipitación. En este último caso, la lluvia, nieve o granizo se evapora/sublima antes de llegar al suelo. *Véase también* microrráfaga.

revolvín. En Aragón, pequeño remolino de polvo o nieve. También se expresa como revolvino.

riada. Sinónimo de crecida, que también se aplica al desbordamiento del río como consecuencia del aumento de caudal, con la consiguiente inundación. Está asociada a una lluvia intensa o torrencial duradera, o a un deshielo acelerado que aporta grandes cantidades de agua líquida en poco tiempo. Cuando la riada es consecuencia de la rotura de una presa o su desbordamiento se emplea el término pantanada.

riesgo climático. Posibilidad de que suceda un fenómeno hidrometeorológico extremo de consecuencias catastróficas. El peligro inherente a un riesgo climático es debido a una actuación humana inapropiada en relación al medio natural, no al carácter extraordinario que, en un momento dado, pueda tener un episodio meteorológico. El espacio geográfico afectado (exposición al riesgo), la población que vive en ese territorio, así como el tipo de actividades que se desarrollan en él, susceptibles también de verse afectadas (vulnerabilidad), en combinación con el propio fenómeno extremo (peligrosidad atmosférica), son los factores que definen un determinado riesgo climático.

río atmosférico. Especie de pasillo o corredor, relativamente estrecho, que discurre por la parte baja de la atmósfera y que transporta una gran cantidad de vapor de agua desde el ámbito tropical y subtropical hasta latitudes medias y altas. Es un término bastante reciente, ya que no fue acuñado hasta principios de la década de 1990, en EE UU. Los ríos atmosféricos tienen una anchura de algunos centenares de kilómetros y varios miles de longitud. Desempeñan un importante papel en el ciclo hidrológico, ya que son el principal mecanismo de transporte horizontal de vapor de agua en la atmósfera. En promedio, hay del orden de una decena de ellos simultáneamente en la Tierra, cada uno de los cuales desplaza una cantidad de agua (en estado gaseoso) mayor que el caudal del río Amazonas. Están asociados a las corrientes en chorro de bajos niveles que surgen delante de los frentes fríos y las borrascas de latitudes medias, siendo potencialmente precursores y generadores de lluvias intensas y persistentes en zonas continentales expuestas a ellos, tales como la costa oeste de EE UU, la fachada atlántica de Europa y del norte de África. Las lluvias ligadas a ellos y amplificadas por el forzamiento orográfico de las montañas, culmina, a veces, en inundaciones catastróficas.

riómetro. Instrumento utilizado en geofísica para medir la opacidad ionosférica. El aparato está dotado de una antena receptora de radio que capta la señal en torno a los 30 MHz generada por los rayos cósmicos que atraviesan la atmósfera. En función de su intensidad, se puede saber cuál ha sido el grado de absorción de los mismos en la ionosfera, distinto en función de la densidad electrónica de dicha capa. *Véase también* rayos cósmicos.

rissaga. Nombre que recibe en Baleares el fenómeno de las seiches. Se trata de una brusca oscilación del nivel marino provocada por un cambio de presión atmosférica, igualmente súbito, sobre la superficie del mar, lo que da origen a un tren de ondas que se desplaza hasta alcanzar las citadas islas, provocando en algunos puertos y bahías importantes y repentinas subidas y bajadas de las aguas. Lo habitual son oscilaciones de entre 60 y

120 centímetros, con un período de oscilación de unos 10 minutos. La *rissaga* puede llegar a provocar daños en las embarcaciones fondeadas en alguno de los puertos, al golpearse unas contra otras o impactar violentamente contra los muelles, así como en algunas infraestructuras portuarias. El caso más conocido y estudiado es el del puerto de Ciudadela, en Menorca, donde cada cierto tiempo ocurre el fenómeno y alcanza a veces una gran magnitud (oscilaciones de hasta 4 metros), dada la localización, orientación y estrechez del citado puerto. El término *rissaga* (*rissagues* en plural) se traduce al español como resaca y con él empezaron a identificar el fenómeno los pescadores menorquines, conocido desde antaño.

riscar. En Asturias, amanecer («riscar el alba», «está riscando el día»).

rizaduras. Llamativas formas onduladas que la acción del viento y/o del agua provoca sobre una superficie de arena fina. En el caso particular de las generadas por el viento, se trata de unas acanaladuras que son el resultado de las acumulaciones de arena y polvo en determinadas zonas de la superficie arenosa. La incidencia repetida de minúsculos remolinos turbulentos de aire va formando una sucesión de crestas y hendiduras paralelas entre sí y perpendiculares al flujo de viento dominante. Cada una de esas estructuras tiene una forma redondeada y es asimétrica, teniendo una mayor pendiente en el lado enfrentado al viento que en el contrario (sotavento), debido a que se deposita ahí una mayor cantidad de gránulos de arena. Se llaman también ondulitas (*ripple-marks*, en inglés).

rociada. Formación de gotas de rocío en abundancia, quedando empapada de agua toda la cubierta vegetal a ras de suelo. El término también se utiliza como sinónimo de rocío.

rociar. La acepción más común de este término lo define como esparcir un líquido en gotas pequeñas. Otra de sus acepciones alude directamente al rocío y toma el significado de formarse o caer sobre el suelo esas minúsculas gotas de agua. En los lugares donde llaman rosada al rocío, emplean rosar de forma equivalente.

rocío. Hidrometeoro consistente en un depósito de pequeñas gotas de agua que se forma sobre una superficie, como consecuencia del enfriamiento nocturno. El descenso de temperatura por debajo del punto de rocío, debido a la pérdida de calor por radiación que tiene lugar junto al suelo durante la noche, propicia la condensación del vapor de agua y la formación de las gotas. El rocío se forma preferentemente sobre la vegetación situada a ras de tierra (hierba, arbustos...), debido al vapor de agua extra que aportan al aire circundante, gracias a la evapotranspiración. La palabra tiene su origen en el vocablo latino *roscidus* (húmedo, mojado) y existen distintos sinónimos de ella, como aguada, aguareda, aguarera, aguazón, rociada, rosada o ruciera.

rocío blanco. Depósito blanco de gotas de rocío congeladas. Su aspecto recuerda mucho a la escarcha, pero son hidrometeoros diferentes. Se produce cuando, una vez que se ha formado el rocío, la temperatura desciende por debajo de 0 ºC, produciéndose la congelación. En el caso de la escarcha, el hielo se forma por sublimación (paso directo de gas a sólido) del vapor de agua. A veces, se producen simultáneamente ambos meteoros, formándose la escarcha sobre el rocío blanco. También se conoce como rocío congelado.

roción. Hidrometeoro que consiste en una salpicadura copiosa, formada por un conjunto de gotas que el viento levanta desde una superficie extensa de agua (mar, lago, río) —habitualmente arrancadas de las crestas de las olas—, y desplaza impetuosamente por el aire, recorriendo distancias cortas. Los rociones son muy abundantes durante los temporales marítimos. El término también se emplea como sinónimo de rocío y rociada, aunque este uso está poco extendido.

rodillo de nieve. Masa de nieve húmeda poco cohesionada con forma cilíndrica que, empujada por el viento, rueda pendiente abajo por la ladera nevada de una montaña, o se desplaza por un terreno llano, también nevado. Estos curiosos cilindros, conocidos indistintamente como rodillos, rollos, donuts o tubos de nieve, tienen un hueco en su centro y su tamaño es muy variable. Pueden medir entre uno y varios metros de largo y tener una anchura desde unos pocos centímetros hasta cerca de un metro. Los de mayor longitud recuerdan bastante a una alfombra enrollada. La formación de un rodillo de nieve es un hecho singular, y por tanto poco frecuente, debido a las condiciones tan particulares que han de darse, tanto en el manto nivoso (para que se produzca el deslizamiento), como de temperatura (en torno a 0 °C) y viento (constante y ni muy flojo ni muy fuerte).

rogativas. En climatología histórica, una de las fuentes de información más utilizada. Se trata de los datos proxy obtenidos del registro documental de las ceremonias de rogativas de la Iglesia católica, destinadas a pedir el final de una sequía (rogativa *pro pluvia)* o de un período prolongado de lluvias intensas y abundantes, con inundaciones asociadas (rogativa *pro serenitatis).* Estas prácticas, todavía vigentes, consisten en una serie de ritos, perfectamente establecidos por la Iglesia, que siguen un orden jerárquico —en cinco niveles— y que van aplicándose de forma progresiva, a medida que aumenta la gravedad de la situación. En el caso de las rogativas *pro pluvia*, esos ritos van desde las oraciones en el templo (nivel leve) hasta sacar en procesión a la virgen o el santo (nivel grave), sumergir la talla y otras reliquias en agua (nivel muy grave) o sacar la imagen de Jesús y hacer largas peregrinaciones, en algunos casos de rodillas y pegándose latigazos, en los casos de extrema gravedad (nivel crítico). Al quedar todas esas prácticas perfectamente documentadas en los libros de actas eclesiásticas, se pueden datar muy bien los períodos históricos caracterizados por distintas anomalías climáticas, y también conocer detalles sobre la magnitud que tuvo cada uno de ellos.

rolar. Termino náutico, empleado en Meteorología y aplicado al viento, que significa cambiar de dirección.

rorar. Cubrir(se) de rocío.

rosa de los vientos. [Figura 14]. Diagrama en forma de estrella donde se representan las frecuencias relativas de las diferentes direcciones del viento medido en una estación u observatorio meteorológico en un determinado período de tiempo. También se pueden representar las frecuencias de diferentes rangos de velocidad agrupadas según las distintas direcciones. El porcentaje correspondiente a las calmas se anota en un círculo di-

Fig. 14. Rosa de los vientos. En la figura aparece representada la rosa de los vientos de 16 rumbos, con las letras con las que se identifica y abrevia cada uno de ellos.

bujado en el centro de la rosa. Desde mucho antes de empezar a medirse el viento con instrumentos, se establecieron las primeras rosas con los rumbos de los vientos principales, destinadas principalmente para ayudar a los navegantes a orientarse en la mar. Las rosas de los vientos de la Antigüedad aparecen en distintas culturas, ganando en sofisticación con el paso del tiempo. En la época clásica, el poeta griego Homero (siglo VIII a. C.), hace referencia en *La Odisea* a una rosa de cuatro vientos principales (Bóreas, Euro, Noto y Céfiro), dispuestos según los cuatro puntos cardinales. El filósofo Aristóteles (siglo IV a. C.) establece una rosa de 8 rumbos, Timosteno (siglo III a. C) una de 12 y el arquitecto romano Vitruvio (siglo I a. C) una de 24. La rosa de 32 rumbos, usada en la actualidad, se representó por primera vez en un mapamundi medieval que se atribuye al geógrafo y cartógrafo mallorquín Abraham Cresques (siglo XIV), si bien algunas fuentes atribuyen su invención al también mallorquín Raimundo Lulio (h. 1232-1315 o 1316). La citada rosa de los vientos de 32 rumbos incluye 8 vientos principales (cuatro marcan los puntos cardinales y otros cuatro son los vientos laterales), 8 vientos medios (colaterales) y 16 cuartos de viento (cuartas).

rosa náutica. Nombre que también recibe la rosa de los vientos.

rosada. Nombre que recibe el rocío en Cataluña, usado también con idéntico significado en Asturias y Cantabria. En otros lugares de España (Navarra, Aragón) se refieren con él a la escarcha, si bien es común aplicarlo al rocío blanco o congelado, dado que ambos meteoros tienden a confundirse.

rotación anticiclónica. Circulación de los vientos alrededor de los anticiclones, siendo en el sentido de las agujas del reloj en el hemisferio norte y al revés en el sur. Justamente lo contrario que la rotación ciclónica.

rotación ciclónica. *Véase* circulación ciclónica.

rotor. *Véase* nube rotor.

rozamiento. *Véase* fricción.

rubial(es). Uno de los nombres populares que reciben la nube o nubes que se observan a veces al amanecer y atardecer. Equivalente a rubiana, rubia, encarnizada o arrebolada.

rubiana. Localismo leonés que hace referencia a la nube encarnada, con frecuencia de un color encendido, que se observa ocasionalmente durante el amanecer o el atardecer. La palabra —equivalente a rubia— tiene su origen etimológico en el vocablo latino *rubeus* (rojo, rojizo), del que deriva también el término arrebol. Las (nubes) rubianas o rubias se conocen también como rubiales y encarnizadas.

rujada. *Véase* rujiada.

rujar. Rociar. También se expresa como rujiar, de donde deriva el término rujiada.

rujazo. En Aragón, chubasco breve e intenso. Equivalente a una de las acepciones de rujiada (la otra es rocío). De uso extendido en la comarca oscense de La Jacetania, dependiendo de los lugares se emplean distintas variantes, como *rujiazo* (Borao), *ruxazo* (Alvar) y *rusazo* (Alvar, Orante). Esta última forma [rusazo] también toma el significado de escarcha fuerte.

rujete. En la comarca turolense de las Cuencas Mineras, una lluvia poco importante, de las que se dice, vulgarmente, que dejan cuatro gotas.

rujiada. Término aragonés que tiene dos acepciones meteorológicas: chaparrón y rociada. Se expresa también como rujada.

rujiazo. Variante de rujazo.

rumazón. Término de origen marinero que significa conjunto de nubes. Es de uso común en algunos países de habla hispana como Venezuela, donde se emplea para referirse a un cielo encapotado (cubierto de nubes). Se expresa también como arrumazón, si bien esta palabra se suele aplicar a las nubes que se agrupan junto al horizonte, tapando en muchos casos el sol y oscureciendo el ambiente.

runflar. Localismo cántabro que significa resoplar y que se aplica al ruido intenso (especie de rugido o mugido) que genera el mar, el viento o la combinación de ambos.

rus. Frío intenso y penetrante.

rusadeta. Pequeño chaparrón. Diminutivo de rujiada. También se expresa como ruxadeta.

RVR. Acrónimo de *Runway Visual Range. Véanse también* alcance visual en pista, visibilidad meteorológica.

S

sábana de nubes. Expresión que recoge el *Vocabulario Meteoroló-gico Internacional* de la OMM, con la que se identifica una capa nubosa cuando es particularmente delgada, continua y ocupa una gran extensión horizontal.

salación. Variante de exhalación.

salsero. Roción que forma una nube debido al impacto de las olas contra las rocas de la costa o el casco de un barco. Se trata de un término de origen marinero, variante de los localismos ga-llegos *salseiro* y *salseirazo*.

salto de viento. Cambio brusco en la dirección del viento

Santa Ana. Viento desértico procedente del nordeste, seco y muy cálido, recalentado por el efecto foehn, que sopla en el sur del estado de California (EE UU) y en el extremo norte del estado de Baja California (México) entre los meses de octubre y mar-zo, alcanzando su pico durante el mes de diciembre. Debe su nombre a que incide de lleno en el valle del río Santa Ana, don-de llega a alcanzar una gran intensidad. Este viento está causa-do por el desbordamiento de la masa de aire que se acumula en la Gran Cuenca (extensa planicie situada entre las Montañas Rocosas y Sierra Nevada), debido al dominio de las altas presiones en toda esa vasta extensión de territorio estadounidense durante la referida época del año.

sastrugi. Plural de la palabra de origen ruso *sastruga*, con que se conoce al conjunto de surcos y crestas alargadas de nieve endurecida y bordes afilados, que se forman sobre una gran superficie nevada, debido a la acción machacona del viento. Estas ondulaciones son características de las llanuras polares y son moldeadas por los intensos vientos que soplan en aquellos helados parajes. En cada una de esas «olas de nieve», la pendiente más abrupta —la de mayor acción erosiva— es la de barlovento, mientras que la más suave es la de sotavento. Es lo mismo que ocurre en las rizaduras y lo contrario que en las dunas de nieve o arena. La presencia de *sastrugi* de gran tamaño (de alturas superiores al metro en algunos casos) dificulta mucho las travesías polares en trineo y moto de nieve, aunque no suponen un peligro tan grande como el de las profundas grietas que se abren en el manto helado. También se expresa como *zastrugi*.

satélite geoestacionario. Satélite artificial que sigue una órbita geoestacionaria, que es aquella cuyo período de rotación es igual al de la Tierra (órbita geosíncrona), aparte de tener una inclinación y excentricidad nulas. Actualmente, hay seis satélites meteorológicos geoestacionarios operativos: los dos GOES (este y oeste) de EE UU, el GMS japonés, el GOMS ruso, el Insat de India y el Meteosat europeo. Todos estos satélites están orbitando a 35 800 km sobre el ecuador, en diferentes longitudes geográficas, cubriendo en su conjunto toda la superficie terrestre, a excepción de las regiones polares. Cada uno de ellos abarca un amplio círculo centrado en un punto subsatelital fijo sobre el ecuador (latitud y longitud cero en el caso del Meteosat). La ventaja de estos satélites con respecto a los polares es que, al ocupar una posición fija en relación a la superficie terrestre, pueden obtener datos continuamente de una misma área geográfica (el círculo antes referido). La desventaja es su menor resolución espacial, dada la gran altura a la que orbitan. Además, el nivel de detalle de las imágenes que proporcionan empeora según nos alejamos —hacia el norte o sur— desde el punto del ecuador en cuya vertical se sitúa el satélite y donde están centradas las citadas imágenes.

satélite meteorológico. [Imagen 24, pliego]. Satélite artificial que orbita la Tierra y lleva a cabo observaciones meteorológicas, transmitiéndolas a estaciones receptoras terrestres. Los datos que puede obtener son muy variados, no limitándose solo a captar imágenes de las nubes, que es su función más conocida, gracias a los espacios del tiempo de televisión. Estos satélites también se encargan de monitorizar un sinfín de variables y elementos de interés meteorológico y climático, como los aerosoles (humo, polvo, cenizas volcánicas...), las auroras polares, los glaciares, icebergs, mantos de hielo, la temperatura superficial del mar, los vientos, las tormentas, las concentraciones de gases contaminantes, ozono estratosférico, CO_2, metano... La cobertura de los satélites meteorológicos es global, lo que supone un volumen de millones de datos nuevos cada día, que nutren a los modelos numéricos de predicción del tiempo. El primer satélite meteorológico que completó con éxito su misión fue el TIROS 1, que fue lanzado por la NASA el 1 de abril de 1960. Tuvo como precursor al Vanguard 2, que formó parte de un proyecto de la Armada de EE UU y se lanzó el año anterior (el 17 de febrero de 1959). Si bien este satélite se diseñó para medir la distribución de la cobertura nubosa y la densidad del aire, apenas aportó datos, por lo que suele considerarse el TIROS 1 como el primer satélite meteorológico de la historia. La puesta en marcha, en 1963, del Programa de Vigilancia Meteorológica Mundial de la OMM, impulsó definitivamente la observación de la atmósfera desde el espacio, gracias a los satélites meteorológicos. En función de la altura sobre la superficie terrestre a la que se sitúe un satélite artificial, se consideran cuatro tipos de órbitas: 1) órbita terrestre baja (polar o de estacionamiento); 2) órbita terrestre media (la que utilizan los satélites que posibilitan los sistemas de navegación global); 3) órbita geosíncrona; y 4) órbita terrestre alta. Los satélites meteorológicos se ubican dentro de las categorías 1 y 3. *Véanse también* satélite geoestacionario, satélite polar.

satélite polar. Satélite artificial que sigue una órbita polar, que es aquella que discurre por encima de los polos terrestres o sus cercanías, teniendo el plano orbital una inclinación próxima a los 90º. Los satélites meteorológicos polares orbitan habitualmente entre los 700 y 800 km de altura, haciendo sucesivos barridos, de polo a polo, empleando en cada órbita completa alrededor de la Tierra algo menos de dos horas (unos 100 minutos). La órbita trazada por estos satélites aparte de polar es heliosíncrona, de tal forma que las posiciones relativas del ingenio espacial y del sol se mantienen constantes, consiguiéndose así que el satélite pase cada día a la misma hora solar local sobre el mismo punto de la superficie terrestre. La resolución espacial de las imágenes captadas por los satélites polares es bastante mayor que la que proporcionan los geoestacionarios, dada su mayor cercanía a la superficie terrestre; sin embargo, el tiempo que discurre entre dos imágenes consecutivas de una misma zona geográfica es significativamente mayor (resolución temporal de 12 horas en el caso de los satélites meteorológicos polares de la serie NOAA).

saturación. Estado que alcanza un determinado volumen de aire húmedo en contacto con una superficie plana de agua o hielo, cuando su razón de mezcla es tal que el citado aire (fase gaseosa) puede coexistir en equilibrio neutro o indiferente con la otra fase (líquida o sólida), estando ambas a la misma presión y temperatura. *Véase también* vapor de agua.

SCM. Sigla de sistema convectivo de mesoescala.

seca. Sinónimo de sequía. Se aplica tanto para referirse a un período prolongado de tiempo (años) en que las lluvias son muy escasas, pudiendo encadenarse varios meses seguidos sin llover, como a la época del año en que llueve poco en determinadas regiones de la Tierra, tal y como ocurre durante los veranos (sequía estival) en las zonas de clima mediterráneo.

secabalsetes. Nombre popular que recibe el viento solano en algunos lugares del interior de la península ibérica. Su origen se remonta, seguramente, a la época medieval, que fue cuando la trashumancia alcanzó su apogeo en España. El término «balsete» es un diminutivo de balsa (de agua) y hace referencia a los abrevaderos usados por los rebaños. La palabra alude explícitamente al poder de evaporación que tiene el citado viento, dada su gran sequedad. *Véase también* solano.

secación. Variante de desecación, usada en Salamanca para nombrar a la sequía. La desecación del suelo es el proceso de cuarteamiento del mismo, debido a la falta de agua provocada por una sequía; de ahí la sinonimia establecida entre las dos palabras (secación y sequía).

seclusión cálida. Proceso experimentado por los ciclones extratropicales cuando el frente frío en lugar de «atrapar» al cálido se mueve perpendicularmente a él, y la zona que queda entre los dos frentes se va rellenando de aire cálido de la zona periférica, formándose un núcleo cálido en la baja presión, lo que da lugar a un ciclón híbrido. Ocasionalmente, la presencia del núcleo cálido se manifiesta con la presencia de un ojo (hueco libre de nubes) similar al que presentan los ciclones tropicales. La seclusión cálida lleva consigo una intensificación mayor del sistema de baja presión, formándose una zona de vientos particularmente fuertes en la periferia. El modelo de Shapiro-Keyser explica este tipo de borrascas, que no siguen los dictados de la teoría clásica del frente polar.

seco. Aparte de aplicarse a un aire con bajo o nulo contenido de humedad y al tiempo caracterizado por su sequedad ambiental, se usa como sinónimo de sequía. Es equivalente a seca y a otros términos (secación, sequero...) con idéntico significado.

sector cálido. Zona de aire cálido comprendida entre el frente frío y el cálido de un sistema frontal. A medida que evoluciona el sistema, este espacio va disminuyendo de tamaño, debido a que el frente frío, al avanzar más rápido que el cálido, lo alcanza y se forma una oclusión.

seiche(s). Ondas estacionarias que se producen sobre la superficie de un lago o del mar, cuyo origen pueden ser pequeños movimientos sísmicos, vientos fuertes o variaciones bruscas de la presión atmosférica. Este fenómeno ondulatorio fue estudiado por primera vez en el lago Lemán, en 1890, por el hidrólogo suizo François-Alphonse Forel (1841-1912). El período de oscilación puede variar desde unos minutos hasta varias horas. Las seiches se producen con cierta regularidad en las costas del Mediterráneo Occidental, destacando por su magnitud las del puerto de Ciudadela, en Menorca, donde se conocen como rissagues (*rissaga*).

seno. Configuración isobárica de aspecto similar a una vaguada, pero en un mapa de superficie en lugar de en uno de altura. Es equivalente a un surco (de bajas presiones). *Véase también* vaguada.

sensación térmica. Sensación de frío o calor que experimenta una persona como consecuencia de la exposición de su piel al aire, siendo mayor o menor en función de cuál sea la combinación de la temperatura, el viento y la humedad relativa. La sensación de frío aumenta a medida que desciende la temperatura del aire y se intensifica el viento, lo que acelera la pérdida de calor del cuerpo humano. Existen distintos índices —obtenidos a partir de fórmulas empíricas— que permiten estimar la denominada temperatura aparente o de sensación. El más usado es el que emplean los SMN de EE UU y Canadá, conocido como *windchill*. Existen tablas de cálculo que, para una temperatura y velocidad del viento dadas, permiten obtener la temperatura de sensación correspondiente. La sensación de calor o bochorno está principalmente modulada por el efecto combinado de las altas temperaturas y el contenido de humedad del aire. Cuando la humedad relativa es elevada, sentimos una temperatura mayor que la del aire y empezamos a estar incómodos, al tener dificultades para disipar el calor que genera internamente nuestro cuerpo. Si la temperatura de nuestra piel es menor de 32 °C el viento disminuye la sensación de bochorno, pero si es mayor la aumenta. Para determinar esta sensación térmica se emplea el llamado índice de calor *(Heat Index)*. Al igual que ocurre con el *winchill*, hay confeccionadas tablas de cálculo.

sensibilidad climática. En condiciones de equilibrio, es una medida de la respuesta del sistema climático a un forzamiento radiativo continuado. El IPCC, en sus informes de evaluación de cambio climático, la define como el cambio experimentado por la temperatura media global (expresado en °C) si se duplicase la concentración de dióxido de carbono equivalente en la atmósfera.

septentrión. Nombre dado en la Antigua Roma al norte geográfico, con el que el arquitecto romano Vitruvio (siglo I) designó en su rosa de los vientos al viento de esa procedencia. Esa denominación se mantiene todavía vigente, principalmente para designar el punto cardinal. Es común referirse a un lugar situado en el norte (septentrión) o a algo que procede de allí como septentrional. La palabra tiene su origen etimológico en el término latino *septentrium* (siete bueyes), con el que los romanos identificaban a las siete estrellas principales de la constelación de la Osa Mayor, también conocida como «El Carro». Según su creencia, el citado carro era tirado por los siete bueyes, lo que provocaba el movimiento aparente de la esfera celeste alrededor de la estrella polar (la única que ocupa una posición fija en el firmamento), que es justamente la que marca el norte.

sequedad. Aplicado al ambiente, que el contenido de humedad del aire es muy bajo.

sequero. Término agrícola con el que se identifica una tierra muy seca, sin riego. Equivalente a secano. También se emplea como sinónimo de sequía.

sequía. Largo período de tiempo sin precipitaciones o con un marcado déficit de las mismas, que causa un grave desequilibrio hidrológico. Las sequías vienen caracterizadas por la persistencia de un tipo de tiempo anómalamente seco, durante el cual los valores de la precipitación quedan por debajo de la media. La causa inicial de cualquier sequía es la escasez de precipitaciones (sequía meteorológica), lo que trae consigo un déficit de humedad del suelo (sequía agrícola), que incide negativamente en la producción de los cultivos y altera los distintos ecosistemas. A esta segunda fase le sigue una tercera y última, en la que los recursos hídricos necesarios para abastecer la demanda existente se vuelven insuficientes (sequía hidrológica). No hay una definición de sequía única y universal que fije con precisión el momento inicial y de finalización de la misma, así como su intensidad, ya que dependiendo de los lugares (distintas realidades climáticas) y de los usos que se dan al agua, difiere la concepción y percepción de la misma. La literatura científica contempla más de un centenar de definiciones diferentes de sequía, lo que da idea de la dificultad que tiene caracterizarla.

sequía repentina. Sequía intensa de desarrollo muy rápido y duración muy corta (apenas unas pocas semanas). Es un fenómeno emergente en el contexto actual de calentamiento global. La combinación de una ola de calor o período prolongado con anomalías cálidas y una sequía intensifica todavía más esta última, dando lugar a una sequía repentina (*flash drought*, en inglés), de consecuencias devastadoras en la agricultura.

sereno/a. En relación al cielo, sinónimo de claro o despejado, sin nubes. También se aplica al tiempo para indicar que está tranquilo, sin incidencias meteorológicas destacadas; en particular el que hace por la noche. Es común identificarlo con la humedad ambiental responsable del frescor nocturno (de las noches serenas). «Estar a la serena» tiene el significado de estar de noche a la intemperie.

serie climática/climatológica. Conjunto de datos medidos en un observatorio o estación meteorológica, ordenados de forma cronológica, que abarca un período de tiempo lo suficientemente largo para ser representativos del clima del lugar de observación. La Organización Meteorológica Mundial recomienda el uso de series con una duración mínima de 30 años para garantizar esa representatividad climática. *Véase también* período normal (o de referencia).

Servicio Meteorológico Nacional. Nombre genérico que recibe la institución u organismo público de cada Estado miembro de la Organización Meteorológica Mundial (OMM), encargada/o de desarrollar todas las actividades dictadas por los programas de la OMM, prestando al Estado del que depende un conjunto de servicios ligados al tiempo y al clima. Es común referirse a él por la sigla SMN. En algunos países, sus competencias incluyen la hidrología, en cuyo caso el referido organismo pasa a ser considerado un Servicio Hidrometeorológico Nacional (SHMN). Entre las muchas funciones que lleva a cabo un SMN, destacan la observación meteorológica, la recopilación de datos, los estudios climatológicos, la elaboración de distintos productos de predicción y la vigilancia meteorológica. El principal objetivo que persigue es contribuir a la seguridad de las personas y bienes en el territorio de su competencia, mediante la emisión de avisos ante eventuales fenómenos (hidro)meteorológicos adversos.

sferics. Pulsos electromagnéticos parcialmente polarizados que genera la actividad tormentosa y se desplazan a largas distancias, cuya interacción con los seres vivos, para algunos investigadores, podría ser el desencadenante de los síntomas que se observan en algunos de ellos —los más meteorosensibles—, horas antes de descargar una tormenta. En el caso de las personas, los más habituales son las jaquecas, trastornos del sueño y fatiga.

shamal. Viento intenso del noroeste, cálido, seco y polvoriento, que sopla en el sur de Iraq y en otros países ribereños del Golfo Pérsico. Ocurre con mayor frecuencia en verano y su irrupción viene acompañada de grandes tormentas de arena. *Shamal* es una palabra árabe que significa «norte» y puede verse escrita con diferentes grafías *(shemal, shimal, shumal).* También se conoce como *barih.*

siembra de nubes. Conjunto de técnicas destinadas a modificar la estructura de las nubes, o bien causando su disipación, estimulando la precipitación, o inhibiendo los procesos de formación del granizo. Para ello, se utilizan determinadas sustancias, como el yoduro de plata (AgI), el hielo seco (CO_2 en estado sólido) o la diatomita (roca sílice de origen orgánico), que, antes de incorporarse a las nubes, son dispersadas en el aire, gracias a la acción de quemadores emplazados en el suelo (cañón granífugo), cohetes lanzados desde tierra, o pequeñas aeronaves que portan unas bengalas de las que se desprende la sustancia higroscópica. La eficacia de la siembra de nubes varía en función de cuál sea el fin que se persiga; mientras que la disipación de las nieblas es exitosa la mayoría de las veces, en el caso de la estimulación de lluvia artificial o la supresión del granizo, los resultados no son tan satisfactorios, existiendo una importante componente aleatoria en el éxito o el fracaso de una intervención.

siero. Nombre dado en Salamanca al viento frío. La palabra es una variante de cierzo, con la que se conoce en muchos lugares de España al viento (frío) del norte. Ambos términos —siero y cierzo— tienen un origen común en el vocablo latino *cercius*. *Véase también* cierzo.

SIGMET. Mensaje cifrado usado en Aeronáutica que incluye información relativa a la existencia real o prevista de fenómenos meteorológicos que pueden afectar a la seguridad de las aeronaves en ruta, y su evolución prevista tanto en el espacio como en el tiempo. Los fenómenos sobre los que se informa están previamente especificados, así como la descripción que debe emplearse en cada caso (por ejemplo: FRQ TSGR = tormentas frecuentes con granizo). Los SIGMET los confecciona y difunde una Oficina de Vigilancia Meteorológica.

silbido auroral. También conocido como siseo auroral, se trata de la emisión de ondas de radio en un amplio rango de frecuencias —comprendidas entre unos pocos centenares de hercios (Hz) y varias decenas de kilohercios (kHz)—, generadas por las auroras polares. Las de menor frecuencia son emitidas en una estrecha franja centrada en el óvalo auroral, mientras que las de frecuencias más altas se extienden por una región más amplia, principalmente del ámbito polar. El silbido auroral no es una onda sonora y, por tanto, es inaudible, por lo que solo es detectable a través de un receptor de ondas radioeléctricas. Se ha documentado la existencia de un sonido que acompaña a algunas auroras (llamado por algunos autores también silbido auroral), cuyo origen es desconocido.

silbido del viento. Sonido agudo generado por el aire al atravesar zonas particularmente angostas, como el resquicio de una ventana o una puerta, cuando sopla un viento intenso. El brusco cambio de presión que tiene lugar al enfrentarse el flujo a ese obstáculo y lograr penetrar por el estrechamiento, provoca una vibración en el aire que se traduce en el característico silbido. El sonido es más agudo y estridente cuanto más fuerte sople el viento, lo que llega a generar en las personas inquietud y angustia. En espacios abiertos, el sonido del viento es más grave (frecuencias más bajas), no llegando a percibirse como un silbido. El sonido generado por los árboles y arbustos frondosos cuando son zarandeados por un viento intenso recibe el nombre de tremolina. *Véase también* ulular.

simulación numérica. Herramienta matemática usada en un sinfín de disciplinas científicas —entre ellas la Meteorología— que permite estudiar un sistema físico (real) a partir de un modelo numérico (matemático) que lo representa de forma simplificada. Gracias a los ordenadores, se pueden calcular las soluciones de un estado futuro del sistema modelizado, a partir de un estado inicial. *Véase también* modelo numérico de predicción.

simún. Viento ardiente, cargado de polvo y arena, que sopla a veces en la parte oriental del Sáhara, Palestina, Siria, Jordania y también por la península arábiga. Los habitantes de esas zonas han de protegerse de él, ya que el aire que arrastra puede alcanzar temperaturas superiores a los 50 °C, siendo extremadamente seco (humedad relativa inferior al 10 %), por lo que la exposición a él puede resultar fatal, provocando en animales y personas un efecto de asfixia e hipertermia. Reduce la visibilidad a unos pocos metros y en las zonas de piel expuestas a él se forman ampollas. Es más frecuente en los meses de verano y suele generar una nube anaranjada que se desplaza por el desierto a gran velocidad, provocando en su parte delantera unas ráfagas muy violentas y peligrosas. El historiador y geógrafo griego Herodoto (siglo V a. C.) lo describió como el viento rojo. Su origen etimológico se encuentra en la voz árabe *samûm*, que a su vez procede de *samm*, que traducimos como «viento venenoso». *Véanse también* tempestad de arena, tempestad de polvo.

sirimiri. *Véase* chirimiri.

siroco. Viento cálido del sureste, con origen en el desierto del Sáhara, asociado a las borrascas que discurren por el sur del Mediterráneo y el norte de África. El aire que inicialmente desplaza el siroco, aparte de cálido, es seco y polvoriento, si bien en su recorrido marítimo sobre las aguas mediterráneas se va cargando de humedad, convirtiéndose en un viento muy húmedo en Sicilia, Malta y al sur de la península itálica. Tiene su origen etimológico en el vocablo latino *syriacus*, que era el nombre con el que los antiguos romanos llamaban al viento del sureste, procedente de Siria para ellos. Existen distintos nombres locales para designar a este viento por las diferentes regiones del Mediterráneo afectadas por él, como chergui o khamsin. En España, se emplean las formas jaloque o xaloque (español) y *xaloc* o *xaloch* (catalán). La cercanía al Sáhara del sureste peninsular hace que el siroco llegue hasta allí como un viento cálido, seco y polvoriento, que enturbia mucho el aire, dando lugar a calimas y reduciendo notablemente la visibilidad.

sistema climático. Sistema dinámico de gran complejidad, formado por cinco componentes principales o subsistemas bien diferenciados, que interactúan entre sí intercambiando masa, energía y movimiento. Dichas componentes son la atmósfera, la hidrosfera, la criosfera, la litosfera (capa sólida superficial de la Tierra) y la biosfera. Cada una de ellas presenta un tiempo de respuesta distinto ante un mismo forzamiento, siendo la atmósfera, con diferencia, la que responde antes (del orden de días a semanas). El principal motor del sistema climático es la energía procedente del sol, si bien su evolución —y, en consecuencia, la del clima terrestre— no viene dictada únicamente por las variaciones en el flujo de la radiación solar que llega a la Tierra (forzamiento externo), sino también por otros forzamientos como las erupciones volcánicas, los cambios en la composición atmosférica (principalmente de origen antrópico), en los usos del suelo (cambios de albedo) y la propia dinámica interna del sistema.

sistema convectivo de mesoescala. Sistema tormentoso de grandes dimensiones y con un alto grado de organización, formado por un conjunto de tormentas en su parte delantera que se autoalimentan y que aportan, a su vez, grandes cantidades de vapor de agua a la parte trasera del sistema, dominada por nubosidad de tipo estratiforme, donde se producen precipitaciones muy intensas y eficientes. Su ciclo de vida alcanza hasta varias horas de duración (más de 24 horas en algunos casos), superando con creces el de una tormenta ordinaria. El tamaño de un SCM (sigla con la que se conoce en español) es también muy superior al de una célula tormentosa convencional, alcanzando en la vertical el nivel de la tropopausa y extendiéndose en la horizontal varios centenares de kilómetros. Si el sistema alcanza determinado tamaño y presenta ciertas características, pasa a ser catalogado como un complejo convectivo de mesoescala.

sistema de presión. Expresión genérica usada para describir a una baja o una alta presión. Es habitual referirse a una borrasca o a un ciclón tropical como un sistema de baja presión y a un anticiclón como uno de alta.

sistema frontal. Conjunto de frentes asociados a una depresión frontal. La expresión se utiliza para referirse a la representación gráfica de los citados frentes en un mapa sinóptico de superficie.

Sistema Mundial de Observación. Conocido internacionalmente por la sigla GOS (*Global Observing System*), es uno de los tres pilares en los que se sustenta el programa de Vigilancia Meteorológica Mundial (WWW-VMM) de la OMM. Lo forma un complejo entramado de redes de observación meteorológica repartidas por toda la Tierra, que incluye del orden de 11 500 estaciones terrestres que efectúan observaciones horarias o trihorarias, 1300 estaciones también terrestres y 15 barcos desde donde se efectúan radiosondeos dos veces al día, unos 1000 radares meteorológicos, 3000 sistemas automáticos de observación instalados en aeronaves, 4000 buques con instrumentos meteorológicos a bordo, cerca de 2000 boyas —tanto fijas como a la deriva—, centenares de detectores de descargas, mareógrafos... Toda la información obtenida cada día por el GOS (millones de datos) es recopilada y transmitida en tiempo real a toda la comunidad meteorológica, gracias al Sistema Mundial de Telecomunicación de la OMM (otro de los pilares del VMM).

sistema nuboso. Agrupación de nubes que conforman una estructura fácilmente distinguible, que persiste en el tiempo sin sufrir grandes transformaciones. Los sistemas nubosos suelen presentar zonas o sectores con formas características. Las imágenes de satélite permiten identificar infinidad de ellos a diferentes escalas.

situación de bloqueo. *Véase* bloqueo.

situación en omega. Nombre dado, en el argot meteorológico, a la situación sinóptica asociada a un bloqueo anticiclónico de nombre homónimo, en el que una dorsal de aire cálido queda flanqueada, al este y al oeste, por dos bajas presiones. Este patrón de la circulación atmosférica se da con relativa frecuencia en latitudes medias, tanto en la zona oriental del Atlántico como del Pacífico, y se denomina así por asemejarse a la letra griega omega mayúscula (Ω). Es una situación cuasi estacionaria, más común en primavera, que persiste a veces largos períodos de tiempo (varias semanas y excepcionalmente meses). *Véase también* bloqueo.

situación en rombo. En el argot meteorológico, se llama así a la situación sinóptica asociada a un bloqueo anticiclónico difluente, en el que la corriente zonal del oeste de latitudes medias se ve obligada a bifurcarse, al encontrarse en su camino hacia el este con un anticiclón y una borrasca situados en el norte y sur, respectivamente, en la misma longitud geográfica. La rama ascendente toma la dirección SO-NE y rodea por encima el anticiclón de la parte superior, mientras que la descendente toma la dirección NO-SE y envuelve a la borrasca por su parte inferior, para volver a reencontrarse y unirse ambas ramas más al este, configurando un patrón que en los mapas sinópticos adopta la forma de un rombo, de ahí su denominación. Estas situaciones son a veces precursoras de la formación de una dana y/o borrasca fría errante, cuando el chorro polar (asociado al flujo del oeste en superficie) aumenta bruscamente de velocidad y termina dejando aislado al ramal descendente del flujo general del oeste.

situación sinóptica. Estado de la atmósfera que se deduce a partir de la distribución que adoptan los campos de presión, temperatura y viento, así como las masas de aire, en un mapa del tiempo.

Skiron. Nombre que en la mitología griega recibía el dios-viento del noroeste, expresado en griego antiguo como *Skirion*. El viento frío y seco con el que en la Antigua Grecia se identificaba a esta deidad se asociaba al inicio del invierno. En la Torre de los Vientos de Atenas aparece representado como un anciano alado, con barba tupida, cabello alborotado y vestido con una túnica, que porta en sus manos una vasija de la que va esparciendo cenizas. Es equivalente al *Caurus* o *Corus* de los romanos. En algunos textos aparece con la grafía Esciron.

SMN. Acrónimo de Servicio Meteorológico Nacional.

smog. Niebla sucia que se forma en entornos urbanos e industriales, en los que la contaminación atmosférica es alta. El término surge de la unión de las palabras inglesas *smoke* (humo) y *fog* (niebla) y así se conoce internacionalmente, si bien existen las formas en español esmog y neblumo (esta última poco usada). El *smog* que afecta a las grandes ciudades está provocado principalmente por el tráfico y se conoce como *smog* fotoquímico. La combustión de hidrocarburos en los vehículos a motor emite al aire monóxido de carbono y óxidos de nitrógeno (NO_x) (NO como contaminante primario y NO_2 como secundario, formándose a partir de él al combinarse con oxígeno), entre otros gases, aparte de diversos compuestos orgánicos volátiles que también se incorporan a la atmósfera. En presencia de radiación solar, se producen una serie de reacciones fotoquímicas que forman grandes cantidades de nuevas sustancias nocivas (contaminantes secundarios) como el ozono, lo que va enturbiando el ambiente, reduciendo la visibilidad y formando una especie de boina (así se llama) de aspecto parduzco que cubre toda la ciudad. Su presencia irrita los ojos y las vías respiratorias, provocando en muchas personas enfermedades como la rinitis, bronquitis, el asma o la neumonía. Las situaciones anticiclónicas persistentes, particularmente en invierno, con presencia de una inversión térmica, en las que la insolación es alta y apenas sopla viento, favorecen la formación y el progresivo aumento del *smog* fotoquímico. Hay otro tipo de *smog* que es el industrial —también conocido como *smog* gris o sulfuroso—, debido a las emisiones de partículas y gases contaminantes originadas por las actividades industriales. La quema de carbón en fábricas, centrales térmicas y algunas ciudades es la principal fuente de emisión al aire de hollín y dióxido de azufre (y a partir de él, otras sustancias como el ácido sulfúrico y distintos sulfatos) que al incorporarse a las gotitas de agua de una niebla dan como resultado el citado *smog* industrial, muy contaminante. *Véanse también* puré de guisantes, contaminación atmosférica.

snowtam. Bloque de información codificada que se incorpora a un informe METAR para informar del estado de las pistas del aeródromo o aeropuerto, cuando se ha depositado en ellas nieve, hielo o agua líquida procedente de su fusión. El *snowtam* está formado por ocho cifras que dan cuenta del número de pista, tipo de depósito, extensión de la zona de pista afectada, espesor del depósito y condiciones de frenado.

sobresaturación. Estado que alcanza un determinado volumen de aire húmedo cuando su razón de mezcla es mayor que la razón de mezcla saturante con respecto al agua o al hielo, encontrándose a la misma presión y temperatura que la superficie plana (de agua o hielo) con la que está en contacto. El aporte de vapor de agua a un aire saturado, lo convierte en sobresaturado. Durante el tiempo que mantiene esa condición, la humedad relativa es ligeramente superior al 100 %.

socaire. Término náutico que hace referencia tanto a un lugar protegido del viento, como al propio abrigo o protección que nos brinda el lado de sotavento de cualquier elemento que obstaculice el paso del viento.

sodar. Instrumento meteorológico no convencional usado para medir perfiles verticales de viento y caracterizar termodinámicamente la baja troposfera, lo que permite conocer si hay o no inversiones térmicas en altura y el grado de estabilidad atmosférica, sin necesidad de realizar un radiosondeo. El término SODAR (expresado indistintamente con mayúsculas o minúsculas) es el acrónimo de la expresión inglesa *SOnic Detection And Ranging* (detección y localización por sonido). Su funcionamiento es análogo al del radar, solo que en este caso los pulsos que emite a la atmósfera son de ondas sonoras. En función del grado de turbulencia del aire, esas ondas son dispersadas de una u otra manera, siendo distinta la señal de retorno. Gracias a los pulsos recibidos, se pueden determinar las propiedades del medio atmosférico antes apuntadas.

soflama. Bochorno, calor ardiente. El término alude explícitamente al calor que emana del fuego (flama, del latín *flamma*, es sinónimo de llama). Fuera de un contexto meteorológico, toma distintos significados, como sofoco, asfixia, agobio, discurso (incendiario) o arenga.

sol falso. Nombre con el que familiarmente se conoce al parhelio. Los anglosajones llaman a esta luminaria *sundog*; un curioso nombre que traducimos literalmente como «perro del sol», ya que aparece en el cielo acompañando al astro rey. Pueden aparecer uno o dos soles falsos (en este último caso, a uno y otro lado del disco solar y a su misma altura). También es común referirse así al paranhelio y a la gloria o anthelion.

solana. Vertiente de una montaña más expuesta al sol. Es la que recibe a lo largo del año una mayor cantidad de radiación solar directa, lo que se traduce en más horas de sol que en la vertiente opuesta; la de umbría. En las montañas de latitudes templadas y subtropicales del hemisferio norte, las vertientes de solana son las orientadas al sur (al norte en el hemisferio austral). El término también se usa fuera del ámbito montañoso, para referirse al lugar donde calienta mucho el sol debido a una elevada insolación.

solanar. *Véase* solanera.

solanera. Forma coloquial para referirse a un lugar donde —como se dice vulgarmente— «pega el sol de lo lindo». Existen otras palabras con idéntico significado, como solana, solanar (ambas pertenecientes a la misma familia), retestero o rachisol, pero esta es la más usada.

solanillo. Nombre que se da también al viento solano.

solano. Nombre dado en muchas zonas de la península ibérica al viento de procedencia mediterránea, cuya dirección está comprendida entre el este y el sureste. Se llama así por el hecho de que procede de donde sale el sol. Sus características varían de unos lugares a otros y con la época del año. Por el suroeste y sur peninsular es un viento cálido y húmedo, que a veces precede a las lluvias («Viento solano, agua en la mano; en invierno, que no en verano»). También es común que desplace polvo y dé lugar a lluvias de barro. Al ser de origen marítimo, es inicialmente fresco y húmedo, pero a medida que recorre las tierras ibéricas —particularmente en los meses de verano— se va recalentando, convirtiéndose en un viento cálido, seco y polvoriento. Es una extensión del siroco, por lo que recibe también sus distintas denominaciones, aparte de otros localismos y nombres tan curiosos y expresivos como rabiazorras y secabalsetes.

solarímetro. *Véase* piranómetro.

solsticio. Al igual que ocurre con el término «equinoccio», su uso es relativamente común en textos de Meteorología y Climatología. La palabra proviene del latín *solstitium*, que significa literalmente «sol quieto», ya que marca cada uno de los dos momentos del año en que el sol, en su recorrido por la bóveda celeste, alcanza su mayor y su menor altura con respecto al horizonte en cada uno de los hemisferios terrestres y detiene su progresión ascendente o descendente. En el hemisferio norte, el solsticio de invierno cae habitualmente el 21 o 22 de diciembre, se corresponde con la noche más larga del año y marca el inicio del invierno astronómico, mientras que el solsticio de verano ocurre casi siempre el 20 o 21 de junio, es el día con más horas de sol del año y marca el inicio del verano astronómico. La correspondencia entre cada solsticio y su fecha de ocurrencia se invierte en el hemisferio sur (el de invierno cae en junio y el de verano en diciembre).

sombra de la Tierra. *Véase* faja de Venus.

sombra pluviométrica. Región situada a sotavento de una montaña o cordillera, en donde la precipitación es muy inferior a la que se registra en el lado opuesto (barlovento), enfrentado a los vientos dominantes en la zona. Las montañas, aparte de obstaculizar el paso del aire, modifican sus propiedades. Cuando una corriente atmosférica incide sobre una barrera montañosa, se ve forzada a remontarla, de manera que, al ascender, el aire se enfría, se forman nubes (orográficas) y, en la mayoría de los casos, se producen precipitaciones de lluvia. El aire, originalmente húmedo, pierde de esta forma una parte importante de su contenido acuoso. Al alcanzar la línea de cumbres, se precipita ladera abajo, a sotavento, calentándose por compresión y volviéndose más seco todavía, lo que explica la presencia de la sombra pluviométrica en ese lado. La sombra pluviométrica también se conoce como sombra orográfica.

sondeo. *Véase* radiosondeo.

sondo. *Véase* sonda.

soplada. Término náutico dado a una ráfaga de viento de corta duración.

sorna. Al margen de su acepción más conocida —no meteorológica— (tono burlón al hablar), en algunas zonas de Aragón llaman así al calor húmedo, pegajoso y sofocante. Sinónimo de bochorno.

soroche. Uno de los nombres con el que se conoce el mal de montaña en los Andes. *Véase también* mal de altura.

SPI. Acrónimo de *Standardized Precipitation Index*. *Véase también* índice de precipitación estandarizado.

spissatus (spi). Nombre dado a las nubes altas del género *Cirrus* cuando son particularmente compactas. El término es el participio pasado del verbo latino *spissare*, que significa espesar o volverse espeso, y da nombre a una de las especies nubosas incluidas en el *Atlas Internacional de Nubes* de la OMM. Los cirros de esta especie tienen un espesor tal que, vistos a contraluz, adoptan una tonalidad grisácea.

SST. Acrónimo de *Sea Surface Temperature*. Con esta sigla se conoce internacionalmente a la temperatura de la superficie del mar.

STEVE. Acrónimo de *Strong Thermal Emission Velocity Enhancement*, que puede traducirse al español como «fuerte aumento de la velocidad de emisión térmica», y que da nombre a un fenómeno óptico atmosférico que se produce ocasionalmente en la alta atmósfera y presenta cierta similitud con una aurora polar. Se trata de una banda alargada luminosa brillante de color violeta y no existe todavía una explicación completamente satisfactoria del fenómeno. A partir de datos de satélite se ha podido determinar que el STEVE está formado por un plasma a una temperatura mayor de 3000 ºC que fluye a gran velocidad, confinado en esa estructura alargada de unos 25 km de anchura, formada a algo más de 400 kilómetros de altitud. En ocasiones, el STEVE aparece junto a una aurora de color verde de las que presentan una estructura denominada «cerca de estacas», lo que permite deducir que ambos fenómenos están interrelacionados.

stratiformis (str). Vocablo latino que significa «con forma o apariencia de estrato», y que da nombre a una de las especies catalogadas en el *Atlas Internacional de Nubes* de la OMM. Se aplica a nubes que ocupan una gran extensión horizontal, de los géneros *Altocumulus*, *Stratocumulus* y, de manera más ocasional, *Cirrocumulus*.

Stratocumulus (Sc). [Imagen 27, pliego]. Género nuboso perteneciente a la familia de las nubes bajas con el que se identifica la capa de nubes blanquecinas y/o grises, compuesta por elementos nubosos con forma de losetas, guijarros o ladrillos, dispuestos con regularidad, que pueden estar o no soldados entre ellos y cuyo diámetro aparente —el de cada elemento— es superior a 5º de arco. Suelen alternar zonas de color gris claro (blanquecino) con otras de gris oscuro, de aspecto amenazante. En función del aspecto que presente un estratocúmulo, se puede identificar con cuatro especies diferentes (*stratiformis, lenticularis, castellanus* y *volutus*) y puede presentar hasta siete variedades también distintas (*translucidus, perlucidus, opacus, duplicatus, undulatus, radiatus* y *lacunosus*).

Stratus (St). Vocablo latino que da nombre a uno de los diez géneros nubosos que establece el *Atlas Internacional de Nubes* de la OMM. Es la nube baja por excelencia, compartiendo el piso bajo de nubosidad con los estratocúmulos y los nimboestratos (estas últimas nubes, a caballo entre las bajas y las medias). El estrato es una capa nubosa de color gris, cuya base es bastante uniforme y puede llegar a coincidir con la superficie terrestre, en cuyo caso nos referimos a él como una niebla. Puede dar lugar a llovizna, pequeños copos de nieve o cinarra, y presentar un aspecto bastante homogéneo y difuminado (especie *nebulosus),* o desgarrado, formando jirones (especie *fractus).* Se pueden ver estratos de tres variedades distintas: *opacus, translucidus* y *undulatus.*

subfusión. Estado transitorio (o metaestado) en el que el agua mantiene su condición de líquido por debajo del punto de congelación. En la atmósfera, es común la presencia de gotitas de nube o gotas cuya agua está subfundida o superenfriada. En algunos casos, este estado se mantiene a temperaturas muy por debajo de los 0 ºC (próximas a los -40 ºC). Es indistinto hablar de subfusión, sobrefusión o superenfriamiento. Cuando las gotas o gotitas de agua subfundida se ven sometidas a un cambio brusco de presión, se congelan de inmediato; la estructura molecular del agua cambia, se vuelve más ordenada (hexagonal) y se forma el hielo. *Véase también* engelamiento.

subhelio. Fenómeno óptico atmosférico provocado por la reflexión de la luz del sol sobre un conjunto de cristales de hielo en suspensión en la atmósfera situados por debajo de él. Adquiere una forma ovalada o elipsoidal y es de color blanco. A veces, alineado con su eje mayor, se forma también un pilar solar.

sublimación. Cambio de estado de la materia, directamente de fase sólida a gaseosa sin pasar por la líquida. El proceso inverso (paso de vapor a sólido) recibe el nombre de sublimación inversa, si bien en Meteorología es común referirse a ambos procesos —el directo y el inverso— como sublimación. La formación de escarcha o el crecimiento de los cristales de hielo que forman la nieve, son el resultado de la sublimación de vapor de agua presente en el aire.

subsidencia. [Figura 15]. Lento descenso de una masa de aire que tiene lugar en los anticiclones, asociado a una divergencia horizontal en los niveles atmosféricos próximos a la superficie terrestre. El aire, según va descendiendo, se comprime adiabáti-

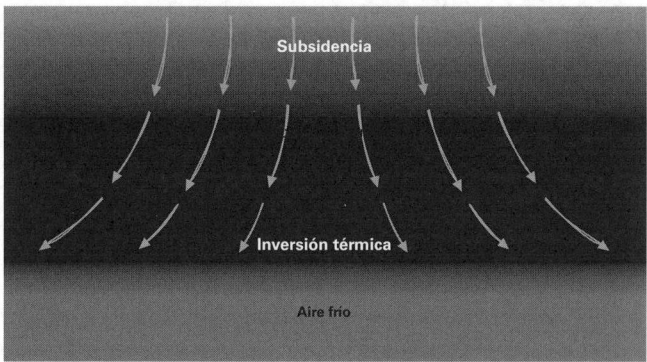

Fig. 15. Fenómeno de la subsidencia. En los anticiclones (zonas de altas presiones) se producen grandes descensos de aire, lo que se conoce en Meteorología como subsidencia. El aire frío de niveles altos, según desciende, va calentándose por compresión, debido a que aumenta la presión atmosférica. Si el aire cerca de la superficie terrestre está frío, se forma a cierta altura una inversión térmica, tal y como ilustra la figura.

camente y calienta, disminuyendo notablemente su humedad relativa. En las zonas extensas donde tiene lugar una subsidencia, los cielos tienden a estar despejados, ya que se favorece la disipación de la nubosidad. Es habitual que se forme una inversión térmica en la frontera entre el aire descendente, progresivamente más seco y estable, y el situado por debajo, más fresco y húmedo (particularmente en zonas marítimas). *Véase también* inversión de subsidencia.

subsolano. Uno de los nombres dado al viento del este. En la rosa de los vientos de Timosteno (siglo III a. C.) —de 12 rumbos—, el *subsolanus* se correspondía con todo aquel viento comprendido entre el ENE y ESE. En la descripción de esa rosa de la Antigüedad que dejó escrita Isidoro de Sevilla (h. 560-636) en sus *Etimologías*, indica que el subsolano tiene por el lado derecho al vulturno (*vulturnus*) y por el izquierdo al euro.

sudestada. Temporal marítimo con vientos fríos, fuertes y persistentes del sureste, que acontece en la región del Río de la Plata, incidiendo de lleno en las costas del norte de Argentina y las de Uruguay. Sus efectos alcanzan también al litoral sur de Brasil. Las sudestadas irrumpen preferentemente en el otoño y el invierno austral (entre los meses de abril y octubre). Estos temporales, aparte de encrespar la superficie marina y provocar un gran oleaje, vienen acompañados de nieblas y lluvias («Viento del este, lluvia como peste», sentencia un dicho popular rioplatense). El machacón viento, que a veces llega a soplar varios días seguidos, arrastra las aguas superficiales del río de la Plata, empujándolas río arriba y provocando inundaciones costeras. La sudestada se conoce también como suestado y tiene características opuestas al pampero.

sumidero. En un contexto de cambio climático, es todo aquel proceso, actividad o mecanismo —tanto natural como artificial— que sustrae de la atmósfera un gas de efecto invernadero, un aerosol o un precursor de cualquiera de ambos, reduciendo su concentración en el aire. A raíz del Protocolo de Kioto —firmado el 11 de diciembre de 1997 y en vigor desde el 16 de febrero de 2005—, se empezó a hablar cada vez más de los sumideros de carbono (o de CO_2), tanto de los naturales (océanos y bosques jóvenes) como de los que plantea la geoingeniería.

supercélula. [Imagen 25, pliego]. Sistema tormentoso rotatorio de grandes dimensiones, dotado de un alto grado de organización, cuya duración es bastante mayor que la de una tormenta ordinaria. Se forma en entornos de elevada inestabilidad atmosférica, en los que se favorece la convección profunda. En su parte central se localiza un mesociclón, formado por una vigorosa corriente ascendente interior, rodeada de violentísimas corrientes descendentes laterales. El carácter estacionario de dicha estructura giratoria favorece la formación de fenómenos adversos que causan gran devastación, tales como tornados, pedrisco y rachas de viento muy fuertes.

superficie frontal. Superficie de separación entre dos masas de aire. En ella es habitual que se formen nubes, debido a los procesos de condensación que tienen lugar allí. Aunque las bandas nubosas ligadas a estas superficies se identifican con los frentes; por definición, un frente es únicamente la línea de intersección de una superficie frontal con la superficie terrestre.

superficie isobárica. Superficie en la que todos sus puntos tienen un mismo valor de presión atmosférica. Podemos referirnos a ella también como una superficie de presión constante. *Véase también* mapa de altura.

superficie isoterma. Superficie en la que todos sus puntos tienen un mismo valor de temperatura.

surada. Forma coloquial para referirse a una situación persistente de vientos del sur. Es un término de uso común en el Cantábrico Oriental. En lenguaje náutico, también se expresa como una collada de viento sur.

surazo. Nombre con el que comúnmente se refieren al viento frío del sur en el altiplano andino de Perú. También llaman así al pampero en otras zonas de Sudamérica situadas al norte del trópico de Capricornio donde incide este viento.

surco. Configuración isobárica equivalente a un seno de bajas presiones. *Véanse también* seno, vaguada.

SYNOP. *Véase* clave SYNOP.

T

tabardillo. Fuerte insolación veraniega. Equivalente a asolea-miento. La palabra también expresa el trastorno que sufren las personas cuando se exponen prolongadamente al sol y a las altas temperaturas (golpe de calor). Otro uso muy extendido la identifica con lo que popularmente llamamos «mal cuerpo»; bien sea un malestar físico (una afección gripal («¡Tengo un tabardillo encima!») o emocional. Etimológicamente, tiene su origen en el vocablo latino medieval *tabardilius*, que significa pústula pestilente y que asociamos al tifus exantemático: enfermedad infecciosa con fiebres altas, delirios y exantema cutáneo.

tabla psicrométrica. Tabla donde aparecen representados los valores de la humedad relativa del aire correspondientes a distintas combinaciones de parejas de valores de la temperatura del termómetro seco (T) y de la diferencia entre la temperatura del termómetro seco y del húmedo (T-T') del psicrómetro. La tabla se confecciona a partir de una fórmula de cálculo en la que, aparte de los datos de T y T', se introduce el valor de la presión atmosférica y un factor numérico, mayor o menor en función de la velocidad del viento.

tabuscazo. Chubasco intenso y repentino de lluvia, nieve o granizo. El sufijo aumentativo «-azo» recalca su carácter violento. También se expresa como tabusco.

TAC. Sigla en español de turbulencia en aire claro. En inglés CAT.

TAF/TAFOR. Acrónimo de *Terminal Aerodrome Forecast*. Es, junto al METAR, la clave meteorológica más usada en aeronáutica. Se trata de un pronóstico que describe de forma detallada las condiciones meteorológicas que se esperan en un aeródromo o aeropuerto durante un período de tiempo dado. Dicho período abarca desde 9 horas (TAF corto) hasta 24 o 30 (TAF largo), si bien de forma extraordinaria puede emitirse uno para un plazo inferior a las 9 horas (lo que se conoce como un TAF enmendado [AMD]), cuando el predictor estima que es necesario hacerlo. La clave TAFOR (sigla con la que también se la conoce) especifica todos los cambios meteorológicos considerados de importancia para el normal desarrollo de las operaciones aéreas en el aeropuerto o aeródromo especificado.

taíno. Nombre alternativo a huracán que recibe el ciclón tropical en algunas zonas del Caribe, principalmente de las Antillas Mayores. Dicha denominación hace referencia a los antiguos pobladores de esas islas (los taínos). La palabra huracán procede justamente del idioma taíno y se corresponde con el nombre de un dios maya, que puede verse escrito con diferentes grafías, dependiendo de las fuentes consultadas (Hun-r-akan, Hurakán, Juracán...).

tanque de evaporación. Evaporímetro consistente en un depósito de acero galvanizado, de 120,7 cm de diámetro y 25 cm de profundidad, que se instala en el jardín meteorológico, o bien introducido parcialmente en el suelo, de manera que sus bordes sobresalgan por encima de él unos pocos centímetros, o bien colocado sobre un soporte de madera, como un palet. El tanque se llena casi hasta arriba de agua y, mediante la lectura diaria del nivel, se puede estimar la cantidad de agua evaporada. Los días en que se registra precipitación hay que hacer la corrección oportuna, ya que el depósito habrá recibido una determinada cantidad de agua, que puede conocerse gracias al pluviómetro. También se denomina evaporímetro de cubeta o geoevaporímetro. *Véase también* evaporímetro.

tanque de tormenta. Recinto subterráneo de grandes dimensiones integrado en la red de alcantarillado de una ciudad, destinado a recoger el exceso de agua que dejan las precipitaciones intensas, asociadas en muchos casos a las tormentas. Podemos compararlo con un gigantesco aljibe. Las alcantarillas van conduciendo el agua hasta unos grandes colectores que están conectados con los tanques de tormenta. Estos tanques pueden estar colocados en línea o en paralelo y contienen varios elementos. El primero de ellos es la cámara central, que es donde llegan las primeras aguas procedentes del súbito aumento del caudal provocado por la elevada intensidad de precipitación. Se trata de aguas residuales que hay que depurar de forma conveniente. A continuación, se sitúa la llamada cámara de retención, que recoge el agua que ya no es capaz de almacenar la cámara central. Luego sigue una tercera cámara —la de alivio—, que va desalojando agua, y finalmente se ubica la cámara seca, destinada a regular el caudal de salida. El principal objetivo de los tanques de tormenta es reducir el riesgo de inundación en una ciudad por acumulación de agua procedente de un episodio de lluvias torrenciales o una granizada de alta intensidad. También se conoce como depósito pluvial.

tarantada. Nombre que recibe el empujón violento que le dan a uno y que le desplaza de su posición —conocido también como tarantán—, con el que se identifica igualmente el golpe fuerte de viento del noroeste en el Mediterráneo. Es una variante del término tarascada (golpe).

tardío. Otoño, otoñada. Tiene su origen en el término francés *tardor*, que toma idéntico significado.

taró. Nombre de origen fenicio que recibe la niebla densa y persistente que, principalmente en verano y a principios del otoño, se forma en la zona del estrecho de Gibraltar, reduciendo casi por completo la visibilidad. Dicha circunstancia, obliga a los barcos que transitan por esa concurrida vía de navegación a utilizar sus sirenas para advertir de su presencia. Esta niebla de advección, conocida también por la variante tarol, está provocada por las entradas de viento seco del sur que, al desplazarse sobre ese brazo de mar, evapora muy eficazmente el agua fría de su superficie, lo que conlleva a la saturación del aire.

tarreñar. Localismo cántabro que significa derretir y que se aplica a la nieve.

tasco. Palabra que describe la gran cantidad de nieve que dejan algunas nevadas. Se emplean con idéntico significado los términos coloquiales paquete y paquetón (de nieve).

tazón de polvo. *Véase* cuenco de polvo.

techo de nubes. Concepto meteorológico de gran interés aeronáutico, que se define como la altura a la que se encuentra la base de la capa inferior de nubes situada por debajo de 20 000 pies (unos 6000 metros) y que cubra más de la mitad del cielo (> 4 octas). No hay que confundir el techo de una capa nubosa con su parte superior, denominada tope o cima. *Véase también* nefobasímetro.

tefigrama. Diagrama termodinámico que tiene por coordenadas cartesianas la temperatura (T) y $c_p \ln\theta$ (siendo c_p el calor específico a presión constante y θ la temperatura potencial). En un tefigrama, las isobaras no son líneas rectas, sino que presentan una ligera curvatura. Las isotermas son rectas y cortan transversalmente a las adiabáticas secas, formando entre ambas líneas un ángulo de 90º.

telenivómetro. Nivómetro automático que registra de forma continua el espesor del manto de nieve —mediante un sensor de ultrasonidos— y la cantidad de agua equivalente (altura de agua) contenida en el punto concreto donde se ubica el instrumento. Esta última medida la efectúa un sensor que capta la radiación cósmica que atraviesa el manto nivoso. Para calibrar de forma adecuada dicho sensor, se comparan sus datos con los obtenidos manualmente, mediante sondeos efectuados junto al lugar donde está instalado el instrumento. En cada sondeo se extrae un testigo de nieve y se mide su espesor y peso, lo que permite determinar su densidad (masa/volumen) y la cantidad de agua equivalente. Las medidas efectuadas por el telenivómetro permiten estimar la densidad media de la capa de nieve. Para que sean representativas de lo que nieva en una zona de alta montaña, el instrumento se instala en un lugar abierto, libre de obstáculos y de poca pendiente, donde el riesgo de aludes es bajo.

temperar. Equivalente a atemperar. Véase dicha entrada.

temperatura. Magnitud física que, aplicada al aire y en primera aproximación, podemos definir como el grado de agitación de las moléculas de los gases que lo componen, de tal forma que cuanto más caliente esté el aire, más movilidad tendrán sus moléculas y, en consecuencia, mayor será su temperatura. Con el frío ocurre lo contrario; la agitación molecular es menor. La anterior definición —basada en la teoría cinética de los gases— solo es aplicable a un gas ideal, y el aire únicamente podemos considerarlo como tal bajo determinados supuestos, por lo que, en sentido estricto, es más adecuado definir la temperatura como la magnitud física de dos sistemas o cuerpos en contacto entre sí (el aire y el termómetro, en el caso que nos ocupa), cuya igualdad de valores garantiza un equilibrio térmico entre ellos. La temperatura del aire se obtiene directamente de la lectura de un termómetro expuesto a dicho elemento en el interior de una garita meteorológica, lo que garantiza la validez del dato, ya que, procediendo de esta manera, se evitan sobrecalentamientos indeseables que puedan falsear la medida. En el Sistema Internacional de Unidades, la temperatura se expresa en grados Kelvin (K), si bien en Meteorología se emplea habitualmente la escala centígrada, cuya unidad es el grado Celsius (°C). En EE UU sigue vigente entre la población la escala de temperatura Fahrenheit (°F), habiendo dejado de usarse en el resto de países anglosajones.

temperatura de la superficie del mar. Temperatura de la masa de agua de los primeros metros de espesor de la superficie oceánica, medida con ayuda de boyas o desde buques oceanográficos u otras embarcaciones, y también la temperatura equivalente medida por determinados satélites, aunque en este caso de una fracción más pequeña de la superficie del mar (menos de un milímetro en el caso de las medidas efectuadas con sensores que trabajan en el rango espectral del infrarrojo, y del orden del centímetro en el caso de los que operan en microondas). Internacionalmente, se conoce con la sigla SST y es una variable de gran interés meteorológico, particularmente en el ámbito tropical. Por ejemplo, la SST dicta en buena medida la evolución de los ciclones tropicales. Cuando un huracán discurre por una zona de aguas algo más cálidas, tiende a reforzarse, subiendo de categoría.

temperatura de rocío. *Véase* punto de rocío.

temperatura del suelo. Temperatura del subsuelo, medida en los observatorios meteorológicos principales a distintas profundidades. Se puede considerar una variable meteorológica en la medida en que sus cambios están acoplados a los que experimenta la temperatura del aire junto al suelo. La oscilación térmica diaria y anual en el subsuelo es menor que en el aire y, aparte, disminuye progresivamente a medida que aumenta la profundidad. Habitualmente, esta variable se mide a 5, 10, 20, 50 y 100 cm por debajo de la superficie. Se emplean para ello los llamados geotermómetros, que no son más que termómetros de mercurio convencionales insertados en el interior de tubos de hierro de distinta longitud, que se clavan en el suelo, quedando el instrumento en cada caso a la profundidad deseada. Las medidas de la temperatura del suelo tienen un particular interés en los estudios agrometeorológicos. *Véase también* agrometeorología.

temperatura del termómetro húmedo. Temperatura que marca el termómetro húmedo del psicrómetro, que junto a la medida por el otro termómetro (seco) que lleva integrado ese instrumento, permite calcular la humedad relativa del aire.

temperatura del termómetro seco. Temperatura que marca el termómetro seco (con el depósito en contacto con el aire) del psicrómetro.

temperatura equivalente. Concepto teórico usado en termodinámica de la atmósfera que, por definición, es la temperatura que tendría una parcela de aire húmedo si todo el vapor de agua contenido en ella se condensara a presión constante y el calor latente liberado en ese cambio de fase se empleara en calentar el aire.

temperatura máxima. Temperatura más alta registrada en el transcurso de un período de tiempo dado. En los observatorios meteorológicos se registra de forma rutinaria la temperatura máxima diaria (expresada comúnmente como temperatura máxima o la máxima, a secas), en cuyo caso, es el valor más alto alcanzado durante las veinticuatro horas que dura un día. Se puede determinar con un termómetro diseñado para tal fin (termómetro de máxima).

temperatura mínima. Temperatura más baja registrada en el transcurso de un período de tiempo dado. Al igual que ocurre con la temperatura máxima, se mide a diario (período de 24 horas) en los observatorios meteorológicos, para lo cual se emplea un termómetro específico (termómetro de mínima). Es común referirse a ella como la mínima, a secas.

temperatura potencial. Variable usada en termodinámica de la atmósfera, particularmente en aerología, que se define como la temperatura que pasaría a tener una parcela de aire seco (aire no saturado) al ser desplazada verticalmente desde su posición original (caracterizada por una presión y temperatura constantes) hasta otra donde la presión es de 1000 hPa, expandiéndose o comprimiéndose adiabáticamente en dicho desplazamiento. Se suele expresar con la letra griega θ.

temperatura virtual. Concepto teórico usado en termodinámica de la atmósfera, que se define como la temperatura que debería tener el aire seco para que tuviera la misma densidad que el húmedo, a la misma presión.

temperaturas extremas. Pareja de valores de temperatura correspondientes al valor más alto y más bajo de todos los registrados durante un período de tiempo dado. La temperatura máxima y la mínima alcanzadas cada día constituyen las extremas diarias, y como tales quedan registradas en los cuadernos de los observatorios meteorológicos. Habitualmente, la máxima se alcanza algo después del mediodía solar, mientras que la mínima suele registrarse poco después del amanecer. Aunque el ciclo día-noche es el que marca la pauta del comportamiento térmico diario de un lugar, de forma ocasional pueden alcanzarse los valores extremos en momentos del día distintos a los habituales. Dicha circunstancia ocurre, a veces, cuando irrumpen bruscamente masas de aire muy frío o extremadamente cálido, lo que desvirtúa los dictados que marca el factor solar.

temperie. Tiempo meteorológico. En español, la palabra «tiempo» se usa indistintamente para referirnos al tiempo cronológico y al meteorológico, entendiéndose el sentido que toma en función del contexto donde se utilice; sin embargo, la existencia en la lengua castellana del término «temperie» permite diferenciar entre un tipo de tiempo y otro, de igual manera que los anglosajones emplean *time* y *weather* para expresar el tiempo cronológico y el meteorológico respectivamente. El estado de la atmósfera también se puede expresar como temple.

tempero. Término agrícola, relacionado con la Meteorología, que se aplica a la tierra cuando su contenido de humedad es el adecuado para iniciar las labores de siembra («Agua de enero, todo el año tiene tempero»).

tempestad. Palabra que deriva del vocablo latino *tempestas*, que toma el significado de tormenta, borrasca, mal tiempo... Algunos diccionarios la definen como tormenta grande, pero emplean «tormenta» en su forma más genérica, teniendo cabida en ella distintos fenómenos meteorológicos de diferentes escalas. Uno de los usos más comunes del término alude al temporal marítimo particularmente violento y de gran magnitud, caracterizado por vientos muy intensos y gran oleaje. También es habitual identificarla con el conjunto de inclemencias meteorológicas asociadas a una situación de tiempo adverso que, normalmente, afecta a una zona amplia de territorio, como ocurre al paso de una borrasca profunda, o en determinados entornos tormentosos.

tempestad de arena. Conjunto de partículas de arena levantadas violentamente del suelo por un viento fuerte y turbulento en una zona desértica. Su parte delantera está formada por un compacto murallón de varios centenares de metros de altura y aspecto amenazante, que va avanzando sobre el terreno de manera similar a como lo hace un frente frío o una ola. Su génesis es la misma que la de la tempestad de polvo, aunque el particulado es de mayor tamaño y no alcanza tanta altura (tempestad de polvo). Es habitual referirse a este fenómeno usual de regiones áridas y semiáridas como tormenta de arena, si bien conceptualmente es más correcto identificarlo con una tempestad.

tempestad de polvo. Conjunto de partículas de polvo levantadas violentamente del suelo a gran altura por un viento fuerte y turbulento. El diámetro de esos gránulos es del orden de las décimas de milímetro. Los que superan el milímetro son considerados arena y no alcanza niveles atmosféricos tan altos como el particulado más fino (polvo). Estas tempestades inyectan al aire grandes cantidades de polvo que, arrastrado por las corrientes en altura, recorren largas distancias (por ejemplo, el polvo sahariano cruza el Atlántico Norte en su totalidad y alcanza el continente americano). Es común referirse a este fenómeno como tormenta de polvo, lo mismo que ocurre con la de tempestad de arena.

tempestad de nieve. *Véase blizzard.*

tempestad ionosférica. Alteración significativa del contenido total de electrones, del máximo de densidad electrónica y de la altitud que alcanza dicho máximo en la capa F de la ionosfera, como consecuencia de distintos procesos dinámicos y químicos inducidos en la alta atmósfera por una tormenta solar. Estos eventos afectan a los sistemas de posicionamiento global por satélite, así como a las comunicaciones radioeléctricas. En función de que la densidad iónica aumente o disminuya, la tempestad ionosférica se califica como positiva o negativa, respectivamente. Es común referirse a ella como una tormenta ionosférica.

tempestuoso. Tiempo asociado a la tempestad.

templanza. Estado de la atmósfera caracterizado por el confort térmico. También se aplica al clima de un lugar donde el tiempo es habitualmente bonancible, sin frío ni calor excesivos.

temple. Arcaísmo del castellano antiguo, caído en desuso, que alude a las condiciones ambientales habituales de un territorio. Es equivalente al estado medio atmosférico que caracteriza el clima de un espacio geográfico determinado.

temporal. Término empleado como sinónimo de tempestad, si bien su uso más apropiado es para referirse a una situación de lluvias, nevadas y/o vientos persistentes, de varios días de duración. También recibe este nombre el viento de fuerza 8 en la escala Beaufort, con velocidades comprendidas entre los 34 y 40 nudos (entre 62 y 74 km/h), lo que provoca olas grandes con rompientes que generan espuma. Los siguientes grados en dicha escala aluden igualmente al término: fuerza 9 (temporal fuerte), fuerza 10 (temporal duro), fuerza 11 (temporal muy duro) y fuerza 12 (temporal huracanado).

tendencia. Palabra muy usada en Meteorología y Climatología, tanto en las predicciones meteorológicas a medio y largo plazo, como en las climáticas. Es habitual, por ejemplo, referirse a la tendencia de la temperatura y/o de las precipitaciones. En las gráficas que se emplean en los estudios de cambio climático se suelen establecer tendencias, que ayudan a visualizar mejor los continuos vaivenes (fases frías y cálidas a diferentes escalas) que caracterizan la evolución del clima.

tendencia barométrica. En un lugar dado, diferencia de los valores de la presión atmosférica registrada en el momento de la observación y la que había al principio de un intervalo de tiempo precedente, cuya duración se fija por convenio. Dicho intervalo suele ser de 3 horas, salvo en el ámbito tropical, que se extiende hasta 24. Las líneas de igual tendencia barométrica (expresada en hPa/3 h o hPa/24 h) se llaman isobaras y aparecen trazadas en algunos mapas del tiempo.

tendido. Referido al cielo, sin nubes. Equivalente a raso o despejado. En náutica, una mar tendida es lo mismo que una mar de fondo.

tensión de vapor. *Véase* presión de vapor.

teoría del frente polar. Teoría fundamental de la meteorología dinámica, cuyas principales ideas aparecieron publicadas en un trabajo del meteorólogo noruego Jacob Bjerknes (1897-1975), titulado: *On the Structure of Moving Cyclones*, que vio la luz en 1919. En dicho trabajo se describió por primera vez la formación y evolución de las depresiones extratropicales, como consecuencia de la interacción del aire polar y el tropical, y se introdujo el concepto de frente, distinguiéndose entre el frente frío y el cálido y explicándose los distintos tipos de nubes y meteoros asociados a cada uno de ellos. La teoría, apoyada en algunos trabajos anteriores (Margules [1905], Shaw [1906]), contó con el respaldo y asesoramiento del padre de Jacob —el también meteorólogo Vilhem Bjerknes (1862-1951)— y, una vez dada a conocer, fue completada gracias a las aportaciones de otros miembros de la Escuela de Bergen, como Halvor Solberg (1895-1974) y Tor Bergeron (1891-1977).

teoría de Bergeron-Findeisein. Teoría que explica de forma satisfactoria el inicio de la precipitación en el seno de nubes mixtas. La presentó el meteorólogo sueco Tor Bergeron (1891-1977) en 1933, siendo mejorada por el meteorólogo alemán Walter Findeisein (1909-1945), de ahí que se conozca por el nombre de ambos. Está basada en el hecho de que la presión saturante del vapor de agua sobre agua líquida es mayor que sobre hielo. Cuando en el interior de una nube coexisten gotitas de agua subfundidas y cristales de hielo, estos últimos tienden a crecer a costa de la evaporación de las gotitas. Esa situación inicial requiere de la presencia de núcleos de congelación, sobre los que van formándose los cristalitos de hielo. El vapor de agua aportado por las gotitas al ambiente, se sublima al entrar en contacto con esos diminutos cristales y queda depositado en ellos en forma de hielo, aumentando progresivamente de tamaño. A temperaturas de entre 0 y –5 ºC, este mecanismo de crecimiento es óptimo y se van formando copos de nieve cada vez más grandes, que terminan precipitando. Dependiendo de cuál sea la temperatura del aire a lo largo de su caída, pueden llegar como tales hasta la superficie terrestre, o transformarse previamente en gotas de lluvia o aguanieve.

térmica. Corriente de aire ascendente de escala local que se produce sobre una superficie que está más caliente que su entorno. Los diferentes tipos de suelo (arena, rocas, césped...) transfieren al aire en contacto con ellos distintas cantidades de calor. En las zonas del terreno que se calientan más, el aire adquiere una mayor temperatura y se vuelve más ligero (menor densidad). Se ve entonces sometido a un mayor empuje hidrostático hacia arriba, que culmina con la formación de las térmicas. Su presencia la delatan los vuelos en círculos de las aves rapaces, que actuando así consiguen sustentarse en el aire sin apenas esfuerzo. Es la misma técnica que emplean los practicantes de vuelo sin motor con sus veleros, o los de ala delta y parapente. Si el aire que asciende en una térmica alcanza el nivel de condensación, se empieza a formar un pequeño cúmulo, cuyo desarrollo vertical posterior vendrá dictado, en buena medida, por el grado de estabilidad/inestabilidad atmosférica. *Véase también* convección.

termógrafo. Termómetro que lleva incorporado un dispositivo registrador, encargado de ir trazando sobre una banda de papel una gráfica con las variaciones continuas de la temperatura. Ese registro cronológico recibe el nombre de termograma.

termohigrógrafo. Instrumento meteorológico registrador que integra un termógrafo y un higrógrafo, lo que permite obtener simultáneamente, en el mismo diagrama, el registro continuo de la temperatura y la humedad relativa del aire. Es un aparato muy usado en los observatorios meteorológicos, que podemos encontrar tanto en el interior de las garitas (condiciones exteriores), como en las propias dependencias donde trabaja el personal (condiciones interiores).

termómetro. Instrumento meteorológico que permite medir la temperatura del aire. Los hay de distintos tipos, todos ellos basados en la variación de alguna propiedad física que experimentan determinadas sustancias en equilibrio térmico con el aire, al variar el estado termodinámico de este. Los termómetros tradicionales contienen un líquido (mercurio o alcohol) en el interior de un tubo capilar de vidrio conectado a un pequeño depósito o bulbo. Las variaciones de temperatura del aire provocan expansiones o contracciones del líquido, con las consiguientes subidas o bajadas del mismo por el tubito. Gracias a la escala graduada que lleva incorporado, se puede efectuar una lectura directa de los grados que alcanza la temperatura del aire que rodea el instrumento. En los observatorios meteorológicos hay una gran variedad de termómetros, algunos de los cuales —como los de máxima y mínima, o los que componen el psicrómetro (el termómetro seco y el húmedo)— se emplean con fines específicos. El uso del termómetro de mercurio queda restringido a regiones donde el frío no es extremo, ya que ese líquido empieza a congelarse por debajo de –38,8 ºC y hay lugares de la Tierra donde el aire está a menor temperatura con relativa frecuencia. Para solventar ese problema, en los observatorios meteorológicos de las regiones más frías se utilizan termómetros de alcohol. Contienen habitualmente etanol (alcohol etílico), cuyo punto de congelación es de –114 ºC. Aparte de los termómetros de mercurio y alcohol, también se usan otros como el de lámina bimetálica, el de resistencia, o los digitales, que integran sensores basados en los mismos fundamentos que algunos de los mencionados y que, gracias a un circuito electrónico, convierten las variaciones de temperatura en una señal que se puede visualizar como dígitos en una pantalla de cristal líquido. *Véase también* termoscopio.

termómetro de máxima. Termómetro habitualmente de mercurio diseñado específicamente para poder determinar el valor más alto de temperatura registrado durante un intervalo de tiempo dado, que suele ser de 24 horas. La lectura del instrumento llevada a cabo cada día a las 18 UTC, normalmente permite conocer el dato de la temperatura máxima de la jornada. El termómetro presenta un estrechamiento junto al bulbo, cuya misión es la de provocar la rotura de la columna de mercurio cuando el líquido comienza a bajar por ella, como respuesta a un descenso de temperatura. En el otro extremo del tubo capilar, el menisco convexo del mercurio queda en una posición fija, que marca el valor más alto de temperatura registrado desde la lectura anterior, efectuada 24 horas antes. Una vez hecha la observación, el termómetro se pone en estación, volviendo a quedar todo el líquido de la columna unido entre sí y conectado al depósito. Algunos modelos disponen de un índice o guía que arrastra el mercurio al desplazarse por el tubo en sentido ascendente, quedando detenido cuando el líquido inicia el descenso. El termómetro de máxima se instala en el interior de la garita meteorológica, sobre un soporte que lo mantiene en posición horizontal, aunque ligeramente inclinado hacia el lado del bulbo; de esta forma se evita que el mercurio se desplace por gravedad hacia el extremo opuesto, falseando la medida.

termómetro de mínima. Termómetro de alcohol o bimetálico (este último, menos común) diseñado específicamente para determinar el valor más bajo de temperatura registrado durante un intervalo de tiempo dado, habitualmente de 24 horas. La lectura de este termómetro se lleva a cabo diariamente, a las 6 UTC o 12 UTC y, al igual que el termómetro de máxima, se instala en el interior de la garita meteorológica. El de alcohol debe colocarse perfectamente horizontal y consta de un índice móvil que, a medida que la temperatura desciende, acompaña al líquido en su movimiento por el tubo capilar. Una vez alcanzado el valor más bajo, con el menisco cóncavo del alcohol en su posición más cercana al bulbo, el líquido comienza a desplazarse en sentido inverso por el capilar, pero el índice ya no lo acompaña, quedando fijo en el punto que marca el valor de la temperatura mínima.

termómetro diferencial. *Véase* termoscopio.

termómetro húmedo. De los dos termómetros que tiene un psicrómetro, es aquel cuyo depósito está recubierto por una muselina (tela de gasa) permanentemente empapada, gracias a estar en contacto con el agua contenida en un pequeño recipiente integrado en el instrumento. Dependiendo de lo seco o lo húmedo que esté el aire, la tasa de evaporación en la telilla es mayor o menor y el mercurio contenido en el bulbo pierde más o menos calor latente (absorbido por el aire al producirse ese cambio de fase). Dicha circunstancia hace que este termómetro marque siempre una temperatura inferior a la del otro (el seco), salvo cuando hay niebla, en cuyo caso el aire está saturado, la humedad relativa del aire es del 100 % y ambos termómetros marcan el mismo valor.

termómetro seco. De los dos termómetros que tiene un psicrómetro, es aquel que está expuesto en su totalidad al aire, tanto su tubo capilar como el bulbo. Se trata de un termómetro de mercurio convencional.

termopausa. Límite superior de la termosfera, situado en torno a los 500 kilómetros de altitud, aunque con importantes fluctuaciones debidas a diversos factores, como la latitud y el momento del día. Puede llegar a localizarse varios centenares de kilómetros más arriba. En dicho nivel atmosférico, el aire está extraordinariamente enrarecido, formado principalmente por átomos de hidrógeno, con una temperatura del orden de los 1000 °C. Por encima de ella se sitúa la exosfera, que es la capa más externa de la atmósfera.

termoscopio. Instrumento meteorológico, también conocido como termómetro diferencial, que permite medir pequeños cambios de temperatura en el aire. Fue el precursor del termómetro, una vez que se incorporó al mismo una escala termométrica. Su invención se atribuye a Galileo Galilei (1564-1642), si bien hay referencias de dispositivos similares en la Antigua Grecia, como el de Filón de Bizancio (*ca.* 280–*ca.* 220 a. C.). El de Galileo lo desarrolló a finales del siglo XVI (entre los años 1592 y 1597) y consistía en un tubo de vidrio cerrado en su parte superior por una ampolla y abierto por la inferior, estando colocada esta en el interior de un recipiente de boca ancha que se llenaba de agua. Las variaciones de temperatura experimentadas por el aire contenido en la ampolla, se traducen en cambios de presión que hacen subir o bajar la columna de agua contenida en el tubo. El termoscopio de Galileo fue perfeccionado por personajes como el médico italiano Santorio Santorio (1561-1636) y el también médico y astrólogo inglés Robert Fludd (1574-1637), que le incorporaron una escala y le dieron la función de termómetro. A mediados del siglo XVII, empezaron a emplearse termómetros de alcohol, no siendo hasta bien entrado el siglo XVIII cuando se extendió el uso de los de mercurio, ya con escalas termométricas bien establecidas.

termosfera. Capa de la atmósfera situada entre la mesosfera y la exosfera. La cuarta contando desde abajo de las cinco en que se divide la atmósfera, si atendemos a su estructura térmica vertical. Se extiende desde los 80 hasta unos 500-600 km de altitud, aunque su espesor es variable, siendo a veces mayor (termopausa). En esta capa, la densidad del aire es muy baja y está fuertemente ionizado, debido a la acción de la radiación ultravioleta, los rayos gamma y los rayos X provenientes del sol, que la atraviesan sin apenas atenuación. El nombre de la capa hace alusión al calor (el prefijo «termo-» proviene del griego antiguo θερμός [*thermos*], que significa caliente), ya que en toda ella la temperatura aumenta al ascender, alcanzando valores muy elevados en su parte superior, del orden de los 1000-1500 ºC. Durante el día, al ser atravesada por la radiación solar, el gas enrarecido que la compone puede alcanzar picos de temperatura bastante mayores, de hasta 2500 ºC, si bien cualquier objeto situado allí arriba —como ocurre, por ejemplo, con la Estación Espacial Internacional— no se calienta por contacto, ya que la densidad molecular es tan baja que no hay conducción de calor.

terral. Nombre de origen marinero que recibe el viento que sopla de tierra a mar. Dicho viento puede ser generado en un marco sinóptico, o también la brisa (viento local) que, procedente de tierra adentro, sopla por las noches en dirección al mar, llegando a afectar a las pequeñas embarcaciones que navegan cerca de la costa. En una estrecha franja costera centrada en la ciudad de Málaga, el terral adquiere unas características singulares que lo dotan de identidad propia. Se trata de un viento originalmente de poniente que, tras recorrer una parte del interior peninsular, atraviesa los Montes de Málaga y el valle del Guadalhorce y se abate sobre la capital malagueña y zonas próximas del litoral, convertido en un viento de componente norte, seco, recalentado y turbulento. Se puede distinguir entre un terral cálido de verano y uno frío de invierno, que también irrumpe en otoño y primavera. La diferencia entre ambos reside en el espesor de la masa de aire que se desplaza, mayor en invierno que en verano. Mientras que con el terral de invierno, el aire frío logra desbordar por encima de los Montes de Málaga, con el del verano la masa de aire relativamente frío no consigue superar esa barrera montañosa, deslizándose por encima de ella un aire más cálido que se recalienta bastante más por efecto foehn en su descenso hacia la capital malagueña, donde se llegan a alcanzar temperaturas del orden de los 40 °C. Los lugareños dicen que «el poniente se aterrala» para señalar, justamente, que el viento del oeste ha rolado a noroeste y nor-noroeste, lo que conlleva la entrada en escena del ardiente terral.

terrar. Comenzar a descubrirse el terreno a medida que va fundiéndose la nieve que lo cubría. Localismo asturiano documentado en el concejo de Cabrales, en los Picos de Europa.

testigo de hielo. [Imagen 26, pliego]. Muestra cilíndrica de hielo obtenida mediante la perforación de un glaciar o de los profundos mantos helados de la Antártida y Groenlandia. El análisis isotópico del aire primitivo atrapado en estas muestras permite llevar a cabo reconstrucciones paleoclimáticas que, en algunos casos, abarcan períodos de tiempo de varios centenares de miles de años. Cada testigo de hielo tiene un diámetro de unos 10 centímetros y se corta en piezas de entre 2 y 3 metros de longitud, para facilitar su manipulación y transporte, siendo posteriormente almacenado en una cámara frigorífica. Para trabajar con él en el laboratorio, se realizan nuevos cortes, obteniéndose muestras de tamaño adecuado para poder llevar a cabo las distintas medidas. También se conoce como núcleo de hielo. *Véase también* datos proxy.

thrascios. Uno de los doce vientos de la antigua rosa de Timosteno, cuya dirección de procedencia era próxima al noroeste (entre el noroeste y nor-noroeste). También expresado como thracias y tracias. *Véase también circius.*

tiempo (atmosférico). Estado de la atmósfera en un momento dado. Aunque viene caracterizado por un conjunto de magnitudes físicas (presión, temperatura, humedad...) que medimos con precisión, y un conjunto de fenómenos perfectamente clasificados, nuestra percepción del mismo es subjetiva, lo que lleva a calificar como «buen tiempo» al soleado, de cielos azules, y «mal tiempo» al lluvioso. Es algo que está muy arraigado entre la población. En el contexto en el que estamos, la palabra se refiere implícitamente al tiempo atmosférico o meteorológico; si bien, de forma explícita, podemos referirnos a él como temperie, en contraposición a la otra acepción que puede tomar el término (tiempo cronológico).

tiempo de perros. Expresión popular con la que se identifica el tiempo desapacible, principalmente el que acontece los días más crudos del invierno. Originalmente, se usaba para referirse a los días más calurosos del verano, que acontecen durante la canícula. La importancia que muchas antiguas culturas dieron a la figura del perro, explica ese primer significado de la expresión, asociado al calor canicular y antagónico al actual. Por un lado, la estrella Sirio, conocida en la Antigüedad como la «estrella perro», da origen al término canícula, y por otro, se empezó a relacionar también al perro con las altas temperaturas, ya que entre las plagas y enfermedades infecciosas asociadas al calor estival se incluyó la rabia que transmiten los cánidos. Las calamidades asociadas a esa enfermedad se empezaron a relacionar con las inclemencias meteorológicas, lo que condujo al cambio de sentido de la expresión.

tiempo significativo. Conjunto de fenómenos meteorológicos de especial relevancia para la navegación aérea, de los que se informa a los pilotos a través de las distintas claves aeronáuticas y mapas puestos a su disposición.

Tierra blanca. *Véase* Tierra bola de nieve.

Tierra bola de nieve. Teoría que postula la existencia de varios períodos de tiempo, en un pasado remoto, en los que la Tierra estuvo cubierta de hielo en su totalidad. La hipótesis —también conocida como Tierra blanca— fue propuesta en 1998 por los investigadores de la Universidad de Harvard (EE UU) Paul Hoffmann y Daniel Schrag, para lo cual se basaron en el descubrimiento de vestigios de hielo en determinados estratos geológicos, correspondientes al final del eón Proterozoico (Precámbrico superior). Esos restos de hielo primitivo se han hallado por todo el planeta, lo que sugiere que tanto las zonas continentales como las oceánicas de toda la Tierra (incluida la franja ecuatorial) quedaron cubiertas por una gruesa capa de hielo, lo que pudo hacer descender la temperatura media global hasta los −50 ºC. Se han llegado a datar varias de esas superglaciaciones a lo largo de un período comprendido entre los 800 y los 550 millones de años antes del presente.

tifón. Nombre común que recibe el ciclón tropical que se forma en la parte occidental del Pacífico Norte. Entre las zonas habitadas que se ven afectadas periódicamente por los tifones, están Japón, Filipinas, Taiwán, las costas de China y la Micronesia. En la mitología griega, Tifón era el último hijo de Gea (la diosa madre de la Tierra), que engendró con Tártaro (el dios de los abismos). Su nombre proviene del griego antiguo *Typhos*, que significa «humo». Este término —latinizado como *typhon*— influyó a su vez en una palabra persa de la que fueron derivando los distintos arcaísmos, tanto en chino *(tai fung)*, como en urdu (ṭūfān), que dieron nombre al fenómeno meteorológico. *Véase también* ciclón tropical.

titileo. *Véase* centelleo.

tirrio. Localismo cántabro alusivo al intenso frío. La expresión «estoy tirrio» toma el significado de estar helado; dicha por alguien cuando está pasando mucho frío.

TLE. Sigla con la que se conocen internacionalmente los Eventos Luminosos Transitorios *(Transient Luminous Events*, en inglés).

tollo. *Véase* badina.

tolvanera. Columna de aire rotatoria, aproximadamente vertical, visible gracias al conjunto de partículas de polvo, arena y —a veces— pequeños residuos urbanos (papeles, bolsas de plástico...) que levanta del suelo hasta una altura variable. La mayoría de las tolvaneras son de pequeño tamaño y efímeras (del orden de medio metro de diámetro, unos pocos metros de altura y menos de un minuto de duración). Ocasionalmente, alcanzan un mayor desarrollo e intensidad, adquiriendo unas dimensiones bastante más grandes y teniendo una mayor duración (diámetro de varias decenas de metros, hasta 1000 m de altura y un ciclo de vida de 20 minutos). Las más intensas pueden llegar a generar rachas de viento de hasta 100 km/h. La tolvanera se conoce también como diablo de polvo *(dust devil)*, amén de otros nombres y expresiones populares (bruja, fogata de viento...).

topoclima. Clima que caracteriza a una determinada unidad topográfica, influenciado en gran medida por las características geográficas de la zona en cuestión. Algunos autores integran en este concepto no solo las sinergias entre el clima y la topografía, sino también la componente humana (nuestra influencia en el entorno natural). Aunque se habla con frecuencia del microclima de una ciudad, comarca, valle o vertiente montañosa, lo correcto en todos estos casos es referirse al topoclima.

topoclimatología. Parte de la Climatología que se encarga de estudiar los topoclimas.

topografía absoluta. Mapa de altura (en sentido estricto, mapa de altitud) correspondiente a un determinado nivel de presión, en el que las isohipsas muestran la altitud geopotencial a la que se sitúa la superficie isobárica en cuestión; es decir, alturas con respecto al nivel del mar. Normalmente, se toma como nivel base de las isohipsas (altura geopotencial cero) la superficie isobárica de 1000 hPa, por lo que la topografía absoluta es, en rigor, relativa y así debemos referirnos a ella. *Véanse también* topografía relativa, mapa de altura.

topografía relativa. Mapa de altura cuyas isohipsas muestran la diferencia de espesor (expresado en metros geopotenciales) entre dos superficies isobáricas. Por ejemplo, la topografía relativa de 1000/500 hPa muestra la distribución horizontal de la separación en la vertical de ese par de niveles de presión. Como la superficie de 1000 hPa coincide, aproximadamente, con el nivel medio del mar, es común referirse a este mapa como la topografía absoluta de 500 hPa, aunque conceptualmente no lo sea (topografía absoluta).

torb. Nombre que recibe el viento frío e intenso del norte que sopla a veces en el Pirineo Catalán, y que levanta la nieve de las cumbres formando violentos remolinos, muy temidos por los montañeros que transitan la zona. Pertenece a la misma familia de palabras que torba, torbón, turbón o turbonada, con origen común en el término latino *turbo* (remolino).

torba. Nieve amontonada por el viento. Equivalente a turbón. Se expresa también como torva.

torbellino. Remolino de aire. El uso más común del término es para referirse a una pequeña columna de aire en rotación.

torbón. En Galicia, una de las formas de llamar al aguacero. Se identifica también con la tormenta, el trueno y el rayo. Equivalente al término también gallego *treboada*.

tormenta. Cajón de sastre donde tienen cabida varios fenómenos meteorológicos de distinta naturaleza y escala. Si bien lo más común es identificar el término con la tormenta eléctrica, también se emplea como sinónimo de temporal, borrasca o tempestad. Esto último es consecuencia de traducir el término inglés *storm* como tormenta, e introduce algo de confusión en el léxico meteorológico en español. Por ejemplo, una tormenta tropical *(tropical storm)* no es una tormenta eléctrica del ámbito tropical, como puede llegar a pensarse. Pasa algo parecido con la tormenta de arena *(sand storm)* y la de polvo *(dust storm),* que no deben tomarse por distintos tipos de tormentas eléctricas. La palabra «tormenta» es el plural neutro del término latino *tormentum* (tormento, tortura), que en la Edad Media comenzó a identificarse con los temporales, dadas las desgracias y destrozos que provocaban a su paso.

tormenta de masa de aire. Tormenta que se forma preferentemente los meses veraniegos, cuando el aire junto al suelo es cálido y su contenido de humedad es alto. La elevada insolación, en combinación con la presencia de aire algo más frío de lo normal en capas medias y altas de la troposfera, favorece su rápido desarrollo a primeras horas de las tardes de verano, disipándose también con rapidez tras la puesta de sol. Aparte del aparato eléctrico, da lugar a chubascos de lluvia cortos e intensos, ocasionalmente de granizo, así como a ráfagas fuertes de viento. La tormenta típica de verano no está asociada a ningún frente, ni la provoca otro tipo de mecanismo de forzamiento a escala sinóptica. Sí que se ve favorecida por la orografía local, desarrollándose preferentemente en zonas de montaña, en particular sobre laderas de solana.

tormenta eléctrica. [Imagen 22, pliego]. Fenómeno atmosférico que se desarrolla en el seno de un cumulonimbo (nube de tormenta), consistente en una descarga eléctrica repentina, de gran intensidad, que se manifiesta por dos electrometeoros: el relámpago y el trueno. La actividad eléctrica suele venir acompañada de chubascos de lluvia, granizo y —de forma más ocasional— nieve o hielo granulado. En la fase inicial de la tormenta, previa a la precipitación, se generan fuertes rachas de viento, provocadas por el impacto contra el suelo del aire frío que los citados hidrometeoros arrastran hacia abajo, en su caída en el interior de la nube. *Véase también Cumulonimbus (Cb).*

tormenta geomagnética. *Véase* tormenta solar.

tormenta multicelular. Sistema formado por un grupo de células tormentosas que interaccionan entre sí, estando cada una de ellas en una etapa de desarrollo diferente. Su ciclo de vida puede ser de varias horas; tiempo durante el cual a la vez que se generan células nuevas, las más viejas alcanzan su fase de madurez y se disipan. Si bien casi todas las tormentas eléctricas son multicelulares, el concepto de tormenta multicelular solo se aplica al sistema tormentoso —con excepción de la supercélula— formado por una célula tormentosa principal (célula madre), de gran tamaño, cuyo frente de racha favorece el desarrollo, a su alrededor, de un conjunto de tormentas de menor entidad (células hijas). Este sistema tormentoso genera muchos rayos, rachas de viento muy fuertes y violentas, lluvias intensas, granizo menudo o de tamaño intermedio y, ocasionalmente, tornados débiles y trombas marinas. La tormenta multicelular también se conoce como multicélula.

tormenta seca. Tormenta eléctrica con precipitación inapreciable o nula. Este tipo de tormentas ocurren sobre todo en lugares de gran sequedad ambiental, cuando el aire situado entre la base de la nube de tormenta y la superficie terrestre tiene un bajo contenido de humedad, de manera que las cortinas de lluvia o granizo se evaporan por completo antes de alcanzar el suelo, o como mucho caen cuatro gotas, como vulgarmente se dice.

tormenta solar. También conocida por tormenta geomagnética, recibe este nombre la alteración temporal de la magnetosfera terrestre, como consecuencia de la onda de choque generada por un súbito aumento del viento solar, tanto de la densidad de partículas que desplaza como de su velocidad. Dicha circunstancia ocurre cuando en el sol tiene lugar una gran eyección de masa coronal (lo que coloquialmente se conoce como una llamarada) y, además, apunta en dirección a la Tierra. La presión adicional que ejerce ese viento solar perturbado provoca la deformación de la magnetosfera, lo que termina alterando el campo eléctrico en la alta atmósfera. Esos cambios se producen en toda la Tierra, aunque es en latitudes altas de ambos hemisferios donde adquieren una mayor magnitud, favoreciendo la formación de auroras polares y provocando, a veces, problemas en las telecomunicaciones y en las redes de suministro eléctrico. *Véase también* viento solar

tormenta tropical. Estadio intermedio de desarrollo de un ciclón tropical, entre la fase de depresión tropical y la de huracán, si bien el nombre genérico de esta última es también ciclón tropical, lo que introduce algo de confusión. Cuando una depresión tropical, según va intensificándose y aumentando su grado de organización, logra generar vientos sostenidos de 63 km/h, pasa a convertirse en una tormenta tropical. Mantiene esta condición mientras el rango de velocidades quede comprendido entre el anterior valor y los 118 km/h. Al igual que pasa con los ciclones tropicales (huracanes), a las tormentas tropicales se les asignan nombres tomados de las listas oficiales establecidas por la Organización Meteorológica Mundial. La traducción al español de la forma inglesa *tropical storm* da nombre al fenómeno meteorológico, si bien hubiera resultado más apropiado traducirlo como «tempestad tropical», por reflejar mejor sus características. Las tormentas tropicales pueden generar efectos devastadores, en algunos casos comparables a los de un huracán. Aparte de los intensos vientos, dejan lluvias abundantes que, junto a la marea ciclónica, ocasionan inundaciones costeras.

tornado. Columna de aire en rotación de aspecto similar a un embudo, dotada de una gran velocidad angular, que se descuelga de una nube de desarrollo vertical (en la mayoría de los casos de un cumulonimbo asociado a una supercélula tormentosa) y alcanza la superficie terrestre. Es visible gracias al embudo de condensación (que no siempre alcanza el suelo) y al polvo y el sinfín de objetos que va succionando a su paso y que previamente arranca de cuajo. Es el fenómeno meteorológico de microescala más violento de todos los que se forman en la Tierra; el que concentra en menor espacio una mayor cantidad de energía. La presión en su interior se estima que es entre 100 y 200 hPa menor que fuera de él. Tanto su tamaño como su duración son muy variables. Su diámetro puede oscilar desde unos pocos metros (microtornado) hasta varios kilómetros, en los casos más excepcionales. El diámetro típico es del orden del centenar de metros. Su duración es corta; desde apenas unos segundos hasta una hora. Las rachas de viento que genera a su alrededor son extraordinarias; en los más intensos del orden de los 500 km/h, lo que provoca una devastación total en toda la franja de terreno que va recorriendo (distancias de entre apenas unos centenares de metros y varios centenares de kilómetros en algunos casos). Su velocidad de desplazamiento típica está comprendida entre los 50 y los 80 km/h. Aparte de los vientos que genera el tornado a su paso, las tormentas multicelulares y supercélulas de los que se descuelgan muchos de ellos, dan lugar a violentos aguaceros, pedrisco y fuerte aparato eléctrico. Ocasionalmente, se forman los llamados tornados multivórtice, cuya principal singularidad es que presentan simultáneamente dos o más embudos de condensación y/o nubes de restos (polvo, ramas, tablas de madera astilladas...). *Véase también* escala Fujita (F).

tornado de fuego. *Véase* vórtice de fuego.

torre anemométrica. Estructura metálica tubular o de sección triangular que sirve de soporte a las veletas y anemómetros, posibilitando la medida de la velocidad y dirección del viento a la altura que interese. En los observatorios meteorológicos esa variable se mide a 10 metros por encima del suelo –para reducir el efecto de la influencia del terreno–, colocándose para tal fin una torre de longitud algo superior. Con ayuda de una serie de cables de acero que actúan como tirantes, se consigue mantener en posición vertical, bien anclada al suelo. También se conoce como poste o mástil para anemómetro.

torrecúmulo. Cúmulo que destaca por su gran desarrollo vertical, cuya parte superior presenta formas globulares de aspecto similar a una coliflor, sin llegar a formarse el yunque que caracteriza a los cumulonimbos. Tanto en las claves como en los mapas meteorológicos aeronáuticos se hace referencia a ellos, mediante la abreviatura TCU, para informar a los pilotos de su presencia.

torrejón. En la provincia de Teruel, nubarrón oscuro que amenaza tormenta. Es más común expresarlo en plural (torrejones). La palabra es una variante de torreón, que en el caso que nos ocupa se refiere al cúmulo bien desarrollado (torreón nuboso). También se expresa como torrojón (torrojones).

tórrido. Muy caluroso. Excesivamente cálido. A la zona tropical –franja terrestre comprendida entre el trópico de Cáncer y el trópico de Capricornio– se la conoce también como zona o región tórrida. El filósofo Aristóteles (siglo IV a. C.) en su libro titulado *Los meteorológicos* señala que en la zona tórrida de la Tierra no podía haber vida humana por el excesivo calor que, en la época clásica, pensaban que hacía allí. Esa idea se desmoronó a partir de los siglos XV y XVI, gracias a los relatos de las expediciones que llevaron allí a los navegantes portugueses y españoles.

tortosano. Viento que procede de Tortosa (Tarragona). Así llaman a la tramontana en algunos municipios del norte de la provincia de Castellón («Tortosano, nevador de invierno, apedreador de verano»).

toscón. Costra de nieve endurecida que se forma durante las ventiscas. El nombre se aplica igualmente a los cristales de hielo que forman esa nieve, duros como la sal.

totalizador. Pluviómetro de grandes dimensiones que se instala en lugares visitados con poca frecuencia, habitualmente enclaves de montaña de difícil acceso, y que permite conocer la cantidad de agua que ha precipitado durante un largo período de tiempo, con frecuencia un año entero. El modelo más común es de cinc y acero galvanizado, tiene una altura de 2,5 m y una embocadura de diámetro muy superior a la de un pluviómetro Hellmann convencional, rodeada por una chapa metálica que la protege de las ventiscas —tan comunes en zonas altas de montaña—, evitando que parte de la nieve acumulada en la boca se la lleve el viento. Dispone de un depósito con capacidad para almacenar hasta 150 litros, con un orificio en su parte inferior para desaguar. Para dejar listo el instrumento para medir, una vez vaciado el depósito, se vierte en él una cantidad conocida de líquido anticongelante —habitualmente agua con cloruro cálcico— y, a continuación, otro líquido destinado a evitar las pérdidas por evaporación. Suele usarse aceite de parafina, de manera que al tener una menor densidad que el agua, queda siempre encima de ella, formando una fina película. El totalizador también se conoce como pluviómetro acumulativo.

trabancos. Nombre que dan a los neveros en la montaña leonesa.

tracias. *Véase* thrascios.

tramontana. Viento frío del norte o del nor-nordeste que sopla a sotavento de los Alpes, los Apeninos septentrionales y los Pirineos, y que incide de lleno en las costas italianas del golfo de Génova, el norte de Córcega, Mallorca, Menorca y el nordeste de Cataluña (comarcas del Alt y Baix Empordà). Al igual que ocurre con el mistral, su irrupción se ve favorecida por una situación sinóptica en la que un anticiclón domina en la fachada atlántica de Europa y una borrasca hace lo propio en el Mediterráneo central. Es un viento intenso y persistente, cuyas rachas superan con relativa frecuencia los 100 km/h en las zonas reseñadas, que puede llegar a soplar entre 8 y 12 días seguidos, principalmente en los meses invernales y a principios de la primavera. Su nombre deriva del vocablo latino *transmontanus/ni*, que significa más allá de la/s montaña/s. La sierra de Tramuntana, en el norte de la isla de Mallorca, toma su nombre justamente de este viento.

transecto. En climatología urbana, recibe este nombre el conjunto de observaciones meteorológicas tomadas desde un vehículo en marcha a lo largo de una ruta previamente establecida en una ciudad. A partir de los transectos, se elaboran mapas que permiten cuantificar y localizar las islas de calor de las ciudades, lo que contribuye a un mejor conocimiento del clima urbano. *Véase también* isla de calor.

translucidus (tr). Vocablo latino que da nombre a una de las variedades nubosas recogida en el *Atlas Internacional de Nubes* de la OMM, que se aplica a los altocúmulos, altoestratos, estratocúmulos y estratos cuando los bancos, sábanas o capas que las forman dejan entrever el disco solar o lunar. En los casos en que no se ven, tenemos la variedad *opacus*.

transmisómetro. Instrumento situado junto a las pistas de los aeropuertos que mide el coeficiente de extinción atmosférica entre dos puntos separados entre sí varios metros, lo que permite deducir cuál es el alcance visual en pista. El aparato consta de dos partes independientes, integradas en sendos postes metálicos de pequeña altura. En uno de ellos se encuentra un dispositivo que emite un haz de luz de intensidad conocida, que se dirige hacia un segundo dispositivo, enfrentado a él y situado en el otro poste, donde la señal luminosa es captada por un fotorreceptor.

transparencia del aire. Propiedad óptica que presenta el aire cuando la radiación solar apenas es absorbida, reflejada, refractada o dispersada al atravesarlo. Cuando el aire está especialmente limpio —libre de impurezas— gana en transparencia, lo que se percibe de forma clara en las grandes ciudades tras el paso de un frente frío. El viento que acompaña a la masa de aire frío (posfrontal) actúa como una escoba y limpia de partículas contaminantes el ambiente urbano. Por el contrario, cuando la polución es elevada, con presencia de numerosas partículas en suspensión, el aire se enturbia y disminuye la visibilidad. El concepto de transparencia es opuesto al de turbidez.

trapear. Nevar, pero cayendo copos de gran tamaño. Significa literalmente caer trapos, ya que así es como se llaman coloquialmente los copos de nieve grandes y esponjosos. *Véase también* trapo.

trapo. Forma coloquial, original de Cantabria, de referirse al copo de nieve voluminoso, de gran tamaño y esponjosidad. Estos copos gigantes se originan cuando el contenido de humedad del aire es muy alto. Si la nevada es intensa y el suelo está frío, bastan unos pocos minutos para que este se tiña de blanco, acumulándose en poco tiempo espesores de nieve importantes.

treboada. Uno de los nombres usados en Galicia para referirse al aguacero tormentoso, acompañado de rayos y truenos. Se emplean otras variantes como *torboada, torbón, trobón* y *trebón.*

tremolina. El sonido de una ventolera.

tremor. En relación a una tormenta, es el sonido retumbante que resulta de la reverberación en la atmósfera del fuerte chasquido del trueno.

tren convectivo. Sucesión de células tormentosas que van generándose, desarrollándose y desplazándose en la misma dirección, a lo largo de un eje situado sobre la superficie terrestre, descargando chubascos intensos durante varias horas seguidas, lo que deja importantes acumulaciones de lluvia y granizo. *Véase también* tormenta eléctrica.

tren de borrascas. Expresión que describe la concatenación de una serie de borrascas, que se suceden cada pocos días e inciden todas ellas en el mismo ámbito geográfico. La península ibérica se ve afectada cada cierto tiempo por trenes de borrascas atlánticas.

tren siberiano. Forma coloquial que recibe la ola de frío procedente de Siberia, correspondiente a una irrupción de una masa de aire frío polar continental, que tras recorrer en sentido NE-SO gran parte del continente europeo, alcanza la península ibérica y Baleares. También se denomina tren ruso o siberiana.

trepidación óptica. Fotometeoro que consiste en la agitación que parecen tener los objetos situados frente a un observador, cuando dirige su mirada a ellos en una dirección paralela y rasante a una superficie fuertemente recalentada. El fenómeno óptico se aprecia particularmente bien sobre una placa metálica expuesta al sol; el aire que discurre sobre dicha fuente de calor al calentarse disminuye de densidad, lo que provoca importantes fluctuaciones en el índice de refracción, con la consiguiente distorsión de la luz.

tresechón. Nombre dado en Cantabria a la placa formada por granizos compactados. Esta estructura se forma sobre el suelo cuando tiene lugar una violenta granizada.

tresvanar. Localismo cántabro que significa calentar mucho el sol.

tromba de agua. Expresión de uso muy extendido para referirse al chubasco intenso o aguacero. No debe confundirse con la tromba o manga marina.

tromba marina. *Véase* manga marina.

tronada. Sucesión de truenos generados por una tormenta con fuerte aparato eléctrico. En algunos lugares se emplea el vulgarismo tronaera.

tronero. En La Rioja, nombre que recibe el cúmulo, dada su condición de nube precursora de las tormentas.

tronido. *Véase* trueno.

tropopausa. Límite superior de la troposfera e inferior de la estratosfera, que marca la frontera entre ambas capas y donde el gradiente térmico vertical experimenta un cambio brusco, pasando de descender la temperatura con la altitud a permanecer constante o aumentar. Por definición, es el nivel atmosférico más bajo en el que el gradiente térmico vertical medio es de 2 ºC/km o menos, siempre y cuando el gradiente medio entre ese nivel y todos los superiores situados hasta dos kilómetros por encima no exceda de esos 2 ºC/km. La altitud de la tropopausa es variable, estando bastante más baja en los polos (entre 8 y 10 km) que en el ecuador (14 a 16 km). La tropopausa no es continua, sino que presenta dos grandes saltos en cada hemisferio, coincidiendo con los lugares por donde discurren las corrientes en chorro polar y subtropical. Al efectuar un corte transversal de cualquiera de esas corrientes, la tropopausa presenta una especie de escalón, estando más alta a un lado que a otro del núcleo del chorro. En la atmósfera ISA (teórica), la tropopausa está a 11 kilómetros de altitud y la temperatura en ella es de –56,5 ºC. El hecho de que la tropopausa tropical esté a mayor altitud que la subtropical y la polar, permite crecer más a los cumulonimbos en latitudes bajas que en medias. La tropopausa actúa como una tapadera natural, que frena al desarrollo vertical de las nubes de tormenta.

troposfera. Capa inferior de la atmósfera, que se extiende desde la superficie terrestre —con la que está en contacto— hasta la tropopausa, situada en torno a los 11 km de altitud en latitudes medias, aunque su espesor varía en función de las condiciones meteorológicas y la latitud. En ella, la temperatura disminuye con la altitud con bastante regularidad, a razón de 6,5 ºC/km (valor teórico, para la atmósfera estándar) aunque en algunos tramos presenta inversiones donde se invierte ese comportamiento. La troposfera contiene aproximadamente el 80 % de la masa total de la atmósfera y el 99 % de todo el vapor de agua. La presión atmosférica, lo mismo que la temperatura, disminuye al ascender por ella y lo hace, además, de forma muy rápida (decrecimiento exponencial). A unos 5 km de altitud, la presión es aproximadamente la mitad que a nivel del mar. De ahí para arriba, la escasez de oxígeno dificulta la respiración. En la troposfera se producen la mayor parte de los fenómenos meteorológicos (lluvias, tormentas, frentes, ciclones...), teniendo lugar movimientos verticales de aire ligados principalmente a la convección (calentamiento del suelo) y los forzamientos orográficos. La agitación del aire, su movimiento constante, es una de las principales señas de identidad de esta capa, cuyo nombre fue propuesto, en 1909, por el meteorólogo francés Léon P. Teisserenc de Bort (1855-1913), justamente en alusión a su naturaleza cambiante. La palabra troposfera surge de la fusión de los términos griegos τροπος *(tropos),* que significa giro, y σφαιρα *(sphaira),* esfera.

truena. Palabra usada en León y Asturias, equivalente a trueno, tronada, tormenta y tempestad. En tierras leonesas también se expresa con la variante tuena.

trueno. Ruido fuerte y seco o retumbo que acompaña al relámpago. Es debido a la violenta expansión del aire que tiene lugar en el canal de descarga atravesado por el rayo, como consecuencia del brusco calentamiento que tiene lugar allí, con temperaturas que llegan a alcanzar hasta los 30 000 ºC. El trueno se escucha con retardo respecto a la visión del relámpago, debido a que la velocidad del sonido (333 m/s) es mucho menor que la de la luz (300 000 km/s). Si contamos los segundos que discurren entre que vemos el destello luminoso y escuchamos el estampido o estruendo sordo, y los dividimos entre 3, sabremos aproximadamente a cuántos kilómetros de distancia se encuentra la tormenta. Repitiendo la operación cada poco tiempo, sabremos si la tormenta se acerca o se aleja de nosotros.

tuba *(tub).* También conocida como nube embudo, es un elemento nuboso con forma de columna o cono invertido que se descuelga de la base de un cúmulo o cumulonimbo. Se genera en torno a un violento torbellino de viento (tromba o trompa) que, cuando se acerca lo suficiente a la superficie terrestre, da origen al tornado o la manga marina, formándose por debajo de la tuba una especie de surtidor constituido por el polvo, arena y desperdicios succionados del suelo, o las gotas de agua levantadas de la superficie del mar.

tubo (de) Pitot. Pequeño tubo metálico en forma de L, con una de sus extremidades abiertas, inventado en 1732 por el ingeniero alemán Henri Pitot (1695-1771) y perfeccionado posteriormente, en 1858, por el ingeniero francés Henri P. G. Darcy (1803-1858). Se usa en la industria para medir las velocidades de distintos fluidos, y también permite saber a qué velocidad se desplaza una aeronave con respecto al aire (en movimiento con respecto a la superficie terrestre, lo mismo que la citada aeronave). El tubo Pitot va adosado al fuselaje de un avión, o bien en su panza o en la parte baja de la cabina de vuelo, con la parte abierta enfrentada al flujo, de manera que al volar el avión el aire va entrando por el orificio. Debido a la forma que tiene el dispositivo, mientras que en la zona de entrada del tubo se puede medir la presión dinámica, en el codo se puede hacer lo propio con la estática. La velocidad del avión con respecto al aire se determina a partir de la diferencia de ambas presiones. ·*Véase también* presión atmosférica.

tunda de agua. Expresión coloquial para referirse al aguacero. Tunda deriva del término latino *tondere*, que significa golpear.

turbidez. Reducción de la transparencia del aire como consecuencia de la absorción y difusión de la radiación luminosa por partículas sólidas o líquidas en suspensión en el seno de la atmósfera, distintas a las que constituyen las nubes. También se denomina turbiedad.

turbión. Aguacero de corta duración, acompañado de fuertes rachas de viento. Se trata de una palabra de origen medieval que, al igual que turbón y torbellino, deriva del término latino *turbo*.

turbón. Equivalente a turbión, con origen común en el término latino *turbo/turbinis*, de donde deriva la palabra torbellino. Aunque está en desuso, se sigue empleando en algunos lugares para describir el remolino de aire que arrastra polvo y tierra, y también el de nieve y las acumulaciones de la misma que provoca (torba). Existe la variante trubón.

turbonada. Importante aumento en la velocidad del viento, de varios minutos de duración, que comienza y finaliza repentinamente, y que suele venir acompañado de chubascos y/o tormenta. Técnicamente, se considera como tal si la intensificación del viento es de al menos 8 m/s (algo menos de 30 km/h) y dura más de un minuto. En el argot meteorológico, a la turbonada que no viene acompañada de precipitación ni nubosidad se la denomina blanca.

turbulencia atmosférica. Estado de agitación permanente al que está sometido el aire, caracterizado por movimientos aleatorios, en continuo cambio, que se superponen al movimiento medio del fluido. Puede afirmarse que el aire es turbulento por naturaleza. La turbulencia es la causa principal del intercambio vertical en la atmósfera de calor, masa y cantidad de movimiento. Atendiendo a las causas principales que la generan, se distingue entre la turbulencia mecánica y la térmica (también llamada convectiva).

turbulencia en aire claro. Turbulencia atmosférica que surge en zonas libres de nubes y fuera del área de influencia de la superficie terrestre, responsable del zarandeo al que se ven sometidos los aviones comerciales durante distintos momentos de su fase de crucero. Está causada principalmente por la cizalladura del viento, tanto horizontal como vertical, de ahí que se detecte habitualmente en las proximidades de las corrientes en chorro, situadas en la alta troposfera y la baja estratosfera. En el argot meteorológico aeronáutico, se identifica con la sigla CAT y su equivalente en español TAC. En los distintos mapas de predicción de uso específicamente aeronáutico, los pilotos pueden consultar cuales son las zonas de CAT previstas durante el vuelo, si bien hay lugares donde esta turbulencia (indetectable por los sistemas de observación que llevan los aviones) puede surgir de forma imprevista. *Véase también* cizalladura.

turumbesca. En Teruel, tormenta seca. También se llama así a la tronada intensa y persistente.

txirimiri. *Véase* chirimiri.

U

ulisca. *Véase* ventisca.

ulular. En alusión al viento, producir su característico silbido, cuando el aire que desplaza se cuela a gran velocidad por rendijas y cualquier otro sitio particularmente estrecho.

umbría. Vertiente de una montaña menos expuesta al sol. En latitudes templadas y subtropicales del hemisferio norte, las laderas de umbría son las orientadas al norte (al sur en el hemisferio austral), significativamente más frescas y húmedas que las de solana, aguantando en ellas más tiempo la nieve. El término se usa, en general, para referirse a una zona donde casi siempre da la sombra. También se denomina ombría.

uncinus (unc). Vocablo latino que significa ganchudo o curvado y que da nombre a una de las especies catalogadas en el *Atlas Internacional de Nubes* de la OMM. Se asigna a los cirros que tienen forma de coma o gancho, siendo fácilmente identificables. Esa característica se debe a la presencia de una corriente en chorro en las cercanías de donde se forman, debido a la cizalladura vertical del viento allí presente, lo que hace que los cristalitos de hielo que forman esas nubes se desplacen a distintas velocidades, adelantándose o retrasándose los situados a un nivel dado respecto a los situados en niveles contiguos, lo que crea ese efecto visual cuando se observan esos cirros desde la superficie terrestre.

undulatus (un). [Imagen 27, pliego]. Variedad nubosa que hace referencia a las ondulaciones que presentan, ocasionalmente, hasta seis géneros distintos *(Cirrocumulus, Cirrostratus, Altocumulus, Altostratus, Stratocumulus y Stratus)* de los diez que contempla el *Atlas Internacional de Nubes* de la OMM. Dicha ondulatoria puede observarse tanto si esas nubes forman una capa, sábana o banco bastante uniforme, como si están formadas por elementos independientes, unidos o separados. Cuando observamos en el cielo bandas nubosas paralelas entre sí, formando una especie de calles, de aspecto similar a una parrilla, podemos estar seguros de estar viendo nubes de esta variedad, generadas por la presencia en el aire de ondas de gravedad. El vocablo latino *undulatus* significa ondulado; es decir, con forma de onda *(unda,* en latín).

unidad Dobson (UD). Unidad de medida de la cantidad total de ozono en una columna atmosférica (columna de ozono total). Una unidad Dobson (UD) equivale a 0,01 mm de espesor de ozono si se comprimiera la columna formando una capa de densidad uniforme a una presión de 1013 hPa y a una temperatura de 0 ºC. Aunque la distribución vertical del ozono es variable, la cantidad total de ese gas ronda las 300 UD, equivalentes a 3 mm. Ese es el espesor que tendría la capa de ozono estratosférico si la sometiéramos las condiciones antes apuntadas.

usín. Torbellino de nieve. También se llama así al ventisquero. Existen las variantes husín y uxín. Esta última forma se emplea en el valle de Roncal (Navarra), para referirse, específicamente, al arrastre de la nieve acumulada en los tejados por parte del viento fuerte del norte, lo que genera pequeñas ventiscas con remolinos de nieve.

UVI. Índice estandarizado en todo el mundo que asigna un valor numérico a la intensidad de la radiación ultravioleta que alcanza la superficie terrestre. Se calcula a partir de una fórmula matemática en la que se integra para el rango del espectro electromagnético situado entre los 250 y los 400 nanómetros, el producto de la irradiancia espectral solar (la energía radiante que nos llega del sol) por el llamado «espectro de acción de referencia para el eritrema». El número resultante permite saber qué medidas de protección hay que adoptar para evitar daños en nuestra piel por exposición al sol. Para el cálculo del UVI se pueden tomar medidas sobre el terreno con un espectrofotómetro e introducirlas en la fórmula matemática, o puede determinarse a través de un detector de banda ancha calibrado y programado para tal fin.

uxín. *Véase* usín.

V

vaguada. Configuración isobárica, análoga al surco o seno de bajas presiones en superficie, que se corresponde con una región de la atmósfera donde la presión es relativamente baja, no estando asociada a una circulación cerrada. De igual forma que en un mapa topográfico una vaguada es una zona deprimida o valle, en el caso que nos ocupa, el campo de presión adopta una forma alargada similar. En un mapa de altura presenta una forma característica de V, con la concavidad dirigida hacia una baja. Su eje es la línea imaginaria que une su parte convexa (el vértice de la V) con el centro de la depresión, y acostumbra a estar inclinado con respecto a la dirección de desplazamiento de la propia vaguada. Conceptualmente, las vaguadas pueden considerarse como grandes meandros de aire frío que se descuelgan desde las regiones polares hasta el ámbito subtropical, formando parte —lo mismo que las dorsales— de las grandes ondas atmosféricas que rodean cada uno de los hemisferios terrestres (onda de Rossby). En la parte delantera de la vaguada (zona de salida del aire frío) se favorece la ciclogénesis, siendo una zona de marcada inestabilidad atmosférica, donde tiende a desarrollarse la convección, produciéndose actividad tormentosa.

vahaje. Sinónimo de brisa. Forma parte de la misma familia de palabras que vaho, vaharina, vahar o vahear, todas ellas con origen en el término onomatopéyico *baf,* que expresa el aliento o vaho.

vaharina. En lenguaje coloquial, vaho o niebla.

vaporización. *Véase* evaporación.

vapor de agua. Gas traza incoloro que forma parte del aire y que desempeña un importante papel en la dinámica atmosférica y el balance energético terrestre. Se incorpora a la atmósfera principalmente a través de la evaporación de las grandes masas de agua que cubren la superficie terrestre, siendo también destacadas las aportaciones desde la vegetación (evapotranspiración) y, en menor medida, de la cubierta nival y de hielo (sublimación). Es el componente atmosférico que presenta una distribución más irregular, tanto espacial como temporalmente. Su proporción en el aire puede variar desde apenas un 0,4 % en volumen en zonas desérticas, hasta un 4 % en los bosques de neblina y las selvas tropicales, disminuyendo de forma continua al ascender por la atmósfera. Se concentra principalmente en la baja y media troposfera. Tiene una gran capacidad para absorber radiación procedente del sol (onda corta) y de la superficie terrestre (onda larga), lo que le convierte en un destacado gas de efecto invernadero y en el principal regulador de la temperatura a escala planetaria. A nivel popular, existe bastante confusión en torno a su naturaleza, ya que está muy extendida la idea de que tanto las nubes, como el humeo del agua caliente, o el vaho que exhalamos por la boca los días fríos del invierno, son vapor de agua. En todos esos casos, lo que se observa es el resultado de un cambio de fase de vapor a líquido, ya que todos esos elementos están constituidos por gotitas de agua de tamaño microscópico, que surgieron a partir de la condensación del vapor de agua presente en el aire. Del total de agua contenida en la atmósfera —en cualquiera de sus tres estados—, el 96 % es vapor de agua, si bien, la vida media de una molécula de este gas en el medio atmosférico es de tan solo diez días.

vara de luz. Recibe este nombre la pequeña porción de arcoíris que surge a veces en el cielo como consecuencia del paso de un rayo de luz a través de un hueco entre las nubes. Es habitual que se cuelen simultáneamente varios rayos por distintas aperturas, proyectándose sobre una determinada zona de la bóveda celeste; en tales casos, surge un arcoíris discontinuo, formado por varias varas de luz, cuya luminosidad contrasta con las zonas oscuras que las separan, donde el fenómeno óptico se desvanece.

variabilidad climática. Variaciones del estado medio y de otros estadísticos, como la desviación típica o los valores extremos, del clima a escalas espacio-temporales mayores que las de los fenómenos meteorológicos. Puede ser debida a causas naturales internas del sistema climático o a forzamientos externos, tanto de origen natural como antrópico.

variable. Dirección que se asigna al viento cuando oscila frecuentemente en más de 90° durante el período de tiempo que corresponda a la observación. Se expresa de forma abreviada como VRB.

variable meteorológica. Elemento o propiedad de la atmósfera caracterizada por una magnitud escalar o vectorial, a la que se le asigna un valor numérico dentro de un rango especificado, distinto para cada variable. Destacan por su importancia la presión atmosférica, temperatura, humedad relativa, velocidad del viento, precipitación y cobertura nubosa. *Véanse estas entradas.*

variedad nubosa. Subdivisión de los géneros nubosos y sus especies que establece el *Atlas Internacional de Nubes* de la OMM, en función de la cantidad de radiación solar que dejen pasar las nubes y la disposición de los elementos macroscópicos que las forman. En la citada publicación de la OMM se establecen las siguientes nueve variedades (todas ellas con entradas en este diccionario): *intortus (in), radiatus (ra), vertebratus (ve), duplicatus (du), undulatus (un), lacunosus (la), translucidus (tr), perlucidus (pe)* y *opacus (op)*.

vario. Equivalente a blando. Tiempo caracterizado por su templanza o blandura.

veleta. Dispositivo que indica o registra la dirección de donde sopla el viento. Está formado por una pieza metálica, normalmente en forma de saeta, que gira libremente alrededor de un eje vertical. Las veletas usadas en los observatorios meteorológicos se instalan sobre un brazo horizontal adosado a la torre anemométrica. La punta de la flecha tiene un contrapeso y apunta en todo momento al lugar de donde está soplando el viento. En el extremo contrario hay una placa plana vertical, sobre cuyas dos caras incide alternativamente el viento, lo que hace girar la veleta. Gracias a un dispositivo electrónico, ese movimiento queda registrado y se dispone de los datos de la dirección que va teniendo el viento. En las veletas tradicionales, tanto esa aleta trasera como el resto del dispositivo tienen motivos ornamentales. El soporte vertical en torno al cual gira la veleta lleva adosadas cuatro varillas metálicas orientadas a los cuatro puntos cardinales, con las iniciales de estos, lo que permite llevar a cabo la observación, que en este caso es únicamente visual. Hay un tipo de veleta (veleta *wild*) que, aparte de indicar la dirección del viento, permite estimar su intensidad, gracias a una plancha metálica basculante que se desplaza como un péndulo, levantándose más o menos en función del viento. La veleta se llama también gobierna.

vellones. Nombre dado a las nubes cumuliformes en la comarca leonesa de La Maragatería. El vellón es el montón de lana que se obtiene tras esquilar a una oveja o carnero. Las formas redondeadas de los cúmulos recuerdan bastante a los vellones, de ahí este uso del término.

velo nuboso. Nombre dado a una capa nubosa lo suficientemente delgada para dejar entrever la posición que ocupa en el cielo el sol o la luna. Tanto los cirroestratos como los altoestratos forman esos velos nubosos. *Véase también velum (vel).*

velocidad del viento. Variable meteorológica que se corresponde con la componente horizontal del desplazamiento del aire en un lugar e instante dado. Conocida también como intensidad del viento, se mide con el anemómetro y lo más común es expresarla en km/h, aunque también se emplea el m/s (Sistema Internacional de Unidades) y el nudo (en navegación marítima y aérea). La anterior definición se corresponde con la llamada «velocidad instantánea» que, en primera aproximación, podemos identificar con una racha. En los observatorios se miden, aparte, valores de la velocidad del viento correspondientes a un intervalo de tiempo dado. Cada uno de esos datos representa una «velocidad media», aunque habitualmente no se especifica ese hecho. En la mayoría de los observatorios y estaciones meteorológicas los datos de la velocidad del viento suelen ser diezminutales. *Véase también* viento.

velocidad terminal. Velocidad máxima que alcanzan en su caída los distintos hidrometeoros que precipitan en la atmósfera. Se llega a ella cuando la fuerza debida al peso del elemento precipitante (hacia abajo) se equilibra con la de resistencia del aire (hacia arriba). La velocidad terminal —también conocida como velocidad límite o de caída— depende del tamaño y la forma del hidrometeoro. Mientras que una gota de lluvia grande (6 mm de diámetro) llega a la superficie terrestre con una velocidad del orden de los 35 km/h, un granizo también grande (2,5 cm de diámetro) alcanza los 80 km/h.

velum (vel). Vocablo latino que da nombre a una de las nubes anexas que recoge el *Atlas Internacional de Nubes* de la OMM, en forma de velo, de gran extensión horizontal, que se sitúa algo por encima de los cúmulos de gran desarrollo vertical y cumulonimbos. Ocasionalmente, ocupa su parte alta, una vez que las citadas nubes logran perforarlo, debido a la fuerza ascensional que las hace crecer hacia arriba.

vendaval. Palabra que en su sentido más amplio se refiere a un viento muy intenso y de carácter violento, como el que generan algunas tormentas. El término tiene su origen en la expresión francesa *vent d'aval* (viento de abajo), con la que en la región francesa de Bretaña se refieren a los vientos intensos que soplan del sur y del oeste, de procedencia marítima. La expresión —reconvertida en esta palabra— empezó a usarse tanto en España como en Portugal con el sentido genérico apuntado. En las zonas costeras se identifica con un viento duro, que no llega a alcanzar la categoría de temporal en la escala Beaufort, cuya fuerza podemos situar entre 7 y 8 en la citada escala. En el extremo sur de la península ibérica, particularmente en el Bajo Guadalquivir y la zona de influencia del estrecho de Gibraltar, el vendaval tiene identidad propia. Es el viento muy fuerte, húmedo y racheado del suroeste que sopla preferentemente en invierno, asociado a las borrascas que discurren por las inmediaciones del golfo de Cádiz. Viene acompañado de lluvias intensas, tormentas y violentas turbonadas.

vendo. Nombre que recibe la tolvanera en algunos lugares de Extremadura. En la zona de Mérida (Badajoz) usan la expresión «está como un vendo» para referirse a la persona loca, chalada, que se le ha ido la cabeza.

ventada. Intensa ráfaga de viento.

ventana atmosférica. Rango de longitudes de onda del espectro electromagnético en el que la radiación terrestre logra atravesar la atmósfera y escapar al espacio sin apenas ser absorbida por los gases de efecto invernadero, con el vapor de agua y el dióxido de carbono a la cabeza. Dicha región espectral está comprendida entre las 8,5 y las 11 micras, correspondiente al infrarrojo lejano. El concepto de ventana atmosférica puede extenderse a cualquier zona del espectro en la que no haya una absorción significativa de radiación terrestre (saliente) o solar (entrante). *Véase también* radiación de onda larga.

ventar. En lenguaje náutico, soplar el viento en la mar. Variante de ventear.

ventarrá. Forma vulgar para referirse a un golpe o ráfaga de viento fuerte. Deriva de la forma ventarrada, expresada también como ventorrada. Es equivalente a términos como ventolada, ventolera, ventarrón, ventada o volada.

ventarrón. Forma coloquial de llamar a un viento fuerte. En el lenguaje náutico, es equivalente a vendaval (de intensidad algo menor que el viento duro o temporal que establece la escala Beaufort).

ventear. Soplar un viento con intensidad. Equivalente a ventar.

ventisca. Nieve levantada del suelo a baja altura por un viento fuerte y racheado. Es común identificar la ventisca con una tempestad de nieve (*blizzard*), en la que aparte de levantarse grandes cantidades de nieve del terreno, nieva de forma copiosa, siendo los copos impelidos por el fuerte viento reinante, lo que reduce casi en su totalidad la visibilidad. El término también se emplea cuando en lugar de nieve, el viento arrastra polvo o arena. La ventisca de nieve recibe otros nombres como nevasca, nevasco, nevazón, viento blanco o la variante ventisco.

ventisca alta. Conjunto de partículas de nieve levantadas del suelo por el viento a gran altura, lo que reduce significativamente la visibilidad horizontal.

ventisca baja. Conjunto de partículas de nieve que se desplazan a ras de suelo o son levantadas a poca altura sobre él. Esta ventisca no reduce la visibilidad horizontal, cuya observación se lleva a cabo a 1,80 m de altura.

ventiscar. Producirse una ventisca.

ventisquear. Lo mismo que ventiscar.

ventisquero. Su principal acepción lo identifica con el lugar resguardado de alta montaña donde el viento tiende a arremolinar la nieve, acumulándose grandes cantidades, parte de la cual —ya como nieve muy endurecida— forma un nevero o helero que consigue aguantar en verano, sin derretirse por completo. Por otro lado, la nieve que por acción de una ventisca se deposita detrás de un obstáculo o una irregularidad del terreno, también se conoce como ventisquero. Se emplea igualmente como sinónimo de ventisca.

ventolada. Ráfaga de viento fuerte. Se utiliza también la forma vulgar ventolá.

ventolera. Forma coloquial de referirse a un golpe de viento fuerte, repentino y de corta duración. Equivalente a airera, airón, ventolada, ventarrada, ventarrón o ventón, entre otras palabras.

ventolina. En la escala anemométrica de Beaufort recibe este nombre el viento de fuerza 1, cuya velocidad está comprendida entre 1 y 3 nudos (de 2 a 5 km/h). En Argentina y Uruguay llaman así y con la forma equivalente ventolín a una leve ráfaga de viento.

ventolines. Personajes fantásticos (espíritus del aire) de la mitología cántabra y asturiana, que se manifiestan en forma de pequeños remolinos de aire. Según la tradición popular, los pescadores que navegaban a vela, cuando se quedaban sin viento, sin posibilidad de volver a puerto, invocaban a los ventolines y estos acudían en su ayuda, generando la brisa que necesitaban y ayudándoles en las distintas tareas marineras. Se les representa como pequeños ángeles de alas verdes. En Asturias, tienen también otras funciones, como ser los guardianes del rocío nocturno y de las lluvias mansas (el orbayo). Allí, el nombre se ha integrado en el lenguaje meteorológico y llaman ventolín al remolino de aire.

ventón. Viento fuerte. Equivalente a ventarrón o ventolera.

veranillo. Período de unos pocos días de duración que acontece en otoño o primavera en latitudes templadas de ambos hemisferios, durante el que se registran temperaturas más propias del verano. A nivel popular, se conocen varios de ellos por el nombre del santo cuya onomástica coincide con la fecha en la que aproximadamente se producen esos veranillos cada año. El refranero meteorológico hace alusión a ellos. Uno de los más conocidos es el veranillo de San Miguel (29 de septiembre), que suele entrar en escena a finales de septiembre, y que se conoce también como el veranillo del membrillo, por coincidir con las fechas en que madura ese fruto. También goza de bastante popularidad el veranillo de San Juan (24 de junio), que marca el inicio del verano. Volviendo al otoño, están también el veranillo de San Lucas (18 de octubre) y el de San Martín (11 de noviembre) que, tal y como afirma un conocido refrán, «tiene tres días y fin». En Norteamérica, al veranillo otoñal se le conoce como *Indian summer* (verano indio). En algunos países de América Latina, se emplea el término equivalente veranito.

verglas. Costra de hielo muy duro y resbaladizo sobre el suelo, como consecuencia de una lluvia engelante. Este término francés es usado por los montañeros y lo podemos traducir como «cristal de hielo». No es raro identificar también ese nombre con las placas de hielo delgadas y transparentes que se forman a veces en las carreteras. El conocido como «hielo negro» —que no debemos confundir con una helada negra— se forma habitualmente por la compactación de la nieve sobre la calzada, al paso de los vehículos, y supone un gran peligro para la conducción.

vernal. Perteneciente o relativo a la primavera. El equinoccio vernal marca el inicio de la estación primaveral. La palabra tiene su origen en el término latino *vernalis*, cuya raíz *ver/veris* significa primavera.

vernizo. *Véase* bernizo.

vertebratus *(ve)*. Vocablo latino con el que se conoce a una variedad de cirros catalogada en el *Atlas Internacional de Nubes* de la OMM, cuyo rasgo más llamativo es la forma que adoptan los elementos que forman esa nube alta, con un aspecto que recuerda a unas vértebras (de ahí su nombre), costillas o a las espinas de un pescado.

VFR. Acrónimo de *Visual Flight Rules* (Reglas de Vuelo Visual). Con esta sigla se conoce en Aeronáutica al conjunto de normas y procedimientos que regulan el vuelo de aeronaves con la única ayuda de la observación visual, bajo unas condiciones meteorológicas óptimas para ello, establecidas por dicha normativa. *Véase también* visibilidad meteorológica.

viento. Movimiento del aire en un plano horizontal con respecto a la superficie terrestre. Viene caracterizado por dos elementos que se miden con instrumentos, lo que les confiere la condición de variables meteorológicas: la velocidad (o intensidad) y la dirección (o rumbo). En los observatorios meteorológicos se efectúan medidas del viento a 10 metros por encima del suelo, que constituyen los datos del viento en superficie. El viento observado (viento real) es el resultado de la acción de las distintas fuerzas que actúan en todo momento sobre el aire. En Meteorología, se establecen, aparte, algunos vientos teóricos —simplificaciones del real— que se usan para abordar la compleja dinámica atmosférica. A nivel coloquial, es común considerar al viento como sinónimo de aire («¡Vaya aire que hace!»).

viento ageostrófico. Viento teórico que resulta de la diferencia vectorial entre el viento real (el observado) y el viento geostrófico. También se conoce como desviación geostrófica o componente ageostrófica del viento.

viento anabático. Viento que sopla ladera arriba por una montaña, que habitualmente se refiere a la brisa de valle (viento local), la cual, a consecuencia del calentamiento del aire en la ladera de solana, empieza a soplar desde el fondo del valle hacia la citada ladera, ascendiendo por ella. El término anabático tiene su origen etimológico en la palabra griega ανάβασις *(anábasis)*, que significa ascenso.

viento bárico. *Véase* viento del gradiente.

viento catabático. Viento que sopla ladera abajo en una montaña, en sentido contrario al viento anabático, siendo habitualmente más intenso. Está asociado al enfriamiento del aire producido en una ladera montañosa o glaciar. El aire al enfriarse aumenta de densidad y se precipita ladera abajo dando lugar al citado viento (brisa de montaña o de glaciar, respectivamente). Los vientos catabáticos más intensos de la Tierra tienen lugar en la Antártida. El aire extremadamente frío que se genera sobre la elevada meseta antártica tiende a escapar hacia los bordes, y en ese largo recorrido descendente el viento va ganando en intensidad. En algunas zonas costeras se han llegado a registrar rachas del orden de los 300 km/h. El término catabático tiene su origen etimológico en la palabra griega κατάβασις *(katábasis)*, que significa descenso. En algunos textos se expresa como katabático.

viento ciclostrófico. Viento teórico que resulta del equilibro entre la fuerza del gradiente horizontal de presión y la fuerza centrífuga, debida al desplazamiento del aire a lo largo de una trayectoria curva, bajo el supuesto de que solamente actúan ese par de fuerzas.

viento de alud. Viento fuerte y racheado generado por el desplazamiento de aire que provoca una avalancha de nieve o un desprendimiento de tierra. En el primer caso, al precipitarse súbitamente una gran cantidad de nieve ladera abajo, empuja con violencia, también hacia abajo, al aire que hasta ese momento estaba en reposo sobre el manto nivoso, lo que provoca el viento de alud.

viento del gradiente. Viento teórico que resulta del equilibrio entre la fuerza del gradiente horizontal de presión, la componente también horizontal de la fuerza desviadora de Coriolis (debida a la rotación terrestre) y la fuerza centrífuga, suponiendo que son las únicas tres que actúan sobre el aire. Este viento —también conocido como viento bárico— es paralelo a las isobaras e isohipsas.

viento duro. Nombre que recibe el viento de fuerza 8 en la escala Beaufort, con velocidades comprendidas entre 34 y 40 nudos (62 a 74 km/h).

viento flojito. También conocido como brisa muy débil, se corresponde con el viento de fuerza 2 en la escala Beaufort, con velocidades comprendidas entre 4 y 6 nudos (6 a 11 km/h).

viento flojo. También conocido como brisa débil o ligera, se corresponde con el viento de fuerza 3 en la escala Beaufort, con velocidades comprendidas entre 7 y 10 nudos (12 a 19 km/h). El suave ondear de una bandera o el movimiento perceptible de las hojas de los árboles delata su presencia. En el mar, es responsable de la formación de pequeñas olas con crestas rompientes.

viento fresco. Brisa fuerte. En la escala anemométrica de Beaufort se corresponde con un viento de fuerza 6, con velocidades comprendidas entre los 22 y 27 nudos (39 a 49 km/h). En el mar, da lugar a olas grandes con crestas rompientes de espuma blanca y salpicaduras frecuentes. En tierra, zarandea las ramas de los árboles y dificulta mantener un paraguas abierto. Coloquialmente, cuando una persona se enfada con otra es habitual que la mande a tomar viento fresco.

viento geostrófico. [Figura 16]. Viento teórico, muy usado en Meteorología dinámica, que resulta del equilibro entre la fuerza del gradiente horizontal de presión y la componente horizontal de la fuerza de Coriolis, debida a la rotación terrestre, suponiendo que ambas fuerzas son las únicas que actúan sobre el aire. Es un viento que sopla paralelo a las isobaras o isohipsas rectilíneas, que deja a las altas presiones a su derecha y a las

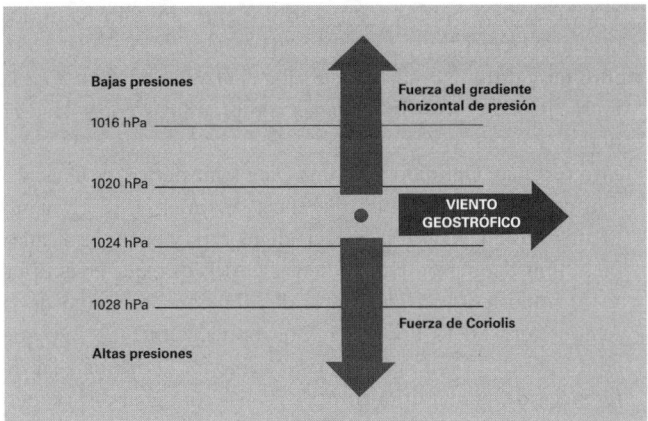

Fig. 16. El viento geostrófico. Paralelo a las isobaras, es el viento resultante del equilibrio de la fuerza del gradiente horizontal de presión y la fuerza de Coriolis.

bajas a su izquierda en el hemisferio norte (al revés en el sur). En el supuesto de que no haya fricción, ni que el aire describa trayectorias curvas, coincide con el viento real, de ahí que, en primera aproximación, pueda considerarse como tal tanto en la atmósfera libre —donde el rozamiento con la superficie terrestre es despreciable— como en el mar, en zonas alejadas de sistemas cerrados de bajas presiones.

viento huracanado. Coloquialmente, viento muy fuerte, de consecuencias devastadoras. En Meteorología, se corresponde con el viento que en la escala Beaufort alcanza fuerza 12 (el mayor número que establece dicha escala), con velocidades superiores a los 64 nudos (119 km/h), lo que se corresponde con el temporal huracanado o huracán. En la escala Saffir-Simpson, esa velocidad marca el valor del viento sostenido a partir del cual una tormenta tropical adquiere la condición de huracán (ciclón tropical). Los huracanes de categoría 1 generan vientos sostenidos comprendidos entre los 64 y 83 nudos (119 a 151 km/h).

viento muy duro. Nombre que recibe el viento de fuerza 9 en la escala Beaufort, con velocidades comprendidas entre 41 y 47 nudos (75 a 88 km/h).

viento térmico. Definido para una capa atmosférica, es el viento teórico que resulta de la diferencia vectorial entre el viento geostrófico que hay en la base de dicha capa y el que se alcanza en su límite superior. Esa diferencia es debida a que en el estrato de atmósfera considerado la distribución horizontal de la temperatura no es uniforme. Conceptualmente, no hay que confundir este viento con la brisa (viento local) debida a las diferencias de temperatura entre dos zonas contiguas de la superficie terrestre en las que el aire se calienta/enfría de manera desigual (mar-tierra, valle-montaña).

viento solar. Flujo ionizante de plasma, formado por partículas atómicas y subatómicas muy energéticas, principalmente de hidrógeno, cargadas eléctricamente, que escapa de la corona solar en todas las direcciones a gran velocidad. Es muy cambiante, debido a la incesante actividad que tiene lugar en esa capa exterior del sol, por lo que continuamente varía de densidad, temperatura e intensidad. Al acercarse a la Tierra, interacciona con el campo magnético terrestre, lo que provoca cambios en el estado de la alta atmósfera que se manifiestan en algunos fenómenos como las auroras polares. *Véanse también* tormenta solar, aurora polar.

Vigilancia Meteorológica Mundial. Conocido internacionalmente por la sigla WWW (acrónimo de *World Weather Watch),* expresada en español como VMM, es uno de los principales programas científico-técnicos de la Organización Meteorológica Mundial (OMM), puesto en marcha en 1963, destinado a asegurar que cada Estado miembro de la OMM disponga de la información meteorológica necesaria para que sus respectivos Servicios Meteorológicos e Hidrológicos pueden llevar a cabo las distintas actividades operativas y de investigación. Consta de las siguientes tres componentes: 1) Sistema Mundial de Observación; 2) Sistema Mundial de Telecomunicaciones; y 3) Sistema Mundial de Proceso de Datos y Predicción. Aparte de estos tres grandes programas, existen otros ligados también al de VMM, como el de instrumentos y métodos de observación, el de ciclones tropicales, el de actividades en la Antártida, y el de respuesta de emergencia ante accidentes nucleares, erupciones volcánicas y otros peligros medioambientales.

vindisca. *Véase* ventisca.

virazón. Nombre marinero que recibe el viento que sopla de mar a tierra durante las horas diurnas, conocido también como brisa marina, contrario a la brisa de tierra, que sopla por la noche y que se conoce como terral. En ausencia de un viento sinóptico destacado, se establece un régimen costero de brisas, con una alternancia bastante regular —ligada al ciclo día-noche— entre ambas brisas. También se llama virazón al cambio repentino en la dirección del viento. Es común llamar así en el Cantábrico a la brusca transición entre una surada y la entrada de viento del noroeste, lo que en ocasiones lleva asociado la formación de una galerna. En algunos textos antiguos aparece escrito con B (birazón).

virga *(vir)*. Rasgo suplementario incluido en el *Atlas Internacional de Nubes* de la OMM, con el que se identifican las cortinas de precipitación, verticales u oblicuas, que se descuelgan desde la base de una nube, pero que no llegan hasta la superficie terrestre, ya que los hidrometeoros que las forman terminan evaporándose por completo en su caída. Suelen presentar virgas todos los géneros nubosos con la excepción de los cirros, cirrostratos y estratos, donde es más raro.

visa. Variante de bisa.

visibilidad meteorológica. Distancia máxima a la que un observador con una vista normal puede ver y reconocer a la luz del día, con el cielo del horizonte como fondo, un objeto negro de dimensiones apropiadas. En el caso de tratarse de una observación nocturna, se define igual siempre y cuando la iluminación ambiental aumente hasta alcanzar los mismos niveles que si fuera de día. Es una variable meteorológica particularmente importante en aviación (alcance visual en pista), ya que si es reducida —lo que ocurre, por ejemplo, cuando tenemos una niebla densa— no se pueden desarrollar con normalidad las operaciones aéreas en los aeropuertos, lo que obliga a cerrarlos en ocasiones. La visibilidad varía en función de la dirección en la que se observe y depende de factores como la cantidad de partículas e hidrometeoros que haya en suspensión en el aire, el viento y la posición relativa del sol. En Aeronáutica, se distingue entre visibilidad horizontal, vertical y oblicua. Al piloto le interesa mucho conocer cuál es la visibilidad horizontal a pie de pista, según el eje de la misma, para lo cual dispone de los datos del alcance visual en pista (RVR) medidos con el transmisómetro. El RVR no siempre coincide con la visibilidad en el aeropuerto, cuyo valor estima un observador a partir de un vistazo panorámico desde la terraza de la oficina meteorológica, con el que cubre al menos la mitad del círculo del horizonte, o la mitad de la superficie del aeródromo. La visibilidad se expresa en metros o kilómetros en función de lo baja o alta que sea. En la clave METAR, el quinto bloque de información es el de la visibilidad predominante y/o la visibilidad mínima. En ambos casos, vienen expresadas por cuatro dígitos. Cuando la visibilidad es de 10 000 metros o más, se indica 9999.

volada. Ráfaga de viento. Se expresa también como bolada. Se emplea principalmente en el País Vasco, Navarra y Aragón.

VOLMET. Red de estaciones de radio que transmiten en determinadas frecuencias de onda corta informes meteorológicos, tanto con las condiciones observadas como las previstas en los distintos aeropuertos y aeródromos, agrupados en diferentes regiones, que los pilotos pueden recibir en vuelo. El término VOLMET es el resultado de fusionar la palabra VOL (vuelo, en francés) y MET (de Meteorología).

volutus (vol). [Imagen 28, pliego]. Vocablo latino, cuyo significado es «rodante», que da nombre a una especie nubosa que se incorporó al *Atlas Internacional de Nubes* de la OMM en su edición de 2017, también conocida como nube rodillo. El *volutus* es una nube tubular alargada, comúnmente baja, dotada de una lenta rotación alrededor de un eje horizontal. Puede surgir como una nube solitaria (solitón) o formarse simultáneamente varios de estos rodillos nubosos paralelos entre sí, ocupando las crestas de una onda de gravedad. Se manifiesta casi siempre en un estratocúmulo; más raramente en un altocúmulo. Su máximo exponente es la llamada *Morning Glory* que se forma en Australia (gloria matutina).

vórtice. En un determinado fluido —el aire en el caso que nos ocupa— y en su sentido más amplio, es el flujo circular o rotatorio dotado de vorticidad. Otra forma de definirlo es como un flujo turbulento en rotación espiral, en la que el fluido describe trayectorias de corriente cerradas. En la atmósfera se producen vórtices de diferentes tamaños, desde pequeños remolinos hasta circulaciones ciclónicas de gran escala (vórtice polar).

vórtice de fuego. Remolino de fuego que crece hacia arriba, en la vertical, cuyo aspecto recuerda a una tolvanera o manga marina. El fenómeno se conoce coloquialmente como tornado de fuego (traducción al español del término inglés *firenado*). Cuando en un incendio forestal el aire muy caliente al ascender adquiere rotación, las llamas se enroscan a la columna convectiva y ascienden por ella helicoidalmente, lo que da como resultado el vórtice de fuego. Sus dimensiones típicas son entre 10 y 50 metros de altura y unos pocos metros de anchura. Lo habitual es que dure entre 1 y 5 minutos, aunque en casos excepcionales pueden ser más duraderos y de mayores dimensiones.

vórtice de racha. *Véase* gustnado.

vórtice polar. Circulación ciclónica a gran escala en la baja estratosfera que discurre de oeste a este alrededor de una región polar. Está acoplado a un vórtice situado por debajo, en la troposfera media y alta, cuya dinámica está modulada por el superior. En la Tierra tenemos el vórtice polar ártico y el antártico, siendo este último más potente y persistente que el ártico. Cada cierto tiempo, el vórtice estratosférico de la región ártica sufre una rotura, provocada por unos episodios que han sido bautizados como calentamientos súbitos estratosféricos, provocados por las incursiones de aire cálido asociadas a las ondas de Rossby, que en el hemisferio norte alcanzan a veces grandes amplitudes. En el verano boreal, el vórtice polar ártico se desdibuja notablemente, pudiendo llegar a desaparecer.

vórtices de punta de ala. Torbellinos turbulentos que generan las puntas de las alas de los aviones durante el vuelo, visibles únicamente si, a consecuencia de la agitación que generan en el aire, se alcanzan las condiciones de saturación. Al ser menor la presión sobre la superficie superior de las alas que sobre la inferior (hecho que posibilita la sustentación de una aeronave), el aire de la parte de abajo tiende de manera natural a fluir hacia arriba rodeando los extremos de las alas. Ese flujo, en combinación con la intensa corriente que recorre de adelante atrás cada ala —debida al veloz avance del avión—, da como resultado estos vórtices, que llegan a perdurar en el aire algunos minutos, se expanden a medida que discurre el tiempo, a razón de unos 5 km/h, y también van descendiendo lentamente, del orden de los 100 metros por minuto.

vórtices de Von Kármán. [Imagen 30, pliego]. Estructuras nubosas con forma de vórtices en remolino que se distribuyen en hilera, formando calles a sotavento de una isla montañosa o un conjunto de ellas, llegándose a extender hasta varios centenares de kilómetros corriente abajo del obstáculo. La rotura de un flujo continuo de aire (régimen de viento dominante en una determinada dirección) genera diferencias de presión a sotavento que dan como resultado un flujo turbulento, de manera tal que se disponen de forma alterna vórtices ciclónicos y anticiclónicos, según un patrón que se va repitiendo. La configuración en cada caso, así como el que se forme o no el patrón, depende principalmente de la intensidad del viento y de los cambios que experimente su dirección. Este fenómeno resonante se llama así en honor al matemático, físico e ingeniero aeroespacial húngaro Theodore von Kármán (1881-1963), que destacó por sus estudios de mecánica de fluidos y aerodinámica. Los vórtices se empezaron a estudiar en laboratorio, en líquidos como el agua, siendo posteriormente observados en la atmósfera, tanto en las nubes, como también bajo las alas de un avión o a sotavento de una bandera que está ondeando.

vorticidad. Magnitud física muy usada en Meteorología, particularmente en el estudio de la dinámica atmosférica, que es una medida de la rotación del aire a pequeña escala. Matemáticamente, viene definida por un vector que representa la circulación giratoria del aire alrededor de un eje orientado según una determinada dirección. Dependiendo de cuál sea el sentido de giro del aire, la vorticidad puede ser ciclónica (positiva) o anticiclónica (negativa). Las zonas de vorticidad positiva suelen corresponderse con zonas de nubosidad, debido a que en un área de baja presión se produce convergencia y ascensos de aire, con la consiguiente formación de nubes. Por el contrario, los campos de vorticidad negativa están asociados a cielos despejados. En análisis y predicción meteorológica se trabaja solamente con la componente vertical de la vorticidad (rotación del aire alrededor de un eje vertical).

vulturnus. Nombre que recibía el viento comprendido entre el ESE y SE en la rosa de Timosteno (siglo III a. C.), también llamado *eurus* (euro). Un par de siglos más tarde, el arquitecto romano Vitruvio, en su rosa de 24 rumbos, consideró ambos vientos por separado. Identificó a *eurus* con el viento del sureste puro (135°) y colocó a *vulturnus* junto a él, asignándole una procedencia algo más del sur (150°). Da nombre a una divinidad eólica, lo mismo que ocurre con el resto de vientos en la Antigüedad, tanto en la Grecia Clásica como en la época romana. Este término latino, que también se expresa como *volturnus* (volturno), da origen a la palabra bochorno.

W

W. Abreviatura con la que se expresa el viento del oeste, si bien es también común identificarlo con la letra O. Se corresponde con la inicial de *west* (oeste, en inglés).

WAFC. Acrónimo de *World Area Forecast Centre* con el que se conoce internacionalmente al centro encargado de elaborar y suministrar información meteorológica de cobertura global, para distintas regiones terrestres, cuyo destinatario es la aviación y que garantiza la seguridad de los vuelos en todo el mundo. Existen dos de estos centros, que trabajan por duplicado, localizados en Washington (EE UU) y Londres (Reino Unido), que cuentan con el soporte de la NOAA y el Servicio Meteorológico Británico (Met Office) respectivamente, disponiendo cada centro de su propio sistema de transmisión vía satélite. Entre todos los productos de predicción que se elaboran, destacan los mapas de viento y temperatura para distintos niveles tipo, así como mapas de tiempo significativo previsto (SIGWX), tanto para niveles altos (SWH) como medios (SWM).

westerlies. Nombre con el que se conoce en el argot meteorológico a los vientos del oeste que soplan en latitudes medias y subtropicales de las zonas templadas de ambos hemisferios, aproximadamente entre el paralelo 30° y 60°. Este régimen de vientos es particularmente marcado en la alta troposfera y la baja estratosfera, donde se localizan las corrientes en chorro. En niveles inferiores, los *westerlies* se desdibujan algo más, siendo más cambiantes, tanto en dirección como en intensidad, si bien se manifiestan, con más o menos interrupciones, a lo largo de todo el año. Los del hemisferio sur, al tener un mayor recorrido marítimo, son normalmente más intensos, alcanzando en repetidas ocasiones una gran intensidad (cuarenta rugientes).

willy-willy. Término aborigen de Australia con el que en aquel país se refieren a la tolvanera, el tornado y también al ciclón tropical, aunque este último uso de la palabra está siendo abandonado. Se expresa indistintamente con el guion o sin él *(willy willy)*.

windchill. Índice desarrollado por investigadores de EE UU y Canadá que, a partir de una fórmula matemática estimada de forma empírica, permite determinar cuál es la sensación térmica de frío, mediante la combinación de la temperatura (T) y el viento (V). Dicha ecuación (en su versión más perfeccionada y expresando la temperatura en grados Celsius [°C] y el viento en km/h) es la siguiente:

$$\text{Windchill (°C)} = 13,12 + 0,6215 \cdot T - 11,37 \cdot V^{0,16} + 0,3965 \cdot T \cdot V^{0,16}$$

A partir de los valores obtenidos con esta fórmula, se confecciona una tabla de cálculo que proporciona de manera rápida la sensación térmica que buscamos.

WMO. Sigla con la que se conoce internacionalmente a la Organización Meteorológica Mundial. Acrónimo de World Meteorological Organization.

X

xaloc. Nombre dado en catalán al siroco (viento del sureste), de uso extendido no solo en Cataluña, sino en otras zonas catalanoparlantes del Mediterráneo Occidental. Así aparece escrito en las rosas náuticas de dicho ámbito geográfico.

xaloque. *Véase* jaloque.

xenón. Gas noble presente en la atmósfera terrestre en una proporción pequeña pero significativa (0,0000087 %). Es incoloro, inodoro y su peso molecular es elevado (número atómico: 54). No se sabe del todo bien cómo se incorporó a la atmósfera, aunque, a raíz de una investigación llevada a cabo en 2017, se estima que algo más de un 20 % del mismo tiene un origen cometario.

xerófito. Tanto este término como los adjetivos xerófilo y xérico se emplean en botánica para referirse a la especie vegetal que está adaptada a vivir con poca agua, en regiones de clima árido o desértico, donde apenas llueve, o en lugares de gran sequedad localizados en regiones semiáridas o subhúmedas. El cactus es uno de los ejemplos más representativos de planta xerófita.

xerotérmico. Referido a un lugar, que es seco y caluroso, como ocurre en los desiertos cálidos, como el desierto del Sáhara, en el norte de África. La forma latina *xeros*, del griego ξερός, significa sequedad. Referido al clima, equivalente al clima árido o desértico, caracterizado por unas precipitaciones medias anuales inferiores a los 300 mm (200 mm según algunos autores). El llamado índice xerotérmico de Gaussen, diseñado por el meteorólogo y botánico francés Henri Gaussen (1891-1981) para el ámbito intertropical, permite discernir el carácter seco o lluvioso de un determinado mes a partir de una sencilla fórmula de cálculo.

xilsa. En Galicia, viento frío y seco. Variante del término leonés jilsa y del asturiano guilfa. Forma parte de una vasta familia de palabras alusivas al hielo y las heladas, derivadas todas ellas de la voz latina *gelum*.

Y

yalca. Localismo usado en la región andina del norte de Perú con el que los lugareños se refieren al temporal de nieve, generador de intensas ventiscas en los pasos de montaña.

yoduro de plata. Compuesto químico utilizado en la siembra de nubes tanto para producir lluvia artificial como para inhibir la formación de pedrisco. Esta sal de plata —técnicamente un haluro (AgI)— tiene una estructura cristalina muy parecida a la del hielo común, de ahí que sus cristales actúen como núcleos de congelación. Al introducirse yoduro de plata en el interior de una nube, sobre los cristalitos de esta sal tiende a acumularse hielo directamente por sublimación de vapor de agua, lo que puede llegar a modificar los procesos naturales que dan lugar a la precipitación y condicionar la formación de las gotas de lluvia, los copos de nieve y los granizos.

yoran. Nombre que recibe el viento frío del noroeste en Suiza, también conocido como Joran, en alusión al macizo del Jura, situado al norte de los Alpes, que comparten Francia, Suiza y

Alemania, y de donde parece proceder este viento en la zona del lago de Ginebra.

Younger Dryas. Nombre con el que se conoce internacionalmente a un cambio climático abrupto que tuvo lugar entre 12 900 a 11 700 años antes del presente (1950, por convenio) cuando la última glaciación estaba en retirada. Este episodio supuso una vuelta repentina (en pocas décadas) a las condiciones glaciales en gran parte del hemisferio norte, según se deduce de los registros paleoclimáticos. Toma su nombre de una flor de la tundra alpina (*Dryas octopetala*), ya que es frecuente encontrar restos de sus hojas en sedimentos glaciales tardíos. En español se traduce como Dryas Reciente o Joven Dryas.

yunque. [Imagen 8, pliego]. Forma que adopta con frecuencia la parte alta de un cumulonimbo. *Véase también incus (inc)*.

Z

zaparrada. Variante de chaparrada.

zaracear. Neviscar o lloviznar con viento. Por tierras vallisoletanas, llaman también así al hecho de precipitar espontáneamente pequeñas agujas de hielo estando el cielo raso, lo que tiene lugar a veces en los días más fríos del invierno, como consecuencia de la sublimación del vapor de agua presente en ese gélido ambiente (polvo de diamante).

zaracio. Variante de cierzo usada en León.

zarpa de gato. Expresión coloquial usada para referirse a un leve soplo de viento o brisa ligera cuyo radio de acción es pequeño. Toma un significado parecido a términos como aura, hálito o vahaje (también expresado como bahaje).

zarpazo. Chaparrón. Se usa también la variante charpazo.

zarracina. Término perteneciente a la familia de palabras que derivan de *cercius* (cierzo), que en este caso se aplica a la combinación de viento con lluvia o llovizna. Dicha circunstancia es común bajo situaciones de norte en las que sopla cierzo.

zarzada. Nieve pastosa en que se va convirtiendo el manto nivoso como consecuencia de la fusión parcial del blanco elemento. La mezcla de agua y nieve resultante recibe también otros nombres, como farrapera, falliscosa o chapina; todos ellos con entradas en el presente diccionario.

zarzagán. Cierzo muy frío y poco intenso. También se emplea el diminutivo zarzaganillo.

zastrugi. *Véase sastrugi.*

ZCIT. Sigla de zona de convergencia intertropical.

zéphyros. Viento del oeste. *Véase también* Céfiro.

zercera. Cierzo fuerte. Equivalente a ciercera y variante de cercera.

zofrina. Lo mismo que chuflina.

zona climática. Zona o región de la Tierra que presenta un clima relativamente uniforme, de acuerdo con las clasificaciones climáticas establecidas.

zona fría. Recibe esta denominación cada una de las zonas climáticas situadas entre los polos y los círculos polares. Está caracterizada por unas temperaturas muy bajas y escasas precipitaciones, principalmente en forma de nieve.

zona templada. Cualquiera de las dos zonas climáticas comprendidas entre el trópico y el círculo polar de cada hemisferio (23º27' y 66º32'N y S, respectivamente). En esta zona la temperatura es más alta que en la polar y se registran mayores precipitaciones, con importantes variaciones de unos lugares a otros, en función del grado de continentalidad u oceanidad.

zona tórrida. Región terrestre comprendida entre el trópico de Cáncer (23º27'N) y el trópico de Capricornio (23º27'S), también conocida como zona intertropical. Tanto sus altas temperaturas —mayores que las que caracterizan a la zona templada— como la gran irregularidad de las precipitaciones (en su mayoría convectivas) son sus principales rasgos.

zona de convergencia intertropical. [Imagen 29, pliego]. Franja terrestre estrecha de bajas presiones situada en el entorno del ecuador, donde convergen los vientos alisios de ambos hemisferios. Se conoce internacionalmente con la sigla ITCZ, expresada en algunos textos en español como ZCIT. Gracias a los grandes aportes de humedad debidos a esa convergencia y a la elevada insolación, en esa zona crecen gigantescas tormentas, que caracterizan el clima tropical. La ITCZ se sitúa en su mayor parte al sur del ecuador durante el invierno boreal y al norte en verano. Esa basculación estacional, junto al efecto de Coriolis, debido a la rotación terrestre, es responsable del cambio que tiene lugar en el régimen monzónico, distinto según la época del año. *Véase también* monzón.

zonal. Aplicado a una circulación atmosférica, corriente o flujo de aire, lo mismo que latitudinal; en la dirección de los paralelos terrestres. Las corrientes del este y oeste son zonales, en contraposición a las del norte y sur, llamadas meridianas por seguir la dirección de los meridianos terrestres.

zonda. Viento del oeste muy seco, cálido y polvoriento, que sopla preferentemente entre mayo y octubre en la parte central de Argentina, proveniente del sector de la vertiente oriental de los Andes situado en la región de Cuyo. En origen, es un viento frío y húmedo que deja abundantes lluvias en las laderas de barlovento de la cordillera andina y nevadas en las cumbres del citado sector. Al descender a sotavento, se va recalentando por el efecto foehn, lo que provoca un aumento notable de las temperaturas, alcanzándose valores del orden de los 40 ºC. También se conoce como sondo.

zurriascar. *Véase* jurriascar.

zurrusco. Localismo murciano para referirse al viento frío de componente norte. En algunas zonas colindantes de la provincia de Alicante emplean la variante churrusco.

Bibliografía básica

La presente bibliografía no es exhaustiva, pero incluye los principales diccionarios técnicos de ciencias atmosféricas, así como los glosarios de terminología meteorológica más completos publicados en español, tanto en edición impresa como en forma de recurso digital.

Agencia Estatal de Meteorología (2024). *Guía MET. Información Meteorológica Aeronáutica.* 15.ª edición. 44 páginas.

— (2018). [Pascual, Ramón; Casals, Ana (coords.)]. *MeteoGlosario Visual. [Recurso digital].* https://meteoglosario.aemet.es

— (2015). *Manual de uso de términos meteorológicos.* 35 páginas.

Ascaso Liria, Alfonso; Casals Marcén, Manuel (1966). *Vocabulario de términos meteorológicos y ciencias afines.* Instituto Nacional de Meteorología. Serie A, n.º 113; 412 páginas.

Casado, Juan Carlos; Serra-Ricart Miquel. *Fenómenos atmosféricos. Unidad didáctica. IAC [Recurso digital].* www.iac.es/adjuntos/www/unidadfenomenos.pdf.

Catalá de Alemany, Joaquín (1986). *Diccionario de Meteorología.* Alhambra; 276 páginas.

Fernández-Aceytuno, Mónica. *Diccionario Aceytuno.* Serie de cuatro libros publicados por Amazon (2019, 2020, 2021, 2024).

Gil Olcina, Antonio; Olcina Cantos, Jorge (1998). *Diccionario de Climatología.* Acento Editorial. Colección Flash, n.º 109; 96 páginas.

Gutiérrez Rubio, Delia; Riesco Martín, Jesús. *Breve guía descriptiva de los fenómenos meteorológicos recogidos en el sistema de notificación de observaciones atmosféricas singulares SINOBAS.* AEMET. *[Recurso digital]* https://sinobas.aemet.es/

Instituto Nacional de Meteorología (2002). *Clasificación de los meteoros*. Folleto. INM; 16 páginas.

IPCC (2013) [Planton, S. (ed.)]. Glosario. En *Cambio Climático 2013. Bases físicas. Contribución del Grupo de trabajo I al Quinto Informe de Evaluación del Panel Intergubernamental de Expertos sobre el Cambio Climático*. Cambridge University Press; páginas 185 a 204.

Laboratorio de Climatología de la Universidad de Alicante. *Diccionario y glosario en Climatología. UA. [Recurso digital]*. https://web.ua.es/es/labclima/diccionario-y-glosario-en-climatologia.html

Medina, Mariano (1966). *Diccionario de términos meteorológicos*. Laboratorios Efeyn; 32 páginas.

National Weather Service (1996). *A Comprehensive Glossary of Weather Terms for Storm Spotters*. 2.ª edición. NOAA Technical Memorandum NWS SR-145. *[Recurso digital]*. www.weather.gov/oun/spotterglossary (existe la versión en español, traducida por Pedro C. Fernández).

Organización Meteorológica Mundial (2017). *Atlas Internacional de Nubes*. Publicación OMM, n.º 407. *[Recurso digital]*. https://cloudatlas.wmo.int/

— (1992). *Vocabulario Meteorológico Internacional*. Segunda edición. Publicación OMM, n.º 182; 784 páginas.

Pacheco, Susana; Petrus, Jacob (coords.) (2014). *Vocabulario climático para comunicadores y divulgación en general*. AEC/ACOMET; 49 páginas.

Quirantes, José Antonio; Gallego, José Antonio (2020). *Atlas de Nubes y Meteoros*. 2.ª edición (2 tomos). AEMET; 730 páginas.

Real Academia Española (2014). *Diccionario de la Lengua Española*. 23ª edición. RAE; 2432 páginas.

Torregrosa Pérez, Vicente (2014). *Diccionario etimológico de meteorología y ciencias afines*. AEMET. Publ. interna; 1177 páginas.

Viñas, José Miguel (2019, 2022). *Conocer la Meteorología. Diccionario ilustrado del tiempo y el clima*. Alianza Editorial. 456/448 páginas.

Créditos fotográficos

Tanto el autor como Alianza Editorial desean agradecer la ayuda prestada a un buen número de fotógrafos y estudiosos de la ciencia meteorológica que, de manera desinteresada, han proporcionado imágenes de gran calidad técnica y didáctica con el fin de ilustrar los fenómenos meteorológicos y los conceptos expuestos en la presente obra. Sin su colaboración no hubiera sido posible ofrecer a los lectores un número destacable de ejemplos gráficos de instrumentos, fenómenos y actividades asociadas con la Meteorología que rara vez recaban la atención de los bancos de imágenes. Valga la siguiente lista como muestra de nuestro reconocimiento.

Colaboradores

© **Javier Urbón:** Imag. 2. (Aurora polar en los Alpes de Lyngen, en el norte de Noruega.) / Imag. 5. (Candilazo o arrebol desde Cerceda, Madrid, España.)

© **José Antonio Gallego:** Imag. 1. (*Arcus* en el borde delantero de una tormenta cerca de Arconada, Palencia, España.) / Imag. 22. (Impacto de un rayo, a la luz del día, sobre un viñedo en Casalarreina, La Rioja, España.) / Imag. 25. (Supercélula en las cercanías de Urrea de Jalón, Zaragoza, España.)

© **José Antonio Legaristi:** Imag. 9. (Espectro de Brocken.)

© **José Calvo:** Imag. 11. (*Fluctus* al amanecer en Sojuela, La Rioja, España.)

© **José Luis Escudero:** Imag. 14. (Manga marina en la playa de la Misericordia, Málaga, España.) / Imag. 19. (Nubes asociadas a una onda de montaña generada por los Montes de Málaga, España.)

© **Nacho Pardinilla:** Imag. 21. (Cirros o rabos de gallo sobre los cielos de Radiquero, Huesca, España.)

© **Rubén del Campo:** Imag. 4. (Calima en la que se aprecia el sol a través de las partículas en suspensión.) / Imag. 7. (*Cumulus congestus* creciendo junto al Teide, en la isla de Tenerife, islas Canarias, España.) / Imag. 8. (*Cumulonimbus incus.*) / Imag. 10. (Estela de condensación, *Cirrus homogenitus.*) / Imag. 15. (Mar de nubes en el norte de Tenerife, islas Canarias, España.) / Imag. 18. (Nube sombrero o en capuchón cubriendo la cima del Teide, en la isla de Tenerife, islas Canarias, España.) / Imag. 27. (Estratocúmulo de la variedad *undulatus* en los cielos de Madrid, España.)

Imágenes con licencia de Creative Commons (creativecommons.org)
CCO.:
Dieter Fettel: Imag. 20.
CC BY 2.0.:
Nicholas A. Tonelli (> Wikipedia): Imag. 17.
CC BY-SA 3.0.:
Daniela Mirner Eberl (> Wikipedia): Imag. 28.
CC BY-SA 4.0.:
Swagat Nayak (> Wikipedia): Imag. 23.

Agencias gubernamentales y entidades públicas
© **Agencia Estatal de Meteorología (AEMET):** Imag. 12. / Imag. 13. / Fig. 10. /
© **ESA (European Space Agency):** ESA-D. Ducros 2002: Imag. 24
© **NASA:** Jacques Descloitres, MODIS Rapid Response Team, NASA / GSFC: Imag. 29 / © NASA Earth Observatory/ Jesse Allen: Imag. 3. / © NASA / GSFC / Jacques Descloitres,

MODIS Land Rapid Response Team: Imag. 30. / © NASA/ Heidi Roop, NSF: Imag. 26.

© **U.S. Forest Service Region 5:** Imag. 16.

© **WMO (World Meteorological Organization):** Tsz Cheung Lee, 2015: Imag. 6.

Infografías

© **Marcos Balfagón:** Fig. 1. / Fig. 2. / Fig. 3. / Fig. 4. / Fig. 5. / Fig. 10. / Fig. 11. / Fig. 12. / Fig. 14. / Fig. 15. / Fig. 16.

Dominio público

Fig. 13.